ENCYCLOPÉDIE INDUSTRI[ELLE]

Fondée par M.-C. Lechalas, Inspecteur général des Ponts et Chaussées ...

LES
ACIDES MINÉRAUX

DE LA GRANDE INDUSTRIE CHIMIQUE

(Acide sulfurique, Acide nitrique, Acide chlorhydrique)

PAR

George F. JAUBERT

DOCTEUR ÈS SCIENCES

DIRECTEUR DE LA « REVUE GÉNÉRALE DE CHIMIE PURE ET APPLIQUÉE »

PARIS

GAUTHIER-VILLARS, IMPRIMEUR-LIBRAIRE

DU BUREAU DES LONGITUDES, DE L'ÉCOLE POLYTECHNIQUE, ETC.

55, quai des Grands-Augustins

ENCYCLOPÉDIE DES TRAVAUX PUBLICS

Directeur : G. LECHALAS, Ingénieur en chef des Ponts et Chaussées, quai de la Bourse 13, Rouen.

Volumes grand in-8°, avec de nombreuses figures.

Médaille d'or à l'Exposition universelle de 1889

OUVRAGES DE PROFESSEURS A L'ÉCOLE DES PONTS ET CHAUSSÉES

M. Bechmann. *Distributions d'eau et Assainissement.* 2ᵉ édit., 2 vol. à 20 fr., 40 fr. — *Cours d'hydraulique agricole et urbaine*, 1 vol. . . . . 20 fr.

M. Bricka. *Cours de chemins de fer de l'Ecole des ponts et chaussées.* 2 vol., 1343 pages et 464 figures . . . . 40 fr.

M. Colson. *Cours d'économie politique* : Six livres, chacun. . . . . 6 fr.

M. L. Durand-Claye. *Chimie appliquée à l'art de l'ingénieur*, en collaboration avec *MM. Dérôme et Feret*, 2ᵉ édit. considérablement augmentée, 15 fr. — *Cours de routes de l'Ecole des ponts et chaussées*, 606 pages et 234 figures, 2ᵉ édit., 20 fr. — *Lever des plans et nivellement*, en collaboration avec *MM. Pelletan et Lallemand*, 2ᵉ édit. augmentée; 1 vol., 781 pages et 293 figures (cours des Ecoles des ponts et chaussées et des mines, etc.) 25 fr.

M. Flamant. *Mécanique générale (Cours de l'Ecole centrale)*, 2ᵉ édition, augmentée, XII-620 pages, avec 205 figures, 20 fr. — *Stabilité des constructions et résistance des matériaux*. 3ᵉ édit., 674 pages, avec 252 figures, 25 fr. — *Hydraulique (Cours de l'Ecole des ponts et chaussées)*, 1 volume, 3ᵉ édition augmentée (Prix Montyon de mécanique) ; XVI-699 pages avec 141 figures . . . . 25 fr.

M. Gariel. *Traité de physique.* 2 vol., 448 figures. . . . . 20 fr.

M. Hirsch. *Cours de machines à vapeur et locomotives.* 1 vol. 510 pages, 314 fig . 18 fr.

M. F. Laroche. *Travaux maritimes.* 1 vol. de 490 pages, avec 116 figures et un atlas de 46 grandes planches, 40 fr. — *Ports maritimes.* 2 vol. de 1006 pages, avec 524 figures et 2 atlas de 37 planches, double in-4° (*Cours de l'Ecole des ponts et chaussées*) . . 50 fr.

M. F. B. de Mas, Inspecteur général des ponts et chaussées. *Rivières à courant libre*, 1 vol. avec 97 figures ou planches, 17 fr. 50. — *Rivières canalisées.* 1 vol. avec 176 figures ou planches, 17 fr. 50. — *Canaux*, 1 vol. avec 190 figures ou planches. . . . 17 fr. 50

M. Nivoit, Inspecteur général des mines : *Cours de géologie*, 2ᵉ édition, 1 vol. avec carte géologique de la France ; 615 pages, 429 fig. et un tableau des formations géologiques de 7 pages . . . . 20 fr.

M. M. d'Ocagne. *Géométrie descriptive et Géométrie infinitésimale* (cours de l'Ecole des ponts et chaussées), 1 vol., 340 fig. . . . . 12 fr.

M. de Préaudeau, Inspect. général des P.-et-Ch., prof. à l'Ecole nat. *Procédés généraux de construction. Travaux d'art.* Tome I, avec 508 fig. 20 fr. Tome II, avec 389 fig. 20 fr.

M. J. Résal. *Traité des Ponts en maçonnerie*, en collaboration avec *M. Degrand*. 2 vol., avec 600 figures, 40 fr. — *Traité des Ponts métalliques* 2 vol., avec 500 figures, 40 fr. — — Le 1ᵉʳ volume des *Ponts métalliques* est à sa seconde édition (revue, corrigée et très augmentée) *Constructions métalliques, élasticité et résistance des matériaux : fonte, fer et acier.* 1 vol. de 652 pages, avec 203 figures, 20 fr. — *Cours de ponts*, professé à l'Ecole des ponts et chaussées : *Études générales et ponts en maçonnerie*, 1 vol. de 410 pages avec 284 figures, 14 fr. — *Cours de ponts métalliques*, tome I, 1 volume de 660 pages avec 375 figures, 20 fr ; tome II, 1ᵉʳ fasc., XVI-195 pages, 27 figures, 6 fr. — *Cours de Résistance des matériaux*, 120 figures., 16 fr. — *Cours de stabilité des constructions*, 240 figures, 20 fr. — *Poussée des terres et stabilité des murs de soutènement*, 1ʳᵉ et 2ᵉ partie. . . . . 10 et 15 fr.

OUVRAGES DE PROFESSEURS A L'ÉCOLE CENTRALE DES ARTS ET MANUFACTURES

M. Deharme. *Chemins de fer. Superstructure* ; première partie du cours de chemins de fer de l'Ecole centrale. 1 vol. de 696 pages, avec 310 figures et 1 atlas de 73 grandes planches in-4° doubles (voir *Encyclopédie industrielle* pour la suite de ce cours). 50 fr. On vend séparément : *Texte*, 15 fr.; *Atlas*, 35 fr.

M. Denfer. *Architecture et constructions civiles.* Cours d'architecture de l'Ecole centrale : *Maçonnerie.* 2 vol., avec 794 figures, 40 fr. — *Charpente en bois et menuiserie.* 2ᵉ édit. 1 vol., avec 721 figures, 25 fr. — *Couverture des édifices* 1 vol., avec 423 figures, 20 fr. — *Charpenterie métallique, menuiserie en fer et serrurerie.* 2 vol., avec 1.050 figures, 40 fr. — *Fumisterie (Chauffage et ventilation).* 1 vol. de 726 pages, avec 731 figures (numérotées de 1 à 375, l'auteur affectant chaque groupe de figures d'un numéro seulement). 25 fr *Plomberie : Eau; Assainissement ; Gaz*, 1 vol. de 568 p. avec 391 fig. . 20 fr.

M. Dorion. *Cours d'Exploitation des mines.* 1 vol. de 692 pages, avec 1.100 figures. 25 fr.

M. Monnier. *Electricité industrielle*, cours professé à l'Ecole centrale, 2ᵉ édition considérablement augmentée, 1 vol. de 826 pages ; 404 très belles figures de l'auteur. . 25 fr.

M. Mᵉˡ Pelletier. *Droit industriel*, cours professé à l'Ecole centrale 1 vol. . . . . 15 fr.

MM. E. Rouché et Brisse, anciens professeurs de géométrie descriptive à l'Ecole centrale. *Coupe des pierres.* 1 vol. et un grand atlas (avec de nombreux exemples). . . 25 fr.

OUVRAGES D'UN PROFESSEUR AU CONSERVATOIRE DES ARTS ET MÉTIERS

M. E. Rouché, membre de l'Institut. *Eléments de statique graphique.* 1 vol. . . 12 fr. 50

MM. Rouché et Lucien Lévy. *Calcul infinitésimal*, 2 vol. de 557 et 829 p. (*Enc. indust.*) 15 fr.

(Voir la suite ci-après)

LES
ACIDES MINÉRAUX
DE LA GRANDE INDUSTRIE CHIMIQUE

ENCYCLOPÉDIE INDUSTRIELLE

Fondée par M.-C. LECHALAS, Inspecteur général des Ponts et Chaussées en retraite

LES

ACIDES MINÉRAUX

DE LA GRANDE INDUSTRIE CHIMIQUE

(Acide sulfurique, Acide nitrique, Acide chlorhydrique)

PAR

George F. JAUBERT

DOCTEUR ÈS SCIENCES

DIRECTEUR DE LA « REVUE GÉNÉRALE DE CHIMIE PURE ET APPLIQUÉE »

PARIS

GAUTHIER-VILLARS, IMPRIMEUR-LIBRAIRE

DU BUREAU DES LONGITUDES, DE L'ÉCOLE POLYTECHNIQUE, ETC.

55, quai des Grands-Augustins

1912

CHAPITRE PREMIER

LE SOUFRE ET SES DÉRIVÉS

CHAPITRE PREMIER

LE SOUFRE ET SES DÉRIVÉS

§ 1. — LE SOUFRE

Le soufre, sous ses diverses formes, est, avec le sel marin et la houille, l'une des matières premières dont l'industrie des produits chimiques fait le plus grand usage. Le soufre est, en effet, le point de départ de la fabrication de l'acide sulfurique, aussi est-ce par son étude que nous commencerons ce volume.

Jusque vers 1838, on n'utilisait que le soufre natif qui provenait de Sicile : il valait alors 12 fr. 50 les 100 kilog. Le gouvernement des Deux-Siciles crut pouvoir tirer de cette situation exceptionnelle une source considérable de revenus, et concéda, moyennant une forte redevance, le monopole de la vente du soufre sicilien à la Compagnie TAIX, de Marseille, et d'un seul coup le prix du soufre s'éleva de 12 fr. 50 à 35 fr. les 100 kilog. (1)[1]. C'est de ce jour que datent les recherches qui amenèrent les fabricants d'acide sulfurique à employer les pyrites et autres sulfures métalliques qui sont presque exclusivement utilisés aujourd'hui.

1. Les chiffres entre parenthèses se rapportent à la bibliographie.

1. État naturel du soufre. — Comme nous venons de le voir, le soufre se rencontre à l'état natif; on le trouve encore dans la nature sous forme de sulfures ou de sulfates métalliques. Voici les plus importants :

2. Sulfures. — *Pyrite martiale*, ou *pyrite jaune :* sulfure de fer plus ou moins cuivreux, répondant à la formule FeS^2.

Pyrite blanche, sperlaise ou *marcassite :* qui a la même composition que la précédente.

Chalcopyrite : sulfure double de fer et de cuivre, $CuFeS^2$. La chalcopyrite est souvent mélangée à la pyrite martiale.

Galène : Sulfure de plomb cristallisé, PbS.

Blende : Sulfure de zinc ZnS, d'aspect résineux.

Cinabre : Sulfure de mercure HgS. C'est le seul minerai de mercure rouge.

Stibine : Sulfure d'antimoine Sb^2S^3, cristallisé en longs prismes.

Orpiment : Sulfure d'arsenic jaune, As^2S^3.

Réalgar : Sulfure d'arsenic rouge, As^2S^2.

Argyrose : Sulfure d'argent, Ag^2S.

3. Sulfates. — *Anhydrite* ou *gypse :* Sulfate de chaux, $CaSO^4$.

Baryline : Sulfate de baryte, ou spath pesant, $BaSO^4$.

Célestine : Sulfate de strontiane, $SrSO^4$, qui doit sa coloration bleue à des traces de soufre sous forme très divisée, disséminées dans la masse.

Glaubérite : Sulfate double de sodium et de chaux, exploité autrefois en Espagne pour en retirer le sulfate de soude par lixiviation à chaud.

Epsomite : Sulfate de magnésie, cristallisé en touffes soyeuses.

Alunite : Sulfate double de potasse et d'alumine ; sert à faire l'alun.

4. Soufre organique. — Le soufre existe encore en quantités plus ou moins grandes dans une foule de produits organiques : huiles essentielles, comme l'essence d'ail, de moutarde, etc., dans l'albumine, la caséine, etc.

§ 2. — SOUFRE NATIF

5. — Le soufre se rencontre ou à l'état natif, ou sous forme d'hydrogène sulfuré dans certaines sources.

Dans les terrains volcaniques en activité ou récemment éteints, le soufre sort sous forme de vapeurs qui se condensent dans les roches ; c'est ainsi qu'ont pris naissance les gisements puissants de la Sicile. Dans les terrains volcaniques éteints depuis plus longtemps, le soufre sort sous forme de gaz sulfureux et sulfhydrique, accompagnés de vapeur d'eau, d'acides chlorhydrique, carbonique, etc., etc. L'hydrogène sulfuré réagissant sur l'acide sulfureux et sur l'air, forme de l'eau et le soufre se condense :

$$4H^2S + 2SO^2 = 4H^2O + 3S^2$$
$$2H^2S + O^2 \quad = 2H^2O + S^2.$$

Il existe des formations *actuelles* de soufre. DAUBRÉE (2) en a reconnu dans les catacombes de Paris. En outre certaines bactéries (*beggiatoa*) et plusieurs algues telles que les *oscillaria* et les *ulothrix* contiennent du soufre, et transforment les sulfates en sulfures qui, en dernière analyse, donnent du soufre libre (3).

6. Industrie du soufre en Sicile. — L'acide sulfureux humide, étant très oxydable, donne, au contact des roches poreuses, de l'acide sulfurique qui les attaque, et par suite le soufre des *solfatares* est presque toujours accompagné de gypse, de célestine, etc.

Les principaux gisements de soufre exploités se trouvent en Italie, en Islande, en Nouvelle-Zélande, à Kalmicki, en Hongrie et aux Etats-Unis, non loin de l'embouchure du Colorado, dans le golfe de Californie.

L'extraction du soufre en Italie, surtout en Sicile, d'où l'on retire la majeure partie du soufre consommé en Europe, a lieu presqu'uniquement par chauffage et fusion de la roche soufrière. Les principaux gisements se trouvent dans des terrains tertiaires et ne paraissent pas d'origine volcanique. Ce sont les provinces de Caltanizetta, Catane, Girgenti et Palerme qui en fournissent la plus grande quantité. La province de Caltanizetta, à elle seule, produirait plus de 100.000 tonnes. Sauf pour les deux petits bassins de Lercara et de Gibellina, tous les gites soufriers sont au sud de la chaîne centrale qui s'étend de Messine à Marsala sous le nom de monts Madonie. Ainsi que nous le disions plus haut, le centre le plus important est la province de Caltanizetta. Cette région occupe une zone de 160 km. sur 90 km. Les gites soufriers constituent de petits bassins indépendants les uns des autres dont la longueur ne dépasse pas 20 km. sur 3 km. La puissance de ces gisements peut atteindre 350 m. comme à la Croce (Lercara), mais, en général, elle ne dépasse pas 1 m. 50 à 2 m. Les gisements forment rarement une couche continue, mais sont en général séparés les uns des autres par des bancs d'argile et se présentent sous forme de poches isolées à contours tourmentés et quelquefois fortement inclinés.

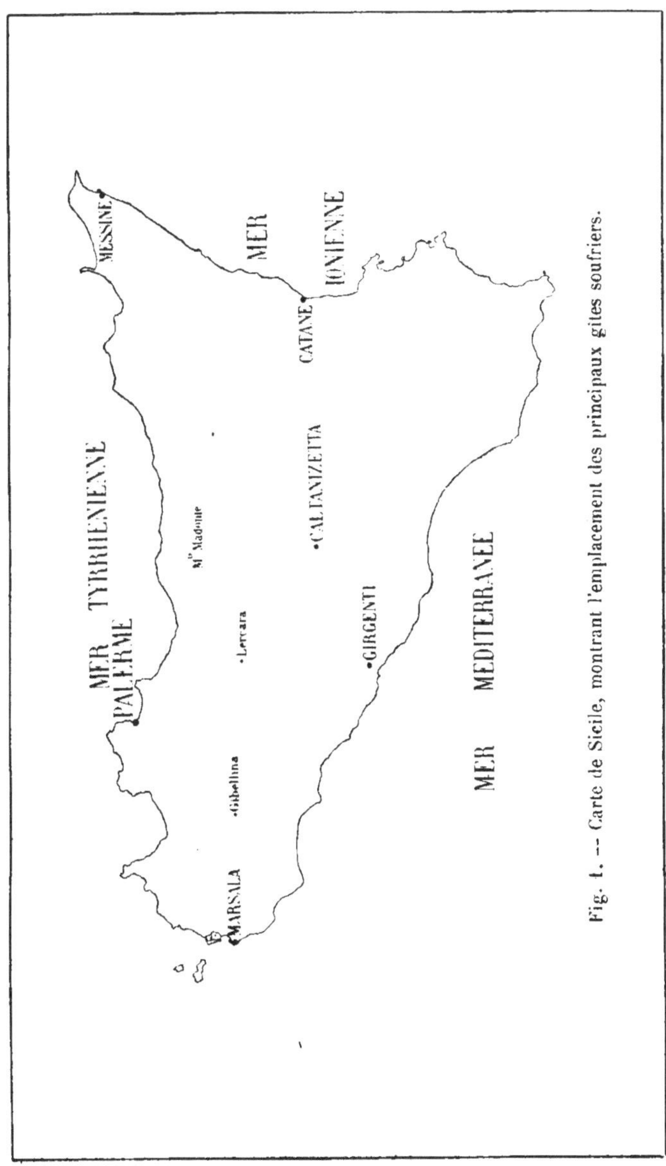

Fig. 1. — Carte de Sicile, montrant l'emplacement des principaux gîtes soufriers.

On divise les minerais en trois catégories :

1º Minerais extra-riches, contenant 50-60 0/0 de soufre ;

2º Minerais riches, contenant 25-40 0/0 de soufre ;

3º Minerais ordinaires, contenant 20-25 0/0 de soufre.

Le soufre se rencontre rarement à fleur de roche ; néanmoins son exploitation est très rudimentaire. Les mines sont en général peu profondes ; quelques sociétés étrangères opèrent cependant par puits et galeries, et emploient le roulage et les galeries d'écoulement, mais c'est l'exception. Le manque absolu de bois dans les terrains soufriers empêche le boisage des galeries ; on se contente de consolider les passages dangereux par des revêtements en plâtre que l'on est obligé de renouveler fréquemment. C'est ce manque de bois, donc de combustible, qui a amené à utiliser le soufre lui-même comme combustible pour l'extraction de ce métalloïde. L'exploitation se fait en général sans plan aucun, on se guide d'après l'aspect du terrain : tantôt c'est un calcaire caverneux, exhalant par ses cassures une odeur bitumineuse, tantôt c'est un mélange caractéristique de calcaire et de gypse, appelé *briscale*, tantôt on se guide sur le calcaire siliceux du mur qui a un aspect caractéristique, tantôt enfin on rencontre des sources d'hydrogène sulfuré (SOREL) (4).

On attaque au pic, rarement à la poudre ou à la dynamite. On pratique ainsi des ouvertures de forme quelconque, on charge le minerai dans des paniers qui sont remontés à dos d'homme ; l'âne est quelquefois utilisé.

Quelle est l'origine des dépôts tertiaires de la Sicile méridionale ?

Voici l'explication que l'on doit à MOTTURA (5).

Les terrains soufriers seraient d'anciens lacs ; des étangs lacustres du miocène inférieur, terrain riche en sulfate de calcium ; ce dernier aurait été réduit par les matières organiques en sulfure de calcium plus ou moins soluble dans l'eau. La solution de sulfure de calcium au contact de l'air se transformerait d'abord par oxydation en polysulfure très soluble, et enfin ce dernier donnerait du soufre et de la chaux, ou plutôt du carbonate d'après les équations :

$$CaSO^4 + 2C = 2CO^2 + CaS$$
$$CaS + H^2O = CaO + H^2S$$
$$4H^2S + CaS + 4O = 4H^2O + CaS^5$$
$$CaS^5 + O + CO^2 = CaCO^3 + S^5$$

Ces équations montrent que le résultat de ces diverses réactions doit être un mélange de calcaire contenant au maximum 24 0/0 de soufre. Comme il arrive de trouver des gisements contenant plus de 24 0/0 de soufre, Mottura suppose qu'après la formation du polysulfure CaS^6, un mouvement de terrain a fait couler cette solution dans une poche, où la transformation ultime a eu lieu. Dans ces conditions la richesse du minerai pourrait atteindre 61,5 0/0. Telle serait l'origine des gisements extra-riches de Montedoro et de Sommatino.

La Sicile n'est pas en Europe l'exclusive productrice de soufre. On trouve des solfatares dans la Romagne, dans la Marche d'Ancône et dans les anciens Etats de l'Eglise. D'après Sorel, leur production n'atteindrait que 30.000 tonnes, d'après Lunge beaucoup moins encore (6). Les minerais de la Romagne sont fortement imprégnés de bitume et portent à cause de leur couleur le nom de *Zolfo nero* (soufre noir).

La France possède à Florac (Lozère) et aux Tapets, près d'Apt (Vaucluse) deux petits gisements exploités pour les besoins de l'agriculture ; leur minerai titre 20 à 22 0/0.

La province de Murcie, en Espagne, possède deux

petites usines, produisant chacune 2.000 tonnes. L'Autriche possède aussi des gisements de soufre. Les dépôts de marne soufrière de Swoscowice, près de Wieliezka, sont exploités depuis plus de 500 ans, mais ils sont à peu près épuisés.

On rencontre encore d'importants filons et dépôts de soufre au Caucase, en Egypte, en Tunisie, sur les côtes de la mer Rouge, dans les îles Ioniennes (Corfou), aux Etats-Unis, sur les bords du Lake-Charles et du Boraxlake, sur les contreforts du Popocatepetl; il existe encore un immense gisement de soufre dans le district de Humboldt ; un autre a été découvert au Chili, et enfin on en trouve aussi en Islande dans le district du soufre de Krisuwik, dont la fumerolle est bien connue par l'analyse des gaz qu'en fit Bunsen et dont voici l'analyse :

> Acide sulfhydrique.   .   .   1,17 0/0
> Hydrogène libre.   .   .   .   0,76 0/0

A cette époque cette fumerolle dégageait à elle seule 223 kilos d'acide sulfhydrique par jour.

Un producteur non sans importance est le Japon qui exporte en Amérique environ 20-30.000 tonnes de soufre.

C'est au Japon aussi que l'on trouve le soufre rouge contenant du sélénium et du tellure (7).

7. Extraction. — Le soufre est extrait, dans 95 0/0 des cas, par fusion directe au moyen de la chaleur produite par la combustion d'une partie du minerai. Le problème consiste à réduire cette partie à un minimum. Cette opération était primitivement pratiquée dans des meules construites avec la roche soufrière, appelées *calcarelli* : 3.000 à 7.000 kilos de minerai étaient amassés dans une fosse avec une aire légèrement conique et convergent vers une ouverture unique. Les gros blocs étaient placés dans le bas, le menu sur le dessus. On allumait le soir par la partie supérieure (c'est du reste le mode d'allumage *per descensum* encore adopté pour les *calcaroni*), et le lendemain matin on commençait à récolter le soufre fondu. Le surlendemain on démolissait la meule. Sous l'influence de l'air ambiant la plus grande partie du soufre brûlait, et les parties inférieures et centrales fondant, on continuait à recueillir du soufre. Du minerai à 35 0/0 donnait environ 5-6 0/0 de soufre. Le reste était transformé en acide sulfureux, qui détruisait aux alentours toute végétation. Une loi vint bientôt interdire le brûlage de juillet à décembre.

D'après Sorel « à la suite d'un incendie dans un grand tas de minerai, qu'on avait essayé d'éteindre en le couvrant de terre, on vit sortir au bout d'un mois du soufre de belle qualité et en beaucoup plus grande abondance que si on eût traité le minerai en *calcarelli* » (8).

Telle serait la légende sur l'origine des fours actuels, réglementaires depuis 1851 : les *calcaroni*.

Pour établir un *calcarone* on commence par battre la terre de façon à former une aire inclinée de 10 à 15 mètres de diamètre. Ces dimensions permettent de porter le volume du minerai à 200 ou 300 tonnes. On ne rencontre des *calcaroni* de 1.000 tonnes que dans les terres cultivées où il est interdit de brûler en hiver. On fait alors un mur circulaire de 1 mètre à l'arrière et de 2 m. 50 à 3 mètres à l'avant, puis on établit sur le fond incliné du four une couche de grosses roches en ménageant à l'avant une voûte en pierres sèches en face de l'ouverture de la porte (*morte*). Les gros blocs doivent être arrangés de façon à réserver un canal central qui servira de collecteur ainsi que, à la circonférence, une série de cheminées de

80 cm. de côté que l'on remplit de menu bois qui sert à
l'allumage. Sur cette base, en forme de grille, on dispose
le tout venant, toujours en ménageant les cheminées, et on

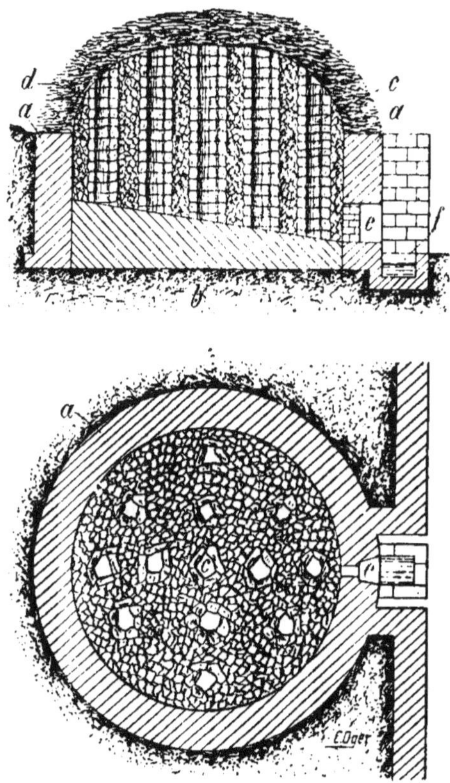

Fig. 2 et 3. — Extraction du soufre : procédé des *calcaroni*.

a, mur extérieur ; *b*, aire inclinée ; *d*, toit en terre ; *c*, cheminées ; *e*, porte ;
f, bassin de coulée.

élève le tas de façon à lui donner une forme légèrement
tronconique, dépassant le mur de 3 à 4 mètres. On recouvre
le toit et la circonférence avec des menus, puis on ter-

mine avec des fragments de roche épuisée. Le four est alors allumé.

On met le feu en jetant par les cheminées des fascines, du bois allumé ou de la paille soufrée ; au bout de huit heures le feu est bien pris, on bouche alors l'ouverture des cheminées et on attend.

Au bout d'une semaine on voit sortir au travers de la couche de menu des vapeurs de gaz sulfureux et de la vapeur d'eau. C'est à ce moment que le chauffeur doit veiller avec attention à la température du four, il doit donner plus ou moins d'air, régler le tirage soit en faisant des trous dans la *morte* (région du trou de coulée), soit en découvrant ou couvrant de menus le toit ou la circonférence du *calcarone*, car, si la température monte trop, le soufre devient visqueux et ne coule plus. Le chauffeur doit chercher avant tout à ce que la température de la *morte* soit légèrement supérieure au point de fusion du soufre mais relativement beaucoup plus basse que tout le reste du calcarone, de façon que, la combustion se faisant de haut en bas et d'arrière en avant, la distillation ait lieu dans le même sens et que la condensation du soufre, sous forme liquide, ait lieu dans la région de la *morte* où est ménagé le trou de coulée.

Cette dernière a lieu dans une chaudière où l'on puise pour remplir des moules en bois humide, qui donnent des pains de 50 à 60 kilos. C'est le soufre brut.

La Sicile possède 500 à 600 de ces *calcaroni* fonctionnant six mois par an.

On emploie aussi quelquefois des fours annulaires qui contiennent généralement 5 à 6 chambres. La combustion n'a lieu que dans une seule des chambres, et ce sont les gaz chauds qui circulent dans les chambres adjacentes qui amènent la fusion du soufre.

Ce système est plus économique, car si l'on admet avec SOREL qu'un *calcarone* dépense 30 0/0 de soufre comme combustible, il se dégage 66 kilos de soufre sous forme de SO² par tonne de minerai à 22 0/0 ; de ce fait, 16.500 calories sont inutilement perdues, ce qui correspond à la chaleur de combustion de 7 kg. 5 de soufre.

C'est à ce système qu'appartient le four GILL, formé de six chambres contenant de 5 à 30 m³ de minerai et d'une chambre centrale où brûle un feu de coke (9).

Dans quelques points rapprochés de la côte où le combustible arrive aisément, on a remplacé le soufre par la houille, comme combustible.

On peut alors substituer aux fours annulaires l'extraction à la vapeur, qui consiste simplement en une digestion, dans un autoclave, du minerai chargé dans un tambour perforé, avec la vapeur à 150° c'est-à-dire à 3 1/2 kg. de pression.

Ce procédé est peu répandu à cause des frais de première installation, ensuite à cause de la difficulté où l'on se trouve d'avoir à pied d'œuvre une eau non séléniteuse, susceptible d'être utilisée dans une chaudière à vapeur, les mines de soufre, ainsi que nous l'avons vu, étant toujours sur le sulfate de chaux.

On a proposé encore le sulfure de carbone comme dissolvant, mais à l'installation d'appareils coûteux se joint la grande volatilité du sulfure de carbone qui bout à 46° et qu'il est impossible de conserver sans grandes pertes, pendant la saison chaude. On pourrait peut être utiliser avec succès le tétrachlorure de carbone

En 1865, Emile THOMAS proposa de fondre le soufre dans des solutions salines chaudes.

En 1867, BALARD indiqua comme solution saline les eaux

mères des marais salants qui possèdent une grande densité et un point d'ébullition élevé.

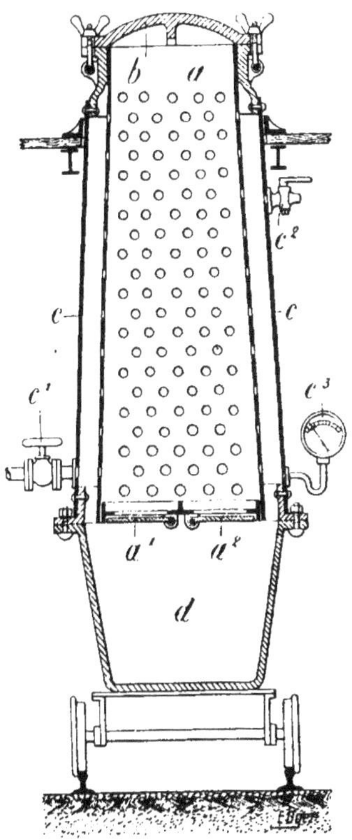

Fig. 4. — Extraction du soufre par la vapeur d'eau.

a, récipient perforé dans lequel le minerai brut est chargé par l'ouverture autoclave *b* , *a¹* et *a²*, portes de déchargement du minerai épuisé ; *c*, enveloppe dans laquelle circule la vapeur à 150° ; *d*, wagonet dans lequel on recueille le soufre liquide ; *c¹*, vanne d'admission ; *c²*, robinet de sortie de la vapeur ; *c³* manomètre.

En 1868, Desperaisis proposa l'emploi d'une solution de chlorure de calcium chauffée de 120 à 130°, dans laquelle on plongeait des paniers perforés remplis de minerai. Le soufre pur devait fondre, mais en réalité on l'obtenait mélangé à des débris de gangue.

En outre, à cette époque, le chlorure de calcium était un produit fort cher.

Depuis, le procédé de la soude à l'ammoniaque en a fait un résidu sans valeur, aussi M. de la Tour du Breuil en a-t-il proposé de nouveau l'emploi, ainsi que C. Vincent (10).

Son procédé repose sur l'emploi de bacs en tôle de 0 m. 75 de hauteur sur 2 mètres de longueur et 1 m. 30 de largeur, séparés en trois parties inégales par des grilles perforées, ainsi que l'indique la coupe de la figure 6, de façon à ménager une gouttière pour l'écoulement du soufre fondu, que l'on soutire de temps à autre. La solution de chlorure de calcium doit marquer 37° B. et bouillir à 120°.

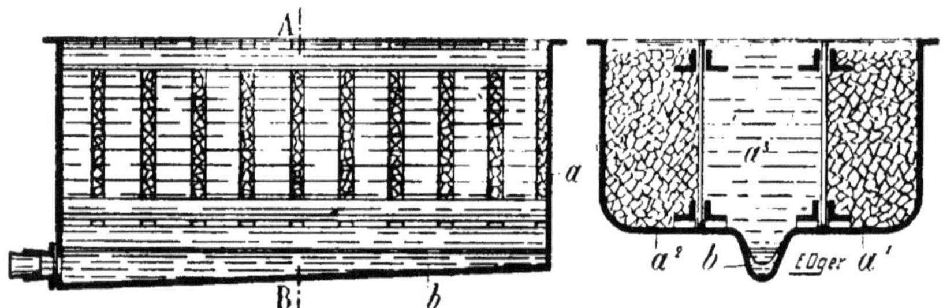

Fig. 5 et 6. — Appareil de la Tour du Breuil.

a, Réservoir en tôle ; a¹ et a², paniers à minerai; a², espace libre pour la circulation de la solution de chlorure de calcium ; b, rigole pour le soufre fondu.

L'opération terminée, on envoie au moyen d'une pompe la solution bouillante dans le bac suivant, pendant que l'on retire du premier le minerai épuisé qui ne titre plus que 2 à 3 0/0 environ.

Ce procédé a un avantage, c'est qu'il permet de traiter des minerais quelconques, même les poussières (*sterri*) qu'il est impossible de brûler, et qu'il permet d'opérer en toutes saisons.

Le traitement d'une tonne revient à 4 fr. 50. Si l'on en retire 250 kilos de soufre on voit que l'extraction du soufre revient par ce procédé à 18 fr. la tonne.

Néanmoins c'est encore le vieux procédé qui prédomine. La statistique italienne des mines pour 1890 donne les chiffres suivants pour la production :

82 0/0 par le calcarone.

12 0/0 par les fours annulaires.

6 0/0 par la vapeur et les solutions salines.

Cette statistique indique pour 1890 une production de 338.000 tonnes, (il est à remarquer que ce chiffre ne correspond pas avec celui du tableau de la page 48, fait que nous aurons souvent à constater dans les statistiques officielles), extraites de 2.367.500 tonnes de minerai, ce qui correspond à un rendement de 14 0/0 environ.

Dans les Romagnes on emploie le *doppione*. Le soufre étant très impur et le minerai pauvre, on est obligé de

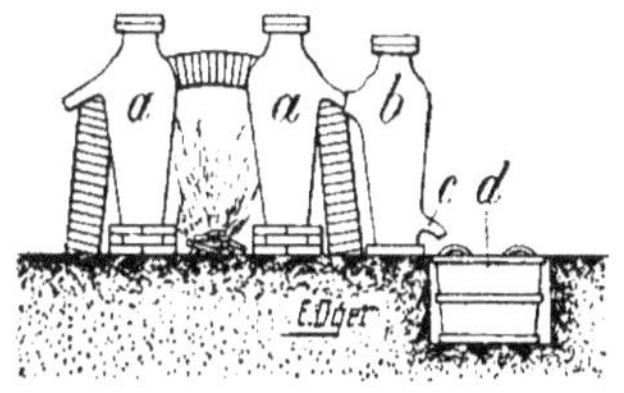

Fig. 7. — Doppione, four à deux cornues.

a, cornues de distillation ; *b*, condenseur ; *c*, coulotte ; *d*, récipient recueillant le soufre distillé.

procéder par distillation. Un fourneau contient d'habitude 6 cornues de 450 litres chacune, placées sur deux rangs et chauffées par un foyer commun.

Un atelier de 6 cornues produit 2 à 3 tonnes de soufre par 24 heures.

La durée moyenne d'une opération dans un *calcarone* varie évidemment suivant le cubage. Il faut compter :

Pour un calcarone de   125 à   150 m³, 30-35 jours.

—   500 à   600 m³, 50-60   —

—   1.000 à 1.200 m³, 80-90   —

Nous devons encore mentionner le procédé d'extraction du soufre brut dû à Hermann FRASCH et cité par LUNGE (10 *bis*) : après avoir foré un puits, on y introduit trois tubes métalliques concentriques. Dans le tube extérieur on fait arriver de la vapeur d'eau surchauffée, dans celui du milieu de l'air comprimé destiné à émulsionner le soufre fondu. Le tube intermédiaire sert à expulser à la surface le métalloïde.

En 1902, aux Etats-Unis, une batterie de chaudières de 2.100 HP. permettait une extraction journalière de 100 tonnes de soufre. Une nouvelle batterie de chaudières de 2.200 HP. était en montage. Ce procédé serait, paraît-il, le moins coûteux de tous les moyens d'extraction.

8. Raffinage. — On divise en 7 qualités les soufres siciliens :

1re qualité : soufre presque pur (*prima lercara* ou *prima licata*).

2e vantée : 1er choix (*seconda vantaggiata*).

2e bonne : d'une belle couleur jaune, mais contient 4-5 0/0 d'impuretés.

2e courante : jaune sale, plus impure et moins homogène que la précédente.

3e vantée (*terza vantaggiata*) : jaune brun, teintée par des matières bitumineuses.

3e bonne : brune claire, assez homogène.

3ᵉ courante : brune, structure grossière et peu homogène.

On fait en outre en Sicile et à Naples du *Zolfo ventilato*,
soufre finement pulvérisé et passé par un ventilateur-
cyclone pour le débarrasser des parties grossières.

Afin de débarrasser le soufre brut des matières étrangères qu'il renferme, on le soumet au *raffinage* et on le
livre au commerce soit sous forme de *soufre en canons*,
soit en pains de 100 kilos environ, moulés dans des caisses,
comme le soufre du Névada, soit enfin sous forme d'une
fine farine appelée *fleur de soufre*.

Le soufre brut, quoique parfaitement utilisable sous
cette forme pour l'agriculture, le blanchiment, etc., ne
pourrait convenir à certaines fabrications, comme celle
des explosifs, ou des pièces d'artifice, par exemple, tout
d'abord à cause des matières hygroscopiques qu'il peut
contenir à l'état brut, ensuite à cause des matières ter-
reuses qui, au moment du broyage avec le salpêtre et le
charbon, seraient capables de produire une étincelle sous
un choc.

L'industrie du raffinage est déjà très ancienne; d'après
Sorel elle remonterait en France à 200 ans. — Marseille
compte 5 raffineries, il y en a à Paris, à Rouen, deux
dans l'Aude, ainsi qu'en Belgique.

En Sicile il n'existe que deux ou trois petites raffineries : à Catane et à Porto Empedochi.

Les impuretés du soufre sont de deux sortes, ainsi que
nous l'avons vu :

1º des traces de produits bitumineux et schisteux (*Zolfo
nero*) ;

2º du sable et de la terre.

On élimine les produits bitumineux, volatils en général,
en maintenant pendant un certain temps le soufre à une

température inférieure à son point d'inflammation, qui est de 250°, par exemple en le chauffant à 120-130°. Albright et Hood (11) ont proposé de le maintenir un certain temps près de son point d'ébullition. Quant au sable et à la terre on ne peut s'en débarrasser que par la distillation à 450°.

Le raffineur exécute ces deux opérations dans le même appareil, par exemple celui de Michel et Lamy ; il se compose essentiellement d'un ou de deux cylindres en fonte qui tiennent lieu de cornues et d'une chambre de condensation en maçonnerie.

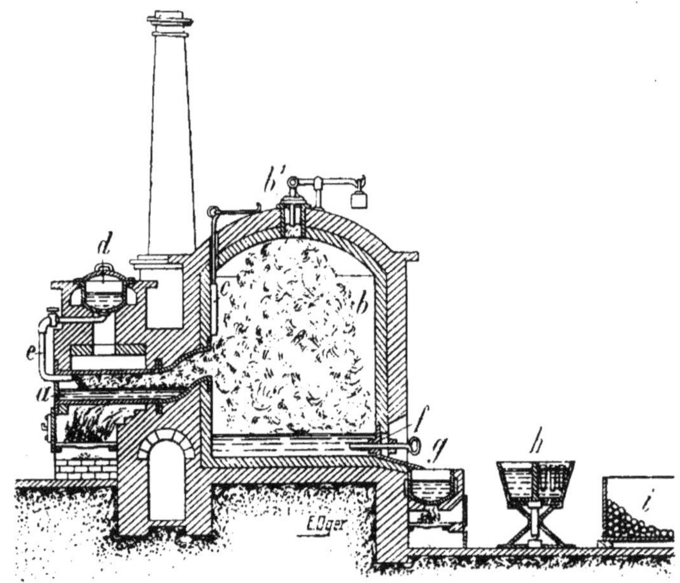

Fig. 8. — Appareil de Michel et Lamy.

a, cornue de distillation recevant le soufre fondu, par les chaleurs perdues, du récipient *d* au moyen du tube à robinet *e* ; *b*, chambre de condensation avec sa soupape *b'* ; *c*, registre permettant d'isoler la chambre de la cornue ; *f*, tampon de coulée ; *g*, cuve de seconde coulée réchauffée par un petit fourneau ; *h*, moules en bois plongeant dans de l'eau froide ; *i*, soufre en canons.

On emploie plutôt aujourd'hui l'appareil de DUJARDIN

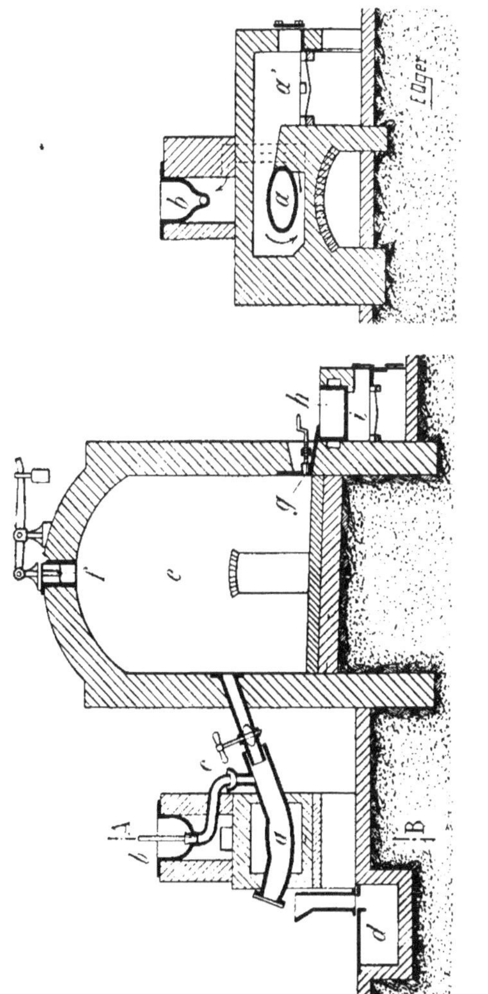

Fig. 9 et 10. — Raffinage du soufre brut. Appareil à cornue elliptique de DUJARDIN.

a, cornue elliptique avec son foyer *a'* ; *b*, chaudière de fusion avec son tampon de coulée ; *c*, vanne; *e*, chambre de condensation ; *f*, soupape permettant l'expulsion des gaz ; *g*, tampon de coulée de la chambre ; *h*, cuve de seconde fusion et son fourneau *i* ; *d*, étouffoir destiné à recueillir les résidus de soufre.

qui utilise une cornue en fonte de forme lenticulaire, c'est-à-dire large, évasée et peu profonde, de façon à éviter la surchauffe. Sa section verticale est celle d'une ellipse aplatie ; elle mesure 2 m. 50 de longueur sur 1 mètre de largeur à son milieu et 0 m. 60 de hauteur, l'épaisseur des parois est de 20 millimètres au ciel et de 30 millimètres sur le fond. Le fond de cette cornue, comme le montre distinctement notre figure, forme une cuvette plate dont la profondeur n'excède pas 15 centimètres. Elle se raccorde par un tuyau à bride, venu de fonte, avec le fond d'une chaudière en fonte, assise dans le même massif de maçonnerie. C'est dans cette seconde chaudière qu'a lieu la première partie de l'opération : le chauffage prolongé à 120-130°.

La chaudière lenticulaire est reliée à la chambre de condensation par un large ajutage, que l'on peut fermer à l'aide d'une clé analogue à celle des poêles, afin que l'air ne puisse pas pénétrer lorsqu'on vide la cornue.

Le foyer est établi latéralement et chauffé à la houille ; la flamme circulant dans le fourneau perpendiculairement à la direction de la cornue entre d'abord au-dessus de celle-ci, descend par le fond et s'échappe après avoir léché les parois de la chaudière de fusion. Cette dernière communique avec la cornue par le tube dont nous avons parlé, obturé à l'aide d'une soupape conique.

Quant au condenseur, il consiste en une chambre en maçonnerie dont la dimension varie suivant que l'on veut faire du soufre en canons ou en fleurs. Cette chambre voûtée, à parois lisses pour que le soufre n'y adhère pas, est légèrement inclinée et munie d'une porte fermée par une plaque de fonte dans laquelle on a pratiqué un trou rond qui servira à la coulée du soufre liquide.

Une soupape est placée sur le sommet de la chambre de façon à permettre le dégagement des gaz.

9. Fabrication du soufre en fleur. — La fabrication de la fleur de soufre ou du soufre en canons a lieu en général dans les mêmes appareils et ne dépend que de la rapidité avec laquelle on pousse l'opération. Si l'on distille lentement le soufre, la température de la chambre en maçonnerie restera toujours inférieure à la température de fusion du soufre, et la vapeur de ce dernier passera immédiatement à l'état solide sans passer par l'état liquide. On obtiendra une fine farine : la fleur de soufre. Si le condenseur est plus petit ou si, ce qui revient au même, la distillation est poussée énergiquement, l'ensemble de la chambre atteint bientôt 114°, et le soufre se condense à l'état liquide et, grâce au fond incliné de la chambre de condensation, se rassemble dans la région du trou de coulée.

Pour faire de la fleur de soufre, en utilisant la cornue lenticulaire des dimensions que nous avons indiquées, et une chambre de condensation de 500 à 600 m³ (6 m. $\times$ 15 m. $\times$ 6 m.), on distille 600 kilos de soufre à la fois, en s'arrangeant pour en faire passer environ 100 kilos à l'heure. Toutes les six heures, on fait écouler le contenu de la chaudière supérieure (que l'on a eu soin de recharger) dans la cornue lenticulaire, et l'on arrive ainsi à distiller près de 2 tonnes 1/2 en 24 heures.

Quand on a distillé 7 à 8 tonnes, c'est-à-dire au bout de 72 heures environ de travail continu, la chambre commence à s'échauffer. On laisse tomber le feu et au bout de quatre à cinq heures, on peut fermer la clé et nettoyer la cornue. On aère la chambre, et le lendemain on peut y pénétrer pour enlever le soufre.

La fleur de soufre est mélangée, dans la région où débouche la manche et qui a été la plus chauffée, à une petite quantité de soufre qui s'est liquéfiée et solidifiée sous forme de grumeaux, c'est le *candi*.

D'après Sorel, cette fabrication serait dispendieuse. On ne pourrait retirer de 1.000 kilos de soufre brut (qualité bonne seconde) que 700-750 kilos de fleur et 150-200 kilos de candi. Le poids des cendres n'excédant guère 80 kilos, il y aurait une perte de 80-100 kilos, soit 8-10 0/0. On estime les frais de fabrication à 5-6 fr. par 100 kilos.

Par contre, dans la fabrique de Wyndt-Aerts, à Merxem, près d'Anvers, la perte totale ne s'élèverait pas à plus de 2,23 0/0 et les résidus seraient complètement exempts de soufre (12).

Ce qu'il y a de certain, c'est que la fleur de soufre est de toutes les variétés la plus chère. En outre, elle contient toujours des traces d'acides sulfureux et sulfurique dont la plus grande partie peut être éliminée par lixiviation. Néanmoins, le soufre en fleur est préféré par l'agriculteur à cause de l'adhérence qu'il présente pour la végétation.

10. Fabrication du soufre en canons. — Pour obtenir du soufre liquide, ainsi que nous l'avons vu, il suffit de pousser plus activement la distillation ou de diminuer la dimension du condenseur. Avec l'appareil que nous avons étudié pour la fabrication de la fleur, il suffira de distiller 5.000 kilogrammes par 24 heures et d'avoir un condenseur de 200 à 250 m³ (6 m. × 6.7 m. × 6 m.). La marche des opérations sera continue pour la distillation et intermittente pour la coulée. On distillera 24 heures et on ne récoltera que pendant les 12 heures de jour. Aussi, le travail du moulage est-il confié à des femmes. Le soufre liquide à 120-130° est reçu d'abord dans une petite chaudière en fer chauffée par un fourneau spécial. C'est dans cette chaudière que l'ouvrière puise le soufre et le coule dans des moules en bois, coniques, fermés dans le bas par un bouchon et maintenus humides. Aussitôt le moule rempli, elle le dépose dans un bac cylindrique rempli d'eau et pouvant tourner sur son axe. Au fur et à mesure que le travail avance, l'ouvrière fait tourner le tambour de façon à avoir constamment devant elle un moule et une case vides. Au bout d'un quart d'heure, une autre ouvrière enlève les moules et détache le canon de soufre au moyen d'un coup sec. Pour le soufre en canons, on peut faire six distillations par 24 heures. Une distillation de 600 kilogrammes exige 500 kilogrammes de charbon ; aussi la fabrication du soufre en canons revient-elle à 4·5 francs les 100 kilogrammes.

§ 3. — MATIÈRES EMPLOYÉES POUR REMPLACER LE SOUFRE NATIF

Le soufre natif d'origine volcanique n'est pas le seul produit dont on retire par extraction du soufre pur. On peut aussi en retirer des quantités importantes d'un certain nombre de produits naturels ou de résidus. Nous citerons : les marcs ou charrées de soude ; les masses d'épuration du gaz d'éclairage ; les pyrites et les blendes ; les acides sulfureux et sulfhydrique résiduaires ou naturels, etc.

11. Soufre des pyrites. — La pyrite martiale FeS^2, sous l'action d'une forte chaleur, donne la moitié du soufre qu'elle contient. Comme il faudrait, pour obtenir ce résultat, chauffer les pyrites à une température à laquelle le sulfure de fer formé fondrait et détruirait les pots d'argile dans lesquels se pratique la distillation, on se contente de chauffer moins et de ne recueillir que 13 à 14 0/0 du soufre. Dans ces conditions, le résidu de la distillation est pulvérulent. En Bohême, où l'on pratiquait cette extraction sur une grande échelle, le sulfure de fer résiduel était mis en tas sur des aires inclinées ; sous l'action de l'air et de la pluie, il se transformait en sulfate que l'on recueillait par lixiviation. C'est ce sulfate ferrique qui servait en petite partie à la préparation de l'acide sulfurique fumant, dit de Nordhausen, dont nous parlerons plus loin. A l'heure actuelle les anciennes usines de

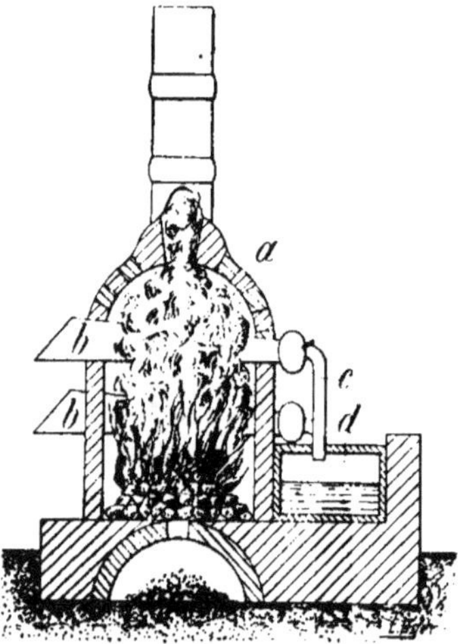

Fig. 11. — Four à cornues pour la distillation de la pyrite en Bohême.

a, four à moufles ; bb, moufles carrés dans lesquels on introduit par l'ouverture en biseau le minerai à distiller ; c, d, tubes de condensation aboutissant à un réservoir à eau.

Johann David STARCK à Littmitz (Altsattel, Bohême) distillent encore de petites quantités de pyrite pour la préparation de la couperose verte (sulfate de fer). Vers 1875 les usines de Saint-Gobain ont fait aussi quelques essais dans ce sens (12ᵃ).

Le soufre brut obtenu par distillation de la pyrite est

vert gris, on le purifie en partie par simple fusion et on le livre au commerce sous le nom de *soufre fondu*. Les pyrites étant toujours arsénicales, le soufre brut l'est aussi, plus ou moins. On le purifie par distillation et le résidu de cette opération porte le nom de *soufre cabalin*; il est employé en médecine vétérinaire. Le soufre retiré des pyrites est jaune foncé. Cette couleur provient de traces de thallium et d'un peu d'arsenic.

De 1863 à 1872 les usines STARCK extrayaient près de 50.000 quintaux de soufre par an.

12. Soufre des masses d'épuration du gaz d'éclairage. — La purification du gaz d'éclairage brut a lieu presqu'exclusivement au moyen du mélange LAMING, qui consiste en un mélange d'oxyde ferrique et de sciure de bois. Sous l'action de l'hydrogène sulfuré, l'oxyde ferrique est réduit avec formation d'eau et dépôt de soufre suivant l'équation :

$$Fe^2O^3 + H^2S = 2FeO + H^2O + S.$$

La quantité de soufre pouvant s'accumuler dans le mélange Laming peut atteindre 60 0/0 et plus. Comme on le voit, c'est une source importante ; aussi en retire-t-on le soufre directement par le sulfure de carbone, ou bien la masse est grillée (ce qui a plus généralement lieu) et les gaz sont directement utilisés à la fabrication de l'acide sulfurique.

Analyses de masses d'épuration du gaz

(Davis *Ch. N.*, **36**, 189, d'après Lunge, **1**, 60).

RÉSIDUS PROVENANT DE	$Fe^2(OH)^6$ ppté	Limonite	Sulfate de fer	Mauvais oxydes
Sesquioxyde de fer hydraté..	17,74 — 19,36	15,96 — 26,42	5,04 — 6,84	8,72 — 20,40
Sciure de bois..	1,98 — 4,72	1,14 — 3,72	1,04 — 3,24	2,16 — 9,76
Carbonate de chaux.......	0 — 1,04	0 — 1,73	0 —	0 — 10.36
Sulfocyanure d'ammonium.	1,99 — 2,74	0,94 — 1,93	1,98 — 3,41	1,18 — 4,72
Ferrocyanure d'ammonium.	traces	traces — 0,21	0,27 — 0,64	traces — 0,44
Goudrons......	0,72 — 1,22	0,92 — 1,14	0,72 — 1,18	0,55 — 1,04
Soufre.........	62,44 — 67,18	48,76 — 57,44	48,76 — 57,74	32,42 — 42,16
Insoluble dans HCl dilué....	3,66 — 5,47	9,74 — 11,42	7,82 — 12,68	12,12 — 20,71
Bleu de Prusse .	—	traces — 0,17	traces — 1,74	traces — 0,64
Sulfate de chaux	—	—	traces — 1,43	0 — 3,23
Sulfate d'ammoniaque	—	—	12,78 — 16,72	0 — 1,14
Humidité (par différence)...	4,72 — 5,76	7,22 — 10,82	7,98 — 9,22	7,49 — 33,41

Analyse de M. Niermeyer

d'après BORLAS, *Traité pratique de la fabrication du gaz*, page 302.

NATURE DU MÉLANGE ÉPURANT	Soufre total	Cyanogène total	H^2SO^3 total	Sulfate d'ammoniaq.	$NH3$ total	Bleu de Prusse	Soufre pur	Sulfocyan. AzH^3	Divers solubles H^2O chaux
Oxyde naturel mélangé à moitié volume de poussier de charbon .	33,40	4,62	1,75	2,35	1,90	0,81	30,61	5,95	9,22
Lux-masse pure	45,31	8,18	4,40	5,92	3,14	4,19	41,76	7,14	16,83

Accroissement de la quantité de soufre dans une matière épurante à diverses époques de sa revivification (*Id.*, p. 303).

ÉLÉMENTS CONSTITUTIFS	MATIÈRE REVIVIFIÉE		
	1 fois	2 fois	3 fois
Sulfate d'ammoniaque..............	0,20	0,52	0,77
Ferrocyanure d'ammonium..........	1,00	2,00	4,40
Sulfocyanure d'ammonium....... ...	4.69	7,82	14,08
Oxydes de fer.....................	41,82	26,90	16,82
Bleu de Prusse	5,93	7,84	11,12
Soufre............................	15,24	28,20	33,50
Sciure, goudron, etc...............	31,12	29,72	19,31

L'extraction du soufre des masses d'épuration du gaz, par le sulfure de carbone, se fait facilement; mais ensuite, au moment de la distillation de la solution sulfocarbonique, on obtient un soufre impur, chargé de goudron, que l'on est obligé de distiller, ce qui provoque quelquefois des explosions. C'est du moins une des raisons qui ont fait cesser l'exploitation de la *Société des soufres purs*, à Saint-Ouen-d'Aumone (GROGNOT). On a proposé aussi la distillation dans un courant de vapeur d'eau surchauffée (13) ou l'extraction par le benzol chaud.

13. Soufre des pyrites et des blendes. — Le soufre est extrait par grillage sous forme d'acide sulfureux et directement utilisé (voyez plus bas, fabrication de l'acide sulfurique).

On peut aussi obtenir directement du soufre si l'on dirige un courant d'acide sulfureux sur des charbons ardents ; ceux-ci brûlent en se transformant en acide carbonique et

le soufre se sépare. On obtiendrait de cette manière, lors
du grillage de la blende à Borbeck, près d'Essen, de
notables quantités de soufre.

**14. Soufre des acides sulfureux et sulfhydrique
naturels et artificiels.** — Dès 1830, DUMAS avait observé
que, lorsqu'on brûle un mélange formé de deux volumes
d'hydrogène sulfuré et d'un volume d'anhydride sulfureux, il se forme du soufre pur et de l'eau d'après l'équation :

$$SO^2 + 2H^2S = 2H^2O + 3S.$$

On utilise quelquefois cette réaction. Ainsi, le traité de
WAGNER-FISCHER-GAUTIER mentionné l'usine de Zalatna, en
Transylvanie, où l'hydrogène sulfuré produit par la dissolution des mattes d'emplombage dans l'acide sulfurique
est décomposé par des gaz provenant du grillage de
schistes pyriteux. Afin que le soufre qui se forme pendant
la réaction se dépose sous une forme grenue, facile à
filtrer, l'opération a lieu dans des tours à chicanes arrosées par une solution de chlorure de calcium (SCHAFFNER-
HELBIG). A Zalatna, on extrait environ 300 kilos de soufre
en morceaux par 24 heures, ce qui fait environ 100 tonnes
par an.

On obtient encore de l'acide sulfhydrique dans le traitement du *kelp* (voyez plus bas) en vue de l'obtention des
sels potassiques et de l'iode. L'usine de Paterson, à
Glascow, produirait de cette façon aussi 100 tonnes de
soufre par an.

15. Soufre des marcs de soude. — Les marcs de
soude, ou charrées, sont les résidus de la lixiviation de
la soude brute obtenue par le procédé LEBLANC (voyez plus
bas). Ces résidus sont particulièrement encombrants. On

les utilise en général comme remblais ; mais sous l'action de l'air ces sulfures s'oxydent, en s'échauffant fortement.

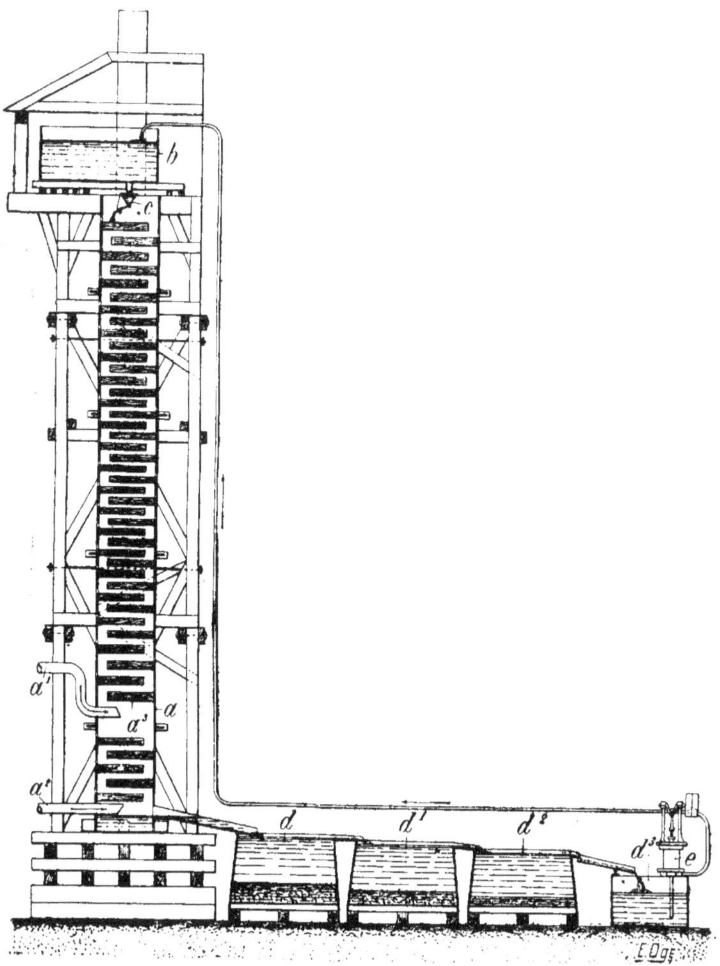

Fig. 12. — Tour à réaction de Zalatna (Hongrie) pour régénérer le soufre d'après la réaction $SO_2 + 2H_2S = 3S + 2H_2O$.

a, colonne à plateaux ; a^1, amenée du gaz sulfhydrique ; a^2, amenée du gaz sulfureux : a^3, chambre de réaction : b, bac à eau ; c, déversoir automatique ; d, d^1, d^2, d^3, bacs à dépôt de soufre ; e, pompe mue par la transmission de l'usine.

Sous l'action combinée de l'acide carbonique de l'air et de la chaleur, le soufre libéré peut même s'enflammer en répandant des torrents d'anhydride sulfureux. En outre, sous l'action de l'eau et de l'acide carbonique, des sulfhydrates et des polysulfures solubles prennent naissance et produisent des infiltrations qui contaminent les sources et les cours d'eau. On comprend que les marcs de soude soient l'un des principaux inconvénients du procédé LEBLANC si l'on réfléchit que chaque tonne de soude laisse un résidu de 1.500 kilogrammes de marc. Il n'est donc pas étonnant que, non seulement en vue d'éviter ces inconvénients mais aussi pour diminuer les frais de fabrication de la soude LEBLANC, on ait cherché à régénérer une partie du soufre des résidus, soit sous forme de soufre pur à l'état solide, soit sous forme de gaz sulfhydrique ou sulfureux pouvant être utilisés directement à la fabrication de l'acide sulfurique.

Examinons avec M. Ch. COMBES (*Conférences du laboratoire* FRIEDEL, t. IV, p. 28) la situation faite aux fabriques de soude par le procédé LEBLANC dans différents pays, vis-à-vis de leurs concurrentes les fabriques de soude à l'ammoniaque.

Le procédé LEBLANC, consomme deux fois plus de houille que le procédé à l'ammoniaque : c'est là son infériorité. Jusqu'à présent le soufre était perdu dans le premier cas ; la totalité de l'acide chlorhydrique et une partie du chlorure de sodium dans le second. Il résulte de là que pour chaque pays, il doit se produire un état d'équilibre, dans l'application des deux procédés, qui est fonction : des prix de la pyrite, de la houille, du chlorure de sodium, de la consommation et du prix des chlorurés décolorants.

En Angleterre, où les pyrites espagnoles arrivent à très bon compte, où la houille est bon marché et le chlorure de sodium relativement cher, et où la consommation de chlorures décolorants est énorme, les conditions sont particulièrement favorables au procédé LEBLANC.

En Allemagne, par contre, où la houille est plus chère et le chlorure de sodium très abondant, la fabrication de la soude à l'ammoniaque a fait de rapides progrès.

En France, la soude à l'ammoniaque s'est développée très rapidement grâce à la cherté de la houille et au bas prix du chlorure de sodium fourni par les salines de l'Est.

La découverte de la régénération du soufre des marcs de soude est peut-être appelée à rompre l'équilibre en faveur du procédé LEBLANC, dans les pays qui sont grands consommateurs de soufre à cause de leurs vignobles, comme la France, par exemple : l'installation du nouveau procédé Chance par la Compagnie de Saint-Gobain, dans deux de ses usines (à Chauny et à Saint-Fons), il y a déjà plusieurs années, en est la meilleure preuve.

Nous allons montrer maintenant comment on a cherché à tirer parti des marcs de soude.

Les premiers chercheurs qui dans cette voie aboutirent à un résultat furent SCHAFFNER, à Aussig, et GUCKELBERGER, dont le procédé fut définitivement mis sur pied par Ludwig MOND. Avant la guerre de 1870, P.-W. HOFMANN, aujourd'hui à Ludwigshafen-sur-Rhin, monta à Dieuze, en Lorraine, un procédé de régénération du soufre des charrées de soude, doublé de la revivification du manganèse contenu dans les lessives manganiques (muriates) provenant de la préparation du chlorure de chaux.

Les procédés de SCHAFFNER et de MOND sont assez semblables et reposent tous deux sur l'oxydation des marcs, par l'air atmosphérique, et le lessivage des produits obtenus, de façon à avoir finalement un mélange de polysulfure et d'hyposulfite. Cette lessive sous l'action de l'acide chlorhydrique, quand elle a été convenablement préparée, se décompose sans dégagement ni de gaz sulfureux ni de gaz sulfhydrique. Il y a formation de chlorure de calcium et dépôt de soufre d'après l'équation :

$$S^2O^3Ca + 2CaS^5 + 6HCl = 3CaCl^2 + 3H^2O + S^7.$$

Le procédé LEBLANC n'a plus d'autre raison d'exister aujourd'hui, que d'une part le fait que les installations sont fortement ou même complètement amorties et que d'autre part il est la seule source importante d'acide chlorhydrique ; les procédés de SCHAFFNER et de Ludwig MOND ne sont d'ailleurs plus employés, étant devenus in-

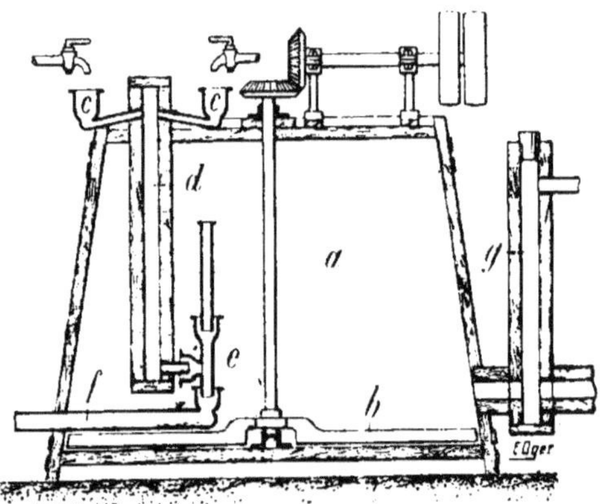

Fig. 13. — Appareil pour faire réagir les polysulfures
sur l'acide chlorhydrique.

a, cuve à réaction en bois ; *b*, agitateur à palettes commandé par la transmission générale de l'usine ; *c, c*, arrivées de l'acide chlorhydrique et des solutions de polysulfures et hyposulfites : *d*, tube en bois dans lequel les solutions se mélangent ; *e, f*, tube permettant de prendre un échantillon et de voir si la réaction se fait dans les bonnes proportions ; *g*, tube de décharge des boues et des liquides.

applicables à cause de la valeur qu'a prise l'acide chlorhydrique au cours de ces dernières années.

Il n'en est pas de même du procédé CHANCE, dû à MM. SCHAFFNER et HELBIG, qui emploie comme acide décomposant l'acide carbonique, déjà proposé par GOSSAGE dès 1837 pour utiliser la réaction de DUMAS (voyez plus haut). Le procédé de SCHAFFNER et HELBIG a en outre un autre avantage, c'est qu'il régénère toute la chaux et tout le soufre sous une forme utilisable, tandis qu'avec les procédés qui reposent sur l'oxydation du sulfure de calcium (SCHAFFNER et MOND) on perd toute la chaux et une partie du soufre.

Le procédé SCHAFFNER et HELBIG repose sur le peu de stabilité du sulfure de magnésium qui se forme transitoirement, quand on mélange du sulfure de calcium avec du chlorure de magnésium :

$$CaS + MgCl^2 = MgS + CaCl^2$$
$$MgS + 2H^2O = Mg(OH)^2 + H^2S.$$

C'est à ce moment qu'intervient l'acide carbonique pour régénérer le chlorure de magnésium :

$$Mg(OH)^2 + CaCl^2 + CO^2 = MgCl^2 + CaCO^3 + H^2O.$$

Le cycle est donc complètement fermé.

L'hydrogène sulfuré obtenu est brûlé en partie (1/3) pour former du gaz sulfureux ; on le fait absorber par de l'eau dans laquelle on dirige les autres 2/3 d'hydrogène sulfuré. La réaction :

$$2H^2S + SO^2 = 2H^2O + S^3$$

prend naissance et l'on obtient un lait de soufre précipité.

Ce lait contient beaucoup d'acides thioniques dont on évite la formation au moyen d'une adjonction de chlorure de calcium ou de magnésium qui les détruisent et donnent un précipité sablonneux de soufre, facile à filtrer (voyez plus haut l'installation de Zalatna).

D'après Sorel, ce procédé qui avait été monté à Oldbury, en Angleterre, à l'usine Chance, dut disparaitre parce que la Compagnie Tharsis se décida à baisser de 0 fr. 62 à 0 fr. 31 le prix de l'unité de soufre par tonne de pyrites d'Espagne, et comme le prix de revient du procédé Schaffner-Helbig était précisément de 0 fr. 31, il n'avait plus de raison d'être.

Procédé Chance-Claus. — De 1883 à 1888, l'usine d'Oldbury continua ses recherches, en utilisant toujours l'idée de Gossage, et arriva, après cinq années de travail opiniâtre, à mettre sur pied le *nouveau procédé* Chance qui utilise les recherches de Claus.

Ce procédé consiste à brûler l'hydrogène sulfuré en présence d'une substance de contact qui n'est autre chose que des résidus de pyrite (Fe^2O^3). On sait en effet que lorsqu'on chauffe de l'oxyde de fer dans un courant d'hydrogène sulfuré, à une certaine température il se forme de la vapeur d'eau et du sulfure de fer Fe^3S^4 (pyrite magnétique). Cette dernière, à une température plus élevée et dans un courant d'air, se transforme à nouveau en oxyde ferrique avec dégagement de gaz sulfureux, ou de soufre si l'air est en quantité insuffisante. Le procédé Claus consiste donc dans la combustion d'un mélange dosé de gaz sulfhydrique et d'air dans un four contenant comme masse de contact des résidus de pyrites. Il se forme alors du soufre qui distille et de la vapeur d'eau qui se condense.

L'oxyde de fer n'est pas indispensable pour que la réaction ait lieu, des briques concassées suffisent, à condition que les gaz dilués traversent à leur sortie une couche d'oxyde ferrique pour assurer la fin de la réaction.

Le nouveau procédé Chance (voyez *Conférences* Friedel, *loc. cit.*) consiste donc : 1° dans la transformation du sulfure de calcium des marcs en gaz sulfhydrique, de

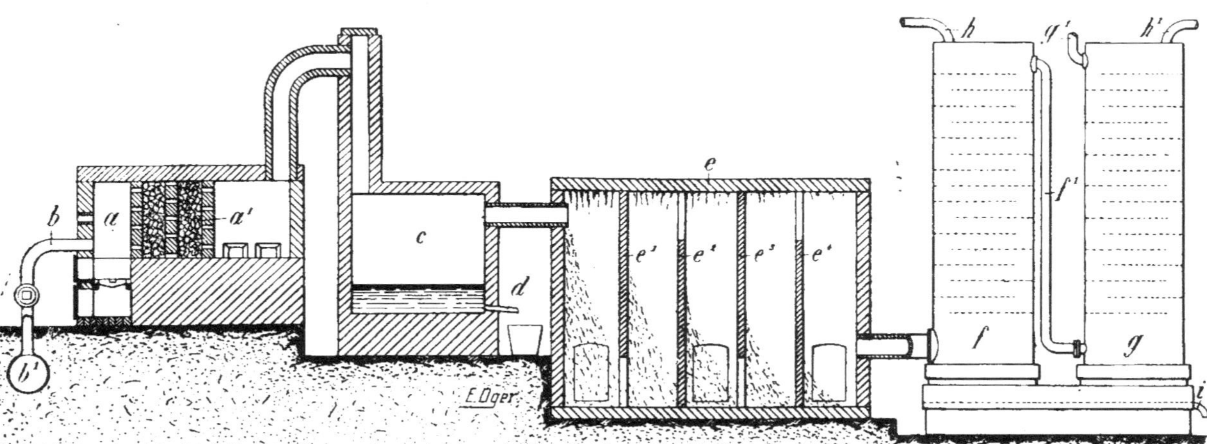

Fig. 14. — Schéma de l'appareil Chance Claus pour la régénération du soufre.

a, *a*¹, four à briques pilées et oxyde de fer ; *b*, amenée du gaz sulfhydrique provenant de la conduite *b*¹ ; *c*, chambre en maçonnerie où l'on condense le soufre liquide que l'on recueille en *d* ; *e*, *e*¹, *e*², *e*³, *e*⁴, chambres à fleur de soufre ; *f* et *g*, tours de condensation du gaz sulfureux par des liquides arrivant en *h* et *h*¹ et sortant en *i*.

composition relativement constante, au moyen de gaz carbonique de four à chaux (30 0/0 CO^2, 70 0/0 N) ; 2° dans la combustion de ce gaz dans un four CLAUS ; 3° dans la condensation des vapeurs au moyen de deux chambres contiguës et communiquant par le haut, l'une pour le soufre liquide, l'autre pour la fleur mélangée à de l'eau.

Voici comment on est arrivé à avoir un gaz sulfhydrique de composition relativement constante et à l'état concentré permettant, quand les cours du soufre sont trop bas, de faire directement du gaz sulfureux à une concentration assez élevée pour l'utiliser, dans les chambres de plomb, à la fabrication de l'acide sulfurique.

Quand on fait barboter de l'acide carbonique dans un sulfure alcalin ou alcalino-terreux il est tout d'abord *complètement absorbé sans dégagement d'acide sulfhydrique* :

$$2CaS + H^2O + CO^2 = CO^3Ca + Ca(SH)^2.$$

C'est la première phase, mais si l'on continue à faire passer du gaz carbonique le sulfhydrate de calcium est décomposé à son tour et l'hydrogène sulfuré se dégage :

$$Ca(SH)^2 + H^2O + CO^2 = CO^3Ca + 2H^2S.$$

C'est la seconde phase.

Le tour de main employé par CHANCE est donc le suivant. La saturation des marcs de soude est opérée en deux fois dans une série de cylindres, dont il faut au moins trois pour un travail continu. Le premier cylindre (contenant CaS) reçoit du gaz carbonique à 25-30 0/0 provenant du four à chaux et contenant 70 0/0 d'azote, il transforme le sulfure en sulfhydrate et *rejette dans l'atmosphère* les 70 volumes d'azote qui de cette façon ne sont pas dirigés sur le gazomètre et ne viennent pas diluer l'hydrogène sulfuré ; celui-ci se dégage dans le second cylindre qui contient $Ca(SH)^2$ et reçoit CO^2 à 30 0/0, il se forme donc H^2S à 30 0/0 que l'on recueille. Le troisième est supposé en vidange.

Au bout de deux heures environ, par une manœuvre de robinets, on met le cylindre n° 2 hors de service, c'est-à-dire en vidange, le cylindre n° 1 est transformé en $Ca(SH)^2$ et est en mesure de dégager son hydrogène sulfuré qui est dirigé sur le gazomètre. Le cylindre n° 3 qui vient d'être rechargé, reçoit du gaz carbonique de façon à opérer la transformation du sulfure en sulfhydrate. L'opération se continue ainsi sans arrêt et la composition du gaz sulfhydrique reste constante.

Dans l'industrie, pour utiliser complètement l'acide carbonique, on le fait barboter dans plusieurs cylindres. On emploie par exemple pour une usine traitant 50 tonnes de sulfate par jour, une batterie de sept cylindres de 1 m. 80 de diamètre et de 4 m. 50 de hauteur.

On suit la marche des réactions de deux façons : 1° On se rend compte de la richesse des gaz en hydrogène sulfuré par leur faculté de pouvoir s'allumer. 2° On constate l'épuisement complet des charrées dans les cylindres devant être vidangés en filtrant un échantillon du liquide qui ne doit plus donner de réaction très sensible avec les sels de plomb.

Voici à titre d'exemple l'analyse du liquide filtré d'un cylindre en vidange :

	Grammes par litre
Bicarbonate de soude calculé en Na^2O.	6,63 — 8,61
Bicarbonate de chaux	1,50 — 2,16
Soufre total	0,22 — 1,11
Soufre sous forme de sulfates . . .	Traces

Soufre sous forme de thiosulfates . .   0,05 — 0,23
Soufre sous forme de sulfures . . .   Néant
Acide silicique . . . .   0,00 — 0,08
Alumine et peroxyde de fer . . . .   Traces

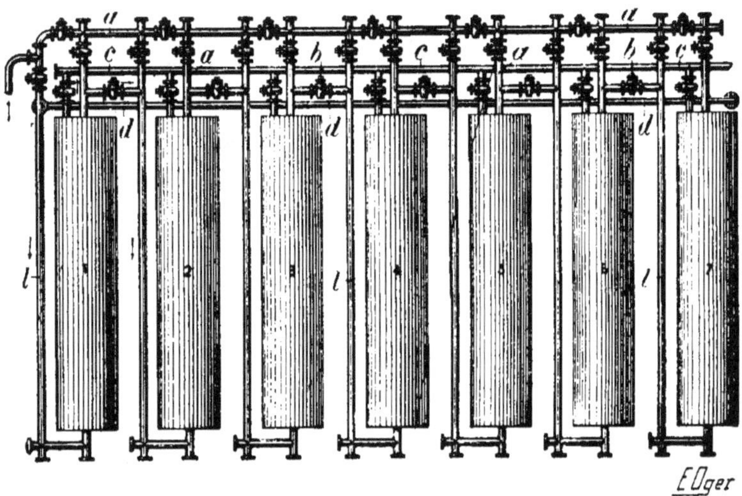

Fig. 15. — Les cylindres du procédé Chance, avec leur tuyauterie et robinets de manœuvre.

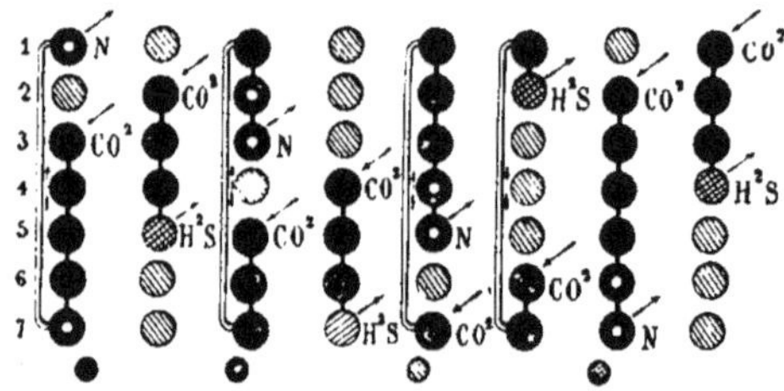

Fig. 16. — Cylindres du procédé Chance. Schéma montrant la marche des gaz dans les 7 cylindres.

Dans une fabrique traitant journellement 50 tonnes de sulfate, un gazomètre de 850 mètres cubes environ (par

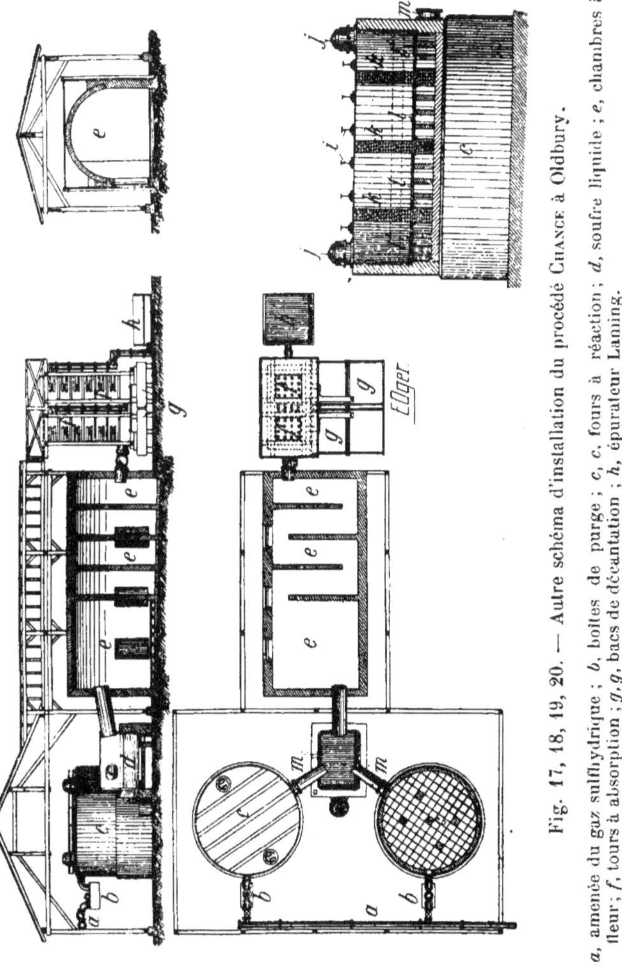

Fig. 17, 18, 19, 20. — Autre schéma d'installation du procédé Chance à Oldbury.

a, amenée du gaz sulfhydrique ; *b*, boîtes de purge ; *c, c,* fours à réaction ; *d*, soufre liquide ; *e*, chambres à fleur ; *f*, tours à absorption ; *g, g,* bacs de décantation ; *h*, épurateur Laning.

exemple de 4 m. 20 de hauteur et 15 mètres de diamètre) suffit. L'hydrogène sulfuré étant très soluble dans l'eau, pour éviter les pertes, on recouvre cette dernière avec une couche d'huile lourde de goudron.

Le gaz sulfuré obtenu dans le procédé Chance a une composition relativement très constante, il est formé d'un tiers d'hydrogène sulfuré et de deux tiers d'azote.

Voici, d'après Chance, le résultat moyen de huit analyses de gaz sulfuré pendant une période de quatre jours.

Hydrogène sulfuré. . .   32,3-34 0/0 en volume.

Acide carbonique . . .   1,10-2,0   —

Azote (par différence). .   66-66,4   —

Pendant cette période de quatre jours, la composition du gaz carbonique du four à chaux avait varié de 27,0 à 29,1 0/0 d'anhydride carbonique.

Ce gaz sulfuré à 33 0/0 brûle parfaitement dans le four Claus, il brûle même avec une teneur de 25 0/0. Les chaleurs perdues du four Claus sont utilisées pour concentrer en partie l'acide sulfurique des chambres.

Quant aux boues qui restent après la vidange des cylindres, on s'en sert à nouveau pour la préparation de la soude, en les employant au mélange de sulfate, de calcaire et de charbon, ou bien on en fait du ciment.

Le procédé des frères Chance a été monté en France par la Société de Saint-Gobain ; mais il se répand peu, surtout en Allemagne, comparativement au développement pris par le procédé Solvay. Il possède néanmoins un intérêt considérable si l'on tient compte de ce qu'il ne nécessite aucun combustible quand la mise en train a été effectuée, et relativement peu de force motrice. Les frais de fabrication du soufre ou de l'acide sulfurique se réduisent donc à l'entretien du four à chaux (dont la chaux est utilisée à la fabrication du chlorure de chaux et de la soude caustique). Quant à l'acide sulfurique obtenu, il est extrèmement pur et ne contient que des traces de fer et d'arsenic.

En Angleterre, on régénérait par ce procédé, en 1898, 31.000 tonnes de soufre (14).

§ 5. — PROPRIÉTÉS DU SOUFRE

16. Le soufre se présente sous forme d'une masse jaune, friable, dont la couleur disparaît par l'abaissement de la température : à —50° le soufre est d'un blanc opalin. L'élévation de température en fonce la couleur, à 100° il est brunâtre et à l'état fondu il est brun noir.

Le poids spécifique du soufre est de 1,98 à 2,06 ; il fond à 113°-113°.5. A 160°, le liquide fondu très fluide s'épaissit et devient jaune orangé, à 220°, il est visqueux et rougeâtre, à 250° il est si visqueux que l'on peut retourner le vase où le soufre a été fondu sans crainte de le renverser, vers 350° il redevient plus liquide et distille à 448° en donnant des vapeurs d'un rouge foncé.

Sa température d'ébullition est fortement abaissée par la diminution de pression ; avec un bon vide il se sublime déjà nettement à 100° (15).

Le soufre visqueux, à 250°, versé brusquement dans l'eau froide, ne se solidifie pas immédiatement, mais reste mou pendant plusieurs jours avant de reprendre sa nature cassante.

Ce *soufre plastique* sert à confectionner des moules et à prendre des empreintes.

Le soufre brûle, il s'enflamme à 282° dans l'oxygène et à 363° dans l'air (16) et donne de l'anhydride sulfureux.

Le soufre est très soluble dans le sulfure de carbone ;

Cossa (17) a déterminé sa solubilité de — 11° à + 55° ; 100 parties de sulfure de carbone dissolvent :

à — 11°	16,34 parties de soufre
0	24 —
+ 15	37,15 —
22	46,05 —
48,5	146,21 —
55	181,34 —

Cette dernière température est le point d'ébullition de la solution saturée.

Pfeiffer (18) a donné des tables fournissant le poids de soufre contenu dans 100 grammes de solution sulfocarbonique.

Voici encore d'autres indications de solubilité qui peuvent être utiles dans l'industrie :

100 parties de benzène à la temp. de 26° dissolvent 0,965 p. de soufre

—	—	—	71	—	4,377	—
—	toluène	—	23	—	1,479	—
—	éther	—	23,5	—	0,972	—
—	chloroforme	—	22	—	1,250	—
—	phénol	—	174	—	16,350	—
—	aniline	—	130	—	85,270	—
—	huile de lin	—	29	—	0,630	—
—	—	—	160	—	9,129	—
—	glycérine	—	17	—	0,10	—

Benzines lourdes (150°-200°) . . . .   15°   2,6
   —   —   . . . .   100°   26,4
Huiles lourdes de goudron passant de 150° à 300° .   15°   7,0
                                                     100°   54,0
                                              > 120° ∞

Le soufre en brûlant donne 2.221 calories par kilogramme.

Les différentes modifications du soufre ne donnent pas le même nombre de calories à la combustion.

1 mol. 32 gr.	BERTHELOT (24) cal.	THOMSEN (25) cal.
Soufre rhombique (octaédrique).	69,260	71,080
— monoclinique		71,720

Le soufre ne se combine pas à l'hydrogène à 120° mais bien à 200°. Par l'ébullition avec de l'eau le soufre donne de l'hydrogène sulfuré et de l'acide sulfurique.

Dans l'eau il est insoluble, un peu soluble dans l'alcool et l'éther absolus, plus facilement dans les corps gras à chaud, en donnant les *baumes de soufre.*

Le soufre cristallise sous deux formes : soufre rhombique ou octaédrique et soufre monosymétrique ou prismatique; la température de 97°,6 est la limite au-dessus et au-dessous de laquelle prédominent respectivement les formes prismatique et octaédrique.

Le soufre présente encore la particularité d'avoir deux points de fusion : le soufre monosymétrique fond à 120°, mais si l'on réussit à chauffer les cristaux rhombiques sans les transformer, ils fondent d'après BRODIE à 114°,5 (19).

Le soufre se présente sur le marché sous quatre formes différentes :

1° Le soufre brut, en morceaux compacts ou caverneux ;

2° Le soufre en canons, c'est-à-dire moulé en forme de cylindres légèrement coniques ;

3° La fleur de soufre, fine farine obtenue par sublimation ;

4° Le soufre trituré, obtenu par broyage du soufre brut.

17. Usages du soufre. — Comme nous l'avons vu, l'agriculture peut utiliser directement le soufre brut.

Il en est de même pour l'industrie du blanchiment

de la laine ; pour la soie, la paille et les plumes, on utilise
de plus en plus les peroxydes (peroxyde d'hydrogène, de
sodium, de baryum, etc.) à la place du soufre.

Le plus grand consommateur de soufre est incontesta-
blement l'agriculture, et spécialement la viticulture depuis l'apparition, en 1850, de l'*Oïdium Turckeri*, cham-
pignon microscopique se fixant à la surface des feuilles
et des grains de raisin, et ne disparaissant que grâce à
des soufrages répétés ; il en fut de même plus tard lorsqu'apparut le phylloxera, qui ne cède que sous l'action
du sulfure de carbone et des sulfocarbonates.

L'agriculture utilise le soufre principalement sous deux
formes, le soufre trituré et le soufre en fleur, ce dernier
est souvent préféré à cause de son adhérence, qu'il faut
pourtant augmenter parfois par l'adjonction de savon de
résine.

Le soufre brut est trituré au moyen de meules verticales, puis bluté. Ce travail ne revient qu'à 1 fr. 50 à
2 francs par 100 kilos.

Le soufre brut sert encore à faire des luts et des scel-
lements. On prépare un mastic en mélangeant 10 à 20
parties de soufre pulvérisé avec 100 parties de limaille
de fer, 3 à 5 de sel ammoniac et un peu d'eau. On se
sert de la pâte obtenue pour faire les joints des tuyaux
en fonte, car en séchant elle adhère si fortement que
l'on casse plutôt le tuyau que le mastic.

On fait encore un enduit inattaquable aux acides en
fondant deux parties de soufre, une de résine et deux de
briques pilées.

Le soufre fondu sert encore à sceller le fer dans la
pierre (¹), car d'une part il adhère fortement à la pierre

---

1. Cependant ce scellement ne réussit pas toujours. On cite la rup-

et d'autre part au fer grâce à la formation superficielle d'une petite quantité de sulfure de fer.

Le soufre brut sert aussi à la préparation des sulfites, hyposulfites et barèges.

Quant au soufre raffiné en fleur ou en canons, il est employé pour la préparation des allumettes, de la poudre de mine et de chasse, pour la vulcanisation du caoutchouc, etc., etc.

18. Statistique. — La production annuelle du soufre en Europe s'élève actuellement à peu près aux chiffres suivants, non compris le soufre régénéré :

Italie	575.000 tonnes
Espagne	6.000 »
Autriche	1.000 »
Allemagne	1.000 »
Autres Etats. . . .	1.000 »

La statistique que nous publions ci-dessous est extraite d'un travail du Dr Giulio PARIS, de la *R. Scuola di Viticoltura ed Enologia d'Avellino* (*Chem. Ztg.*, 1902, **26**, 727), nous lui empruntons encore quelques détails concernant l'industrie sicilienne du soufre.

En 1877, après une période très florissante de l'industrie soufrière italienne, le développement subit pris par les mines espagnoles de pyrites amena une perturbation très sensible du marché italien, les prix du soufre baissèrent considérablement et ne purent plus être remontés, néanmoins les affaires reprirent peu à peu et 5 ans après,

ture des pierres de taille du couronnement d'un pont, à Nantes, par suite d'un scellement de ce genre. Mais il faudrait connaître en détail les circonstances de l'opération, et nous nous bornons à conseiller des expériences comparatives avec le simple scellement au ciment de Portland.

en 1882 elles arrivent à leur apogée. Cette reprise est de
courte durée, les affaires déclinent de nouveau.

ANNÉES	DISTRICT D'AVELLINO		SICILE		PRODUCTION TOTALE DU SOUFRE ITALIEN	
	tonnes	lires	tonnes	lires	tonnes	lires
1877	8 300	456.500	239.221	20.706.544	276.041	25.013.244
1878	11.050	659.000	255 025	25.298.848	305.142	30.552.671
1879	13 200	729.150	329.984	32.142.607	376.316	36.477.537
1880	14.500	942.500	312.921	32.453.933	359.663	36.465.593
1881	16.000	1.040.000	323.151	37.250.216	373.160	41.907.966
1882	18.000	1.170.000	394.093	41.379.765	445.918	46.642.539
1883	15.500	930.000	391.689	37.210.455	446.508	42.393.199
1884	11.100	677.000	367.712	32.726.368	411.037	36.522 029
1885	14.500	760.000	377.194	31.307.102	425.547	34.964.129
1886	15 000	696.500	326.657	24.891.263	374.343	27.962.282
1887	13.700	655.000	300.802	20.905.739	342.215	23.694.194
1888	16.350	767.250	322.042	21.512.405	376.538	25.013.014
1889	13.960	660.240	327.672	22.117.860	371.494	24.652.876
1890	13.650	658 250	328.024	25 461.037	369.239	28.265.291
. . . .	. . . .	. . . .	. . . .	. . . .	. . . .	. . . .
1896	13.500	371.250	405.628	29.205.216	440.581	31.086.213
1897	19.500	1.006.500	474 111	42.854.893	518.942	46.245.272
1898	21.100	880.000	482.158	46.605.392	526.905	49.746.442
1899	32.750	1.626.000	537.093	51.222.559	597.891	55.582.581
1900	26.934	774.015	519.266	48.512.500	574.500	51.851.228

Le soufre retiré des pyrites en Bohême, en Saxe, en
Suède, en Irlande atteint à cette époque (1881) 250.000 tonnes ; le nouveau procédé Chance (1888) produit aussi du

soufre, ainsi en 1892 la France régénérait 100.000 tonnes de soufre des marcs de soude. Ces nouvelles sources
de soufre font une concurrence sérieuse au soufre italien.
Néanmoins dès 1895 les affaires reprennent, grâce à la
formation de l'ANGLO-SILICIAN SULPHUR COMPANY, et l'exportation du soufre italien, qui n'était que de 287.149 tonnes
en 1880, a atteint depuis les chiffres suivants :

ANNÉES	TONNES	LIRES
1895	317.566	20.641.796
1896	356.370	27.262.305
1897	358.932	34.098.568
1898	405.823	41.799.810
1899	424.018	43.461.876
1900	479.138	47.434.711

Voici en outre un tableau approximatif (20) des variations du prix de la tonne de soufre depuis 40 ans :

1860.	. . .	120 fr.	1892. . . .	95 fr.
1865.	. . .	120	1893. . . .	72
1870.	. . .	121	1894. . . .	62 50
1875	. . .	142	1895. . . .	55
1880.	. . .	100	1896. . . .	75
1885.	. . .	83	1897. . . .	92
1890.	. . .	77	1898. . . .	92
1891.	. , .	113	1900. . . .	95

En 1900, d'après LUNGE (21), la qualité d'exportation
ordinaire de soufre sicilien (best thirds) valait, fob. Cata-
nia, environ 95 lires.

**Quantités de soufre extraites, importées et employées aux
Etats-Unis de 1896-1900 (16).**

ANNÉES	Quantité extraite en tonnes de 1.016 kgr.	IMPORTATION				Quantités employées
		Soufre brut	Fleur de soufre	Soufre raffiné	Total	
1896.	3.800	145.318	665	447	146.430	149.746
1897.	1.690	133.846 (1)	319	148	139.313	140.849
1898.	2 726	159.790	537	163	160.410	161.772
1899.	1.565	140.841	336	184	141.361	142.449
1900.	4.630	166.787	628	142	167.328	171.418

Voici la répartition en tonnes des exportations de soufre italien pour les deux exercices (finissant au 30 juin) 1900-1901 et 1901-1902 (22) :

	1900/1901	1901/1902
Etats-Unis	147.094	138.846
France.	98.455	90.393
Italie	85.210	101.624
Allemagne	30.549	26.290
Norvège, Suède, Danemark	27.373	18.313
Grèce et Turquie	22.304	19.795
Grande-Bretagne	19.923	25.933
Russie.	19.878	16.815
Autriche	19.647	23.067
Hollande	15.813	11.781
Portugal	11.315	11.462
Belgique	9.316	8.845
Espagne	3.566	6.298
Autres pays	11.059	10.259
Totaux.	521.502	509.721

(1) Doit être probablement 138.846 et résulter d'une faute d'impression.

Extraction mondiale du soufre en tonnes de 1.000 kilogr. (32).

	1895	1896	1897	1898	1899
Autriche	830	643	530	496	555
France	4.213	9.720	10.723	9.818	11.744
Hongrie	102	138	112	93	116
Allemagne	2.061	2.263	2.317	1.954	1.663
Grèce	1.480	1.540	358	135	1.150
Italie	370.766	426.353	496.658	502.351	563.697
Japon	15.557	12.540	12.013	10.339	10.241
Russie	190	437	574	?	?
Espagne.	2.231	1.800	3.500	3.100	1.100
Suède	—	77	—	50	—
Etats-Unis	1.676	3.061	1.717	2.770	1.590

§ 5. — SULFURE DE CARBONE

Le sulfure de carbone se forme chaque fois que l'on distille au rouge du charbon avec du soufre ou des sulfures métalliques, tels que la pyrite, la blende, la stibine, etc.

Industriellement on emploie le charbon de bois (hêtre) et le soufre brut. L'usine de Zalatna en Transylvanie, dont nous avons déjà parlé, utilise le soufre régénéré; le procédé LABOIS, qui emploie les pyrites, n'est pas répandu.

Pendant longtemps on employait les charbons tendres, de peuplier et de bourdaine. Afin d'espacer le plus possible les heures de chargement des cornues, chargement qui est très incommode à cause des gaz et des vapeurs délétères qui s'échappent, on utilise de plus en plus le charbon de bois de hêtre, qui est très dense.

Avec le charbon de peuplier on charge toutes les 6 heures, avec celui de hêtre toutes les 12 heures et même toutes les 24 heures (avec des cornues il est vrai un peu plus grandes).

La fabrication du sulfure de carbone exige des soins minutieux, car elle n'est pas sans danger.

Le sulfure de carbone est très inflammable, il forme avec l'air des mélanges détonants et cela d'autant plus facilement qu'il est très volatil : il bout en effet à $46°,5$. Ces dangers sont atténués, en partie, grâce à la densité très grande de la vapeur de sulfure de carbone (3.405 grammes au mètre cube) qui rend plus difficile la formation de mélanges détonants et permet de collecter les vapeurs nuisibles en faisant usage d'un faux plancher perforé communiquant avec une cheminée d'appel ou un ventilateur. Néanmoins le sulfure de carbone est toujours conservé sous une couche d'eau, ce qui est possible, étant donnée sa grande densité ($D = 1,2923$).

En principe la fabrication du sulfure de carbone consiste simplement à brûler du charbon dans de la vapeur de soufre, exactement comme on brûle du charbon dans l'air. Dans un cas il se forme CS^2, dans l'autre CO^2. Cette analogie, toute superficielle, car la réaction $C + O^2$ est exothermique ($+ 94$ cal.) et la réaction $C + S^2$ est endothermique ($- 25$ cal. 6), conduit à donner souvent au sulfure de carbone le nom d'acide sulfocarbonique.

19. Fabrication du sulfure de carbone. — Voici à titre d'exemple le procédé utilisé à Zalatna, d'après Fas-baky (26).

La cornue est un cylindre de fonte vertical ayant 4 centimètres d'épaisseur sur les parois et 13 centimètres au

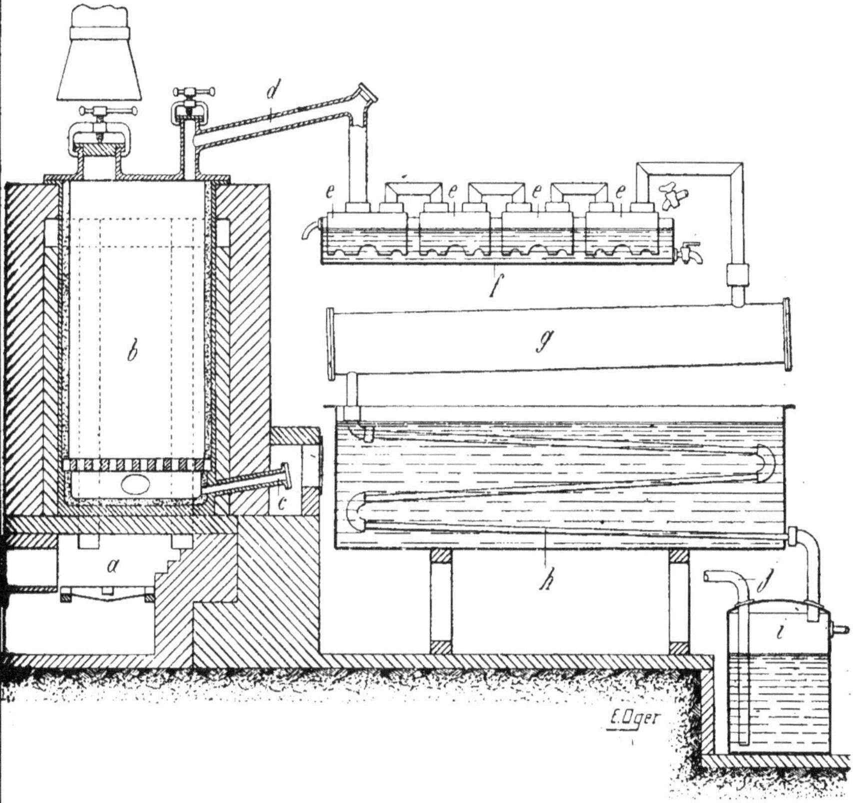

Fig. 21. — Coupe de l'appareil à sulfure de carbone de l'usine de Zalatna (Hongrie).

, foyer chauffé au charbon ; *b*, cornue lenticulaire portée au rouge par les flammes passant dans les carnaux qui l'entourent ; *c*, manches inclinées pour l'introduction du soufre ; *d*, rallonge ; *e*, cloches crénelées trempant dans l'eau et dans lesquelles le sulfure de carbone se condense ; *g* et *h*, serpentins refroidis l'un par l'air ambiant l'autre par l'eau de la bâche ; *i*, récipient dans lequel on recueille le sulfure condensé ; *j*, tube monte-jus pour la vidange.

fond, à cause de la fatigue plus grande en ce dernier
point. La section horizontale est lenticulaire avec des
axes de 1 m. × 0 m. 50 ; la hauteur est d'environ

2 m. 50. A peu de distance du fond, un plancher perforé, en terre réfractaire, supporté par des briques réfractaires aussi, retient la charge de charbon de bois enfournée par la partie supérieure. C'est au-dessous du fond que se fait la vaporisation du soufre, que l'on introduit par petites portions à intervalles réguliers, au moyen de manches légèrement inclinées.

Afin de maintenir une température constante, qui est celle du rouge cerise, on ne chauffe pas directement la cornue. Celle-ci est noyée dans une enveloppe réfractaire de 15 cm. d'épaisseur, dans laquelle sont ménagées, à 45° les unes des autres, quatre cheminées verticales de 15 cm. × 15 cm. C'est dans ces cheminées que passent les gaz chauds d'un foyer voûté, établi au-dessous de la cornue : ces gaz chauds échauffent le massif réfractaire qui transmet sa chaleur à la cornue.

L'intérieur de la cornue, d'autre part, n'est pas en contact direct avec les vapeurs de soufre et de sulfure de carbone qui mettraient bientôt la cornue hors d'usage. Pour éviter la corrosion, on a soin d'établir un revêtement réfractaire de 25 mm. d'épaisseur sur toute la paroi intérieure de la cornue. Voici comment on s'y prend : on glisse dans la cornue un manchon de tôle ayant aussi une section lenticulaire mais laissant un jeu de 25 mm.; on remplit le tube de tôle, une fois bien en place, avec des cailloux, pour lui donner plus de résistance, puis on tasse dans les 25 mm. restés libres une pâte chaude, formée de terre réfractaire et de mélasse, en même temps que l'on chauffe modérément la cornue. La pâte fond et se répand uniformément. On la cuit ainsi pendant près de quinze jours en poussant progressivement la température.

Des cornues qui, autrefois, ne duraient que huit jours durent aujourd'hui huit mois, mais il faut près d'un mois et demi pour établir le revêtement et mettre le four en feu. Quant au tube de tôle, il est bientôt rongé par le soufre, aussi se sert-on de tôle très mince.

Les autres dispositions du four consistent en un trou d'homme sur la tête de la cornue, maintenu par un étrier ; il sert à charger le bois de hêtre toutes les 24 heures. Ce trou d'homme est surmonté d'un manteau conique en tôle, comme ceux des gazogènes (genre DELWICK, MOND, PIERSON, etc.), communiquant avec une cheminée d'appel de manière à évacuer au moment du chargement les gaz nuisibles qui pourraient s'échapper. Une porte à la partie inférieure de la cornue, fermée en ordre de marche par un tampon d'argile, permet d'enlever les cendres.

Quand le revêtement intérieur de la cornue est cuit, on charge avec du charbon de hêtre, en morceaux de 6 à 8 cm., que l'on verse par le trou d'homme. On ferme ce dernier et l'on pousse le feu de façon à monter au rouge cerise clair (1000°), pour éliminer toute l'eau contenue dans le charbon ; on reconnaît que le résultat est atteint quand des vapeurs blanches commencent à sortir à l'ex-trémité du condenseur. Le soufre est alors introduit sous forme de gargousses par les manches inclinées que l'on obture, immédiatement après, par un tampon d'argile. A Zalatna, on fond le soufre dans une marmite et toutes les cinq minutes on le coule dans la manche, par quantité de 500 à 600 gr. L'opération est facilitée par l'usage d'un robinet (soupape à tampon) et d'un tube reliant directe-ment la manche et la marmite.

La formule du sulfure de carbone indique que l'on doit employer environ 84 0/0 de soufre ; en pratique, et de façon à bien utiliser ce dernier, on ne charge que 80 0/0 de soufre et 20 0/0 de charbon. Les quantités employées à Zalatna sont les suivantes : 90 kilos de charbon, soit

4 à 4,5 hectolitres (D = 0,241) et 400 de soufre. On retire
250 à 300 kilos de sulfure de carbone. Cinq ouvriers
environ suffisent pour deux cornues (deux fours) ; quant
aux scories, on les retire tous les quinze jours par la
porte inférieure.

. La condensation du sulfure de carbone est assez délicate à cause de sa grande volatilité d'abord, puis à cause
des gaz qui se forment accessoirement. Bien que le charbon soit toujours chauffé au rouge avant le commencement de toute opération, il contient néanmoins toujours
une certaine quantité d'hydrogène et d'oxygène, de sorte
qu'au moment où le soufre est introduit, il y a formation
d'une notable quantité d'anhydride sulfureux et d'hydrogène sulfuré ; ce n'est qu'après l'arrêt de ce dégagement
gazeux que la condensation prend une marche régulière.

L'appareil condenseur de Zalatna se compose de deux
à quatre cloches en tôle, à fermeture hydraulique, plongeant dans une bâche remplie d'eau courante sous
laquelle le sulfure de carbone s'amasse ; ces cloches ont
20 à 40 cm. de diamètre. Les vapeurs qui ont échappé à
la condensation traversent un cylindre en tôle de 3 mètres
de longueur sur 70 centimètres de diamètre, puis un serpentin condenseur, formé de tubes en U plongeant dans
l'eau, et se rendent enfin à l'état liquide dans un récipient
en zinc de 160 litres.

On soutire tous les matins le sulfure de carbone brut
condensé dans la bâche, et on l'emmagasine sous l'eau
dans des tonneaux en fer.

Le sulfure de carbone brut possède une odeur repoussante ; on le soumet à une première purification qui consiste à le traiter par de l'eau de chaux, de manière à
éliminer les sulfures. Pour cela, on le verse dans une
chaudière cylindrique de 2 mètres de hauteur sur 0 m. 70

de diamètre et, à l'aide d'un serpentin de plomb perforé, on fait arriver sous pression de l'eau de chaux limpide, jusqu'à ce que cette dernière s'écoule claire par le trop plein situé à la partie supérieure de la chaudière.

On envoie alors le sulfure de carbone à une chaudière de rectification qui se compose d'un cylindre en tôle de 1 m. 80 de diamètre sur 1 mètre de hauteur, protégé contre le rayonnement par un calorifuge et chauffé par un double fond à vapeur. Les vapeurs de sulfure de carbone sont envoyées dans les tubes en U mentionnés plus haut (qui servent ainsi à double fin), et le liquide se condense dans le réservoir en zinc. On raffine 4 à 5 tonnes de sulfure à la fois et l'opération dure de 6 à 12 heures.

Le sulfure de carbone brut contenant toujours 5 à 10 0/0 de soufre dissous, ce dernier s'amasse dans la chaudière (250 à 500 kilos par opération) et, pour l'enlever, on se sert d'outils en bois après avoir eu soin d'injecter dans la chaudière un courant prolongé de vapeur d'eau, de façon à chasser complètement toute trace de sulfure de carbone.

Le soufre récupéré rentre dans la fabrication ; il en est de même du charbon que l'on retire par tamisage des scories extraites tous les quinze jours de la cornue.

Le sulfure de carbone rectifié est encore légèrement jaunâtre et son odeur est toujours repoussante ; on la fait disparaître temporairement en agitant le liquide avec de l'oxyde ou du chlorure mercurique. On obtient de cette manière un liquide à odeur éthérée, qui reprend néanmoins son odeur primitive au bout d'un temps relativement court.

20. Propriétés du sulfure de carbone. — Le sulfure de carbone chimiquement pur est un liquide incolore, très fluide, très mobile et très réfringent ; il a une odeur éthérée agréable, rappelant celle du chloroforme et du tétrachlorure de carbone. Son poids spécifique est 1,2923, il bout à 46°,5 et s'enflamme à 150° environ. Il est très peu soluble dans l'eau (1 0/0), mais se mélange en toutes proportions avec l'alcool, l'éther et les autres dissolvants organiques. Il s'enflamme très facilement, sa décomposition est exothermique (+ 26 cal., 5) ; il brûle alors avec une flamme bleu rougeâtre. Un mélange en proportions théoriques de vapeur de sulfure de carbone et d'air est fortement explosible.

21. Usages. — Le sulfure de carbone est un dissolvant parfait pour un grand nombre de corps ; c'est ainsi qu'il dissout facilement le caoutchouc et sert, en mélange avec de la benzine de goudron, à faire des vernis à base de caoutchouc (vernis pour ballons) et à préparer des colles pour rapprocher les articles en caoutchouc. Il sert aussi à sa vulcanisation.

Le sulfure de carbone est un excellent dissolvant des résines et des corps gras ; une de ses principales applications consiste dans l'extraction des matières grasses contenues dans les os, les résidus de poissons (harengs, sardines, morues), les grignons d'olives qui forment les tourteaux des huileries, les laines goudronnées provenant de la marque des moutons, etc., etc. On utilise encore le sulfure de carbone pour extraire le soufre natif des roches solfifères ne pouvant être traitées par fusion, ainsi que pour traiter les matières d'épuration du gaz d'éclairage.

Tscherniack, grâce à l'appui financier de M. Gunsbourg, avait monté, il y a bientôt vingt ans, à la Plaine-Saint-Denis près Paris, une fabrique de prussiates qui utilisait la réaction du sulfure de carbone sur l'ammoniaque sous haute pression, réaction qui donne naissance à du sulfocyanure servant de point de départ à la fabrication de toute une série de cyanures divers. Cette fabrication a été abandonnée. Mentionnons encore la préparation du feu liquide ou *feu fenian*, dissolution de phosphore dans le sulfure de carbone.

Mais actuellement c'est en viticulture que le sulfure de carbone, souvent mélangé au pétrole, trouve son principal débouché, dans la lutte contre le phylloxéra. Le phylloxéra est, avec l'oïdium, le principal ennemi de la vigne ; mais, tandis que l'oïdium s'attaque aux feuilles, le phylloxéra se fixe sur les racines ; on ne peut donc songer à le combattre par des pulvérisations de lait de soufre, d'eau céleste, de bouillie bordelaise ou de résidus de chaux provenant de la fabrication de l'acétylène (27). On est forcé de créer autour des racines une atmosphère vénéneuse, et on y arrive par une injection souterraine de sulfure de carbone. On se sert pour cette opération d'un appareil appelé *pal* ; on injecte environ 20 gr. par mètre carré, soit 200 kilos à l'hectare. En comptant le sulfure de carbone à 40 fr. les 100 kilos, on arrive, y compris la main-d'œuvre qui est assez élevée, à une somme de 200 fr. environ pour le traitement d'un hectare.

Le sulfure de carbone à haute dose est vénéneux aussi bien pour la plante que pour l'homme ; aussi faut-il traiter avec précaution les plants de vigne malade et éviter de le faire soit quand la pousse de la sève a lieu, soit quand la température est très élevée, ce qui produirait brusquement une atmosphère vénéneuse fortement concentrée autour des racines.

Les animaux sont très sensibles à l'action délétère du sulfure de carbone, aussi Doyère a-t-il proposé d'utiliser

cette propriété pour préserver les grains ensilés contre
les attaques du charençon. Mais on combat aujourd'hui
d'une façon plus efficace les charençons et autres para-
sites par l'emploi du gaz sulfureux. Quant à l'homme, il
ressent les premiers effets du sulfure de carbone sous
forme de nausées, puis vient du larmoiement, des dou-
leurs dans les membres, surtout dans les jambes, et enfin
un affaiblissement général des forces physiques. A haute
dose, ces troubles peuvent aller jusqu'à la perte de la
mémoire et même à la folie.

22. Analyse industrielle. — L'impureté que l'on
rencontre en général dans le sulfure de carbone est le
soufre ; on le décèle en évaporant dans un verre de montre une petite quantité du sulfure à examiner.

On dose le sulfure de carbone quantitativement par la
méthode de H. Macagno (28), qui consiste à le transformer en xanthate de cuivre que l'on calcine. On peut
aussi titrer le sulfure de carbone par une solution de
sulfate de cuivre, en se servant du ferrocyanure comme
indicateur (procédé par touche).

§ 6. — CHLORURE DE SOUFRE

23. Fabrication du chlorure de soufre. — Si l'on
brûle le soufre dans du chlore, il se forme une combinaison répondant à la formule S^2Cl^2; c'est un gaz jaunâtre à
chaud, qui se condense facilement en un liquide mobile,
jaune orangé, distillant à 144° et possédant un poids spécifique de 1,6.

Il se décompose très promptement au contact de l'air
humide ; aussi, quand on débouche un flacon de chlorure

de soufre, se dégage-t-il d'abondantes fumées d'acide chlorhydrique avec dépôt de soufre et formation d'anhydride sulfureux.

$$2S^2Cl^2 + 2H^2O = SO^2 + 4HCl + S^3.$$

La fabrication du chlorure de soufre est des plus simples. Elle consiste à faire arriver dans du soufre fondu vers 140-150° un courant de chlore bien sec. Le chlore réagit immédiatement et le chlorure de soufre distille. Le chlorure de soufre brut contient toujours une certaine quantité de soufre à l'état dissous, qui a été entraîné mécaniquement; on s'en débarrasse par une simple rectification.

24. Usages. — Le chlorure de soufre trouve un débouché important dans la vulcanisation du caoutchouc et surtout dans la préparation du *factice*. On entend sous ce nom la masse, analogue à du caoutchouc, qui prend naissance quand on fait réagir le chlorure de soufre sur l'huile de colza. Avec l'huile de lin, la réaction est analogue ; cette dernière est transformée en un vernis épais.

§ 7. — TÉTRACHLORURE DE CARBONE

25. Fabrication et emplois divers. — Cette substance prend naissance quand on fait réagir le sulfure de carbone sur le chlorure de soufre en présence d'un corps catalytique qui peut être le fer, l'iode, l'antimoine, etc. (MÜLLER et DUBOIS ; M. PARAF-JAVAL). Dans cette curieuse réaction, tout le soufre se dépose sous forme cristalline :

$$CS^2 + 2S^2Cl^2 = 3S^2 + CCl^4.$$

La réaction a lieu par simple digestion à froid du sulfure de carbone avec le chlorure de soufre dans une chaudière en fer hermétiquement fermée ; à froid, l'opération est fort longue et peu durer des mois.

A chaud, elle a lieu beaucoup plus rapidement. Par rectification on sépare facilement le sulfure de carbone (Eb. 46°) et le chlorure de soufre (Eb. 144°) du tétrachlorure qui bout à 78°.

Propriétés. — Liquide dense, incolore, insoluble dans l'eau, distillant sans décomposition à 78°.

Usages. — Le tétrachlorure de carbone est un dissolvant remarquable des graisses, il est en outre totalement ininflammable; aussi a-t-il été proposé par M. Paraf-Javal pour remplacer la benzine, si dangereuse, utilisée par les teinturiers dégraisseurs.

M. Paraf-Javal a trouvé en outre que le tétrachlorure de carbone mélangé à d'autres corps inflammables leur communique cette précieuse propriété de l'ininflammabilité ; c'est ainsi qu'une partie en volume de benzine de goudron mélangée à deux volumes de tétrachlorure de carbone donne un liquide totalement ininflammable avec une allumette, à la température ordinaire. C'est ce mélange qui est vendu dans le commerce sous le nom de *Nadol* ou *Benzine ininflammable.*

§ 8. — SULFURES, POLYSULFURES ET HYPOSULFITES ALCALINS

26. Généralités. — Les traités de chimie industrielle consacrent en général un chapitre spécial aux sels des acides sulfureux et hyposulfureux. En France, cette division n'aurait guère de raison d'être, car les fabriques de sulfure de sodium ne préparent pas toujours des sulfites, et obtiennent le gaz sulfureux nécessaire pour transformer en hyposulfites leurs résidus de polysulfures, par simple combustion du soufre brut dans un courant d'air.

Le point de départ de la fabrication est le bisulfate de soude, laissé comme résidu dans la fabrication de l'acide nitrique et valant environ de 17 à 20 fr. la tonne. On le chauffe dans des fours à sole avec du charbon, et la réaction suivante prend naissance :

$$2SO^4NaH + C = Na^2S + SO^4H^2 + 2CO^2.$$

La réaction est en réalité plus complexe : il se forme de l'oxyde de carbone, de l'anhydride sulfurique, etc.

Par lessivage du produit on obtient des liquides contenant du sulfure; on les concentre et, par refroidissement, le sulfure de sodium cristallise. Les eaux-mères (polysulfures) sont utilisées de deux façons : une partie est traitée par de l'acide sulfureux pour les transformer en hyposulfite :

$$Na^2S + SO^2 + O = S^2O^3Na^2.$$

Une autre partie est transformée en *barèges* par fusion avec du soufre et un peu de sulfure de potassium.

Les fabriques faisant le sulfure s'adjoignent en général aussi la préparation de l'orpiment ou *orpin*, sulfure d'arsenic, utilisé pour le travail des peaux en tannerie, ainsi que celui des mèches soufrées employées par les viticulteurs.

27. Fours à sulfure. — Les chiffres que nous allons donner s'appliquent à une fabrique traitant 600 tonnes de bisulfate par an, c'est-à-dire produisant environ 200 tonnes de monosulfure cristallisé, 100 tonnes d'hyposulfite, et 70 tonnes de barèges.

Le four est un simple four à sole, avec foyer central, comme l'indique notre figure.

Les charges et les coulées sont effectuées par quatre ouvertures fermées par des registres à chaîne. Ces registres sont en fer et sont bientôt fortement attaqués. Il en est

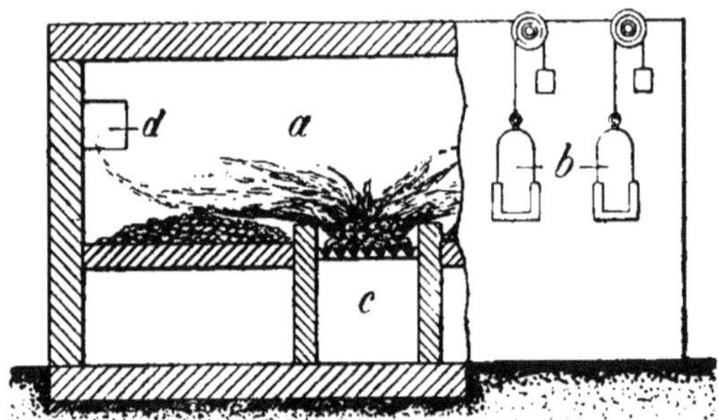

Fig. 22. — Four à sulfure de sodium de l'usine de la Courneuve.
(Coupe transversale).

a, sole ; *b*, portes ; *d*, carneaux ; *c*, foyer.

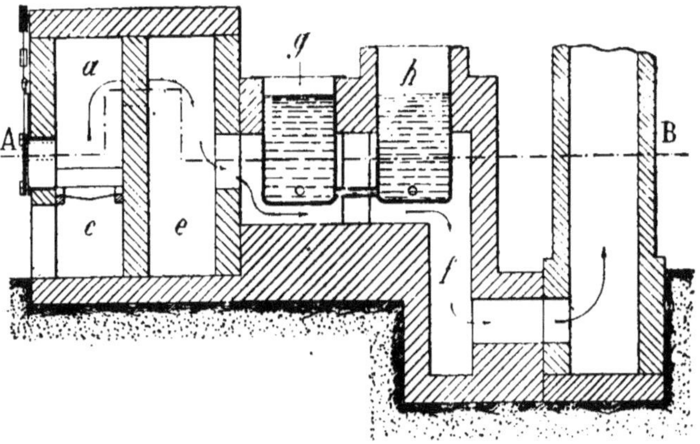

Fig. 23. — La même installation (Coupe longitudinale).

a, sole ; *c*, foyer ; *e*, chambre à poussières ; *g* et *h*, cuves de concentration ;
f, carneau.

du reste de même de tout le four, qui ne peut guère durer plus d'un an. Son établissement coûte de 4.000 à 5.000 fr. On doit tenir sérieusement compte de cette destruction rapide dans les prix de revient ; le four est du reste le point délicat de la fabrication du sulfure par la fusion ignée du bisulfate.

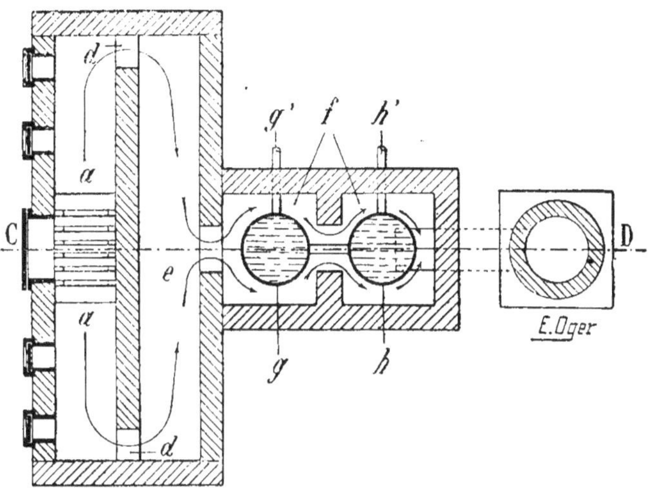

Fig. 24. — La même installation en plan.

On fait un mélange de 1.800 kilos de bisulfate concassé et de 800 kilos de charbon. Ce mélange est divisé en quatre portions de 650 kilos, que l'on charge toutes les 6 heures environ. Toutes les 6 heures aussi, on peut couler 3 pains de sulfure brut pesant chacun 100 kilos.

On retire donc 1.200 kilos de sulfure brut par 24 heures. Quant au four il consomme 700 à 800 kilos de charbon par 24 heures, et les générateurs de vapeur environ 1 tonne ce qui porte la consommation totale à 760 tonnes environ pour un exercice de 1 an.

Les pains de sulfure brut sont alors concassés et lessivés à froid dans des bacs en tôle, ou mieux en ciment, creusés dans le sol, jusqu'à obtention d'une lessive à 20° B.

L'insoluble est extrait périodiquement au moyen d'une petite drague qui déverse les résidus solides dans un tamis en fer, placé au-dessus du bac, de telle façon que le liquide sulfuré qui s'écoule retombe dans le bac.

On obtient ainsi une solution d'un beau jaune que l'on concentre dans trois chaudières en tôle de fer, pouvant communiquer entre elles. La première est la plus éloignée du foyer, elle est aussi la plus grande et la plus élevée. C'est dans cette première chaudière que l'on commence la concentration, le liquide passe ensuite dans la seconde et enfin dans la troisième où l'on pousse la concentration jusqu'à ce qu'un aréomètre plongé dans le liquide bouillant marque 33° B.

On abat alors le feu, l'insoluble se dépose presque immédiatement et l'on conduit les lessives de sulfure, par un tuyau en fer, aux cristallisoirs.

28. Cristallisation. — Les cristallisoirs peuvent être de deux formes. Quelquefois ils consistent en de grands bacs en tôle, rectangulaires, de la contenance de 100 à 200 litres; mais en général on préfère de petites marmites en fer, ou de simples bassines coniques en fer galvanisé, de 10 à 20 litres de capacité.

La cristallisation dure 48 heures en hiver et 72 en été. On essore les cristaux en les mettant simplement à égoutter quelques heures sur des tamis en fer, quand on fait usage de grands cristallisoirs. Les petits sont plus commodes parce que les cristaux, adhérant suffisamment aux parois, sont mis simplement dans une position verticale sur un cristallisoir vide (de façon à recueillir les eaux mères). Au bout de 6 heures ils sont suffisamment égouttés pour qu'on procède à l'embarrillage qui a lieu dans de grands pétroliers (fûts à pétrole) de 200 à 250 kilos.

Le sulfure de sodium brut ainsi obtenu se présente sous forme de gros cristaux d'un vert jaunâtre.

Il est vendu, à raison de 170 francs la tonne environ, aux tanneurs et aux mégissiers, qui se contentent de ce produit brut, plus ou moins impur.

29. Utilisation des eaux mères. Hyposulfites. —

Les eaux mères de la cristallisation du monosulfure sont fortement colorées ; elles sont en général d'une couleur jaune orangé foncé, quelquefois brunâtre et même chocolat (couleur du barège). Cette coloration orangée provient de polysulfures présents en plus ou moins grande quantité ; le monosulfure de sodium $Na^2S + 10aq$ est en effet complètement incolore, témoin le sulfure obtenu comme résidu de la fabrication du bioxyde de baryum cristallisé. Etant donnée la présence de ces polysulfures, l'action de l'anhydride sulfureux sur les eaux mères n'est pas aussi simple que l'indique la formule que nous avons donnée plus haut, d'autant moins que la réaction n'a pas lieu en présence d'air ; il faut plutôt la remplacer par le processus suivant :

$$Na^2S + H^2O + SO^2 = S^2O^3Na^2 + H^2$$
$$Na^2S^x + SO^2 + H^2O + H^2 = S^2O^3Na^2 + 2H^2S + S^{x-3}$$

L'appareil utilisé est très rudimentaire, il se compose essentiellement de trois parties :

1° Une pompe à air, produisant de l'air sous faible pression (1/2 kgr.) ;

2° Une chaudière en fonte dans laquelle on brûle du soufre brut, sous l'action de ce courant d'air, pour préparer de l'anhydride sulfureux ;

3° Une bâche en bois doublée de plomb dans laquelle

est noyé un serpentin de plomb percé de trous et destiné
à amener l'anhydride sulfureux.

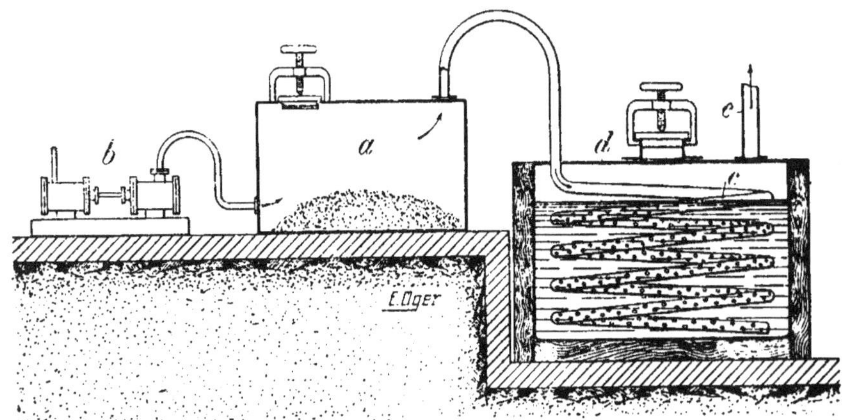

Fig. 25. — Installation de l'usine de la Courneuve
pour la fabrication de l'hyposulfite de soude.

a, four à soufre ; *b*, compresseur d'air ; *c*, serpentin perforé ; *d*, bonde de
remplissage ; *e*, tube de sortie.

On charge dans la bâche les eaux mères de la cristallisation du monosulfure, et dans la chaudière une quantité suffisante de soufre brut ; on jette alors par le trou
d'homme une mèche soufrée allumée, et l'on commence
à envoyer l'air sous pression.

Le soufre s'enflamme et l'anhydride sulfureux est totalement absorbé par les eaux mères du sulfure. Dès que
le gaz sulfureux commence à se dégager, c'est-à-dire à
ne plus être absorbé par la solution alcaline, on arrête
l'opération. On laisse déposer et l'on envoie, au moyen
d'une pompe, la lessive d'hyposulfite dans de grands bacs
en tôle, rectangulaires, de 2.000 litres environ, chauffés
par des serpentins en fer où circule de la vapeur sous
pression. On évapore jusqu'à 57° B. au bouillon ; on

transvase alors dans de petits cristallisoirs en tôle galvanisée et l'on procède comme pour le monosulfure de sodium.

30. Barège. — Le vrai bain de barège est une solution de polysulfure de potassium, mais le produit commercial est formé pour la plus grande partie de polysulfure de sodium auquel on ajoute, pour donner l'odeur spéciale du barège, une certaine quantité de sulfure de potassium.

On utilise, pour la fabrication du barège, les eaux mères du sulfure de sodium. On les introduit dans un malaxeur chauffé à feu nu, et on les concentre jusqu'à consistance sirupeuse. On y ajoute alors du soufre et un peu de sulfure de potassium. On brasse jusqu'à consistance bien homogène et l'on coule au moyen d'une poche sur des plaques de fonte. On obtient ainsi des galettes très plates, de couleur chocolat ; on les concasse en gros morceaux que l'on conserve dans des jarres en grès.

Pour fabriquer 1 tonne de barège, il faut compter environ 300 kilos de soufre brut.

Comme on le voit, toute cette fabrication de produits sulfurés est très grossière et pourrait être utilement perfectionnée.

Le monosulfure de sodium, de même que l'hyposulfite, ne sont cristallisés qu'une seule fois. Quant au barège, c'est un mélange plus ou moins bien défini.

31. Prix de revient. — En résumé, la fabrique que nous venons d'envisager consomme annuellement comme matières premières :

        600 tonnes de bisulfate à. . . .   17 fr.
        760   —   charbon à. . . .   25 —
         24   —   soufre à . . . .   160 —

Elle produit en matières marchandes :

200 tonnes de sulfure cristallisé à . .   170 fr.
100   —   d'hyposulfite à. . . . .   170 —
 70   —   de barège à . . . . .   300 —

Pour qui sait se faire une sérieuse clientèle, le résultat est très fructueux.

32. Usages. — Les fabriques de sulfure de sodium qui fournissent les tanneries préparent aussi, en général, l'*orpin* ou sulfure d'arsenic nécessaire aux mégissiers. Cet orpin vaut de 95 à 98 francs les 100 kilos. Les mêmes établissements fabriquent aussi quelquefois les mèches soufrées utilisées pour l'entretien de la vaisselle vinaire.

Le sulfure de sodium chimiquement pur est aujourd'hui le résidu de la fabrication du bioxyde de baryum cristallisé. Il prend naissance dans la réaction du bioxyde de sodium sur le sulfure de baryum :

$$Na^2O^2 + BaS = BaO^2 + Na^2S.$$

On obtient dans cette fabrication des lessives incolores de sulfure que l'on évapore tout d'abord dans un appareil à triple effet, puis dans une chaudière chauffée à feu nu, et que l'on met enfin à cristalliser.

§ 9. — ANHYDRIDE SULFUREUX, SULFITES, BISULFITES ET HYDROSULFITES

L'anhydride sulfureux, qui sert de point de départ à la préparation des sulfites, bisulfites et hydrosulfites, prend naissance chaque fois que l'on brûle du soufre, dans l'air, ou que l'on grille un sulfure métallique. C'est le gaz suffocant qui se forme quand on enflamme une allumette chimique ordinaire.

Sa fabrication peut être étudiée à plusieurs points de vue : soit que l'on envisage sa production en petit pour la fabrication des sulfites, bisulfites et hydrosulfites ou de l'anhydride sulfureux liquide ; soit que l'on envisage sa fabrication sur une vaste échelle, comme elle est réalisée pour la production de l'anhydride et de l'acide sulfurique par grillage des pyrites.

Nous n'envisagerons ici que la première de ces deux alternatives, réservant un chapitre spécial à la fabrication de l'anhydride sulfureux au moyen des sulfures métalliques (pyrites et blendes).

33. Anhydride sulfureux. — Si l'on ne fait pas état du grillage des sulfures métalliques, l'anhydride sulfureux n'est préparé industriellement que par trois procédés :

1° Combustion du soufre ;

2° Décomposition de l'acide sulfurique par le soufre ;

3° Décomposition de l'acide sulfurique par le charbon.

La combustion du soufre brut est le procédé le plus généralement employé, soit que l'on se contente d'enflammer du soufre dans une marmite comme on le fait dans les *soufroirs* pour blanchir les textiles, les cordes à boyaux, etc., soit qu'on emploie la chaudière dont nous avons parlé à l'occasion de la fabrication de l'hyposulfite de soude (voyez plus haut p. 67).

Ces fours marchent d'une façon très régulière aussi longtemps qu'on ne leur demande qu'une production modérée, mais si l'on veut une production intensive, comme par exemple celle qui est nécessaire en sucrerie pour le blanchiment des jus, la température du four monte bientôt au-dessus du point de distillation du soufre, et ce dernier sublime alors pour se condenser dans les parties froides de l'appareil et les obstrue.

On a proposé plusieurs solutions; la plus élégante consiste à vaporiser le soufre, à faire avec de l'air un mélange en proportions voulues pour obtenir une combustion complète et à se servir de la chaleur dégagée pour vaporiser une nouvelle quantité de soufre. Toutes choses qui concordent avec la théorie, car la chaleur de vaporisation du soufre est bien inférieure à sa chaleur de combustion qui est de $+$ 69 cal. 3.

Voici l'appareil breveté par M. Horsin Déon :

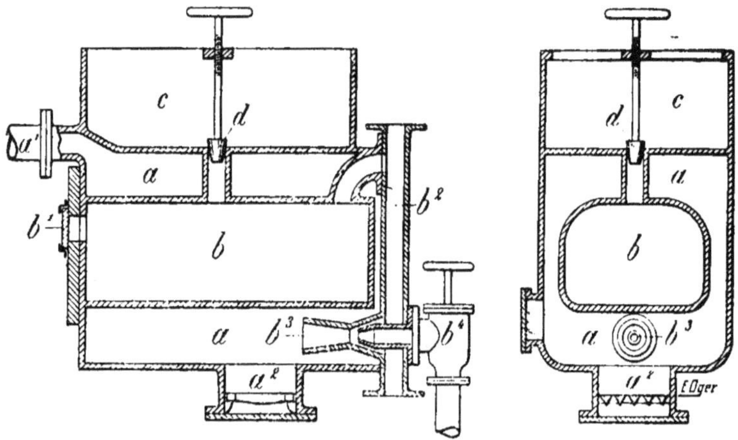

Fig. 26 et 27.
Appareil Horsin Déon pour la fabrication de l'anhydride sulfureux.

a. foyer avec sa grille a^2 ; b, chaudière dans laquelle coule le soufre fondu en c, par le bouchon d ; la vapeur de soufre s'échappe par le conduit b^2 et arrive au chalumeau b^3 où elle brûle grâce à l'air sous pression provenant de b^4 ; a^1, départ de l'anhydride sulfureux

La pratique indique que, de toutes les variétés de soufre, c'est le soufre octaédrique qui se prête le mieux à la préparation de l'anhydride sulfureux. La différence est telle que les ouvriers rejettent souvent le soufre qui a déjà été particllement employé (SOREL).

On n'a pas encore une explication satisfaisante de ce fait.

Quoi qu'il en soit, il faut plus de chaleur quand on n'emploie pas le soufre octaédrique, car la combustion du soufre octaédrique dégage par kilogramme environ 700 calories de plus que celle du soufre prismatique (71,720 au lieu de 71,080 par mol. gramme) et peut déterminer dans les parties où le soufre est simplement fondu un état d'épaississement impropre à la bonne marche (SOREL).

Le second procédé consiste, ainsi que nous l'avons dit, à décomposer l'acide sulfurique. Il ne peut être employé, bien entendu, d'une façon économique que par les fabriques préparant elles-mêmes cette matière première, ou en en ayant comme résidu d'une autre fabrication. Ainsi que SAINTE-CLAIRE DEVILLE l'a montré, on peut décomposer l'acide sulfurique par simple élévation de température, par exemple en le faisant passer dans une cornue de porcelaine contenant des rognures de platine, chauffées au rouge blanc. Il se scinde en anhydride sulfureux, oxygène et vapeur d'eau :

$$H^2SO^4 = SO^2 + O + H^2O.$$

Ce processus s'obtient beaucoup plus facilement, et à moins haute température, quand on fait participer à la réaction des substances capables de faciliter le dégagement de l'oxygène en s'y combinant, comme le charbon de bois ou le soufre.

Dans ces conditions, la réaction a déjà lieu à la température du bain de sable. Ce procédé a en outre l'avantage de donner de l'anhydride sulfureux très concentré, presque chimiquement pur, qui permet d'obtenir des solutions aqueuses concentrées d'acide sulfureux.

On procède simplement en chauffant au bain de sable une cornue en grès, contenant le charbon de bois concassé en menus morceaux et l'acide sulfurique de densité 1,75. Il est utile de n'employer l'acide ni plus concentré, ni plus dilué ; autrement la réaction :

$$C + 2SO^4H^2 = CO^2 + 2SO^2 + 2H^2O$$

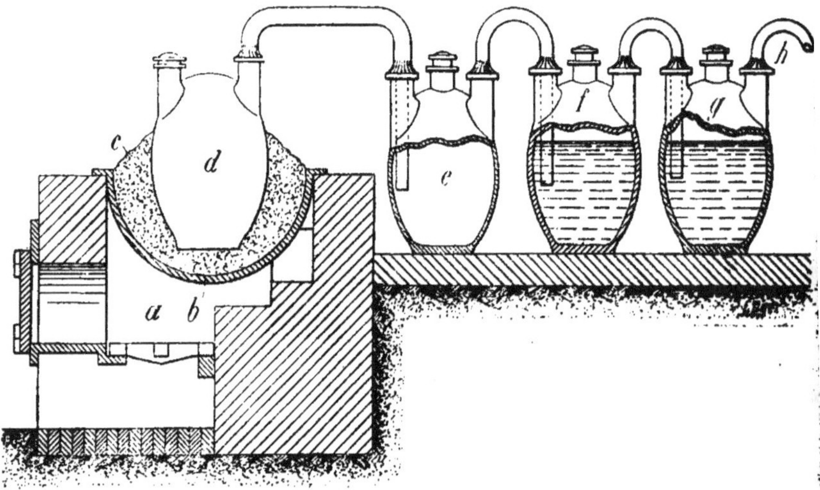

Fig. 28. — Appareil pour la fabrication de solutions d'acide sulfureux.

a, foyer ; *bc*, bain de sable ; *d*, tourie en grès dans laquelle a lieu la réaction ; *e*, tourie vide ; *f, g*, touries contenant de l'eau.

est accompagnée de réactions plus complexes.

Il y a formation d'oxyde de carbone et d'acides organiques (acide phènepentacarbonique, de VERNEUIL) si l'acide est plus concentré, tandis qu'il se dégage de l'hydrogène sulfuré si la concentration est moindre.

Si l'on a en vue la préparation d'une solution d'acide

sulfureux, on relie le col de la tourie de dégagement à une série de flacons laveurs, formés par de grosses touries à deux ou trois tubulures, au moyen d'un tuyau de plomb lutté avec un mélange d'argile et de crottin de cheval. On relie de même chacune des touries entre elles, on les remplit ensuite avec de l'eau distillée, ou simplement de l'eau bouillie, en ayant soin de laisser la première vide pour retenir la petite quantité d'acide sulfurique entraîné mécaniquement par le courant gazeux.

On ne peut pas obtenir avec le gaz sulfureux préparé par ce procédé, pas plus du reste que par la combustion du soufre brut dans un courant d'air, un gaz sulfureux assez riche pour permettre de préparer des solutions concentrées, ou pour se liquéfier directement par compression. Nous verrons plus bas comment HÆNISCH et SCHRÖDER ont tourné la difficulté ; en attendant, voici le procédé qui fut utilisé par la Société anonyme des procédés Raoul PICTET lorsqu'elle fabriquait elle-même, à La Villette, près Paris, l'acide sulfureux nécessaire à ses machines à glace :

On chauffait du soufre à 400° environ, puis on faisait tomber sur ce soufre fondu un mince filet d'acide sulfurique concentré, la réaction s'amorçait immédiatement et il se dégageait de l'eau et de l'anhydride sulfureux :

$$2SO^4H^2 + S = 3SO^2 + 2H^2O.$$

L'anhydride sulfureux était desséché dans une tour arrosée d'acide sulfurique concentré, puis filtré sur du coton et enfin dirigé dans un récipient refroidi à —10° où il se liquéfiait. Ce procédé est abandonné depuis longtemps et remplacé par le procédé de HÆNISCH et SCHRÖDER, exploité par la Société vorm. Wilhelm GRILLO, à Oberhausen, qui, à l'heure actuelle, est le plus grand producteur d'anhydride sulfureux liquide.

34. Anhydride sulfureux liquide. — Le procédé de H. Enisch et Schröder repose sur la propriété que possède le gaz sulfureux de se combiner fortement à l'eau à froid pour donner une solution très stable, mais qui, portée à l'ébullition, restitue la presque totalité de l'acide sulfureux dissous :

A Oberhausen on utilise le gaz sulfureux obtenu par grillage de la blende ; après avoir subi une première réfrigération, le gaz de grillage est amené à la base d'une tour de condensation analogue à une tour de Gay-Lussac remplie de coke, sur lequel tombe continuellement une pluie d'eau froide qui se combine à l'anhydride sulfureux.

L'acide sulfureux est une des quelques substances acides qui ne transforment pas rapidement le saccharose en sucre interverti, aussi Calvert a-t-il proposé dès 1855 de l'employer pour prévenir la coloration des sirops.

En brûlant du soufre dans un courant d'air, le mélange gazeux ne peut contenir, théoriquement, plus de 21 vol. 0/0 d'anhydride sulfureux et les gaz de grillage de la pyrite et de la blende 16 et 15 0/0.

Dans la pratique, cette teneur n'est même jamais atteinte, parce qu'une partie de l'anhydride sulfureux se transforme en anhydride sulfurique au contact de l'oxygène toujours présent, puis en acide sulfurique avec l'eau de l'air atmosphérique. Lorsqu'on brûle du soufre il ne se forme généralement qu'une faible quantité d'acide sulfurique, mais avec la pyrite de fer, qui sert de substance de contact, cette quantité peut atteindre 20 vol. 0/0, et plus, de l'anhydride sulfureux formé.

La présence d'acide sulfurique dans l'acide sulfureux n'est pas rare, on en a décelé jusqu'à 20 0/0 (29).

Les gaz non dissous (azote et oxygène) s'échappent dans l'air, tandis que la dissolution aqueuse d'acide sul-

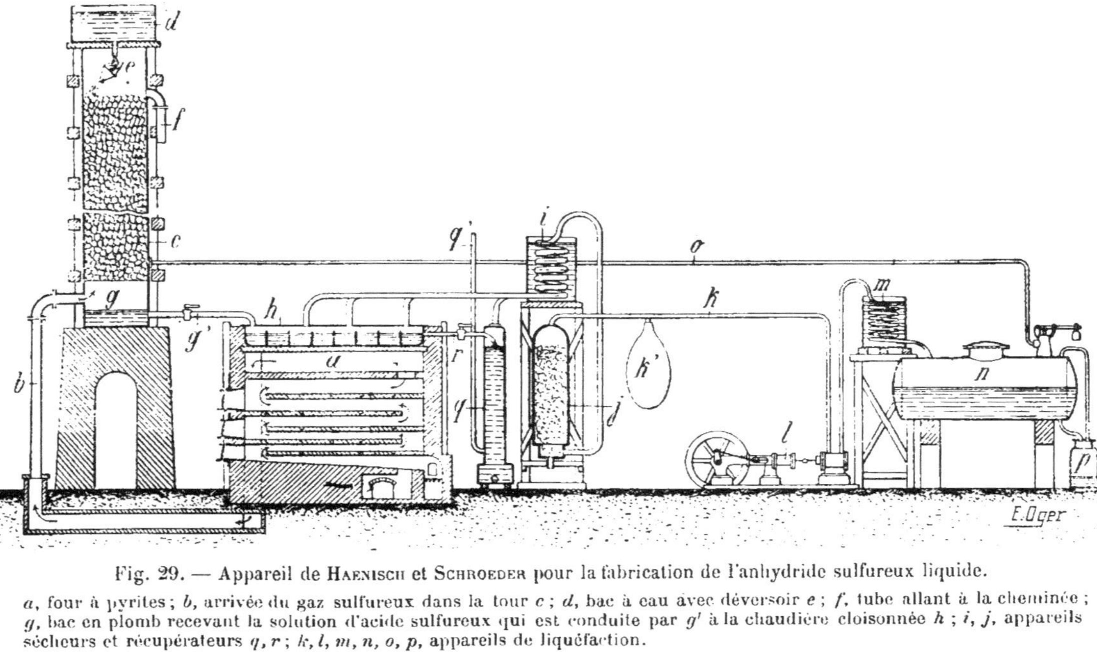

Fig. 29. — Appareil de Haenisch et Schroeder pour la fabrication de l'anhydride sulfureux liquide.

a, four à pyrites ; *b*, arrivée du gaz sulfureux dans la tour *c* ; *d*, bac à eau avec déversoir *e* ; *f*, tube allant à la cheminée ; *g*, bac en plomb recevant la solution d'acide sulfureux qui est conduite par *g'* à la chaudière cloisonnée *h* ; *i*, *j*, appareils sécheurs et récupérateurs *q*, *r* ; *k*, *l*, *m*, *n*, *o*, *p*, appareils de liquéfaction.

fureux se rend dans une série de chaudières en plomb, chauffées par les chaleurs perdues du four à pyrite ou à blende. Dans ces chaudières, la solution d'acide sulfureux est portée à l'ébullition ; la dissociation étant complète à cette température, le gaz sulfureux se dégage presque totalement et se rend tout d'abord dans un serpentin en plomb entouré d'eau froide, puis dans une chambre où l'on injecte de l'acide sulfurique concentré afin de le sécher complètement.

La solution d'acide sulfureux portée à l'ébullition retient toujours une petite quantité d'acide sulfureux que l'on élimine de la manière suivante. Le liquide bouillant sortant de la chaudière est dirigé au sommet d'une colonne, par le bas de laquelle arrive un courant de vapeur sous pression. Les deux courants (solution et vapeur) se mélangent intimement et, grâce au brassage énergique et à la haute température, les dernières traces d'anhydride sulfureux sont éliminées ; un tube placé au haut du cylindre les conduit au réfrigérant, puis au sécheur dont nous venons de parler.

Le gaz sulfureux une fois sec est dirigé sur la pompe de compression, en passant toutefois par une poche en taffetas, analogue aux poches en caoutchouc des moteurs à gaz, qui sert de réservoir intermédiaire. L'anhydride sulfureux se liquéfie très facilement à $+ 40°$, tempéra- à laquelle il ne possède qu'une tension de 5 atm. 15 ; aussi se contente-t-on, au sortir de la pompe, de le faire passer dans un réfrigérant entouré d'eau froide. L'anhydride sulfureux se liquéfie facilement et coule dans une chaudière d'où on le soutire pour faire le remplissage des bouteilles.

La solution d'acide sulfureux contient toujours de l'air en dissolution qui se dégage par l'ébullition, passe par la pompe et se rend dans la chaudière servant de collecteur. On l'élimine au moyen d'une soupape, marchant sous une pression déterminée, et entourée d'un manchon collecteur conduisant l'air mélangé de gaz sulfureux, au moyen d'une canalisation, au bas de la tour d'absorption (30).

35. Usages. — L'anhydride sulfureux sous forme de gaz est employé pour le blanchiment de certains tissus, comme ceux de laine, puis pour les boyaux, la sparterie, ou en concurrence avec les peroxydes pour le blanchiment de la soie, des plumes, du crin, de la cire, de l'ivoire, etc., etc. On l'utilise encore en sucrerie pour la purification et la décoloration des jus, à cause de son pouvoir non inversif, et en viticulture, surtout dans la région de Bordeaux, pour la décoloration des vins rosés, dont on veut faire des vins blancs artificiels (31).

On emploie encore de grandes quantités d'acide sulfureux dans la fabrication du papier, sous forme de solutions de sulfites de magnésium ou de calcium dans une solution d'acide sulfureux. Ces solutions sont utilisées pour le blanchiment de la pâte.

Quant à l'anhydride sulfureux liquide, il est utilisé de deux façons : pour la préparation de la glace dans les machines du genre PICTET, et comme désinfectant.

Les deux tableaux ci-dessous donnent des coefficients de comparaison qui peuvent être intéressants, au point de vue de l'emploi de l'acide sulfureux comme corps intermédiaire dans une machine de compression.

36. Propriétés de l'anhydride sulfureux. — L'anhydride sulfureux est un gaz incolore, pesant 2 gr. 8634 au litre. Son coefficient de dilatation est un peu plus fort que celui de l'air ; d'après Amagat il est de :

Entre 0° et 10° : 0,004233	à 150° : 0,003718
— 10° et 20° : 0,004005	à 200° : 0,003695
à 50° : 0,003846	à 250° : 0,003685
à 100° : 0,003757	

La chaleur spécifique de l'anhydride sulfureux est par rapport à l'eau de 0,1544 ; par rapport à l'air, de 0,3414.

L'anhydride sulfureux est très soluble dans l'eau. A 0° et 760 millimètres, 1 volume d'eau dissout 80 volumes d'anhydride en donnant une solution qui joue le rôle d'un véritable acide sulfureux SO^3H^2 ; mais à ce sujet règne encore de l'incertitude.

Bunsen et Schönfeld ont déterminé le coefficient d'absorption de SO^2 qui est :

entre 0° et 20° : $79,789 - 2,6077\,t + 0,029349\,t^2$
entre 21° et 40° : $75,182 - 2,1716\,t + 0,01903\,t^2$.

Le tableau ci-dessous, dû à Scott (Wagner's Jahresbericht für **1871**, 219) et cité par Lunge (I, 91), donne le poids spécifique des solutions d'anhydride sulfureux en regard de leur pourcentage en SO^2 réel :

SO^2 en 0/0	Poids spécifique
0,5	1,0028
1,0	1,0056
1,5	1,0085
2,0	1,0113
2,5	1,0141
3,0	1,0168
3,5	1,0194
4,0	1,0221
4,5	1,0248
5,0	1,0275

5,5	1,0302
6,0	1,0328
6,5	1,0353
7,0	1,0377
7,5	1,0405
8,0	1,0426
8,5	1,0450
9,0	1,0474
9,5	1,0497
10,0	1,0520

L'anhydride sulfureux peut être facilement liquéfié à la pression ordinaire, par simple refroidissement; on obtient alors un liquide mobile, incolore, bouillant à $-8°$, dont le poids spécifique est de 1,4911 à $-20°$. Le tableau suivant résume les propriétés principales de l'anhydride sulfureux liquide (32) :

TEMPÉRATURE	POIDS SPÉCIFIQUE	CHALEUR LATENTE	TENSION DE VAPEUR atmosphères
$-20°$	1,4911	—	—
$0°$	1,4333	91,2	0 , 53
$10°$	—	88,7	1 , 26
$20°$	—	84,7	2 , 24
$21°,7$	1,3757	—	—
$30°$	—	80,5	3 , 51
$40°$	—	—	5 , 15

L'anhydride sulfureux est un excellent lubrifiant pour la fonte, il dissout facilement les corps gras ; aussi a-t-il été proposé pour l'extraction de ces derniers. Il a été employé récemment comme fluide moteur pour récupérer les chaleurs perdues de la vapeur d'échappement des machines à vapeur (Abwærme Kraftmaschinen) (33).

Il suffit de 0,04 0/0 d'anhydride sulfureux dans l'air pour provoquer au bout d'un certain temps de la gène respiratoire : c'est un poison du sang. Les fumées d'usine contiennent des quantités considérables d'acide sulfureux, qui exercent sur les plantes, particulièrement sur les conifères, une action très nuisible. Cette action destructrice a été mise à profit pour les besoins de la désinfection.

C'est ainsi que l'on soufre les tonneaux, et que l'on utilise le soufre pour conserver les fruits confits, le vin, la bière, les mélasses, etc. On emploie soit l'acide sulfureux libre, soit une de ses combinaisons et en particulier le métasulfite de potasse (K. M. S. autrement dit Kalium métasulfite). Il suffit pour désinfecter une pièce de 100 m³ de brûler 30 grammes de soufre.

On a utilisé récemment l'anhydride sulfureux pour la destruction des rats cachés à fond de cale des navires (gaz CLAYTON) arrivant de ports où la peste s'était déclarée, ainsi que pour arrêter les dégâts causés par les charençons dans les cargaisons de grains en provenance de la République Argentine et de l'Amérique du Sud.

37. Fumées d'usines. — Les fumées des usines de produits chimiques contiennent toujours du gaz sulfureux ; on en tolère un pourcentage qui varie suivant les pays ; mais souvent il faut absorber l'anhydride sulfureux. On y arrive de plusieurs façons : ou bien on l'absorbe par la chaux (SCHINDLER), ou bien on utilise le procédé de SCHRŒDER et HÆNISCH, cité plus haut, ou encore celui de RŒSSLER étudié surtout en vue de la fabrication de l'outre-mer à la DEUTSCHE GOLD UND SILBER SCHEIDE

ANSTALT, à Francfort-sur-Mein. Dans la fabrication de l'outre-mer par le procédé au sulfate, on calcine un mélange de kaolin, de sulfate de soude, de carbonate de soude, de soufre et de charbon ; il se dégage pendant l'opération des gaz qui contiennent jusqu'à 3 0/0 d'anhydride sulfureux. M. RŒSSLER a proposé, pour les absorber, de les faire barboter dans une dissolution de sulfate de cuivre dans de l'acide sulfurique, en présence de cuivre métallique. Il se produit une oxydation rapide et simultanée du cuivre et de l'anhydride sulfureux, et la solution s'enrichit en sulfate cuivrique que l'on peut retirer par cristallisation. Il est probable que le cuivre métallique réduit en s'oxydant une partie du sulfate à l'état de sel cuivreux, lequel repasse en d'autres points à l'état de sel cuivrique servant ainsi de véhicule à l'oxygène : l'oxydation du cuivre entraîne celle de l'anhydride sulfureux.

§ 10. — SELS ET DÉRIVÉS DE L'ACIDE SULFUREUX

Les principaux de ces dérivés, outre l'hyposulfite que nous avons étudié plus haut, sont les sulfites, bisulfites et hydrosulfites.

38. Sulfites et bisulfites. — On les prépare par l'action directe du gaz sulfureux sur les hydrates ou carbonates alcalins. Au laboratoire, on opère de la façon suivante pour préparer du sulfite neutre : on fait une solution de soude caustique que l'on divise en deux portions égales: l'une est saturée de gaz sulfureux et transformée en bisulfite ; la saturation terminée, on la mélange à la portion de soude caustique non traitée et l'on obtient une solution de sulfite neutre de sodium de titre connu.

39. Procédé Gélis. — Industriellement, on opère par le procédé de GÉLIS (34). On se sert d'un bac de bois doublé de plomb de 0 m.60 de hauteur, portant un couvercle fermé par un *joint hydraulique*, et sur des cales de 10 centimètres une colonne en bois doublée de plomb formée de trois caisses s'emboîtant l'une sur l'autre et ayant 1 mètre sur chaque arête.

Cette colonne est consolidée par des traverses. La caisse inférieure porte au milieu de sa hauteur une grille de bois au-dessous de laquelle débouche un tuyau qui amène le gaz sulfureux produit dans un petit four en briques. On charge la grille de cristaux de carbonate de soude jusqu'au haut de la colonne ; on arrose ces cristaux légèrement et on met le four en marche. L'acide carbonique mis en liberté par la formation de sulfite de sodium se fixe sur le carbonate non encore attaqué pour former du bicarbonate :

$$SO^2 + CO^3Na^2 + 10aq = SO^3Na^2 + 7aq + CO^2 + 3H^2O$$
$$CO^3Na^2 + 10aq + CO^2 + 3H^2O = 2CO^3NaH + 12H^2O.$$

L'eau de cristallisation mise en liberté, dissout un mélange de sulfite et de bicarbonate que l'atmosphère sulfureuse sature rapidement et il coule dans le joint hydraulique une dissolution de bisulfite marquant au moins 53° B.

Quand on veut obtenir du sulfite neutre cristallisé, on neutralise, avec de la soude caustique ou du bicarbonate de soude, la lessive de bisulfite, qui sort de l'appareil, après qu'on a eu soin de la diluer, et on la concentre à feu nu dans des bassines plates jusqu'à ce qu'elle marque 40° B. ; on décante alors dans des marmites de fonte ou de fer galvanisé, dont nous avons déjà parlé pour l'hyposulfite, et on abandonne à la cristallisation.

Tandis que le bisulfite de soude est incristallisable, le sulfite neutre cristallise en beaux prismes, répondant à la formule $Na^2SO^3 + 7H^2O$.

Les fabriques de papier de bois préparent en général elles-mêmes leurs solutions de sulfite et de bisulfite de calcium ou de magnésium. On peut opérer de plusieurs manières. Ou l'on fait arriver le gaz sulfureux, préparé en brûlant du soufre ou grillant des pyrites, au bas d'une tour de Gay-Lussac remplie de blocs de carbonate de chaux ou de magnésie (spath calcaire, dolomie, etc.), l'eau s'écoulant de la partie supérieure opère la lixiviation méthodique du bisulfite formé, que l'on recueille au bas de la tour ; ou bien on fait arriver le gaz sulfureux directement à la surface d'un lait de chaux maintenu en suspension au moyen d'un agitateur mécanique.

On peut enfin obtenir le sulfite de calcium à l'état sec et pulvérulent en étalant en couche mince de la chaux éteinte sur des tablettes horizontales disposées en chicanes dans une chambre en bois. On peut réunir deux chambres par des tuyaux à coudes mobiles en plomb, raccordés par des joints hydrauliques. Le gaz sulfureux pénètre par le bas de la première chambre, chasse progressivement l'air et est absorbé par la chaux ; la chaleur dégagée est assez grande pour évaporer l'excès d'eau et empêcher la formation de bisulfite ; quand la réaction se ralentit, l'excès d'anhydride sulfureux pénètre dans la seconde chambre où il est absorbé.

De temps en temps, on prélève avec une sonde des échantillons sur la tablette supérieure de la première chambre ; quand on trouve que la chaux est presque saturée, on arrête l'opération et l'on dirige les gaz dans la deuxième chambre ; l'anhydride sulfureux restant est absorbé, et l'on peut entrer le lendemain pour décharger et recharger les tablettes.

40 et 41. Propriétés des sulfites et bisulfites ; Usages. — La dissolution de bisulfite, étendue à 35° B., est employée dans l'industrie à la place d'hyposulfite comme antichlore pour les matières traitées à l'hypochlorite de chaux ou de soude (papier, paille, chiffons, filés ou pièces de coton, lin, chanvre, jute, etc.). On s'en sert aussi pour le blanchiment de la laine.

On emploie les sulfites en photographie et pour la conservation des matières alimentaires, ainsi que nous l'avons déjà vu page 82.

42. Analyse des sulfites et bisulfites. — Cette analyse s'exécute exactement comme celle des solutions d'acide sulfureux, au moyen de l'iode et de l'hyposulfite, en se servant d'amidon comme indicateur (35).

43. Hydrosulfites. — Le premier représentant de cette série de sels intéressants a été découvert par Schutzenberger en faisant agir de la tournure de zinc sur une solution d'acide sulfureux.

Depuis cette époque, l'étude complète des hydrosulfites a été faite par MM. Bernthsen, Bernthsen et Bazlen, et enfin par M. Moissan. Les hydrosulfites semblent avoir pour formule $S^2 O^4 Me^2$; cette formule est néanmoins discutée encore à l'heure actuelle.

44. Préparation des hydrosulfites et leurs emplois. — Pendant fort longtemps l'acide hydrosulfureux n'a été connu que sous forme d'acide libre en solution dans l'eau ; ses sels sont, en effet, extrêmement oxydables. Bernthsen et Bazlen, sont arrivés les premiers, tout dernièrement, à isoler l'hydrosulfite de sodium sous forme solide et stable (35 *bis*).

On savait depuis longtemps que le fer et le zinc se dissolvent dans une solution froide d'acide sulfureux sans dégager de gaz, et SCHŒNBEIN avait reconnu que la solution ainsi obtenue avait acquis la propriété de décolorer l'indigo.

On prépare, aujourd'hui, l'hydrosulfite de sodium, en introduisant de la tournure ou de la poudre de zinc, dans une solution de bisulfite de sodium, concentrée et froide (36).

Il se dépose des cristaux de sulfite de sodium et de zinc, tandis que l'hydrosulfite reste en solution. On élimine l'excès de zinc par la chaux, et dans la solution décantée, on précipite l'hydrosulfite de soude, par l'addition de sel marin. L'hydrosulfite est filtré, lavé à l'acétone et à l'éther, pour éliminer toute trace d'eau, séché dans le vide, et conservé dans des vases fermés, pour le soustraire à l'action de l'air.

M. MOISSAN (37) a trouvé que l'hydrosulfite de sodium se forme, avec départ d'hydrogène, lorsqu'on fait passer un courant de gaz sulfureux sur de l'hydrure de sodium chauffé à 800°, d'après l'équation :

$$2\,SO^2 + 2\,Na\,H^2 = S^2\,O^4\,Na^2 + 2\,H^2.$$

La BADISCHE ANILIN UND SODAFABRIK (38) a montré récemment que l'on peut préparer l'hydrosulfite de sodium d'une manière plus simple encore, en faisant agir directement l'anhydride sulfureux sur du sodium en suspension dans de l'éther de pétrole :

$$2\,SO^2 + Na^2 = S^2\,O^4\,Na^2.$$

L'hydrosulfite de sodium est un sel incolore, facilement soluble dans l'eau. Sa solution s'échauffe au contact de l'air sous l'action oxydante de ce dernier. La solution d'hydrosulfite n'est pas stable et tend constamment à se transformer en thiosulfate, aussi utilise-t-on ses propriétés réductrices, dans l'industrie de la teinture, pour dissoudre l'indigo-bleu, en le transformant en indigo-blanc. On l'emploie aussi, pour le même usage, en combinaison avec l'aldéhyde formique.

45. Hyposulfites préparés au moyen des sulfites de chaux et marcs de soude. — Les hyposulfites alcalins peuvent être préparés par un autre procédé que celui indiqué page 67, c'est-à-dire en partant du sulfure de calcium préparé soit spécialement dans ce but en réduisant à chaud la pierre à plâtre (gypse) par le charbon, soit en utilisant les marcs de soude, transformant ensuite ce sulfure en hyposulfite de chaux et enfin par double décomposition en hyposulfite de soude.

Le sulfure de calcium étant presque insoluble, on le transforme par ébullition en sulfhydrate soluble (communément appelé sulfhydrate de sulfure) et hydrate de chaux qui se sépare :

$$2CaS + 2H^2O = Ca\,(OH)^2 + Ca \Big\langle {SH \atop SH.}$$

Quand on utilise directement les marcs de soude, on les ébouillante dans une chaudière, après les avoir additionnés de 10 à 15 0/0 de soufre. On obtient alors un polysulfure CaS^2 soluble en jaune.

Que l'on ait du sulfhydrate de sulfure ou du polysulfure, les lessives sont traitées de la même façon par l'anhydride sulfureux ; les réactions sont alors les suivantes :

$$CaS^2H^2 + 2SO^2 = S^2O^3Ca + S^2 + H^2O$$
$$2CaS^2 + 3SO^2 = 2CaS^2O^3 + 3S.$$

Le procédé de transformation des marcs en hyposulfite

est dû à Kopp. Il a été perfectionné par Schaffner (à Aussig, en Bohême), qui sature ces marcs par le gaz sulfureux dans un système de barattes disposées en cascades et pourvues d'une roue à palettes. Ces barattes sont réunies deux par deux à leur partie supérieure par un gros tube servant à la circulation du gaz sulfureux, et par un plus petit tube à leur partie médiane pour la circulation des

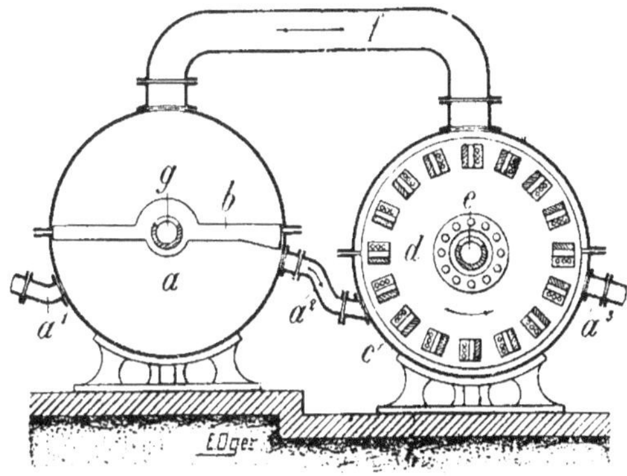

Fig. 30. — Barattes pour la préparation de l'hyposulfite.

a, a^1, a^2, a^3. Barattes et leur écoulement ; b, d, palettes ; e, f, g, tube servant au passage du gaz sulfureux.

liquides. La solution de sulfure est introduite dans la baratte la plus élevée et le gaz sulfureux arrive en sens contraire, étant introduit dans la baratte la plus basse.

La circulation du courant gazeux est continue, tandis que celle des liquides est intermittente ; elle a lieu chaque fois que le liquide de la baratte inférieure est complètement saturé, c'est-à-dire commence à montrer une réaction légèrement acide. On vide alors le contenu de la baratte dans un bac, et la baratte supérieure étant toujours en charge, la baratte inférieure se remplit automatiquement.

Dans la préparation de l'hyposulfite, il faut avoir soin d'éviter tout excès d'anhydride sulfureux dans la baratte inférieure, sinon on s'exposerait à la formation de sels de la série thionique. C'est pour cela que dès que le liquide de la baratte inférieure présente une réaction acide on le décante et on le sature par un léger excès de solution de marc de soude.

Quand la liqueur s'est déposée, on décante le liquide clair et on le concentre dans un double fond et dans le vide jusqu'à saturation. Par refroidissement, il se sépare des cristaux répondant à la formule $CaS^2O^3 + 6aq$.

L'hyposulfite de calcium est très peu stable. Il arrive souvent que de l'hyposulfite de calcium cristallisé, même enfermé dans un flacon, se transforme en une bouillie jaunâtre formée de sulfite de calcium et de soufre précipité. Cette tendance à se transformer en sulfite de calcium et soufre est si grande qu'il est impossible de faire bouillir une solution d'hyposulfite de chaux sans la décomposer ; aussi opère-t-on la concentration à la température de 45° et dans un vide de 20 à 30 millimètres. On concentre jusqu'à un poids spécifique de 1,450.

L'hyposulfite de calcium sert surtout de matière première pour la préparation de l'hyposulfite de sodium. On opère simplement par double décomposition avec une solution de carbonate ou de sulfate neutre de soude. La liqueur décantée est concentrée jusqu'à 53° B. et mise à cristalliser dans des baquets en tôle galvanisée (39).

46 et 47. Sulfate de chaux précipité et antichlore précipité. — Le résidu de sulfate de chaux, de même que le blanc fixe (sulfate de baryte précipité) des fabriques d'eau oxygénée, est utilisé par les fabriques de papier pour la charge ou le couchage de ce dernier. Comme il contient encore une certaine quantité d'hyposulfite de soude, il sert en même temps d'antichlore, aussi l'appelle-t-on *antichlore précipité*.

Il existe encore un certain nombre d'autres procédés de fabrication des hyposulfites au moyen des marcs de soude : les procédés JULLIEN et TOWNSEND et WALKER reposent sur une oxydation des charrées de soude par l'air atmosphérique ou les gaz d'échappement des cheminées d'usines. Le sulfure de calcium est transformé en sulfhydrate, puis en hyposulfite qu'on lessive. Dans la fabrication au moyen des charrées de soude, il faut opérer l'oxydation à froid et en présence d'eau ; dans ces conditions, il se forme surtout de l'hyposulfite et peu de sulfite et de sulfate. Néanmoins, la réaction est très complexe.

On prépare encore industriellement un certain nombre d'autres hyposulfites, tels que ceux de chrome, de zinc, d'aluminium, que l'on obtient par double décomposition au moyen d'hyposulfite de sodium et de sulfate ou chlorure de chrome, de zinc ou d'aluminium. Ces hyposulfites ne sont jamais séparés à l'état solide, mais la teinturerie qui les utilise pour le mordançage emploie les solutions brutes obtenues.

47 *bis*. **Usages.** — Les hyposulfites ont des emplois très variés. L'hyposulfite de soude sert d'antichlore, grâce à ses propriétés réductrices énergiques :

$$CaOCl^2 + Na^2S^2O^3 = CaCl^2 + S + SO^4Na^2,$$

aussi est-il utilisé en grandes quantités par les fabriques de papier. La photographie en absorbe aussi des masses considérables, grâce à la propriété qu'il possède de dissoudre avec facilité les combinaisons d'argent insolubles dans l'eau, comme l'iodure, le bromure et le chlorure.

Cette solubilité repose sur la formation d'un hyposulfite double d'argent et de sodium soluble, tel que S^2O^3AgNa ; on utilise aussi en métallurgie cette propriété pour l'extraction de l'argent.

L'hyposulfite de calcium est utilisé dans la fabrication du vermillon d'antimoine, sulfure d'antimoine d'un beau rouge qui prend naissance dans la réaction du protochlorure d'antimoine sur l'hyposulfite de calcium. Quand on mélange les deux solutions, il se fait un précipité d'abord blanc, qui rougit peu à peu et qui est insensible aussi bien à l'action des émanations sulfureuses qu'à l'action de l'air et de la lumière. On s'en sert aussi pour préparer le cinabre de mercure, mais on utilise plus souvent le sulfure de sodium.

L'hyposulfite de sodium a joué un certain rôle dans la fabrication des couleurs d'aniline; il servait à la fabrication du vert à l'aldéhyde de CHERPIN et EUSÈBE, à teindre la laine avec l'éosine, et, d'après M. CH. LAUTH, comme mordant dans la teinture de la laine en vert méthyle.

L'hyposulfite de plomb est employé dans la fabrication des pâtes d'allumettes sans phosphore, ainsi que la combinaison du cuivre qui a été proposée pour le même usage.

48. Anhydride sulfureux. Contrôle de la fabrication de l'anhydride sulfureux et des sulfites, bisulfites, etc. — *Gaz sulfureux préparé :* 1° *Par la combustion du soufre.* La combustion est, en général, complète et l'aspect extérieur du résidu montre immédiatement s'il contient encore du soufre ayant échappé à la combustion. Pour plus de sûreté, on peut en calciner un petit échantillon dans un creuset en porcelaine, ou attaquer une portion du résidu au moyen d'eau régale et chercher (après avoir évaporé à sec et repris par l'eau, acidulée de HCl) l'acide sulfurique au moyen du chlorure de baryum :

2° *Par grillage des pyrites* (voyez plus bas) ;

3° *Par grillage des blendes* (voyez plus bas) ;

4° *Par grillage des masses d'épuration du gaz.* Il est préférable dans ce cas de recourir au procédé de dosage de ZULKOWSKY, car, le résidu contenant de l'oxyde de fer et de la chaux, la détermination de la totalité du soufre qui pourrait être sous forme de sulfure ou de sulfate ne donnerait aucun enseignement sur la seule chose intéressante, la totalité du soufre utilisable pour la préparation de l'anhydride sulfureux ;

5° *Par l'acide sulfurique et le charbon ou le bois.* La seule chose intéressante est de doser l'acidité du résidu, ce qui a lieu sur un échantillon filtré au moyen d'une solution normale de carbonate de soude et de phénolphtaléine comme indicateur.

Analyse de l'anhydride sulfureux. — 1° L'analyse du gaz sulfureux est faite d'après le procédé de la page 86 ;

2° L'analyse de l'anhydride sulfureux liquide en solution dans l'eau a lieu à deux points de vue : 1) on dose sur un échantillon la totalité de l'acide au moyen d'une solution normale de soude et de phénolphtaléine comme indicateur ; 2) on dose sur un second échantillon la quantité d'acide correspondant à SO^2 au moyen d'une solution 1/10 N. d'iode, d'après la réaction :

$$SO^2 + 2H^2O + 2I = SO^4H^2 + 2IH,$$
$$\text{et } 2S^2O^3Na^2 + 2I = S^4O^6Na^2 + 2NaI.$$

Sulfites, bisulfites, hydrosulfites et hyposulfites. — 1° Le dosage du sulfite a lieu par exemple d'après le procédé CLICQUES et GESCHWIND (40) ;

2° Le dosage de l'hydrosulfite a lieu d'après le procédé de la Badische au moyen d'indigo pur (41) ;

3° Le dosage de l'hyposulfite a lieu au moyen d'une solution décime d'iode avec la solution d'amidon comme indicateur.

Il va sans dire qu'il arrive quelquefois que le dosage de l'acidité totale, surtout pour les sulfites, bisulfites, rarement pour les hyposulfites et hydrosulfites, est intéressant à connaître. Dans ces conditions, on fait deux dosages : l'un pour avoir la quantité d'acide sulfureux, hypo-sulfureux, etc., l'autre pour l'acidité totale.

PYRITES. BLENDES. LEURS GISEMENTS

ANALYSE DES PYRITES ET DES BLENDES

SOMMAIRE :

CHAPITRE II

PYRITES. BLENDES. LEURS GISEMENTS
ANALYSE DES PYRITES ET DES BLENDES

§ 1. — LES PYRITES

49. Historique de l'industrie des pyrites. — Deux
raisons principales font qu'industriellement, pour la préparation du gaz sulfureux sur une très grande échelle,
on a renoncé à l'emploi du soufre de Sicile : 1° en raison
de l'économie réalisée par l'emploi des pyrites et des
blendes ; 2° en raison des inconvénients que présentait
pour la métallurgie le grillage des sulfures à l'air libre.

Le grand développement qu'a pris le procédé de fabrication du gaz sulfureux par les pyrites date de 1838,
époque à laquelle fut concédé le monopole de la vente du
soufre à la Compagnie Taix de Marseille (v. p. 3).

La hausse considérable du prix du soufre qui en
résulta décida les fabricants d'acide sulfurique à utiliser
les sulfures métalliques, plus particulièrement les pyrites
de Norvège et d'Ecosse ; aussi, en peu d'années, l'exportation du soufre sicilien baissa-t-elle de moitié ; le gouvernement des deux Siciles s'empressa de supprimer à la
Compagnie Taix, à l'expiration du contrat, le monopole
qu'il lui avait concédé, mais il était trop tard.

Voici, d'après Sorel, l'histoire des premières tentatives

faites en vue de l'utilisation industrielle des gaz de grillage des pyrites (42).

Premières tentatives pour utiliser les pyrites. — « Les guerres de la première Révolution contre l'Europe
« coalisée, en supprimant les relations commerciales de
« la France, nous avaient privés des matières premières
« nécessaires à l'industrie, et les quelques gisements
« de soufre existant sur notre sol pouvaient difficilement
« suffire aux besoins de l'industrie, pourtant bien rudi-
« mentaire. Précisément à cette époque, la découverte
« de notre compatriote LEBLANC nous dotait d'un procédé
« de fabrication de la soude artificielle basé sur l'em-
« ploi de l'acide sulfurique ; il fallait donc pourvoir à
« une fabrication importante de ce dernier corps.

« Un savant français, d'ARTIGUES, tenta, en 1793, de
« résoudre le problème en utilisant le soufre des pyrites,
« mais ses fours étaient mal disposés : tantôt les sulfures
« chargés dans un four trop froid et mal allumés refu-
« saient de brûler, tantôt, au contraire, une combustion
« trop vive déterminait la distillation d'une partie du
« soufre de la masse récemment chargée, ou élevait, en
« certains points de la masse, la température jusqu'au
« voisinage de la fusion ; les fragments ramollis se sou-
« daient et arrêtaient le tirage ; bref, on était incapable
« d'obtenir un dégagement continu et régulier de gaz
« sulfureux, condition indispensable à une fabrication
« normale et économique.

« Les expériences de d'ARTIGUES, reprises en Angle-
« terre en 1818, conduisirent encore à un échec : on les
« oublia, et jusqu'en 1834 on revint exclusivement à
« l'emploi du soufre naturel.

« Vers 1830, la question fut reprise en France, à la
« mine de Chessy, par les frères PERRET et surtout par

« l'un d'eux, Michel PERRET. Cette mine fournissait, dans
« un filon aujourd'hui épuisé, un sulfure de fer assez
« riche en cuivre, qu'il fallait griller pour extraire le
« métal. Mais le grillage entraînait, pour les proprié-
« taires de la mine, les plus grands embarras. Les frères
« PERRET eurent alors l'idée d'adjoindre à leur exploita-
« tion celle d'une usine de produits chimiques à Saint-
« Fons, près de Lyon, et d'y griller leurs pyrites pour
« utiliser le gaz sulfureux à la production de l'acide
« sulfurique qui trouverait à Lyon un facile débouché.

« Ils se heurtèrent naturellement aux mêmes difficul-
« tés que d'ARTIGUES, et les premiers fours établis par
« Baptiste PERRET ne purent fonctionner normalement.
« Après bien des tentatives infructueuses, un hasard
« heureux indiqua à l'esprit sagace de Michel PERRET la
« voie du succès. On avait cherché jusque-là à allumer
« les pyrites sur une grille, et, une fois une couche bien
« allumée, à la charger de couches successives de pyrite
« fraîche, comme on charge de houille un foyer ordi-
« naire. Les accidents relatés ci-dessus se reproduisaient
« fréquemment. Un jour, pour tâcher de rallumer un
« four qui était en train de s'éteindre, on eut l'idée de
« prendre de la pyrite en pleine ignition dans un four
« voisin et de la jeter à la partie supérieure du four à
« guérir. Non seulement la pyrite ne s'éteignit pas, mais
« elle ralluma les parties voisines chaudes ; on put char-
« ger au bout de quelques heures de nouvelles quantités
« de pyrite fraîche, et, quand le four eut repris son allure,
« on reconnut que le minerai était convenablement grillé.
« Le problème était à demi résolu, on savait qu'il fallait
« travailler *per descensum*, en n'ayant jamais qu'une
« petite épaisseur de pyrite fraîche ; il ne restait qu'à
« trouver la forme la plus convenable pour le four.

« Aussi, quand le monopole établi en 1838 sur le sou-
« fre de Sicile vint menacer l'industrie chimique anglaise,
« déjà florissante, par l'élévation subite et injustifiée du
« prix de la matière première, vit-on copier les fours
« de PERRET. Dès 1840, ils étaient déjà vulgarisés.

« En France, la transformation fut beaucoup plus
« lente ».

Si nous avons emprunté à SOREL cet historique du
grillage des sulfures métalliques, c'est que nous ne
pourrions recourir à une meilleure source. C'est en effet
à la Compagnie de Saint-Gobain (dont SOREL dirigea l'une
des usines) que les frères PERRET apportèrent le fruit de
leurs études, et c'est grâce à cette collaboration que le
grillage des pyrites se développa dans le monde entier.

Avant de passer à la description des différents fours
utilisés pour le grillage des sulfures, nous examinerons
d'abord quels sont, parmi les sulfures, ceux qui peuvent
être employés industriellement.

On en distingue quatre variétés qui toutes portent le
nom de pyrites.

50. Pyrite martiale. — La *pyrite martiale* ou *pyrite
jaune* est la pyrite de fer la plus répandue. C'est un bi-
sulfure de fer cristallisé qui répond à la formule FeS^2.
Théoriquement, elle devrait contenir 46,67 de fer et
53,33 de soufre, mais en réalité elle ne contient de ce
dernier que 48 à 50 0/0. La densité de la pyrite martiale
varie de 4,83 à 5,20; elle est quelquefois friable et se délite
alors aisément sous l'action des agents atmosphériques,
mais, en général, elle se présente en masses compactes.

L'extraction de la pyrite se pratique donc tantôt à la
mine, tantôt à la pioche, au pic et à la pelle.

La pyrite martiale cristallise dans le système cubique et se présente en agglomérations d'un jaune de laiton tirant quelquefois sur le vert.

51. Marcassite, Chalcopyrite. — La *marcassite* est la pyrite blanche ou sperlaise. Elle se distingue de la pyrite martiale par sa couleur, mais non par sa composition qui est identique. La structure cristalline est différente, car elle cristallise dans le système du prisme rhomboïdal ; quant à sa densité, elle est un peu plus faible : 4,66 à 4,88. Elle est moins compacte que la pyrite martiale grâce à son origine sédimentaire ; on la trouve en effet dans les dépôts d'alluvions anciennes. La facilité avec laquelle elle se délite et s'effleurit sous l'action des agents atmosphériques, en donnant du sulfate ferreux et de l'acide sulfurique,

$$2\ FeS^2 + 2H^2O + 7\ O^2 = 2\ SO^4Fe + 2\ SO^4H^2$$

est un inconvénient grave.

La *chalcopyrite* est la pyrite cuivreuse. Cette variété de pyrite n'est pas utilisée à l'état pur, mais il arrive assez souvent qu'elle accompagne la pyrite de fer. Il en est ainsi pour les gisements du Rio-Tinto, de Tharsis, de Huelva, etc. Néanmoins la proportion de cuivre est faible et ne dépasse pas 4 à 5 0/0, tandis que, suivant la formule de la chalcopyrite $FeCuS^2$, elle devrait être de près de 35 0/0.

La chalcopyrite, qui se rencontre rarement à l'état pur, cristallise dans le système clinorhombique.

52. Pyrite magnétique. — La *pyrite magnétique,* qui est beaucoup moins répandue, est en outre beaucoup moins intéressante à cause de sa faible teneur en soufre, qui n'atteint pas 40 0/0.

53. Principaux gisements de pyrite. — Les pyrites se rencontrent dans la plupart des pays : en Angleterre et en Ecosse, en Norvège, en France, en Espagne et au Portugal, en Autriche, aux Etats-Unis, etc.

L'Angleterre, qui est le plus grand fabricant de produits chimiques du monde, est obligée d'importer la plus grande partie de ses pyrites.

Au moment de la hausse du soufre en 1838, elle se tourna vers les gisements indigènes, mais ces pyrites sont généralement pauvres et ne titrent guère plus de 25 à 35 0/0 de soufre.

Analyse de pyrite anglaise

Bisulfure de fer (contenant 27,8 0/0 S).	52,12
FeO	11,92
Argile	8,10
Chaux	0,27
Magnésie	1,00
Acide carbonique	2,40
Insoluble dans HCl	11,12
Eau	12,86
	99,79

54. Pyrites de Norvège. — Les fabricants anglais d'acide sulfurique recoururent alors aux pyrites de Norvège, dont les gisements sont presque tous exploités actuellement par des maisons anglaises. Ces pyrites, très pures titrent en général plus de 40 0/0 de soufre ; elles sont très pauvres en cuivre.

Le tableau suivant donne une analyse de différentes sortes de pyrites de Suède et de Norvège (43) :

Analyse de pyrites suédoises

	Pattinson	Browell-Marreco
Soufre	43,70	38,05
Fer	39,01	42,80
Cuivre	0,60	1,50
à reporter	83,31	82,35

	Reports	83,31	82,35
Plomb		0,12	—
Zinc		2,57	—
Chaux		0,85	—
Magnésie		0,69	—
Arsenic		traces	—
Insoluble		11,66	12,16
Oxygène calculé comme Fe^2O^3		0,22	
Eau		0,20	} et perte 5,49
		99,62	100,00

Analyse de pyrites norvégiennes

CONSTITUANTS	ANALYSE DE PATTINSON		ANALYSE DE MAC CULLOCH	
	Pyrite de Ytteroen	Pyrite de Drontheim	I	II
Soufre	44,50	50,60	46,15	38,17
Fer	39,22	44,62	44,20	32,80
Cuivre	1,80	Trace	1,20	1,10
Zinc	1,18	1,34	2,10	2,32
Plomb	—	Trace	—	—
Chaux	2,10	Trace	—	—
Carbonate de chaux	—	—	2,55	11,90
Magnésie	0,01	Trace	—	—
Carbonate de magnésie	—	—	—	1,08
Acide carbonique	1,65	—	—	—
Arsenic	—	—	—	Trace
Insoluble (Silice)	9,08	3,15	3,20	12,20
Oxygène calculé comme Fe^2O^3	0,45	—	—	—
Eau	0,17	0,20	0,40	0,25
	100,16	99,91	99,80	99,82

55. Pyrites de France. — Les deux gisements de pyrites les plus importants se trouvent l'un dans le département du Rhône à 30 kilomètres à l'Ouest de Lyon; c'est lui qui alimente les usines de Saint-Gobain à Saint-Fons, et de la Volta lyonnaise à Pierre Bénite (procédé par contact de la Badische Anilin und Sodafabrik); l'autre, dans les départements du Gard et de l'Ardèche, fournit la Compagnie des produits chimiques d'Alais et de la Camargue, anciennement R. PÉCHINEY et Compagnie.

L'usine MALÉTRA, au Petit-Quevilly près de Rouen, reçoit ses pyrites d'Espagne, par mer.

56. Gisement du Rhône. — Ce gisement, orienté suivant la direction N.-N.-E., est séparé en deux parties par la Brevenne, petit affluent de la Saône. Le gisement de la rive gauche, qui est épuisé aujourd'hui, était connu sous le nom de groupe de Chessy. C'est là que MM. PERRET firent leurs premiers essais de grillage des pyrites. Le gisement de la rive droite, ou gisement de Saint-Bel, est seul exploité maintenant.

Voici, d'après M. SOREL (44), des détails fort intéressants sur ces gisements : Ils occupent une zone enclavée dans les schistes argilo-siliceux siluriens. Cette zone est limitée au S.-E. par le chaînon de granit et de gneiss d'Iseron et de Saint-Bonnet; au N.-O. par les contreforts granitiques du Sauvage; au sud, elle est presque étranglée par les rapprochements de ces deux massifs. Vers le nord elle s'épanouit brusquement, mais disparaît bientôt sous des dépôts argileux et des calcaires à gryphées arquées.

L'inclinaison des schistes est le plus souvent presque verticale.

La pyrite s'y trouve enclavée sous forme de filons à peu près parallèles.

Le gisement de Chessy, anciennement exploité pour ses minerais à 4 et 5 0/0 de cuivre et ses dépôts adventifs de carbonate et d'oxydule de cuivre, avait été abandonné en 1830 après l'épuisement des parties riches en cuivre. Il fut repris en 1839 par MM. Perret et fils de Lyon, qui l'exploitèrent comme un minerai de soufre très riche, et il fut compris parmi les apports de cette maison quand elle fusionna en 1871 avec la société de Saint-Gobain, Chauny et Cirey. Depuis son abandon, c'est sur le gisement de la rive droite, ou gisement de Saint-Bel, à pyrite exclusivement ferrugineuse, que se porte tout l'effort de l'exploitation, atteignant de 140.000 à 150.000 tonnes par an.

Ce gisement forme une masse compacte, reconnue sur une longueur de 10 kilomètres ; elle possède en certains points une largeur de 40 mètres et est connue sur une profondeur de 200 mètres. Un barrage granitique divise le gisement de pyrite en deux parties : la partie nord, qui se dirige vers le village de Fleurieux, a environ 5 kilomètres ; elle est seulement reconnue.

La partie sud se divise en deux exploitations : près de Sourcieux et près de Chevinay.

On y attaque deux filons dont l'un se présente avec des proportions vraiment colossales : longueur, 2 kilomètres, profondeur reconnue, 200 mètres, largeur atteignant jusqu'à 40 mètres. On le connaît sous le nom de la masse Bibost. Voici, d'après Girard et Morin (45), une analyse d'échantillons prélevés dans cette masse :

	1er étage à 50 m.		3e étage à 150 m.	
Soufre......	53,09	} = 99,55	52,49	} = 98,92
Fer.........	46,46		46,43	
Arsenic.....	Traces faibles		Traces très faibles	
Gangue.....	0,37	} = 00,41	0,90	} = 00,94
Humidité ...	0,04		0,04	
		99,96		99,86

La pyrite de Saint-Bel est donc aussi remarquable par sa richesse et sa pureté que par son extrême abondance. Elle ne contient que des traces d'arsenic, tandis que les pyrites espagnoles en contiennent jusqu'à 3 et 8 0/00, et il n'y a pas de carbonate de calcium dans sa gangue.

L'exploitation se fait par puits et galeries et est assez dangereuse, La pyrite est abattue au pic, elle présente une grande friabilité, qui augmente au fur et à mesure qu'on s'enfonce dans le gisement. Il y a 30 ans, on estimait à 50 0/0 la proportion de poussières fournies par les manipulations ; aujourd'hui les poussières forment la totalité de l'extraction. Celle-ci revient à 6 francs la tonne. Les pyrites sont vendues en France à raison de 20 à 30 fr. la tonne à pied d'œuvre.

En somme, la pyrite de Saint-Gobain est un produit presque chimiquement pur et tout à fait remarquable par sa faible teneur en arsenic, tandis que les pyrites espagnoles et portugaises contiennent jusqu'à 8 kilos de ce métalloïde par tonne.

Quant à la richesse *pratique* en soufre, on peut l'estimer de 50 à 51,5 0/0, presque entièrement utilisables grâce à la petite quantité de gangue. Celle-ci ne donne pas lieu à la formation de sulfures et de sulfates.

57. Gisements du Gard et de l'Ardèche. — Ce sont les gisements qui alimentent Salindres (46).

Ils sont beaucoup plus nombreux, mais de qualité un peu inférieure. Ils contiennent de 41 à 49 0/0 de soufre, de 0,05 à 0,4 0/0 d'arsenic et une gangue qui peut atteindre plus de 30 0/0.

Voici un tableau qui donne l'analyse de différents minerais de cette région :

CONSTITUANTS	SAINT-JULIEN				SOYONS
	Pyrite triée	Couche de 32 m.	Couche de 50 m.	Couche de 87 m.	
Soufre.	49,11	44,13	42,87	41,13	43,94 — 49,68
Fer.	43,24	38,24	37,94	36,85	39,15 — 43,04
Arsenic	0,11	0,05	0,10	0,08	0,16 — 0,39
$Ca\,CO^3$	2,55	5,52	2,86	9,69	—
$Mg\,CO^3$	Traces	Traces	Traces	0,08	—
$Ca\,SO^4$	—	—	—	—	0 — 1,67
$Ca\,F^2$	1,09	Traces	Traces	Traces	Traces — 0,63
Insoluble	2,48	10,20	13,19	11,23	4,15 — 11,76
Excès d'oxygène . . .	—	—	1,40	0,38	0 — 1,02
Humidité	1,33	1,74	1,59	0,57	0,86 — 4,58

Ces gisements, qui s'étendent en droite ligne de Soyons à Alais dans la direction N.-N.-E., se rencontrent en deux gisements très importants, à Saint-Julien-de-Valgagues et au Soulié.

Saint-Julien livrait, il y a quelques années, 25.000 tonnes de pyrite annuellement, quantité qui doit être plus considérable aujourd'hui. Ces pyrites se rencontrent dans l'oolithe inférieur, le lias et le trias, souvent recouvertes par un chapeau de minerai de fer oxydé, ayant pour origine probable la décomposition de la pyrite sous l'influence des agents atmosphériques.

Le dépôt de Saint-Julien-de-Valgagues, qui alimente l'importante Compagnie des produits chimiques d'Alais et de la Camargue, se trouve à 7 kilomètres au N.-E. d'Alais. Il est noyé dans un terrain sédimentaire, en couches régulièrement stratifiées, surmontées d'un chapeau d'hydrate de sesquioxyde de fer. Ce gisement est reconnu sous une épaisseur de 90 mètres.

Au Soulié, les choses sont différentes, la couche n'est plus uniforme, on rencontre des filons isolés et quelquefois des poches disséminées dans la masse du minerai d'oxyde de fer hydraté.

On extrait annuellement dans l'Ardèche 10 à 15.000 tonnes de pyrites.

Les pyrites du Gard et de l'Ardèche ne valent pas celles de Saint-Bel dans le Rhône, non seulement à cause de leur teneur en soufre qui est moins élevée, mais aussi à cause de leur gangue calcaire et d'une certaine quantité de fluorure de calcium et d'arsenic, qui varie entre 1 et 3 0/00 en moyenne.

Ces pyrites sont moins friables que celles de Saint-Bel, c'est-à-dire donnent moins de poussières et brûlent tout aussi facilement, mais leur richesse en soufre diminue à mesure que l'on s'enfonce.

Il existe aussi quelques gisements dans l'Ariège, qui sont exploités par la Société française des mines de l'Ariège.

En résumé, c'est la Compagnie des produits chimiques de Saint-Gobain qui, en France, détient le monopole de la vente des pyrites indigènes et qui fournit le plus grand nombre de fabricants d'acide sulfurique. Néanmoins certaines fabriques, bien placées pour recevoir leur minerai de l'étranger, préfèrent ne pas s'adresser à Saint-Gobain pour leur matière première qu'elles font venir d'Espagne, si bien que l'on brûle aujourd'hui en France plus de 110.000 tonnes de pyrites étrangères.

58. Pyrites d'Espagne et du Portugal. — Les gisements de pyrite s'étendent sur une longueur de 350 kilomètres et une largeur de 50 kilomètres sur la rive gauche de la Guadiana, dans la direction S.-O.-N.-E. Ils partent de Séville, passent au nord de Huelva, traversent la province d'Alemteja et se perdent dans l'Estramadure portugaise.

Les extractions les plus importantes sont celles de Rio-Tinto, Tharsis et Aguas-Tenidas en Espagne et celle de San-Domingo en Portugal.

La destination des pyrites est différente suivant leur teneur en cuivre. Les pyrites, très riches en cuivre et contenant 7 à 8.0/0 de ce métal, sont grillées sur place ; le soufre est perdu et le résidu du grillage est toujours traité sur place dans des fours à manche, de façon à le transformer en une matte cuivreuse que l'on expédie à Swansea en Angleterre pour le raffinage. De ce fait Swansea est devenu le grand marché du cuivre.

Les autres pyrites, qui toutes sont cuivreuses aussi, mais plus faiblement (3 à 4 0/0), sauf celles d'Aguas Tenidas, qui sont exclusivement ferrugineuses et dont le gisement est à peu près épuisé, sont dirigées telles quelles sur les ports de Huelva, de San-Lucar de Guadiana et de Pomaron, où elles sont embarquées à destination de l'Angleterre (Liverpool, Glasgow, Newcastle), de la France (Marseille, Rouen) ; de l'Allemagne, etc.. On compte que les gisements d'Espagne fournissent les 3/4 de la consommation anglaise.

Les pyrites de Rio-Tinto, de Tharsis, de San-Domingo, ont une composition très voisine, il n'en est pas de même de celle d'Aguas-Tenidas, qui est de la pyrite de fer presque chimiquement pure (99,75 0/0) contenant plus de 53 0/0 de soufre et des traces seulement d'arsenic.

Le tableau ci-dessous donne une analyse comparative de chacun de ces minerais :

59. Composition moyenne des principales pyrites espagnoles

CONSTITUANTS	RIO TINTO			SAN DOMINGO		THARSIS
	Cumenge	Caron	Rivista miniera	Pattinson	Bartlett	Bartlett
S.	48,00	50,07	49,00	49,09	49,80	47,50
Fe	40,00	41,03	43,55	41,41	43,55	41,92
Cu	3,42	3,05	3,20	2,46	3,20	4,21
Pb	0,82	—	0,93	0,98	0,93	1,52
Zn	Traces	—	0,35	0,44	0,37	0,22
As	0,21	—	0,47	0,55	0,47	0,38

Il existe aussi des pyrites espagnoles ne contenant pas de cuivre, comme celles d'Aguas-Tenidas, dont voici la composition :

Fe............	46,60 0/0
S.............	53,15 —
SiO^2	0,20 —
As............	Traces
Cu............	—
Se, Ag, Au.....	—

60. Exploitation des pyrites espagnols. — L'exploitation des gisements ibériques a eu lieu en deux phases : l'une que l'on peut qualifier de préhistorique, ou du moins d'historique, suivie d'un silence de 1.500 ans, puis une phase contemporaine qui remonte exactement à cinquante ans.

C'est un Français, M. Deligny, qui retrouva en 1853 ces mines oubliées depuis 15 siècles, au cours de prospections faites dans le but de découvrir en Espagne de nouveaux gisements miniers. Il mit à jour tout d'abord les anciennes exploitations romaines de Rio-Tinto et de Tharsis, puis plus tard celle de San-Domingo (1858).

Des recherches archéologiques ont été faites sur les lieux par M. CUMENGE, qui y a découvert des vestiges d'instruments préhistoriques ; quant à M. DELIGNY, il a trouvé à San-Domingo des restes de l'exploitation romaine, témoin la roue de 6 mètres de diamètre faisant partie d'une machine d'épuisement remontant à l'an 412 de notre ère et que conserve le Musée du Conservatoire des arts et métiers.

Les Phéniciens, les Carthaginois et les Romains, qui tous ont exploité les gisements ibériques, venaient y chercher le cuivre et non le soufre. On trouvait anciennement, et l'on trouve encore quelquefois, des filons contenant jusqu'à 40 0/0 de cuivre. Actuellement les minerais qui contiennent plus de 10 0/0 de cuivre sont expédiés directement en Angleterre, mais c'est l'exception.

Quoi qu'il en soit, la découverte, faite en 1853 des gisements du Rio-Tinto, tombait à pic, car le soufre banni de l'industrie anglaise depuis 1838, était difficilement remplacé par les pyrites d'Ecosse et de Norvège, insuffisantes pour la consommation anglaise. Aussi de gros capitalistes n'hésitèrent-ils pas à accaparer les gisements ibériques, à fonder de puissantes Sociétés, à exécuter les grands travaux permettant d'amener facilement les pyrites aux ports de l'Atlantique, et à les diriger de là sur les centres industriels du monde entier. Ils n'ont pas eu à regretter leur décision, témoins les cours élevés des actions de la compagnie du Rio-Tinto, de la Tharsis, etc.

Voici les exploitations de ces deux sociétés au cours de ces dernières années :

Rio-Tinto

	Production	Teneur en Cu	Exportation
1898. .	1.465.380 tonnes	2,852	—
1899. .	1.649.844 —	2,719	—
1900. .	1.894.504 —	2,744	704.803

Tharsis

	Production	Exportation
1899. . .	572.854 tonnes	222.475 tonnes
1900. . .	468.738 —	220.019 —

On voit par ces quelques chiffres qu'une partie seulement de la production de ces deux usines est exportée.

Le gisement le plus important est celui de Rio-Tinto, puis celui de Tharsis, enfin ceux de San-Domingo et d'Aguas-Tenidas.

L'exploitation s'y fait à ciel ouvert ; on procède par étage à la façon dont on creuse un chenal au moyen de dragues sur rails, à la différence près que l'on abat le minerai au pic et à la poudre. On commence par enlever la terre et les roches qui recouvrent le gisement ; on a, de cette façon, enlevé trois millions de mètres cubes de roche, qui recouvraient la pyrite. On procède ensuite par gradins de 8 à 10 mètres de largeur et de 10 à 15 mètres de hauteur ; c'est sur ces gradins que tombe le minerai abattu que l'on charge directement dans des wagons, traînés par des locomotives circulant à chaque étage. Les trains de pyrite sont alors directement conduits à leurs ports d'embarquement.

A Rio-Tinto, la couche stérile forme une épaisseur de plus de 30 mètres. Parfois la couche rocheuse est remplacée par un banc de pyrites délitées, qui peut atteindre 100 mètres et plus d'épaisseur.

Le filon sud du Rio-Tinto a 4.000 mètres de longueur sur 150 à 200 mètres de largeur, tandis que le filon nord est un peu moins long (3.000 mètres), mais atteint une largeur de 500 mètres.

En 1890, les gisements de la péninsule ibérique ont produit 3.000.000 de tonnes ; ils occupent actuellement 40.000 ouvriers.

La pyrite de San-Domingo est dure, tandis que celle de Rio-Tinto est friable et donne beaucoup de déchets.

61. Pyrites d'Allemagne. — L'Allemagne consomme plus de 500.000 tonnes de pyrites par an ; 350.000 tonnes lui viennent des gisements espagnols et portugais, le reste, soit près de 150.000 tonnes, est extrait du sol germanique. La caractéristique de la pyrite allemande est la présence du zinc, dont la teneur varie de 1 à près de 25 0/0 (cette teneur élevée dans les sulfures mixtes seulement). Les trois gisements principaux en Westphalie sont ceux de Meggen, de Schwelm et de Gosslar. Voici l'analyse des pyrites de Meggen :

Soufre.........	45,60 à 47,50
Fer	38,52 à 43,55
Charbon.......	— à 0,32
Plomb	0,70 à 0,64
Zinc	6,00 à 5,00
Cobalt-nickel ..	Traces
Thallium......	Traces
Arsenic........	0,10 à 0,30
Chaux	0,11 à —
Silicates.......	8,20 à 8,70
Oxygène.......	0,37 à —

A Freiberg dans le Harz, on utilise des minerais mixtes, sulfures doubles de fer et de cuivre, de zinc et de manganèse, de fer et de zinc, de plomb et de zinc, etc., qui servent à produire 40.000 tonnes d'acide sulfurique glacial par année. Dans un paragraphe spécial nous étudierons la blende, de plus en plus employée en Allemagne.

Voici d'après HASENCLEVER le travail des usines allemandes en 1890 ; depuis, les chiffres ont considérablement augmenté :

Pyrites allemandes 95.800 tonnes soit   138.910 t. d'ac. sulf. à 60° B.
    —   espagnoles 209.000   —   359.480   —
    —   blende   —   75.313   —
Minerais mixtes du Harz.   —   43.689   —
Masses d'épuration du gaz.   —   10.000   —
                                      627.392

En Autriche-Hongrie, on trouve des gisements importants à Schwellnitz ; c'est une pyrite cuivreuse qui alimente l'usine d'Aussig ; on en trouve aussi en Styrie dans la vallée de la Sanne. Enfin les Etats-Unis possèdent aussi des mines de sulfures très propres à la fabrication de l'acide sulfurique, grâce à leur faible teneur en arsenic.

§ 2. — BLENDES

60. Sulfure de zinc. — La blende est un sulfure de zinc répondant à la formule ZnS et contenant par conséquent, à l'état de pureté :

Soufre.....	32,92
Zinc.......	67,08

On remarquera à cette occasion que la composition centésimale correspond presque exactement au poids atomique de chacun de ses éléments : $S = 32$ et $Zn = 65,2$.

La blende, comme on le voit, est un minerai bien moins riche que la pyrite ; à l'état de pureté elle contient 32,9 0/0 de soufre, alors que les pyrites de Rio Tinto ou de Saint-Bel en contiennent plus de 50 0/0.

Pratiquement la blende ne donne même pas 30 0/0 de soufre utilisable ; aussi son utilisation, relativement récente, a-t-elle présenté beaucoup de difficultés. Elles n'ont été vaincues que grâce à la Société Rhénania (de Stolberg et Rheinau), particulièrement sous l'impulsion de son directeur, M. R. HASENCLEVER, décédé récemment.

Les gisements les plus importants de blende se trouvent en Belgique (*Vieille-Montagne*) et dans la province du Rhin où elles alimentent la Rhénania à Aix-la-Chapelle (Stolberg). Il faut ajouter les gisements de Silésie, et quelques autres dans des pays d'outre-mer.

Pendant fort longtemps la métallurgie du zinc reposa simplement sur le grillage à haute température du sulfure de zinc. Des torrents d'anhydride sulfureux étaient ainsi déversés dans l'atmosphère. Mais, tant sous la pression de lois sévères (édictées d'abord en Angleterre et ne laissant qu'une tolérance très faible d'anhydride sulfureux pour les gaz de grillage échappés à l'air libre, alors que précédemment on admettait 7,5 0/00), que sous l'aiguillon de la concurrence dépréciant de plus en plus les prix, on songea à utiliser, pour la fabrication de l'acide sulfurique, les énormes quantités de gaz sulfureux qu'on perdait chaque jour au grand dommage de la végétation et sans profit aucun. Cet ensemble de circonstances amena la Société Rhénania, de Stolberg, à entreprendre en 1855 des recherches en vue d'établir un four à blende permettant, tout en grillant convenablement le minerai, de recueillir la presque totalité du gaz sulfureux.

63. Statistique. — Voici, en tonnes, la production française de pyrites extraites des principaux gisements que nous venons de passer en revue :

1891......	243.030	tonnes
1892......	226.304	—
1893......	227.288	—
1894.. ...	278.452	—
1895......	248.939	—
1896......	295.325	—
1897......	298.571	—
1898......	306.002	—
1899......	318.832	—

L'extraction des pyrites indigènes en Angleterre est d'une importance nulle, comparée à l'importation des pyrites étrangères et particulièrement des pyrites espagnoles :

Importation anglaise de pyrites étrangères

1888....	629.056 tonnes	1895....	591.782 tonnes
1889....	654.872 —	1896....	598.480 —
1890....	667.625 —	1897....	633.544 —
1891....	662.297 —	1898....	665.544 —
1892....	614.238 —	1899....	712.393 —
1893....	622.634 —	1900....	752.605 —
1894....	625.968 —		

Production anglaise de pyrites indigènes

1895.......	9.193 tonnes
1896.......	10.177 —
1897.......	10.752 —
1898.......	12.302 —
1899.......	12.426 —
1900.......	12.484 —

Voici, d'après le *United States Mineral Resources* de 1886, p. 652 (47), la composition moyenne des différentes pyrites du monde entier :

ORIGINE	S	Fe	Cu	As	Zn	Pb	Ca CO^3 MgCO^3 Ca SO^4	Si O^2
Milan-mine. New-Hampshire, n° 1.	46,00	40,00	3,75	Traces	4,00	0	—	6,25
n° 2	35,00	30,50	5,00	0	8,00	—	—	21,50
Davis Mine-Mass.	49,27	45,30	1,47	Traces	—	—	—	3,83
Elizabeth Mine-Verm	33,00	50,00	3,50	—	—	—	—	13,50
St-Lawrence (N. Y.).	38,00	34,00	3,00	—	—	—	—	25,00
Arminius mine Va	46,00	44,50	2,10	—	—	—	—	7,40
Capelton Canada.	40,21	35,20	5,10	Traces	—	—	8,00	12,00
Rio-Tinto, Espag.	48,50	40,92	4,21	0,33	0,22	1,52	0,90	3,46
Tharsis, Espagne.	49,90	42,55	3,10	0,47	0,35	0,93	0,87	2,20
San Domingo Portugal . . .	49,07	44,28	3,25	0,38	—	—	0,93	2,50
Suède, moyenne.	38,05	42,80	1,50	0	—	—	5,09	12,56
Norvège, »	46,15	44,20	2,10	Traces	1,20	—	2,50	3,35
France, »	46,60	39,70	0	—	—	—	0,20	13,50
Allemagne, »	45,60	38,52	—	0,95	6,00	0,74	—	8,19
Belgique, »	42,80	36,70	—	0,20	0,40	0,92	5,45	12,47
Angleterre, »	34,34	32,20	0,80	0,91	1,32	0,40	—	30,03
Irlande, »	47,41	41,78	1,93	2,11	2,00	—	—	4,77

D'après les mêmes sources (*Min. Ind.*, IX, 615), voici la production mondiale des pyrites, classée par pays et pour les années 1895-1899.

	1895	1896	1897	1898	1899
Belgique . . .	2.510	2.560	1.828	147	283
Bosnie. . . .	—	2.000	3.670	240	430
Canada . . .	31.024	30.586	35.299	29.228	25.117
France. . . .	253.416	282.164	303.448	310.972	318.832
Allemagne . .	127.036	129.168	133.302	136.849	144.623
Hongrie . . .	69.195	52.697	44.454	58.079	79.519
Italie	38.586	45.728	58.320	67.191	76.538
Newfaundland.	34.879	27.712	33.316	83.100	31.500
Norvège . . .	61.994	60.507	94.484	89.760	90.000
Portugal . . .	200.000	200.000	210.263	248.218	275.658
Russie	11.042	11.550	19.380	20.000	25.000
Espagne . . .	60.267	100.000	217.543	260.016	319.285
Suède	221	1.009	517	386	150
Gr^{de} Bretagne	9.193	10.178	10.753	12.302	12.426
Etats-Unis . .	107.371	117.782	128.468	194.219	181.963
Total	1.007.732	1.075.191	1.295.046	1.460.710	1.580.614

§ 3. — ANALYSE DES PYRITES ET DES BLENDES

64. Détermination de la valeur des pyrites. — La détermination de la valeur marchande des pyrites est une opération qui se renouvelle fréquemment en cours de fabrication ; on se contente en général de déterminer simplement la teneur en soufre (qui est le facteur principal) des différents lots que l'on utilise, mais au moment de passer un contrat d'achat il est bon d'effectuer une analyse complète de la pyrite, dont on prélève un échantillon moyen.

La teneur plus ou moins élevée en soufre total n'est pas le seul facteur important, car suivant la nature de la gangue une partie importante de ce soufre peut être fixée pendant l'opération du grillage et rendue de ce fait complètement inutilisable. Néanmoins on aime toujours mieux avoir à griller des minerais riches que des minerais pauvres, car les frais de transport, étant les mêmes, pèsent d'autant plus sur le minerai le moins riche et la tonne de soufre utilisable ressort alors à un prix plus élevé. En outre, le minerai riche brûle beaucoup plus facilement, et la production d'un même four est d'autant plus grande que le minerai est plus riche. Quoi qu'il en soit, l'analyse de la gangue est intéressante aussi, car avec certaines gangues calcaires comme celles de quelques gisements du midi de la France on obtient pendant la période de grillage un dégagement d'anhydride carbonique qui vient diluer le gaz sulfureux dans la chambre de plomb, et la chaux libérée fixe de son côté une partie du soufre sous forme de sulfite et de sulfate.

Lorsque la gangue est siliceuse, elle rend la pyrite facilement fondante, il se forme alors par collage des agglomérations, sortes de mâchefer qui peuvent obstruer le four. Si la gangue contient des fluorures (*spath fluor*), de l'acide fluorhydrique est mis en liberté et attaque fortement les parties siliceuses du four et de la canalisation (on sait à quels désagréments donne lieu la présence de fluorures pendant la fabrication des superphosphates). D'un autre côté, les canaux peuvent être attaqués par la présence d'acide sulfurique formé lors du grillage de pyrites facilement attaquables par l'air, et qui, sous l'action des agents atmosphériques, se délitent dans la cour de l'usine, en donnant du sulfate et de l'acide sulfurique, qui distillera au moment du grillage. Cet acide sulfurique forme en outre, dans les parties chaudes, au contact des poussières grillées entraînées par les gaz, un sulfate basique de peroxyde de fer, blanchâtre, très léger et volumineux.

On voit donc par ces préliminaires combien l'analyse complète d'une pyrite est chose utile.

65. Humidité. — Elle se détermine en pulvérisant grossièrement la pyrite et en la chauffant à 105° jusqu'à poids constant. C'est à ce chiffre que se rapportent naturellement toutes les autres déterminations que l'on fait sur un échantillon non desséché.

66. Soufre. — *a. Soufre utilisable par grillage.* — On se sert du tube de Zulkowsky, mais cette méthode est rarement employée pour les pyrites, on utilise généralement l'oxydation par voie humide (eau régale).

b. Soufre total. — On fond dans un creuset de platine (qui est fortement attaqué) la pyrite finement pulvérisée avec un mélange de nitrate et de carbonate de soude ou de peroxyde de sodium. On dose le soufre total comme sulfate de baryte. Cette méthode est longue, aussi ne l'utilise-t-on que rarement.

c. Soufre oxydable par l'eau régale. — C'est le procédé classique généralement employé.

. On utilise de la pyrite finement broyée, d'abord au mortier d'acier puis au mortier d'agate, et enfin blutée sur la soie de bluterie la plus fine. Il faut éviter l'emploi des mortiers de porcelaines, qui cèdent des quantités appréciables de substances pendant le broyage de la pyrite.

1° *Méthode ordinaire.* — Quand on ne tient pas à une très grande précision, on se sert de la méthode alcalimétrique de Pelouze, qui donne, quand elle est bien employée, des résultats suffisamment exacts. On fond au rouge 1 gramme de pyrite réduite en poudre fine, avec 5 gr. de carbonate de sodium sec et pur, 5 grammes de sel marin desséché, pour modérer la réaction, et 7 grammes de chlorate de potassium ; ClO^3K convertit le soufre en SO^3, qui sature une quantité proportionnelle de l'alcali en donnant naissance à SO^4Na^2. La masse fondue est dissoute dans l'eau bouillante, filtrée, lavée, et on détermine le titre alcalimétrique de la liqueur filtrée. La différence entre le titre alcalimétrique du carbonate de sodium employé et celui de la dissolution filtrée permet de calculer la quantité de soufre qui a été transformée en acide sulfurique, et qui se trouvait renfermée dans la pyrite soumise à l'analyse.

Il faut remarquer que ce procédé suppose l'absence de sulfates dans la gangue.

Le procédé de Pelouze, que nous venons de décrire, est surtout employé avec avantage pour l'essai quotidien des résidus provenant du grillage de la pyrite dans les fabriques d'acide sulfurique. Dans ce cas, au lieu de 1 gramme de pyrite, il convient de prendre 10 grammes de résidu, et on peut supprimer l'emploi du sel ; la réaction est faite dans une cuiller à projection en fer ; on obtient une masse non fondue, qui se dissout promptement ; l'essai complet peut être achevé en très peu de temps. Comme il importe de connaître la quantité maxima de soufre qui reste dans les résidus et que toute perte, pendant l'expérience, tend à augmenter et non à diminuer, la teneur apparente en soufre, ce procédé se recommande à l'emploi des industriels. Toutefois, les résultats obtenus ne sont jamais aussi exacts que ceux fournis par la détermination au moyen du sulfate barytique.

2° *Méthode de Lunge.* — On mélange dans une fiole d'Erlenmeyer 0 gr. 5 de pyrite en poudre impalpable avec 10 cc. d'un mélange de 3 volumes d'acide nitrique (D = 1,4) et 1 volume d'acide chlorhydrique fumant. Il va de soi que l'acide nitrique et l'acide chlorhydrique doivent être totalement exempts d'acide sulfurique. On chauffe légèrement, en recouvrant d'un entonnoir. Il arrive parfois qu'il se dépose un peu de soufre; on l'oxyde alors par l'adjonction d'une pointe de couteau de chlorate de potasse en poudre. On évapore ensuite à sec une première fois, en maintenant la fiole *dans* le bain-marie bouillant, puis une seconde après adjonction de 5 cc. d'acide chlorhydrique (au moment de l'adjonction il ne doit pas se développer de fumées rouges d'acide hypoazotique). On ajoute alors 1 cc. d'acide chlorhydrique concentré, 100 cc. d'eau distillée bouillante, on filtre sur un *petit* filtre et on lave à chaud. Le résidu est séché et calciné. Il peut se composer de silice, silicate et sulfate de baryte, de plomb, de chaux.

Le liquide filtré est alcalinisé (pas en trop grand excès) par de l'ammoniaque, chauffé à 60-70° 10 à 15 minutes et filtré. L'hydrate ferrique reste sur le filtre. Si l'on avait chauffé à l'ébullition, l'ammoniaque aurait disparu et le précipité pourrait contenir des traces de sulfate ferrique basique qui viendrait fausser le résultat. D'après Lunge, fait que nous pouvons confirmer, l'opération entière dure au maximum 1 heure, *à condition que :* 1° on filtre et lave à l'eau bouillante; 2° on emploie des filtres rapides; 3° on ait un entonnoir à 60° et que le filtre s'y applique bien.

On lave à fond jusqu'à ce que 1 cc. du filtrat ne soit plus

troublé par le chlorure de baryum, *même après quelques minutes de contact.*

La totalité du liquide ne doit pas dépasser 300 cc. sinon il est nécessaire de concentrer jusqu'à obtention de ce volume au bain-marie. On porte alors à l'ébullition et on ajoute, après avoir retiré la flamme, 20 cc. d'une solution de chlorure de baryum à 10 % que l'on a portée à l'ébullition dans un tube à essai (il faut éviter un grand excès de chlorure de baryum ce qui entraîne des résultats trop forts).

On laisse reposer, et au bout d'une demi-heure, on décante sur un filtre le liquide limpide, puis on ajoute au résidu 100 cc. d'eau bouillante, on agite 2 à 3 minutes, après quoi ondécante à nouveau le liquide limpide. On répète cette opération trois ou quatre fois jusqu'à ce que le liquide n'ait plus de réaction acide, on chasse d'un coup de pissette le sulfate de baryte sur le filtre, lave, sèche et calcine. Après calcination on doit obtenir une poudre tout à fait blanche qui n'a pas fondu pendant cette opération.

$$1 \text{ partie BaSO}^4 = 0,13734 \text{ S.}$$

67. Arsenic. — La détermination de l'arsenic n'a pas lieu dans les usines d'une façon régulière, à cause de sa complication et de son peu de précision. Elle mériterait pourtant d'être exécutée plus souvent, car il n'existe pas de pyrites complètement dépourvues d'arsenic ; elles en contiennent toutes plus ou moins, quelques-unes très peu comme celles de Saint-Bel, d'autres beaucoup comme les pyrites espagnoles.

L'arsenic est une des substances les plus nuisibles surtout pour la préparation de l'acide sulfurique par le procédé de contact, car il forme avec le platine une combinaison dépourvue de tout pouvoir de condensation. En outre l'arsenic s'oxyde en même temps que le soufre mais à l'encontre de ce dernier il donne un oxyde qui, bien que volatil à la température du four, se condense dans les manches au point de les obstruer. On peut à ce propos rappeler le cas, cité par SOREL, d'usines brûlant des pyrites très arsenicales où l'on retire des carneaux de temps à autre, des *tombereaux* d'anhydride arsénieux.

L'arsenic a encore d'autres inconvénients : il en pénètre toujours une quantité plus ou moins grande dans les chambres de plomb et l'acide sulfurique obtenu est ainsi contaminé. C'est cet acide sulfurique arsénical, qui a donné lieu déjà à tant d'empoisonnements, on peut citer les accidents récents arrivés au parc aérostatique de Chalais-Meudon où des élèves aérostiers on été empoisonnés par de l'hydrogène préparé au moyen de fer et d'acide sulfurique arsénical, puis la série d'empoisonnements constatés en Angleterre et ayant pour cause l'ingestion de bière préparée avec du malt traité par l'acide sulfurique. Comme on le voit, cet acide est impropre à une foule d'usages, en outre sa teneur en arsenic passe dans l'acide chlorhydrique si on s'en sert pour décomposer le sel marin. L'arsenic exerce encore une influence nuisible au point de vue du prix de revient (48). Comme il passe incessamment, dans la tour de GLOVER, de l'état d'acide arsénique à celui d'acide arsénieux, il arrive sous cet état à celle de GAY-LUSSAC où il repasse à l'état d'acide arsénique aux dépens de l'acide nitreux qu'il réduit à l'état de bioxyde d'azote, corps insoluble dans l'acide sulfurique et qui s'échappe en pure perte. Pour le dosage de l'arsenic on peut employer soit la méthode de REICH-MAC CAY (49) soit celle de BLATTNER et BRASSEUR (50) que voici :

On prend 10 grammes de pyrite en poudre impalpable, que l'on traite dans un ballon de 1 litre avec un mélange

de 125 cc. d'acide nitrique à 40° B., 250 cc. d'acide chlorhydrique à 20-22° B. et 100 cc. d'eau. On ajoute le liquide
peu à peu en chauffant légèrement. On chasse alors la plus
grande partie de l'acide nitrique, on ajoute 100 cc. d'eau,
on laisse refroidir, on filtre et ajoute de l'ammoniaque
jusqu'à léger trouble d'hydrate de peroxyde de fer. On
réduit alors le fer par un courant de SO^2 de façon que,
dans la précipitation ultérieure par H^2S, il ne soit pas
entraîné, chasse ensuite SO^2 en excès en chauffant au
bouillon, puis on laisse refroidir à 60-70° et on précipite
par H^2S. On fait barboter l'hydrogène sulfuré 6 à 7 heures
et on ne filtre qu'après un repos de 12 heures. On filtre et
lave le précipité avec de l'eau acidulée à l'acide chlorhydrique et saturée d'hydrogène sulfuré jusqu'à élimination
complète du fer, puis avec de l'eau distillée ; on redissout
le précipité avec du carbonate d'ammoniaque, on filtre la
solution, et, après l'avoir acidifié par l'acide chlorhydrique, on la chauffe à 50-70° et on précipite à nouveau l'arsenic
par un courant d'hydrogène sulfuré maintenu pendant
1 heure. Le sulfure d'arsenic est alors transformé ou en
arséniate ammoniaco-magnésien ou en arséniate d'argent.

BLATTNER et BRASSEUR *(loc. cit.)* proposent encore la méthode suivante :

On mélange avec un fil de platine, dans un creuset de
platine de 30 cc., 2 grammes de pyrite en poudre impalpable avec 10 à 12 grammes d'un mélange à parties égales de nitrate et de carbonate de soude. On recouvre par
une couche de 2 grammes du mélange pur, on met le
couvercle et on chauffe avec une flamme BUNSEN de 3 centimètres de hauteur. La réaction terminée, on laisse refroidir sur une plaque de fer épaisse de façon que, par un
refroidissement brusque, le contenu du creuset se détache
facilement. On le dissout alors dans 70 cc. d'eau bouil-

lante, on filtre et on lave à l'eau bouillante. Tout l'arsenic se trouve en solution sous forme d'arséniate. On le transforme en arséniate d'argent de la façon suivante : le liquide filtré est acidifié par de l'acide nitrique, porté à l'ébullition, laissé refroidir, puis neutralisé exactement par de l'ammoniaque. On ajoute alors une goutte d'acide nitrique, puis de l'ammoniaque jusqu'à ce qu'une goutte versée sur du papier de tournesol rouge le bleuisse seulement au bout de quelques secondes. On précipite alors en ajoutant goutte à goutte une solution de nitrate d'argent aussi longtemps qu'il se forme un précipité, on filtre l'arséniate d'argent AsO^4Ag^3, et on le lave à l'eau froide jusqu'à ce que l'eau de lavage ne précipite plus par l'acide chlorhydrique.

L'arséniate d'argent est alors titré volumétriquement par la méthode de VOLHARDT :

Il est dissous sur le filtre au moyen d'acide nitrique très étendu et titré avec une solution N/10 de sulfocyanure d'ammonium, en employant comme indicateur 5 cc. d'une solution de sulfate-nitrate de fer. On s'arrête au moment de la première apparition de la teinte rosée.

1 cc. de la solution de sulfocyanure correspond à 0,0025 As.

Cette seconde méthode, plus commode que la première, donne des résultats tout à fait concordants avec le procédé précédent.

68. Cuivre. — La détermination du cuivre est très importante. On peut le déterminer soit sous forme de cuivre électrolytique, soit sous forme de sulfure.

On traite par 60 cc. d'acide nitrique (de $D = 1,2$) 5 gr. de pyrite finement pulvérisée et séchée à 100°. L'opération se fait le mieux dans une fiole conique que l'on maintient dans une position inclinée. Aussitôt que la première réaction vive est terminée, on évapore jusqu'à ce que des vapeurs d'acide sulfurique commencent à se dégager. Le résidu est alors dissous dans 50 cc. d'acide chlorhydrique (D = 1,19), puis on ajoute 2 grammes d'hypophosphite de soude PO^2H^2Na dans 5 cc. d'eau et on porte à l'ébullition afin de réduire le fer à l'état ferreux et d'éliminer l'arsenic. On ajoute alors un excès d'acide chlorhydrique concentré, puis 300 cc. d'eau bouillante, on précipite par l'hydrogène sulfuré, on filtre et on lave à fond. Le filtre est percé et, d'un coup de pissette, le précipité est chassé dans la fiole où l'on vient d'opérer la précipitation. On lave avec de l'acide nitrique dilué, qui sert à dissoudre complètement le précipité et on évapore à sec au bain-marie. On reprend par l'acide nitrique et de l'eau, on neutralise avec de l'ammoniaque et on ajoute un léger excès d'acide sulfurique. Après refroidissement, on sépare par filtration le sulfate de plomb qui s'est formé, on lave le filtre et le précipité avec de l'eau acidulée par H^2SO^4, on ajoute encore au filtrat 3-8 cc. HNO^3 (D = 1,4) et on précipite le cuivre électrolytiquement.

On déduit du nombre de 0/0 de cuivre trouvé 0,01 0/0 pour le bismuth et l'antimoine.

69. Plomb. — Le plomb reste dans le résidu du dosage du soufre (p. 122) ; on l'extrait en traitant le précipité resté sur le filtre par une solution chaude et concentrée d'acétate d'ammoniaque. On filtre et l'on concentre, après avoir ajouté un peu d'acide sulfurique pur, dans une capsule en porcelaine ; puis on évapore à sec et on calcine.

1 partie de sulfate de plomb = 0 gr. 6832 Pb.

70. Zinc. — On le détermine sous forme de sulfure que l'on transforme en oxyde. Cette détermination se fait rarement. Pour la blende, voyez ci-dessous, même page.

71. Carbonate terreux et alcalino-terreux. — La quantité de calcaire étant en général petite, on décompose la pyrite par un acide et on absorbe l'acide carbonique dans un appareil de LIEBIG, pesé avant et après l'opération. On peut employer aussi l'appareil de LUNGE et MARCHLEWSKI.

72. Analyse de la blende. — a) *Soufre total*. — On traite 0 gr. 5 de blende en poudre impalpable par 20 cc. d'un mélange de 1 volume d'acide chlorhydrique concentré et 3 volumes d'acide nitrique concentré. On peut remplacer l'eau régale par la même quantité d'acide chlorhydrique saturé de brome. On laisse digérer 12 heures dans un vase couvert, puis on évapore presque à sec et on ajoute 50 cc. d'eau et quelques cc. d'acide chlorhydrique. On filtre à chaud, on lave avec de l'eau bouillante et on termine l'opération en précipitant par le chlorure de baryum, comme à la page 123. Si la blende contient beaucoup de fer, il faut l'éliminer comme il est indiqué p. 122.

b) *Zinc*. — On traite 2 gr. 5 de blende porphyrisée et séchée à 100° par 12 cc. d'acide nitrique fumant. Cette opération doit être commencée à froid, dans une fiole conique de 250 cc. puis en chauffant doucement jusqu'à disparition des vapeurs rouges. On ajoute alors 20-25 cc. d'acide chlorhydrique concentré et on évapore à sec au bain de sable. On reprend par 5 cc. d'acide chlorhydrique et un peu d'eau, et on chauffe pour dissoudre toute la partie soluble. On ajoute encore 50-60 cc. d'eau chauffée à 60-70°, on dirige un courant d'hydrogène sulfuré pas trop rapide et on ajoute, par petites portions et en remuant, 50 à 100 cc.

d'eau froide jusqu'à ce que tout le plomb et le cadmium soient précipités. On reconnaît que ce point est atteint quand les bulles d'hydrogène sulfuré deviennent transparentes. On ne doit ni trop diluer, ni employer un courant trop rapide d'hydrogène sulfuré, sans quoi on risquerait de précipiter une partie du zinc. On filtre alors, et on lave avec 100 cc. d'eau saturée d'hydrogène sulfuré et acidulée avec 5 cc. HCl, jusqu'à ce que l'eau de lavage ne donne plus par addition de sulfure d'ammonium la réaction du zinc. Le filtrat et les eaux de lavage, qui font ensemble 300 cc. environ, sont portés à l'ébullition que l'on maintient tant que les vapeurs noircissent un papier à l'acétate de plomb. On peroxyde le fer par addition de 5 cc. d'acide nitrique concentré et 10 cc. d'acide chlorhydrique fumant. Après refroidissement, on transvase dans un ballon jaugé d'un demi-litre, on ajoute 100 cc. d'ammoniaque ($D = 0,9 -- 0,91$) et 10 cc. d'une solution saturée à froid de carbonate d'ammoniaque, on agite énergiquement et on laisse complètement refroidir.

Pendant le refroidissement, on prépare une solution témoin, en dissolvant une quantité de zinc chimiquement pur, à peu près égale à celle que l'on présume trouver dans le minerai, dans 5 cc. d'acide nitrique et 20 cc. d'acide chlorhydrique; on dilue avec 250 cc. d'eau, on ajoute 100 cc. d'ammoniaque et 10 cc. de carbonate d'ammoniaque, on agite et on laisse refroidir. (En présence de manganèse, on ajoute *avant* l'ammoniaque 10 cc. d'eau oxygénée). Après refroidissement complet des deux ballons, on les remplit jusqu'à la marque et on filtre celui qui provient du minerai, sur un filtre à plis bien sec.

Pour le dosage, on prélève avec une pipette 100 cc. de chacune des deux solutions de zinc, les met chacune dans un becher épais, et on les titre avec une solution de sulfure de sodium (sulfure cristallisé du commerce), dont chaque centimètre cube indique 5 à 10 milligrammes de zinc. On utilise 2 burettes et on se sert de papier à l'acétate de plomb pour exécuter des touches (au moyen d'une baguette terminée par une pointe effilée), qu'on lave après 15 à 20 secondes d'un coup de pissette. Il faut arriver à ce que la couleur des 2 touches pour les deux solutions différentes ait la même intensité.

Si l'on désigne par a la quantité de zinc pur pesée pour préparer le témoin, par b le nombre de centimètres cubes de sulfure employés pour saturer 100 cc du témoin par c, le nombre de centimètres cubes de sulfure employés pour saturer 100 cc. de la solution du minerai, l'expression :

$$\frac{40\,a \times c}{b}$$

donne directement en 0/0 la quantité de zinc du minerai.

Arsenic. — On opère exactement comme pour la pyrite (voyez p. 123).

GRILLAGE DES PYRITES ET DES BLENDES

SOMMAIRE :

CHAPITRE III

GRILLAGE DES PYRITES ET DES BLENDES

73. Grillage de la pyrite. — Le grillage de la pyrite se fait différemment suivant que l'on a affaire à de la pyrite en morceaux (roche), à un mélange de roche et de poussière ou enfin à de la poussière uniquement. Il faut en outre tenir compte de l'utilisation du résidu, car s'il y a intérêt à laisser dans le résidu du grillage des pyrites cuivreuses jusqu'à 3 et 4 0/0 de soufre (pour la préparation des mattes), il est tout à fait nécessaire, quand on se sert de pyrite ferrugineuse ou de blende, de faire descendre cette teneur au-dessous de 1,5 0/0.

74. Historique. — Nous avons rappelé, p. 98, les recherches de Michel PERRET, dont le premier brevet date du 20 novembre 1833. Ces recherches furent continuées par MM. Jean-Baptiste PERRET, Michel PERRET et leur beau-frère, M. OLIVIER, mais se rattachèrent plutôt à la métallurgie du cuivre, jusqu'en 1838, époque à laquelle le gouvernement des Deux-Siciles établit le monopole du soufre. A partir de cette époque, le grillage des pyrites devint une opération du domaine de la grande industrie chimique.

75. Grillage de la pyrite en roche. — Suivant la

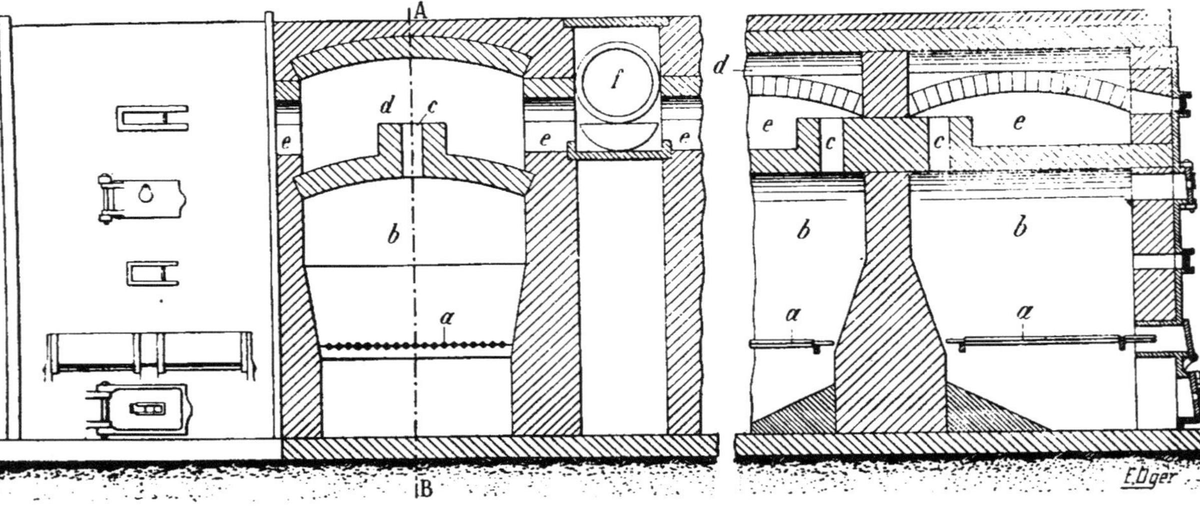

Fig. 27 et 28. — Coupe et élévation d'un four à grille pour la combustion de la pyrite en roche. *a* grille, *b* cuve, *c* carneaux verticaux, *d* collecteur, *e* carneaux, *f* collecteur général.

richesse de la pyrite, on utilise des fours à cuve (*Kilns*) ou des fours à grille.

Nous donnons page 134 le type du four utilisé à Oker près de Freiberg, en Saxe.

Le mélange mixte que l'on y brûle est le suivant :

Pyrite cuivreuse	15 kilos
Pyrite de fer.	25 —
Galène	11 —
Blende	28 —
Gangue composée principalement de sulfate de baryte	21 —
	100 —

Il faut en outre ajouter 1 mètre cube de bois (pour réduire le zinc) par tonne de minerai.

A Freiberg on utilise un système mixte de kilns et de fours à grille. D'après Lunge (1903), les fours actuels d'Oker auraient une sole à crête longitudinale et pas de grille.

Fours à grille. — Ce sont les fours courants utilisés en Angleterre. Ils ont été longtemps employés en France, mais, depuis que la mine de Saint-Bel ne fournit plus que des poussières, on leur a substitué des fours à dalle partout où l'on brûle de la pyrite indigène.

Voici de quoi se compose un élément à grille (en général il y en a 24 en deux séries dos à dos) d'un four anglais brûlant de la pyrite en roche : 1° Le cendrier ; 2° la grille ; 3° la cuve.

Les dimensions d'un four à cuve brûlant des pyrites d'Espagne sont :

	Mètres	Moyenne
Largeur de la grille. . .	1,20 à 1,50	1,35
Profondeur	1,35 à 1,80	1,75
Hauteur du cendrier. . .	0,40 à 0,60	

Distance du seuil de la porte de chargement à la grille	0,50 à 0,75	D'autant plus petite que la pyrite tend davantage à tomber en poussière.
Hauteur de la porte. . .	0,24 à 0,30	
Buse de sortie	0,05 à 0,15	

Le principe sur lequel repose le grillage de la pyrite riche est d'utiliser la chaleur qui se produit pendant cette opération pour maintenir la pyrite en combustion.

$$4 \text{ FeS}^2 + 11 \text{ O}^2 = 2 \text{ Fe}^2\text{O}^3 + 8 \text{ SO}^2 + 554,4 \text{ Cal.}$$

La sole du four est formée d'une grille à barreaux mobiles qui servent, en les faisant tourner à 90°, à éliminer les résidus de la combustion.

L'idée de la grille mobile est due à Michel PERRET. Elle est composée de barreaux carrés de 50 millimètres de côté, laissant entre eux, quand ils sont posés à plat sur les sommiers à gorge qui les supportent dans le four, un espace de 50 millimètres.

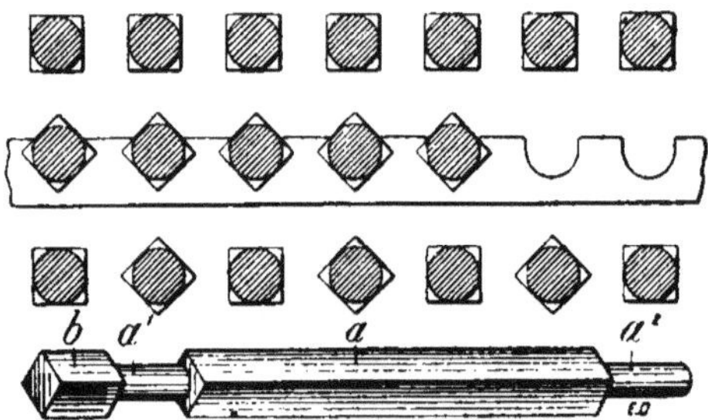

Fig. 29. — Barreaux de la grille d'un four pour la combustion
de la pyrite en roche.

On comprend que si, à l'aide d'une clé, on les fait tourner soit de deux en deux d'un quart de tour, soit tous d'un quart de tour, on fera varier les pleins de la grille. En ordre de marche, les barreaux présentent leur arête verticalement ; on ne les met à plat que pour défourner toutes les 12 ou 24 heures, car ces fours fonctionnent en marche continue.

Voici comment on s'y prend pour allumer un four à grille : on commence par allumer un feu de bois en se servant d'une cheminée d'appel provisoire, puis on le charge, jusqu'à 20 centimètres du gueulard, avec des résidus d'une opération précédente ; enfin, par-dessus, on allume un fort feu de coke, et on le pousse jusqu'à ce que toute la partie supérieure de la cuve soit portée au rouge. C'est à ce moment que l'on commence à introduire la pyrite et que l'on dirige les gaz sur les chambres de plomb, en supprimant la communication avec la cheminée d'appel.

La quantité de minerai, dans les grandes installations de 24 éléments, n'est chargée qu'une fois toutes les 24 heures, c'est-à-dire que toutes les heures on dégrille et charge un four : on assure ainsi à la production du gaz sulfureux une constance relative. La quantité de minerai qui peut être brûlée par 24 heures et par mètre carré de grille, varie de 150 à 200 kilos, suivant que la pyrite est riche ou pauvre. Dans ces conditions, la pyrite reste 48 heures et même davantage dans le four ; elle en sort complètement épuisée, sous forme d'une matière rouge-brun, poreuse (Abbrände) et friable ; dans le cas de pyrite cuivreuse, la teinte est plus foncée et tire sur le noir.

76. Fours à fin (poussière). — Ce sont les fours communément employés en France. Ils permettent de brûler de la poussière sans qu'on soit forcé (comme dans les premiers fours à dalles de Michel PERRET, destinés à brûler des mélanges de fin et de roche) de brûler de la roche sur une grille à barreaux mobiles pour chauffer les dalles supérieures sur lesquelles seraient disposées les poussières.

Le type le plus connu de four à fin est le système Emile MALÉTRA, de Petit Quevilly près de Rouen. Il se compose d'une cuve et d'un cendrier. La cuve est divisée, dans le sens de sa longueur et horizontalement, par 6 soles de 1 m. 20 de largeur et dont la longueur peut atteindre 3 mètres. Ces soles sont terminées par un vide de 30 à 35 centimètres, ménagé entre leur extrémité et la face ou le fond du four, alternativement, de façon à former chicane et à forcer les gaz chauds à zigzaguer à l'intérieur du four (51).

Ces 6 soles sont inégalement espacées, la pyrite non brûlée étant plus volumineuse que le résidu, et de façon à éviter le *collage* qui pourrait avoir lieu au moment de la combustion vive de la pyrite : la sole supérieure a une hauteur de 25 centimètres. Cette dimension descend à 10 centimètres pour la sole n° 6, située tout à fait au bas du four.

Voici les écartements des 6 soles : 25 centimètres, 17 centimètres, 13 centimètres, 11 centimètres, 10 centimètres, 10 centimètres.

Les 6 soles sont desservies deux à deux par trois portes, situées à la partie antérieure du four, et le travail de l'ouvrier consiste, toutes les 5 ou 6 heures, à faire tomber dans le cendrier la couche de la sole n° 6, puis celle de la sole n° 5 sur la sole n° 6, etc., de façon à pouvoir charger de la pyrite fraîche sur la sole n° 1.

Comme les fours à grille, les fours MALÉTRA peuvent être disposés dos à dos en batterie, séparés par un grand collecteur, dirigeant le gaz sulfureux, en passant par une chambre à poussière, sur les chambres de plomb.

Voici, d'après SOREL, comment la combustion s'opère

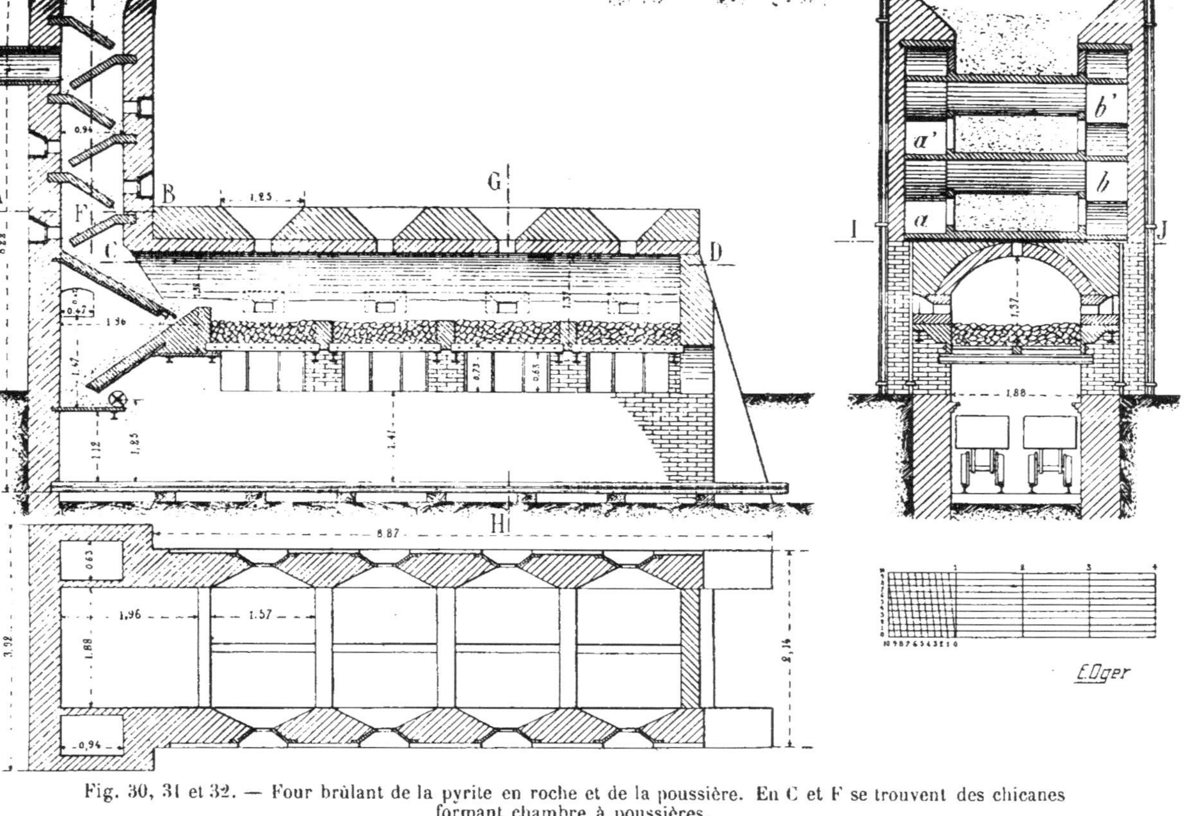

Fig. 30, 31 et 32. — Four brûlant de la pyrite en roche et de la poussière. En C et F se trouvent des chicanes formant chambre à poussières.

sur les 6 soles ; les chiffres ci-dessous indiquent la teneur en soufre trouvée à l'analyse dans des échantillons prélevés sur un four en marche normale :

Chargement. . . .	50	
Sole n° 1.	32	0/0 de soufre
— 2.	17	—
— 3.	7	—
— 4.	3	—
— 5.	2	—
— 6.	0,75	—

Il faut remarquer que, sur la dernière sole, la moitié environ du soufre se trouve sous forme de sulfate de fer. Dans des cas particuliers, la teneur totale en soufre de la dernière sole peut même s'abaisser à 0,4 0 0. Comme on le voit, la combustion est complète, aussi n'hésite-t-on pas aujourd'hui à pulvériser la pyrite en roche de façon à la transformer en poussière pour l'utiliser dans les fours MALÉTRA.

La quantité de pyrite brûlée par mètre carré et 24 heures varie entre 34 et 36 kilos pour de la pyrite à 50 0/0 (type de Saint-Bel).

Les fours à pyrite, qu'ils soient à grille (fours anglais) ou à dalles (fours MALÉTRA), exigent une surveillance minutieuse et une main-d'œuvre qui grève d'autant plus le prix de revient que les produits finis ont une valeur marchande moindre ; ce qui est précisément le cas de l'acide sulfurique. Un four non surveillé est exposé en effet soit à brûler trop vite, soit à s'éteindre. S'il brûle trop vite sous l'effet d'un tirage exagéré, une partie du soufre peut se vaporiser sans brûler. et le résidu, porté à une température élevée, fondre et se coller en donnant des *loupes*. Si le tirage est plus violent encore ou s'il fait complètement défaut, le four est exposé à s'éteindre. Les fours devant en outre marcher 24 heures exigent des équipes de nuit, qui sont rétribuées à un taux plus élevé que celles de jour, et l'on sait par expérience que le travail de nuit est toujours moins bien fait que celui de jour ; bref, toutes ces raisons ont amené à imaginer des fours mécaniques, supprimant tout aléa. Cette nécessité a d'abord été reconnue pour le grillage de la blende, et l'un des meilleurs systèmes de four mécanique est celui de la Vieille Montagne ; c'est de ce type que dérivent les fours mécaniques à pyrite et en particulier celui de Frasch utilisé en Amérique avec succès.

Il se c·mpose d'une tour en tôle, doublée de maçonnerie réfractaire, et d'un certain nombre de cloisons formant soles, sur lesquelles brûle la pyrite. Cette dernière arrive automatiquement par le haut, déversée par une trémie. Un système de raclettes calées sur un axe creux, refroidi par un courant d'eau, étale la pyrite sur les soles et la fait régulièrement tomber de la sole supérieure à la sole inférieure et enfin au cendrier, tandis que l'air est injecté par le bas au moyen d'un ventilateur. L'air se transforme ainsi méthodiquement en gaz sulfureux, qui s'échappe à la partie supérieure.

Avec un four à six étages de 1 m. 85 de diamètre, on peut brûler 3 tonnes 5 de pyrite par 24 heures, avec 8 étages, jusqu'à 5 tonnes. La force employée à la rotation de l'arbre à palettes ne dépasse pas 2 chevaux.

77. Grillage de la blende. — Nous avons vu, p. 114, que le grillage de la blende date de 1855 seulement, et fut étudié en premier lieu par la Rhénania, de Stolberg.

La blende étant beaucoup plus pauvre en soufre que la pyrite (environ la moitié en pratique), son grillage est difficile, si l'on veut obtenir un gaz sulfureux assez concentré tout en l'épuisant complètement, ce qui est absolument nécessaire en vue du traitement ultérieur du résidu pour en extraire le zinc. Dans les premiers essais tentés à la Rhénania, on faisait l'opération en deux fois : le minerai pulvérisé était d'abord grillé dans un moufle incliné : on extrayait ainsi 60 0/0 du soufre sous forme de gaz sulfureux, puis le minerai incomplètement grillé tombait dans un four à flamme, et 40 0/0 du soufre s'échappaient ainsi dans l'atmosphère avec les gaz de combustion du four. Actuellement, depuis les travaux de EICHHORN et LIEBIG, exécutés à Oberhausen, on grille la blende à fond dans des moufles à étages, chauffés par un foyer complètement indépendant. On utilise donc deux

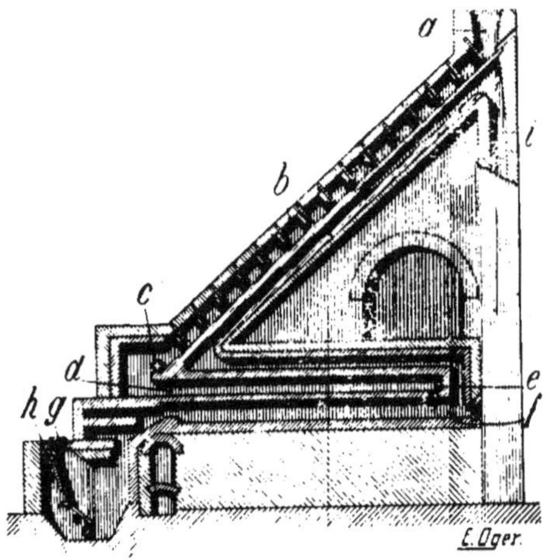

Fig. 33. — Four à manche inclinée pour le grillage de la blende.
a b c, moufle incliné où s'effectue la combustion de la blende,
e f g h i, carneaux pour le chauffage.

sources de chaleur : 1° la chaleur de combustion de la blende ; 2° la chaleur de combustion de la houille, qui fait l'appoint et permet un grillage à fond.

Voici comment on a réalisé pratiquement ce four mixte :

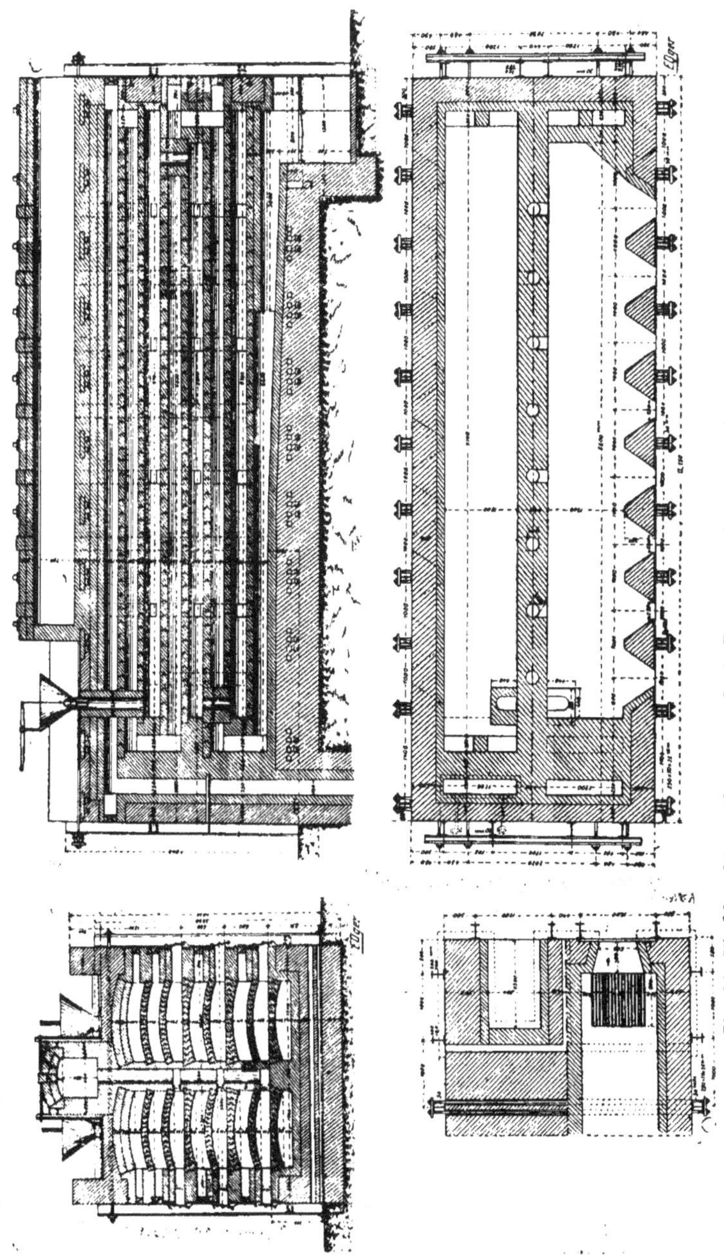

Fig. 34, 35, 36 et 37. — Four à moufle de Eichhorn et Liebig pour le grillage de la blende.

Le four est composé de trois dalles creuses, formant moufles et chauffées à l'intérieur par les gaz de la combustion d'un gazogène. Les trois dalles sont superposées et ont comme dimensions 8 m. 60 de longueur sur 1 m. 20 de largeur, avec une hauteur de 15 centimètres à la naissance et 25 centimètres à la clé. Les gaz circulant comme l'indique notre figure, les moufles sont chauffés extérieurement sur leurs deux faces : ciel et fond. Chaque moufle est muni en outre de 8 portes de travail et communique par la partie extérieure avec un collecteur général, établi sur toute la longueur du four.

La blende, préalablement chauffée sur le four par la chaleur rayonnante de la maçonnerie, tombe par un entonnoir sur la sole supérieure où elle est étendue en couche uniforme. Lorsque le minerai a séjourné six à huit heures sur cette sole, on le fait tomber sur la seconde, puis, au bout, du même temps, sur la sole qui se trouve immédiatement au-dessous en le faisant passer par les carnaux situés alternativement en arrière et en avant, tout comme dans un four MALÉTRA. Le minerai finit par arriver au cendrier après la troisième sole.

Pour obtenir un grillage complet sur la dernière sole, l'air introduit dans les moufles a besoin d'être fortement chauffé ; à cet effet, il passe avant d'entrer dans le moufle par un surchauffeur, soumis directement à l'action de la flamme du foyer.

Un four du système EICHHORN et LIEBIG exige deux hommes par charge et grille environ 4 à 5 tonnes de blende par 24 heures, avec une consommation de houille au gazogène de 800 à 1.000 kilos.

Voici les températures des trois soles, en partant du haut où l'on charge le minerai :

Première sole.   .   580°
Deuxième sole   .   700°
Troisième sole   .   900°

Voici comment s'opère le grillage de la blende sur les trois soles :

Teneur en soufre de la blende chargée :	19,2 0/0	23,8	26,5
A l'extrémité du 1ᵉʳ moufle.	17,6	19,1-21,9	15,4-21,3
— 2ᵉ —	12,0	11,2-14,3	9,9-12,4
— 3ᵉ —	3,4	1,02-1.48	0,75-1,06
Blende grillée :	0,6	0,35-1,02	0,75-1,06

La température des moufles que nous avons indiquée plus haut varie avec la richesse en soufre du minerai : elle est plus élevée dans le moufle intermédiaire avec les minerais riches, tandis que c'est dans le moufle inférieur qu'on observe la plus haute température avec les minerais pauvres.

Four rotatif de la Vieille-Montagne. — C'est de ce type de four que dérive l'appareil de Frasch que nous avons décrit plus haut à l'occasion du grillage de la pyrite. La simple description que nous en avons donnée en fait comprendre le principe essentiel. Il se compose de trois soles seulement, d'un foyer chauffé au gazogène et d'une chambre à poussière.

78. Grillage des masses d'épuration du gaz. — Ces résidus, qui sont de plus en plus utilisés aujourd'hui, contiennent souvent plus de 50 0/0 de soufre. Ce sont donc des minerais riches.

Avant leur grillage, ils subissent un lessivage qui a pour but d'en retirer les sels ammoniacaux et les cyanures. On obtient ainsi un mélange composé de soufre, d'oxyde de fer, de sciure de bois et de bitumes.

10

Pour le griller, ou bien on utilise des fours du genre MALÉTRA, ou bien on les distille à haute température dans des cornues en terre réfractaire, et l'on allume la vapeur de soufre formée, après l'avoir mélangée d'un volume convenable d'air.

79. Grillage du soufre brut. — Quoique ce procédé ne soit plus que peu employé, nous donnerons une description du four KUHLMANN.

Il se compose de cinq cornues en fer de 2 mètres de longueur, 1 mètre de largeur et 1 mètre de hauteur, ayant un ciel en forme de voûte. A la partie postérieure est ménagée une ouverture pour la sortie du gaz sulfureux, et sur le devant de la chaudière une porte de chargement de 30 centimètres sur 20 centimètres, munie d'un registre équilibré. C'est par la manœuvre de ce registre que l'on règle la combustion du soufre, en s'arrangeant de façon à faire passer 700 mètres cubes d'air pour brûler 100 kilos de soufre. On charge toutes les deux heures 20 kilos de soufre par cornue, soit 1.200 kilos pour les cinq cornues et par 24 heures.

80. Combustion de l'hydrogène sulfuré. — L'hydrogène sulfuré est un gaz infect et éminemment vénéneux. Nous avons vu plus haut comment on le retire des marcs de soude, par le procédé CHANCE par exemple, en lui assurant une composition très constante de 30 0/0 et même plus.

A cette concentration le gaz sulfhydrique brûle très facilement, c'est même le seul procédé analytique employé dans le système CHANCE pour savoir si l'hydrogène sulfuré est assez pur pour pouvoir être dirigé dans le gazomètre.

Par la combustion d'un mélange d'hydrogène sulfuré dans un excès d'air on obtient précisément un mélange gazeux susceptible d'être utilisé pour la préparation de l'acide sulfurique dans les chambres de plomb.

Les fours utilisés pour brûler l'hydrogène sulfuré sont naturellement moins compliqués que les fours à pyrites ; ils consistent simplement en une série de chicanes, formées par des dalles superposées que l'on chauffe une fois pour toutes au rouge, par l'emploi d'un foyer temporaire. On dirige alors, sur ces dalles incandescentes, le mélange en proportion voulue d'hydrogène sulfuré et d'air, qui s'enflamme aussitôt en donnant du gaz sulfureux et de la vapeur d'eau, suivant l'équation :

$$2\,H^2S + 3\,O^2\,(+\,Az) = 2\,SO^2 + 2H^2O\,(+\,Az)$$

La chaleur de combustion de l'hydrogène sulfuré, qui est de 122,6 calories, suffit à maintenir le four à l'incandescence ; néanmoins, pour avoir une combustion parfaite, il faut que le temps que séjournent les gaz dans le four soit assez long : on arrive à ce résultat en alternant les arrivées d'air et de gaz combustible, de façon que les veines puissent se mélanger.

CHAPITRE IV

ACIDE SULFURIQUE

HISTORIQUE ET THÉORIE
DE LA FABRICATION DE L'ACIDE SULFURIQUE

SOMMAIRE :

CHAPITRE IV

ACIDE SULFURIQUE

HISTORIQUE ET THÉORIE
DE LA FABRICATION DE L'ACIDE SULFURIQUE

---

81. Acide sulfurique. — Nous diviserons cette étude en deux parties concernant, l'une l'acide sulfurique ordinaire, l'autre l'acide fumant ou « anhydride ». En cela nous nous conformerons à l'usage, bien que cette détermination n'ait plus de raison d'être aujourd'hui que l'on tend à transformer le gaz sulfureux en anhydride, pour en faire ensuite, par dilution avec de l'eau, de l'acide sulfurique ordinaire à tous les degrés de concentration.

On rencontre dans l'industrie chimique l'acide sulfurique sous des formes diverses, qui sont les suivantes, en partant de l'anhydride pur :

1° Anhydride sulfurique à 100 0/0. Corps blanc, solide, cristallisé, répondant à la formule SO^3 ;

2° Oleum 70 0/0 (mélange liquide de 70 0/0 SO^3 et 30 0/0 H^2SO^4 monohydraté) ;

3° Acide pyrosulfurique $S^2O^7H^2$, soit $SO^4H^2 + SO^3$, corps contenant 45 0/0 d'anhydride SO^3 ;

4° Oleum 23 0/0 (mélange liquide de 23 0/0 $SO^3 + 77$ 0/0 H^2SO^4 monohydraté ;

5° Acide monohydraté SO^4H^2, fusible à $+ 10°$;

6° Acide à 98°,5, acide le plus concentré qu'on puisse obtenir à l'aide de la chaleur à 338° ;

7° Acide à 66° couvert (acide concentré à 300°) ;

8° Acide à 66°, ordinaire, ou acide anglais concentré à 260° ;

9° Acide à 60° = 36,2 0'0 H^2O ou acide au plomb, c'est-à-dire à la plus haute concentration possible dans des vases de ce métal ;

10" Acide à 53° ou acide des chambres.

Ce dernier est l'acide brut tel qu'il se forme dans les chambres de plomb ; il titre 45 0/0 d'acide réel.

11° Acide glacial ou acide à 64°, bihydrate cristallisant en gros prismes transparents, fusibles à + 4°, rappelant le sulfate de soude ;

12° Acide à 62°, contenant 2/3 H^2SO^4 et 1/3 d'eau ;

13° Acide à 57°. C'est le trihydrate, il contient 59,7 0/0 H^2SO^4 et 40,3 0/0 d'eau.

§ 1. — HISTORIQUE

82. L'acide sulfurique dans l'histoire. — L'acide sulfurique ordinaire, vulgairement huile de vitriol, semble avoir été produit pendant fort longtemps par distillation de certains sulfates, en particulier du sulfate ferrique, procédé qui fut employé ensuite en Bohême pour la préparation de l'acide fumant jusqu'à l'époque contemporaine.

Au VIIIe siècle, les alchimistes savaient déjà le préparer. GEBER parle de l'huile de vitriol, et, au Xe siècle, ABOU-BEKR-ALRHASES, alchimiste persan mort en 940, le mentionne à diverses reprises On connaissait l'esprit que l'on retire de l'*alun*, mais ce terme d'alun doit être pris dans le sens générique de sulfate décomposable par la chaleur, bien qu'ALBERT LE GRAND (1193-1280) le désigne sous le nom d'*esprit de vitriol romain*, ce qui permet de croire que l'on utilisait pour sa fabrication l'alun de Rome. Vers la fin du XIIIe siècle, le moine dominicain BASILE VALENTIN parle de l'esprit que l'on obtient en distillant le sulfate ferreux, et aussi de celui qui se forme quand on brûle du soufre en présence de l'air humide ; mais c'est à LIBAVIUS (1595) que revient le mérite d'avoir identifié les deux substances. En 1613, ANGELUS SALA, prépare l'acide vitriolique de LIBAVIUS en brûlant du soufre dans l'air humide, puis en 1666, sur les conseils de LEMERY et de LEFÈVRE, on ajoute du salpêtre au soufre pour en activer l'oxydation.

Pendant la première moitié du XVIIIe siècle, ce fut le seul procédé employé. Voici, d'après un mémoire du temps, comment on opérait à Lille :

OLEUM VITRIOLI

Vitrioli viridis ad levem flavedinem calcinati et pulverati... *Quant. satis.*

« *Inde retortæ loricatæ ita ut dimidia pars vacua*
« *remaneat. Adaptato amplissimo recipiente, distilla*
« *igne primum leni, prodibit guttatim phlegma* (Ros
« *Vitrioli) si libuerit servandum. Phlegmate exemplo,*
« *recipiente iterum adaptato, juncturis rite lutatis dis-*
« *tillationem perge igne graduato mox acriori, tan-*
« *dem acerrimo, per tres aut quatuor dies* » (52).

Ce procédé n'était pas le seul employé à Lille ; un apothicaire militaire, Dallemagne (53), en indique un autre :

« Sur une tablette à portée d'un homme debout, mon-
« tée sur des tasseaux, le long du mur de son laboratoire,

« étaient rangées douze bouteilles de grosseur pareille à
« celles qui servent au transport de l'huile de vitriol ; à
« l'aide d'un fer chaud, il décoloit ces bouteilles et les
« rangeoit sur des valets, de manière que l'orifice fut en
« devant. Vis-à-vis chaque orifice étoit une planchette
« quarrée, plus large que cet orifice, garnie de lut gras
« sur une de ses faces et suspendue par une ficelle atta-
« chée au plancher de manière que pour la placer sur
« cet orifice et pour l'en oter, il suffisoit de la tirer ou
« de l'appliquer. Dans chaque bouteille étoit placé en
« forme de support un de ces bocaux de verre qui ser-
« vent à faire fleurir des oignons durant l'hiver sur les
« cheminées. Il faisoit son mélange de cinq parties de
« soufre et une de nitre, et en mettoit au plus quatre
« onces dans de petites sebilles de terre cuite ; il allu-
« moit ce mélange après avoir mis la sebille sur son
« support à l'aide d'un fer rouge, il laissoit son ballon
« ouvert pendant deux ou trois minutes pour bien enflam-
« mer son soufre, il bouchoit alors avec sa planchette
« enduite de lut gras, et alloit successivement mettre en
« train ses douze bouteilles, il avoit soin d'y mettre
« un peu d'eau et surtout de mouiller tout l'intérieur de
« ses bouteilles en les agitant avec de l'eau avant d'y
« introduire son apparcil ; il renouvelloit ses sebilles
« avec de nouveau mélange toutes les deux heures ce
« qui dans les douze heures lui donnoit six fois quarante
« huit onces ou dix huit livres de matière consommée,
« et cela suffisoit pour son hopital et étoit entretenu par
« un valet qui s'occupoit beaucoup d'ailleurs.

« On voit assez qu'en multipliant les rangées et met-
« tant seulement deux hommes pour ce travail, on mul-
« tipliera les produits et l'épargne dans la fabrica-
« tion » (54).

Le progrès dû à Lémery et Lefèvre fut immense ; la méthode fut introduite en Angleterre sans grande modification par Cornelius Deppel, et la première fabrique fut installée à Richmond en 1740 par un apothicaire du nom de Ward. Voici comment il décrit son mode opératoire (55) :

« Ayez un grand pot de grès rond et large, qui puisse contenir environ deux seaux d'eau avec son couvercle de même terre, percé en différents endroits de quelques petits trous, versez-y deux ou trois livres d'eau de fontaine, et mettez au milieu de l'eau un pot de grès long renversé, dont la moitié ou le tiers soit élevé sur l'eau.

« Faites un mélange de 4 livres de soufre en poudre et de 4 onces de salpêtre ; emplissez de ce mélange une petite écuelle de grès, posez-la sur le pot renversé et mettez sur le soufre un fer à cheval que vous aurez fait rougir au feu, la matière s'enflammera ; couvrez votre pot promptement, afin que la vapeur, ne trouvant point d'issue pour sortir, tombe et se condense dans l'eau ».

Dans sa fabrique de Richmond, Ward employait des ballons en verre d'une capacité de 300 litres, disposés en séries sur des valets, et dans lesquels on introduisait de l'eau, puis une sébille que l'on plaçait sur un têt en poterie ; la sébille contenait le mélange de huit parties de soufre et une partie de salpêtre, on l'enflammait au moyen d'une barre de fer rougie, il se formait des vapeurs d'anhydride sulfureux qui, en présence de l'oxygène dégagé par le nitrate et de la vapeur d'eau, donnaient de l'acide sulfurique. On recommençait l'opération jusqu'à concentration suffisante et on la terminait par évaporation.

L'acide obtenu, vendu sous le nom de *pickle*, ne titrait guère que 33 0/0 d'acide réel ; mais néanmoins *the oil of vitriol made by the bell* (huile de vitriol à la cloche) fit tomber le prix de cet acide de 32 fr. à 6 fr. le kilogramme. En 1746, Rœbuck et Garbett substituèrent, à Birmingham ainsi qu'à Preston-Pans, des récipients en plomb aux ballons de Ward ; ce fut l'origine des chambres de plomb, qui furent employées en France, sous cette forme primitive, jusque vers la fin du xviiie siècle, ainsi qu'il ressort du document suivant relatif à une enquête faite à Lille, le 3 février 1787, par MM. Bouchez et Warembourg, tous deux médecins agrégés au collège de cette ville, afin de vérifier les changements faits à une chambre de plomb (56).

« L'an mil sept cent quatre vingt sept, le trois fevrier
« nous Joseph Honoré Guillaume Blecourt, chevalier de
« l'ordre royal et militaire de Saint Louis, échevin, seul
« commissaire pour l'absence de M. Despierre pour
« cause de maladie, et Jean François Joseph Duquesne de
« Surparcq, greffier criminel de la ville de Lille, à la
« requête de Monsieur le Prévots et en vertu de l'ordon-
« nance de Messieurs du Magistrat de cette ville du vingt
« décembre 1786, nous nous sommes transportés à onze
« heures du matin à la fabrique d'huile de vitriolle située
« rue du Pont à Raisnnes contre le rempart, accompagnés
« de MM. Bouchez et Warembourg, tous deux médecins
« aggregés au collège de cette ville, à effet de vérifier le
« résultat des changements faits à une des chambres de
« plomb, à laquelle nous avons remarqué qu'on y avait
« adapté un tuiau de plomb d'environ trente cinq
« pouces de diamettre à la place des trous qui s'y trou-
« vaient précédemment et du diamettre de six pouces, ou
« environ, lequel grand tuiau abbouti à une citerne dans
« laquelle se trouve de l'eau pour absorber les vappeurs

« qui y sont portées par ledit grand tuiau au moment de
« l'ouverture des souppapes.

« A onze heures et quart en notre présence, nous avons
« vu allumer quatre bacques dans lesquelles étoient le
« mélange de souffre et de nitre, d'où se tire l'huile de
« vitriolle et les trappes aiant été fermées aussi en
« notre présence, nous avons vu sortir de la *chambre de
« plomb* fort peu de fumée, qui ne nous a pas portez au
« nez, laquelle fumée nous avons attribués tant à la len-
« teur avec laquelle on a lutté les jointures des trappes
« qu'au mortier dont on s'est servie pour les lutter,
« laquelle fumée ou vappeurs n'était plus sensible à dix
« ou douze pas de la chambre de plomb et s'est tout à
« fait dissipé environ un demi quart d'heure après, au
« point que nous avons fait le tour de la dite chambre
« de plomb sans nous apercevoir que le feu y étoit
« dedans, sauf à la chaleur extérieure du plomb. Ce fait
« nous nous sommes retirés après être convenus de nous
« rendre de rechef à cinq heures de relevé à ladite fabri-
« que d'huile de vitriolle

« Et nous y étant rendus à l'heure susdite toujours
« accompagnés desdits sieurs Boucher et Warembourg,
« nous avons fait le tour de ladite chambre de plomb
« sans éprouver la moindre odeur, et comme il se trou-
« vent deux carreaux de vitre dans les deux cottés
« opposés de ladite chambre qui y sont placés pour
« reconnoître le temps où les vappeurs sont tout à fait
« dissipés, pour ouvrir les trappes au moment où l'on
« juge que l'on peut recommencer une nouvelle opéra-
« tion. Nous avons au moien d'une chandelle posée, vis
« à vis d'un desdits carreaux du cotté opposé, reconnu
« qu'il n'y existoit plus de vappeurs et aiant à l'instant
« fait ouvrir une des trappes ou porte servante à intro-

« duire les bacques de plombs contenans les mattières
« premières qui doivent fournir l'huile de vitriolle, nous
« n'avons dans ce moment senlie aucune odeur, mais un
« ouvrier aiant indiscrètement de suite ouvert la seconde
« porte ou trappe, il en est sorti à l'instant une bouffée
« de vapeure suffoquante sans fumée, qui ne s'est pas
« fait appercevoir à dix pas de distance, et nous étant à
« l'instant transporté sur le rempart, contre lequel est
« adapté ladite chambre de plomb et vers lequel le vent
« dirigeoit les vappeurs, nous n'en avons ressenties
« aucunes.

« Et nous ont déclaré, mesdits sieurs Bouchez et
« Warembourg qu'ils estimoient que dans l'état actuel
« des choses, les vappeurs ne pouvaient préjudicier à
« personne du voisinage »   .

Comme on le voit par le document ci-dessus la fabrication était intermittente ; on introduisait le soufre, mélangé
de 8 à 12 0/0 de salpêtre, dans la chambre de plomb, on
enflammait le mélange, puis on bouchait toutes les ouvertures afin de laisser réagir les gaz. On ventilait alors la
chambre, puis on extrayait l'acide sulfurique qui s'était
dissous dans la couche d'eau dont on avait eu soin de
recouvrir le fond de la dite chambre. On était forcé de
répéter plusieurs fois l'opération avant de pouvoir retirer
un acide assez fort pour qu'il fût rémunérateur de
le concentrer. Ce procédé réduisit à 50 centimes le prix
du kilogramme d'acide et resta pendant longtemps l'apa-
nage de l'industrie anglaise, d'où le nom d'*acide sulfurique anglais*, qu'il porte encore quelquefois. Son usage
principal consistait dans le blanchiment des indiennes ;
c'est ainsi que sa fabrication fut introduite à Rouen, centre de la fabrication de ces toiles peintes, en 1769, par
Chastel et Cie, sous la direction de l'Anglais Holker. C'est

à Rouen que l'on eut l'idée de faire de la combustion du
soufre une opération séparée et d'en conduire les
vapeurs dans une chambre de plomb, où l'on injectait
de la vapeur d'eau (La Follie, 1774). En 1793, Clément et
Desormes montrèrent le rôle que joue l'oxygène de l'air
pendant la transformation de l'acide sulfureux en acide
sulfurique, et Clément découvrit la part importante qui
revient à l'acide nitrique, et aux composés oxygénés de
l'azote, dans cette oxydation. C'est de cette époque que
date la fabrication continue de l'acide sulfurique. On
croit que c'est le petit-fils de Holker qui introduisit vers
1810, grâce à ces nouvelles idées, dans l'usine de Chaptal,
Darcet et Cie, le principe de cette fabrication. Cependant
Mac Tear affirme qu'elle existait dès 1807 à l'usine de
Saint-Rollox (57).

M. Kestner, de Thann (Alsace), eut l'idée de recueillir
à titre de témoin les produits qui se condensaient contre
les parois, ce qui lui permit de régulariser avec une plus
grande précision la marche des chambres, en augmentant
ou en diminuant l'admission d'air et celle de la vapeur ;
il fut appelé par MM. Tennants, de Glasgow, à introduire
ce perfectionnement dans la vaste usine de Saint-Rollox,
dont nous avons déjà cité le nom.

En 1834, les industriels rouennais eurent l'idée de scinder la chambre de plomb en plusieurs appareils de petite
dimension. Le principe pouvait être faux à l'époque,
comme le dit Sorel, mais il a conduit à de grands perfectionnements.

Enfin, en 1835, d'après Sorel, ou déjà en 1827 d'après
Kopp et Scheurer-Kestner, Gay-Lussac introduisit dans
l'usine de Chauny (Compagnie de Saint-Gobain actuelle)
le premier appareil de condensation des composés nitreux
qui s'échappent des chambres de plomb, appareils dont

l'usage, sous le nom de tour de GAY-LUSSAC, s'est répandu dans le monde entier à partir de 1844.

C'est aussi en 1837 que MM. PERRET frères, de Lyon, découvrirent le procédé, uniquement employé de nos jours, pour la préparation de l'anhydride sulfureux, le grillage des pyrites, qui affranchit les fabriques du continent de la dépendance des carrières siciliennes. C'est à peu près de la même époque que date la soudure autogène du plomb au moyen du chalumeau à hydrogène et air, de DESBASSYNS DE RICHEMONT, ingénieur français (58).

La substitution des pyrites au soufre de Sicile exerça une influence considérable non seulement sur le marché des produits chimiques, mais aussi sur la répartition géographique des lieux de production, surtout lorsque, après s'être limité tout d'abord aux sulfures riches de Saint-Bel et d'Espagne, on arriva à traiter des sulfures pauvres comme la blende, la galène, etc.

En 1861, enfin, l'Anglais GLOVER introduisit un perfectionnement très important par sa tour de dénitrification, qui permit de généraliser davantage la tour de GAY-LUSSAC à laquelle on reprochait de consommer de grandes quantités d'acide concentré (60°-62° B.), qu'il fallait concentrer à nouveau après emploi, et dont la concentration n'était pas facile grâce aux produits nitreux qu'il avait dissous. GLOVER se servait de sa tour pour dénitrifier et concentrer tout à la fois au moyen des gaz sulfureux qui sortaient du four à pyrites.

A l'heure actuelle, on peut représenter comme suit la marche des gaz dans la fabrication de l'acide sulfurique par chambres de plomb :

Four à pyrites → tour de GLOVER → grande chambre de plomb → moyenne chambre de plomb → petite chambrc de plomb → tour de GAY-LUSSAC → cheminée de l'usine

§ 2. – THÉORIES

83 — De nombreux auteurs se sont occupés du *processus* de la fabrication de l'acide sulfurique dans les chambres de plomb. Outre les savants que nous avons déjà nommés, on peut citer : LA PROVOSTAIE, PÉLIGOT, WEBER, puis plus récemment Clemens WINKLER (1867), HASENCLEVER (1871), SMITH (1872), BODE (1872), KÜHLMANN (1873), SOREL (1881-1885), LUNGE ET NAEFF (1884), LUNGE (1884-1889), RASCHIG et LUNGE (1904), etc.

Que se passe-t-il dans une chambre de plomb quand on y fait arriver le gaz des pyrites, de l'air et de la vapeur d'eau en présence des produits nitreux ? Tous les auteurs sont d'accord sur le résultat final, qui est la formation d'un brouillard d'acide sulfurique, lequel se condense et bientôt ruisselle sur les parois de la chambre, mais les opinions divergent quant à l'action réciproque des diverses substances les unes sur les autres et au *processus* même de la formation de l'acide sulfurique.

On sait que l'oxygène nécessaire à l'oxydation de l'acide sulfureux est presque exclusivement emprunté à l'air par l'intermédiaire des composés nitreux ; CLÉMENT et DESORMES ont montré que ces corps agissent comme véhicules d'oxygène, qu'ils empruntent à l'air atmosphérique pour le céder à l'acide sulfureux et se trouver de nouveau aptes à fixer une nouvelle dose d'oxygène.

« L'acide nitrique n'est que l'instrument de l'oxygénation complète du soufre : c'est sa base, le gaz nitreux, qui prend l'oxygène à l'air atmosphérique pour l'offrir dans un état qui lui convienne.

« L'introduction de l'eau dans les chambres a pour but d'opérer le dégagement du gaz nitreux qui a dû se combiner avec lui.

« La décomposition du gaz nitreux est quelquefois portée jusqu'à l'état d'oxydule d'azote : cela paraît provenir d'une trop grande action de l'eau sur le gaz » (59).

C'est à ces savants aussi que l'on doit l'observation de la formation du sulfate de nitrosyle $SO^2 \big\langle {}^{OH}_{O.NO}$ par l'action simultanée du gaz sulfureux sur un mélange d'oxygène (ou d'air) et de bioxyde d'azote.

C'est ce sulfate de nitrosyle, que l'on rencontrait accidentellement, croyait-on alors, dans les chambres de plomb et auquel on avait donné le nom de cristaux des chambres de plomb.

Humphry DAVY, en 1812, reprenant les recherches de CLÉMENT et DESORMES, émit une théorie d'après laquelle la présence du sulfate de nitrosyle n'était pas accidentelle, mais nécessaire à la marche normale de la fabrication de l'acide sulfurique, et que ces cristaux des chambres de plomb étaient un des produits nitreux intermédiaires, indispensables à toute formation d'huile de vitriol.

Voici comment on peut représenter l'hypothèse de DAVY.

$$1) \quad 2SO^2 + 4\,NO^2 + H^2O = 2\left[SO^2 \big\langle {}^{OH}_{O.NO} \right] + N^2O^3.$$

Anhydridre   Peroxyde   Sulfate de nitrosyle Anhydride
sulfureux   d'azote   azoteux

$$2) \quad 2\left[SO^2 \big\langle {}^{OH}_{O.NO} \right] + H^2O = 2\,SO^4H^2 + N^2O^3 \ ;$$

$$3) \quad 2\,N^2O^3 + O^2 = 4NO^2.$$

Cette hypothèse expliquait parfaitement le rôle des produits nitreux dans la fabrication de l'acide sulfurique et montrait bien ce cycle d'opérations toujours répétées, dans la pratique journalière des usines, et dont la faible consommation de salpêtre par kilogramme de soufre mis en œuvre indiquait l'existence certaine. Néanmoins on objecta que la formation de cristaux des chambres était l'exception, et que l'on n'en rencontrait pas en marche normale ; aussi Berzélius repoussa la théorie de Davy, que Gmelin avait pourtant adoptée pour son *Manuel de chimie* et proposa l'explication suivante :

« Lorsque le gaz oxyde nitrique (NO) entre en contact avec l'air, il se convertit aux dépens de celui-ci en acide nitreux qui, combiné avec l'humidité de l'air, produit des vapeurs d'acide nitreux aqueux. Le gaz acide sulfureux enlève à l'acide nitreux l'oxygène dont il a besoin pour passer à l'état d'acide sulfurique, et l'eau nécessaire pour convertir celui-ci en acide sulfurique aqueux et se condenser ; quant à l'acide nitreux, il repasse à l'état de gaz oxyde nitrique qui exerce ensuite la même action sur de nouvelles quantités d'acide sulfureux et d'air humide ».

Pour Berzélius, après une première phase passagère que l'on peut représenter par :

1) $2SO^2 + 2NO^3H + 2H^2O = 2SO^4H^2 + 2NO^2H$,
la réaction se continuerait entre l'acide nitreux, l'air, la vapeur d'eau et le gaz sulfureux de la façon suivante :

2) $SO^2 + 2NO^3H = SO^4H^2 + 2NO$;
3) $2NO + O + H^2O = 2NO^2H$.

C'est cette théorie que l'on trouve dans l'édition française du traité de Berzélius (60) ; elle n'eut pas le don de plaire à Péligot, pas plus du reste que celles de Davy et de Gmelin, et il proposa les réactions suivantes :

1) $2 NO^3H + SO^2 = SO^4H^2 + 2NO^2$

$$2) \quad 3\ NO^2 \ + H^2O = 2NO^2H + NO$$
$$3) \quad NO \ + O \ = NO^2.$$

Il faut ajouter que les essais de Péligot furent faits à la
température de l'ébullition, température que n'atteint
jamais une chambre de plomb ; aussi Weber (1862-1866)
montra bientôt l'insuffisance de cette théorie en prélevant
de l'acide à 2 ou 3 0/0 de NO^2H, tel qu'il se condense dans
les chambres à une allure de 45-50° et prouvant qu'à
cette dilution l'acide nitrique ne transforme que fort lentement l'acide sulfureux en acide sulfurique.

Péligot du reste avait lui-même constaté qu'à basse
température l'acide nitrique dilué à 13° B. n'est plus attaqué par l'acide sulfureux, et qu'il faut le chauffer à
60-80° pour que la réaction ait lieu ; *a fortiori* la réaction
ne peut pas avoir lieu lorsqu'on met en œuvre, pour
100 kilos de soufre, 220 kilos d'eau et 6 à 8 de nitrate,
puisqu'un tiers des produits nitreux est, d'après la théorie
de Péligot, à l'état de NO, le liquide produit ne peut contenir au maximum que 1,6 à 1,8 0/0 d'acide nitrique. Or,
comme je le rappelais plus haut, quand on fait passer un
courant d'acide sulfureux dans une dissolution à 3 0/0
d'acide nitrique, il ne se produit *rien* à la température
ordinaire, et la réaction est presque insignifiante à 40°,
température à laquelle la fabrication est déjà très active,
soit dans les chambres de plomb, soit dans un ballon (61).

Berzélius reprit bientôt des essais pour élucider cette
question et montra que, si le bioxyde d'azote en présence
d'un excès d'air donne finalement de l'anhydride hypoazotique (NO), on n'a que de l'acide nitreux au début si le
gaz nitreux est en excès (62). Du reste, toutes ces réactions dépendent essentiellement du milieu ambiant : c'est
ainsi que le bioxyde d'azote (NO), mélangé à un excès

d'air, ne donne que NO², tandis qu'en présence d'une grande quantité d'eau il ne se forme que NO³H ; et qu'en présence de gaz sulfureux et d'une quantité limitée d'eau, il se forme du sulfate de nitrosyle. Il en est du reste de même de la combinaison de NO, SO² et O qui, pris à l'état de siccité absolue, ne se combinent qu'à la température de 400°, en donnant l'anhydride de l'acide nitro-sulfurique, tandis qu'en présence de vapeur d'eau et à froid la combinaison a lieu instantanément.

L'influence de ces variations du milieu ambiant fut reprise par WEBER au point de vue de l'influence exercée par la variation de la concentration de l'acide sulfurique sur la solubilité des produits nitreux dans ce liquide. Ce savant montra que le peroxyde d'azote NO², en présence d'eau, ne donne pas seulement de l'acide nitrique et du bioxyde d'azote NO d'après la réaction :

$$NO^2 + H^2O = NO^3H + H$$
$$NO^2 + H^2 = H^2O + NO$$

d'où :

$$3NO^2 + 2H^2O = NO^3H + H^2O + NO,$$

mais aussi une solution d'acide azoteux NO²H, et que, *suivant l'état de concentration de l'acide sulfurique,* les oxydes supérieurs de l'azote se dissolvent sous forme de peroxyde d'azote NO² ou d'acide azoteux NO²H, ou forment même du sulfate de nitrosyle SO²(OH).O.NO et de l'acide nitrique NO³H.

WEBER, reprenant les expériences antérieures de PÉLIGOT, montra que la réduction de ces solutions sulfuriques de produits nitreux complexes est plus aisément réalisée par le gaz sulfureux, à dilution égale, que celle d'acide nitrique de même concentration, celle de l'acide nitrique n'étant rapidement réalisée qu'en présence d'acide sulfurique concentré.

Weber proposa donc la théorie suivante :

Le gaz sulfureux est oxydé dans les chambres de plomb, tout d'abord par l'acide azoteux NO^2H qui se transforme en bioxyde d'azote NO :

$$SO^2 + 2NO^2H = SO^4H^2 + 2NO.$$

Pour que cette oxydation se fasse d'une façon normale, l'acide azoteux doit être dissous dans de la vapeur d'eau ou d'acide sulfurique convenablement étendu ; cette dissolution se forme directement ou par la décomposition du peroxyde d'azote.

La théorie de Clemens Winkler est analogue à celles de Davy, de Gmelin, de Berzélius et de Weber, mais elle fait jouer un rôle plus important au peroxyde d'azote et admet, avec Davy, la présence nécessaire du sulfate de nitrosyle en solution dans l'acide sulfurique.

Voici, d'après Sorel, la série des réactions :

$$2NO^2H + SO^2 = 2NO + SO^4H^2$$
$$NO + O = NO^2$$
$$4NO^2 + 2SO^2 + H^2O = 2[SO^2(OH)O.NO] + N^2O^3$$
$$2[SO^2(OH)O.NO] + H^2O = 2SO^4H^2 + N^2O^3$$
$$N^2O^3 + H^2O = 2NO^2H.$$

Pour Clemens Winkler, les brouillards blanchâtres qui rendent opaque l'atmosphère des chambres de plomb seraient constitués par du sulfate de nitrosyle, provenant de la combinaison du gaz sulfureux, de la vapeur d'eau et du peroxyde d'azote NO^2, provenant lui-même de l'oxydation du bioxyde d'azote NO d'après l'équation :

$$2SO^2 + H^2O + 4NO^2 = 2[SO^2(OH)O.NO] + N^2O^3.$$

M. Lunge, professeur au Polytechnicum de Zurich, en

Suisse, se basant sur des essais exécutés dans l'usine SCHNORFF à UETIKON, près de Zurich, attribue le rôle principal à l'acide nitreux, dont il démontre à cette occasion — et contrairement à l'opinion courante — la grande stabilité, montrant que, jusqu'à la température de 150°, il est parfaitement absorbable par l'acide sulfurique.

Pour M. LUNGE, la formation de l'acide sulfurique a lieu en deux phases : dans la première, formation d'acide nitro-sulfurique $SO^2(OH)O.NO$ qui, dans une seconde phase, est hydrolysé sous l'action de la vapeur d'eau :

$$SO^2(OH)O.NO + H^2O = SO^4H^2 + NO^2H$$

avec mise en liberté d'acide nitreux, qui rentre dans le cycle des opérations.

L'acide nitreux correspondant à l'anhydride N^2O^3 est, pour M. LUNGE, le produit le plus oxygéné de l'azote pouvant se produire dans la première chambre de plomb.

M. LUNGE est en cela en contradiction avec M. SOREL, dont les expériences (faites à l'usine de l'Oseraie, près d'Avignon, appartenant à la Compagnie de Saint-Gobain) décèlent dans la première chambre des quantités très sensibles d'acide nitrique. Aussi, d'après cet auteur, le phénomène principal est la production d'acide nitro-sulfurique en *solution*, tandis que, dans l'atmosphère de la chambre, l'oxydation peut aller jusqu'à la production de peroxyde d'azote NO^2, traduite par l'existence d'acide nitrique dans les liquides recueillis.

Voici les analyses de LUNGE et NAEFF qui sont en contradiction avec les faits opposés par SOREL.

Vol. 0/0	Sortie du Glover	1re CHAMBRE		Communication entre les chambres 1 et 2	2e CHAMBRE — Milieu	Communication entre les chambres 2 et 3	3e CHAMBRE		Sortie du Gay Lussac
		Partie antérieure	Milieu				Entrée	Sortie	
SO^2	6,898	2,317	1,900	1,707	0,429	0,355	0,033	0,002	—
O	10.893	—	8,174	7,945	7,065	6,812	6,587	7,130	7,13
NO	0,113	0,114	0,107	0,077	0,110	0,077	—	néant	—
N^2O^3	0,036	0,072	0,096	0,120	0,089	0,110	0,155	0,182	0,008
N^2O^4	néant	—	—	—	—	—	—	0,121	0,0083
N	82,059	—	89,721	90,150	92,306	92,645	93,223	92,570	92,57
SO^2 disparu	—	—	74,8	77,47	94,52	95,45	99,60	—	—

On pourrait représenter par un graphique cette trans·
formation du gaz sulfureux en acide sulfurique dans les
différentes chambres de l'appareil, et l'on verrait que
cette transformation augmente régulièrement de la première à la dernière chambre.

Pour Sorel (63), les données analytiques de Lunge
et Naeff n'ont qu'une valeur relative, parce que « la
méthode d'analyse donne prise à la critique ». Les
gaz sont prélevés avec grand soin à l'intérieur de la
chambre par des tubes en verre bourrés d'amiante, pour
retenir les particules en suspension. M. Lunge n'aurait
donc pas tenu compte d'un fait ignoré alors, c'est la
variation très rapide de la tension de vapeur de l'acide
sulfurique étendu sous l'influence des différences de température au voisinage de la paroi. Il a pu et dû se passer
dans ces tubes des réactions dont il n'a pas tenu compte.

M. Sorel, au contraire, a pris comme témoin des réactions, les liquides mêmes recueillis à des points détermi-

nés des chambres et instantanément soustraits aux influences du milieu ambiant. C'étaient les liquides recueillis à la paroi et sur les témoins intérieurs, coulant rapidement, car ils étaient recueillis sur des surfaces de plusieurs mètres disposées en pente rapide. Aussitôt que la production devenait intense dans la première chambre, SOREL a trouvé des quantités très sensibles d'acide nitrique, mais beaucoup plus importantes d'acide nitreux.

Pour SOREL, le phénomène prédominant, et que l'on doit chercher à produire, est la formation d'acide sulfurique nitrosé. LUNGE et SOREL ont été parmi les premiers à étudier le rôle de la température dans la formation et la décomposition des composés nitreux qui concourent à la formation de l'acide sulfurique dans les chambres de plomb ; ils ont montré aussi que de grands espaces des chambres de plomb sont presque inutilisés.

LUNGE et NAEFF, dans leurs essais à l'usine SCHNORFF, d'Uetikon, ont suivi la marche d'une chambre comprenant trois corps, dont le premier formait les 55/100 du volume total, le second les 30/100 et le troisième les 15/100. Ils ont reconnu que, l'appareil étant en marche normale et la perte en queue étant de 0,4 0/0 du soufre total réellement brûlé, on avait oxydé 75 0/0 de l'anhydride sulfureux à la hauteur du milieu de la première chambre (55/100), et que, de là au bout de cette chambre, on n'avait plus oxydé que 1 0/0.

Aussitôt les gaz arrivés dans le second corps (30/100) la réaction reprenait, mais elle s'arrêtait encore vers le milieu, après oxydation de 95 0/0 de l'anhydride sulfureux, pour ne reprendre et s'achever que dans la troisième chambre.

Or, ainsi que le remarque très justement SOREL, si dans chaque section transversale d'une chambre se trouvaient réunies toutes les conditions éminemment favorables à la transformation de l'anhydride sulfureux en acide sulfurique, il est clair que la vitesse de transformation de l'anhydride sulfureux en acide sulfurique ne subirait pas de changements brusques, mais resterait sensiblement proportionnelle au taux d'anhydride sulfureux existant dans la section considérée (64)

Si l'on examine de près les chiffres de LUNGE et NAEFF que nous avons publiés plus haut sous forme de tableau, on voit que la teneur en acide sulfureux décroît très rapidement jusque vers le milieu de la première chambre, puis que cette teneur en SO^2 varie très lentement jusqu'au bout de cette chambre. Aussitôt que les gaz ont traversé le tuyau qui relie la première à la seconde chambre, une nouvelle période d'activité prend naissance mais s'arrête bientôt, pour reprendre à nouveau dans la troisième chambre.

Les expériences que SOREL a faites sur un appareil à marche intensive coïncident parfaitement avec les résultats de LUNGE et NAEFF, et SOREL en conclut qu'il y a lieu de croire que la même irrégularité de marche s'observerait partout.

Pendant longtemps on a cru que ces irrégularités provenaient d'un mauvais mélange des gaz, ayant pour origine les périodes successives d'ouverture et de chargement des fours, mais depuis les travaux de LUNGE et SOREL il semble plutôt que la cause du ralentissement des réactions dans la queue des chambres et de la reprise dans la tête des chambres suivantes, après la traversée du tuyau, a pour origine les différences de température qui existent entre les divers points d'une même section transversale (SOREL).

La formation de l'acide sulfurique ayant lieu avec

dégagement de chaleur, si le rayonnement des parois n'intervenait pas pour refroidir les masses gazeuses, la température monterait d'une façon anormale. La température à l'intérieur de la chambre est donc minimum contre la paroi et croît à mesure que l'on avance vers l'intérieur de la chambre. Mais, d'un autre côté, la paroi exerce une influence sur la formation de l'acide comme corps de contact, et il se peut qu'à une certaine distance de la paroi la température soit plus élevée qu'au centre.

Sorel a montré l'exactitude de cette hypothèse en mesurant la température de certains points, exactement repérés, d'une chambre de plomb, en marche normale, au moyen de thermomètres à maxima.

Une première série d'essais a été effectuée sur une chambre de 45 m. de longueur, 6 m. 50 de hauteur et 7 m. de largeur, produisant 1 kg. 900 d'acide sulfurique par mètre cube, en pleine chaleur de l'été ; des thermomètres étaient placés dans des tranches situées aux distances suivantes de la tête :

```
Essais A à  1 m. 50 de la tête.
   »    B à 11 m. 50      »
   »    C à 21 m. 50      »
```

L'appareil étant en bonne marche, les gaz y pénétraient avec une température de 87° à l'entrée. Le tableau suivant résume les résultats obtenus en degrés centigrades :

TRANCHE où la température a été mesurée	A = 1m50 de la tête		B = 11m50 de la tête		C = 21m50 de la tête	
	Intérieur de la chambre	0m50 de la paroi	Intérieur de la chambre	0m50 de la paroi	Intérieur de la chambre	0m50 de la paroi
A 0m50 du ciel.	86	76	79,5	90	74	85
A 3m50 —	86	81	88,5	88,5	86	85
A 6m00 —	85,5	83	82	83	84	82
A 6m15 —	84	79	85,5	85,5	84	79,5

Une seconde série d'essais a été effectuée sur une chambre à allure beaucoup plus chaude, produisant en juillet 3 kg. 250 d'acide par mètre cube ; cette chambre avait 42 m. de longueur sur 7 m. × 8 m., et la tranche observée se trouvait à 16 m. de la tête. Voici les chiffres obtenus :

Température des gaz dans le tuyau d'arrivée. . .		82°5.
» de l'air dans les couloirs		23°
» dans les combles		33°
» à 0 m. 10 du ciel		38°

	A 0m15 du rideau	A 0m50	Dans l'axe
A 0m40 du ciel	94°	87°7	88°4
A 1m50 —	91	87 7	88 9
A 1m60 du fond	—	—	—
A 0m15 du bain	—	88	90 2

Comme on le voit, dans cette chambre, on observe un maximum de température au voisinage de la paroi, et un second maximum dans l'axe, tandis qu'à la paroi même la température était de 68-69° (65).

L'acide sulfurique qui prend naissance dans les différentes parties d'une chambre de plomb n'a pas la même concentration.

L'acide qui se produit à l'intérieur est plus concentré que celui qui ruisselle sur les parois.

Par exemple, si l'acide est à 52-53° B., sur une paroi à 68-70°, il sera à 56-57° B., dans la région intérieure qui est à 88-92°.

D'autre part, comme la composition du mélange gazeux dans une même tranche transversale est sensiblement homogène, la quantité de vapeur d'eau doit aussi être constante. Plus la température intérieure sera élevée comparativement à la température de la paroi, plus il faudra que l'acide à la paroi soit riche pour que l'égalité de tension, c'est-à-dire l'équilibre, subsiste.

Aussi, dans une chambre de plomb à production intensive, on règle les témoins de surface de la première chambre à un degré très élevé, qui n'est limité que par la nécessité de ménager le matériel, c'est-à-dire de ne pas attaquer les rideaux de plomb et de ne pas entraîner de produits nitreux dans la cuvette (66).

Pour SOREL, et en tenant compte des différences de température entre l'intérieur de la chambre et la paroi, la transformation de l'anhydride sulfureux en acide sulfurique se fait en deux phases successives et indépendantes :

1° A l'intérieur, dans la zone chaude, il y aurait formation d'acide sulfurique et d'acide sulfurique nitrosé par l'une des réactions suivantes :

$$a) \quad \begin{array}{l} SO^2 + 2NO^2H = SO^4H^2 + 2NO \\ SO^2 + NO^2 + H^2O = SO^4H^2 + NO \end{array} \left. \right\} \text{ oxydation directe ;}$$

$$b) \quad \left. \begin{array}{l} 2NO + O = N^2O^3 \\ NO + O = NO^2 \end{array} \right\} \text{oxydation des produits nitreux ;}$$

$$c) \quad \left. \begin{array}{l} 2SO^2 + 3N^2O^3 + H^2O = 2[SO^2(OH)(O.NO)] + 4NO \\ 2SO^2 + 4N^2O^3 + H^2O = 2[SO^2(OH)(O.NO)] + N^2O^3 \\ \hspace{6.5cm} + 4NO \\ 2SO^2 + 2NO + 3O + H^2O = 2[SO^2(OH)(O.NO)] \end{array} \right\} \begin{array}{l} \text{Formation} \\ \text{d'acide} \\ \text{nitrosé.} \end{array}$$

$2°$ Vers la paroi, il y aurait hydratation de l'acide nitrosé, réduction de l'acide nitreux et formation d'acide sulfurique :

$$2[SO^2(OH)(O.NO)] + H^2O = 2SO^4H^2 + N^2O^3$$
$$N^2O^3 + SO^2 + H^2O = SO^4H^2 + 2NO.$$

Lorsqu'il y a peu de produits nitreux par rapport à l'anhydride sulfureux, il ne se forme pas de peroxyde d'azote N^2O^4.

C'est ce que l'on constate dans la première chambre des appareils à faible production (LUNGE et NAEFF, usine SCHNORFF à Uetikon) ; par contre, le peroxyde d'azote prendrait naissance dans les chambres à production intensive (SOREL, usine de l'Oseraie, à Avignon).

D'après cette théorie, l'acide sulfurique véritable ne pourrait prendre naissance qu'au voisinage d'une paroi mouillée par un acide de degré assez faible : cette paroi pourrait d'ailleurs être un des rideaux de plomb, ou la surface du bain, si l'on fait retourner à la première chambre les acides relativement étendus provenant des chambres suivantes ; elle aurait lieu également au voisinage de toute paroi où le refroidissement détermine une condensation de vapeur.

Aucune de ces théories ne peut prétendre exprimer d'une manière absolue l'ensemble des réactions qui se passent dans une chambre de plomb ; seule l'équation

$$SO^2 + H^2O + O = SO^4H^2$$

représente l'état initial et final du système.

Certains auteurs ont supposé la formation de produits compliqués, comme Raschig, l'inventeur de l'élégant procédé de préparation de l'hydroxylamine, qui porte son nom (67) : il suppose la formation intermédiaire de l'acide dihydroxylamine sulfurique par condensation de SO^2 avec N^2O^3.

D'autres auteurs ont cherché à résoudre le problème d'une autre façon, comme Hurter dans sa *Dynamic theory of the manufacture of Sulphuric Acid* (68).

Se basant sur la théorie dynamique des gaz, et sur la tension de la vapeur d'eau en présence d'acide sulfurique de diverses concentrations, il arrive aux conclusions suivantes qui concordent d'ailleurs avec la pratique journalière des usines :

1° Si le cube des chambres de plomb croît en raison d'une progression arithmétique, la transformation de SO^2 en SO^4H^2, c'est-à-dire la diminution de la teneur des gaz en SO^2, croît en raison d'une progression géométrique ;

2° Toute perte de soufre, dans les gaz sortant de la dernière chambre de plomb, est proportionnelle au cube de la chambre, c'est-à-dire à la vitesse des gaz y circulant. Ou, ce qui revient au même, il faut que le cube d'une chambre soit proportionnel à la quantité de soufre brûlé ;

3° Le cube de la chambre est inversement proportionnel au stock nitreux circulant, ainsi qu'à la quantité de vapeur d'eau injectée ;

4° La quantité d'acide sulfurique produit par une chambre de plomb est proportionnelle à l'importance du stock nitreux ; elle dépend aussi du degré de concentration de l'acide obtenu ;

5° Quand une chambre de plomb est formée de plusieurs corps d'égale grandeur, communiquant les uns avec les autres, la quantité d'acide sulfurique qui prend naissance dans ces différents corps décroît en progression géométrique, de même que l'excès de la température de chacun des corps sur la température ambiante ;

6° La capacité de production de chacun des corps est égale à son cube multiplié par la tension de la vapeur d'eau, tension qui dépend de la concentration de l'acide produit dans ce corps ;

7° La température de la première chambre dépend du nombre de chambres composant tout le système et de la fraction que représente le cube de cette première chambre par rapport à tout l'ensemble ;

8° La composition des gaz qui donne les meilleurs rendements en acide, avec un cube de chambre minimum, est celle qui donne en queue un gaz à 7,95 0/0 en volume d'oxygène, étant entendu que la pyrite donne 45 0/0 de soufre utilisable et 71 0/0 de résidu.

Ces données de HURTER, sont assez exactement réalisées par la pratique. SOREL les a complétées en déterminant la tension de la vapeur d'eau pour des acides de concentrations très diverses (69).

Au moyen de ses tables, il est facile de calculer d'avance le rendement d'une chambre, quand on connaît son volume, sa température intérieure moyenne et la concentration de l'acide qu'elle produit. Pour cela, on multiplie simplement le volume de la chambre par la tension de la vapeur d'eau à la température de régime de la chambre. Ainsi en 24 h. une chambre donne à peu près la même quantité d'acide quand sa température est de 25° et la concentration 39,7° B. ou 55° et la concentration de l'acide 53°, 7 B. ou encore 75° et la concentration de l'acide 58°, 9.

Par contre, la même chambre et dans le même temps produit sensiblement le double quand les températures sont respectivement 55, 65 et 75° et les concentrations 49°, 2 B, 52°, 2 B et 55°, 2 B.

Jurisch, estime que, dans la première partie de la première chambre, et quelquefois aussi dans la première partie de la seconde chambre, les combinaisons colorées N^2O^3 et N^2O^4 n'existent qu'accidentellement, car, si l'on regarde au moyen d'une glace, on voit le nuage d'acide noyé dans un gaz incolore. Il semble donc justifié d'admettre que, dans ces régions, c'est le bioxyde d'azote NO, gaz incolore, qui sert d'agent d'oxydation en se transformant en N^2O^3 (anhydride azoteux), lequel serait instantanément réduit par l'anhydride sulfureux, suivant l'équation :

$$SO^2 + 2NO + O + H^2O = H^2SO^4 + 2NO.$$

Par contre, dans la seconde partie de la première chambre et dans les différentes autres parties des appareils où l'on constate la coloration jaune des gaz, il se passerait les réactions suivantes :

$$SO^2 + N^2O^3 + H^2O = H^2SO^4 + 2NO,$$

et
$$2NO + O = N^2O^3.$$

Enfin, dans les dernières chambres où la couleur foncée des gaz indique la présence de N^2O^4, la réaction suivante aurait lieu :

$$2SO^2 + N^2O^4 + 2H^2O = 2H^2SO^4 + 2NO$$

et :
$$2NO + O^2 = N^2O^4.$$

Enfin, comme dans tous les acides coulant des témoins

on constate la présence d'acide nitroso-sulfurique, les réactions suivantes sont très probables :

$$2SO^2 + 2NO + 3O + H^2O = 2SO^2(OH)ONO$$
$$2SO^2 + N^2O^3 + 2O + H^2O = 2SO^2(OH)ONO$$
$$2SO^2 + 3NO^2 + H^2O = 2SO^2(OH)ONO + NO.$$

CHAPITRE V

FABRICATION DE L'ACIDE SULFURIQUE

CHAPITRE V

FABRICATION DE L'ACIDE SULFURIQUE

§ 1. — FABRICATION DE L'ACIDE SULFURIQUE
DANS LES CHAMBRES DE PLOMB

84. Chambres de plomb. — Les chambres de plomb,
dans lesquelles on fait réagir les gaz, sont formées par
des charpentes en bois sur lesquelles sont fixées des feuilles de plomb, soudées les unes aux autres de façon à former une capacité close. Avant la découverte de la soudure
autogène du plomb par DESBASSYNS DE RICHEMONT, on
soudait à l'étain ; ce dernier était bientôt attaqué, et les
chambres étaient vite hors d'usage. La soudure autogène du plomb se fait au moyen d'un chalumeau à hydrogène et air, qui permet d'obtenir une flamme non car-
burante sans être en même temps oxydante ; en d'autres
termes, on soude avec une flamme contenant un excès
d'hydrogène. C'est le même procédé qu'utilisent les fabriques d'accumulateurs au plomb.

Le cube des chambres varie de 3.000 à 6.000 m³.
On établit en général une grande chambre, suivie de
deux plus petites qui communiquent les unes avec les
autres au moyen de manches en plomb.

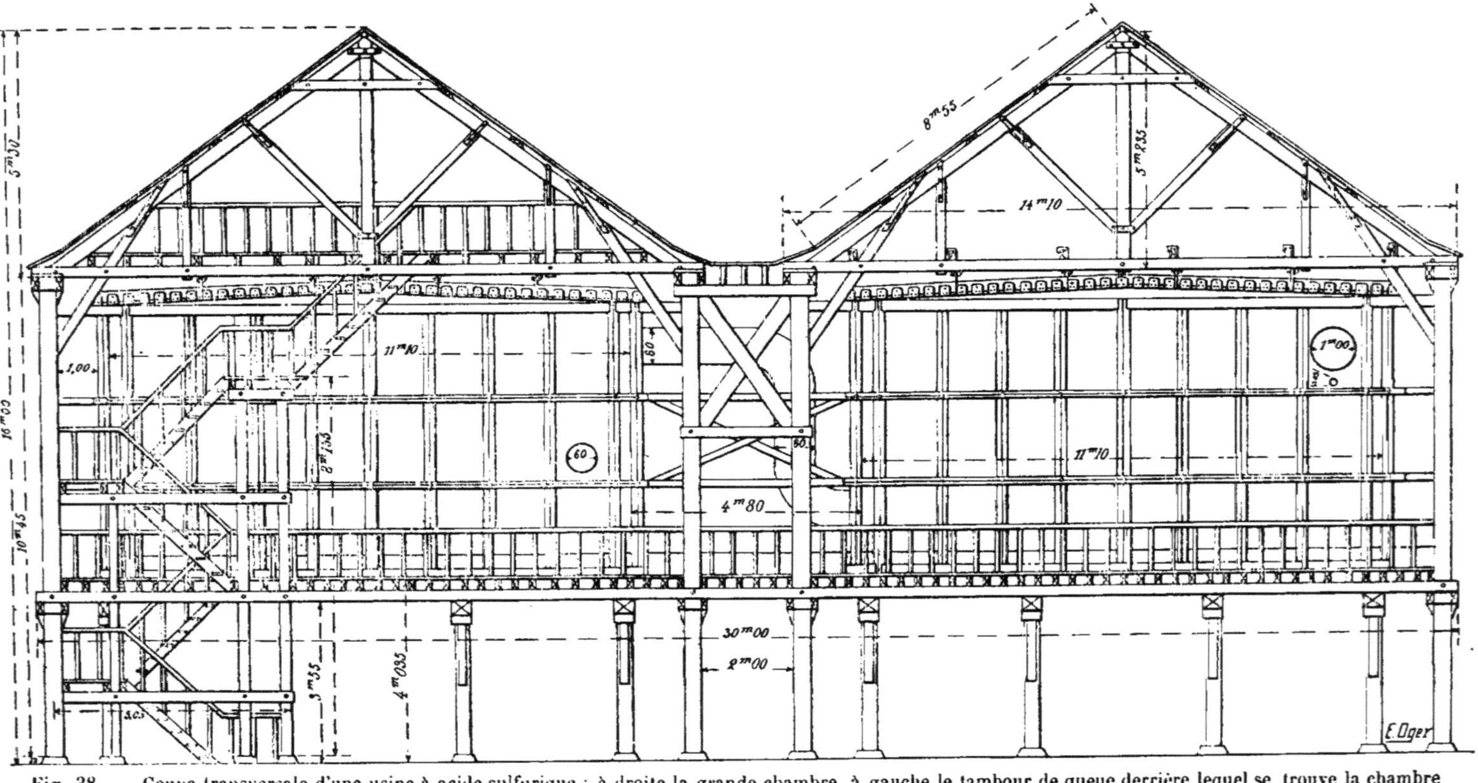

Fig. 38. — Coupe transversale d'une usine à acide sulfurique : à droite la grande chambre, à gauche le tambour de queue derrière lequel se trouve la chambre moyenne qui communique avec la grande chambre au moyen d'une manche en forme d'S.

La construction des chambres de plomb est fort délicate. On commence par faire un plancher solide, élevé sur pilotis, puis on fixe aux quatre coins quatre poteaux verticaux et solides, que l'on réunit par une charpente en sapin, en s'arrangeant pour que l'arête vive du bois se présente perpendiculairement à la chambre de plomb. Il est nécessaire que les poutrelles aient cette disposition pour qu'on puisse y fixer les pattes de plomb destinées à soutenir la chambre elle-même.

Pour les rideaux, on se sert de feuilles de plomb de 3 mm. d'épaisseur, que l'on réunit les unes aux autres (3 en général) par soudure. Les feuilles ont 6 à 7 mètres de longueur sur près de 3 mètres de largeur. Quand elles ont été réunies au moyen de la soudure autogène, on les met en place par le procédé suivant qu'indique SOREL (70). On établit sur le plancher de la chambre un faux plancher très solide, assemblé par deux fortes sablières aux angles arrondis ; on y déroule les trois feuilles soudées, en leur donnant un léger recouvrement, et on les soude à plat ; on y soude également, par soudure à plat, les agrafes qui doivent fixer les feuilles aux poteaux ou traverses et à une tringle de fer qui servira à les suspendre : ce travail fait, on maintient en place par de forts cordages la sablière inférieure, puis, en fixant la sablière supérieure aux cordages de deux treuils, on commence à tirer ; le plomb arrive en place sans efforts et vient présenter à l'extérieur toutes ses soudures, ce qui est essentiel en vue des réparations ; on suspend provisoirement le rideau à la sablière supérieure et on recommence vis-à-vis, puis on porte plus loin le plancher mobile et on continue jusqu'au bout.

Le ciel de la chambre se construit sur un plancher un peu moins élevé que la chambre. C'est sur ce plancher

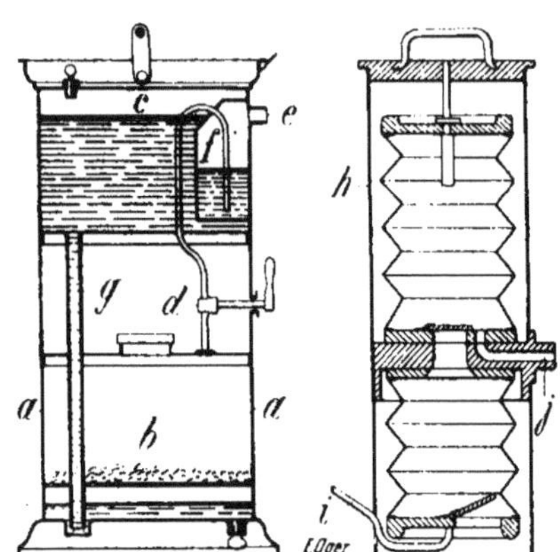

Fig. 39 et 40. — Appareillage pour la soudure autogène du plomb.

Fig. 39. — Générateur d'hydrogène au moyen de l'acide sulfurique contenu en *c* réagissant sur le zinc en *b*. L'hydrogène est lavé en *f* et sort par l'orifice *e*.

Fig. 40. — Soufflet marchant par la pédale *i*. Le courant d'air est recueilli en *j* après que son débit a été régularisé par le soufflet intermédiaire en *h*.

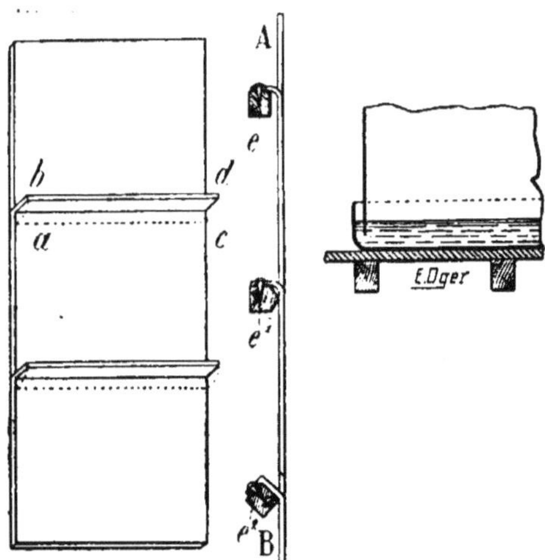

Fig. 41.   Fig. 42.

Fig. 41. — Cette figure montre comment les lames de plomb qui composent les chambres sont assemblées entre elles et fixées sur des supports en bois.

Fig. 42. — Cette figure montre le bas d'une chambre en plomb et le bac dans lequel se rassemble l'acide sulfurique formé.

que l'on soude les feuilles de plomb, après l'avoir mis de niveau au moyen de crics et de vérins. On pose alors la charpente correspondante, on y fixe les pattes de plomb, et on soude les côtés de la chambre avec le ciel, puis on démonte l'échafaudage provisoire. Le plancher de la chambre n'est plus, à l'heure actuelle, soudé au reste de la chambre comme cela se pratiquait anciennement. On en fait une cuvette indépendante qui permet les dilatations de la chambre. Cette cuvette a 35 cm. de profondeur ; on la fixe à un bordage, par l'intermédiaire de petits liteaux qui l'en tiennent éloignée, de façon à lui donner plus de rigidité et de durée.

Lorsqu'on veut mettre en marche la chambre de plomb, on commence par remplir la cuvette de quelques centimètres d'eau, de façon à faire joint. Il est préférable d'ajouter de l'acide sulfurique à 52° car, lorsqu'on se sert d'eau, il faut plusieurs jours avant qu'elle atteigne ce degré de concentration.

85. Manches. — Les manches qui réunissent les diverses chambres sont construites et soudées de la même façon, de même les tours de Gay-Lussac et de Glover. Quant aux cuvettes, on les fait communiquer en établissant à l'extrémité de chacune une caisse de plomb, communiquant avec le fond de la chambre par un siphon renversé, dont l'extrémité dépasse le fond de la chambre pour empêcher l'arrivée du sulfate de plomb. On rend accessible l'orifice de ce tuyau en pratiquant dans la paroi un renfoncement ou *bénitier*, de façon à permettre de boucher le tuyau au moyen d'un tampon en cas de besoin.

C'est aussi du bénitier que partent les prises destinées à alimenter certains accessoires de la fabrication.

86. Témoins. — Pour suivre la marche de la fabrication de l'acide sulfurique dans les chambres, on se sert de témoins. Comme nous l'avons dit, c'est à M. KESTNER, de Thann, que l'on doit l'idée de recueillir à titre de témoin les produits qui se condensent contre les parois, en vue de connaître la marche individuelle de chaque chambre.

87. Témoins extérieurs. — Lorsqu'on fait usage de plusieurs chambres, et que leurs dimensions ne sont pas considérables, on se contente de recueillir l'acide qui se condense dans les manches de communication : ce liquide représentant à la rigueur une moyenne de ce que l'atmosphère gazeuse peut fournir.

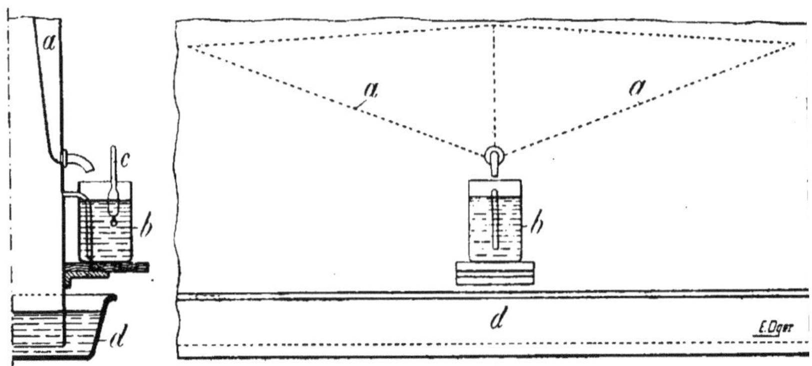

Fig. 43 et 44. — Installation des témoins (vue de face et coupe).
aa collecteur, *b* récipient, *c* aréomètre et siphon de retour.

En général, on soude à l'intérieur du rideau des gouttières en plomb, inclinées, présentant un développement de 5 à 6 mètres. Chaque gouttière recueille la totalité de l'acide qui vient se condenser sur la partie de la paroi qui se trouve au-dessus d'elle. Elle aboutit à une poche intérieure, communiquant elle-même par un orifice avec un récipient extérieur, muni d'un trop plein et formant joint hydraulique. L'acide coule d'une façon continue dans une éprouvette en verre et retourne à la chambre au moyen d'un siphon.

On place à demeure dans le récipient en verre un aréomètre (muni d'un thermomètre) pour connaître à chaque instant le degré de l'acide fabriqué.

88. Témoins intérieurs. — On utilise aussi d'autres genres de témoins, constitués par des plateaux de grès ou de porcelaine placés à l'intérieur des chambres, et déversant les produits collectés dans un tuyau de plomb communiquant avec l'extérieur. De même que dans les témoins extérieurs, l'acide est amené à une éprouvette contenant un aréomètre.

Le nombre de ces divers témoins peut être très grand. Pour une chambre de 40 mètres de longueur, on en place 4 de chaque côté, collectant chacun sur un espace de 5 mètres, mais alternant l'un à droite l'autre à gauche, de façon que l'ensemble des témoins donne des indications sur les 40 mètres de longueur de chambre.

L'acide préparé avec les pyrites attaquant beaucoup plus vivement le plomb que l'acide préparé avec du soufre, à concentration égale, on suit cette concentration au moyen des témoins. Tandis qu'avec le soufre on peut impunément pousser l'acide de la première chambre à 55°, avec les pyrites on ne doit pas dépasser 52°, sinon les témoins commencent à couler blanc en raison du sulfate de plomb qu'ils contiennent. On ouvre alors les robinets de vapeur. Dans le cas contraire, c'est-à-dire si les témoins indiquaient un degré de dilution trop élevé, on les fermerait en partie.

On utilise enfin un autre genre de témoins qui ont pour but de renseigner sur l'attaque du plomb formant les parois de la chambre.

Ces témoins consistent en lames minces de plomb que l'on glisse à frottement dans une fente ménagée dans la paroi de la chambre. De temps à autre on les sort et en vérifie l'attaque plus ou moins prononcée.

89. Accessoires. — La formation de l'acide sulfurique se faisant avec dégagement de chaleur, il est utile de connaître la température des diverses parties de l'appareil. Aussi place-t-on un certain nombre de thermomètres soit à l'intérieur des chambres, soit immédiatement à l'extérieur pour connaître la différence de température entre les gaz réagissant et l'air ambiant. Cette différence doit être très grande en tête pour devenir très petite en queue.

C'est de la température que dépend en grande partie le tirage de la chambre. On l'apprécie à chaque instant en tête et en queue au moyen de manomètres à eau, inclinés pour avoir plus de sensibilité.

Quant à la réaction en général, on la suit, dans les chambres et sur les tuyaux de communications, au moyen de regards en verre.

90. Dimensions des chambres de plomb. — Nous avons parlé du cube de 6.000 mètres. D'après Sorel (71) on tend à revenir à 4.000 mètres, depuis que l'on demande un plus grand rendement aux appareils.

En Amérique on utilise un grand nombre de petites chambres. En Europe, en général, on se contente de 3, dans les proportions de :

$$\frac{4}{7} ; \quad \frac{2}{7} ; \quad \frac{1}{7} .$$

Soit : grande chambre ; chambre moyenne; tambour de queue.

91. Admission de l'eau. — L'eau nécessaire à la réaction provient de deux sources qui, par ordre de marche, sont : 1° Eau d'évaporation du Glover ; 2° Eau directement injectée.

Nous parlerons plus loin, et en détail, de l'organisation de la tour de Glover. En ce qui concerne l'injection directe d'eau, nous pouvons dire qu'elle a une grande importance. C'est d'elle que dépendent en très grande partie la marche des chambres, le degré de l'acide obtenu et aussi, comme nous le verrons plus bas, en partie la quantité de produits nitreux nécessaires pour la fabrication.

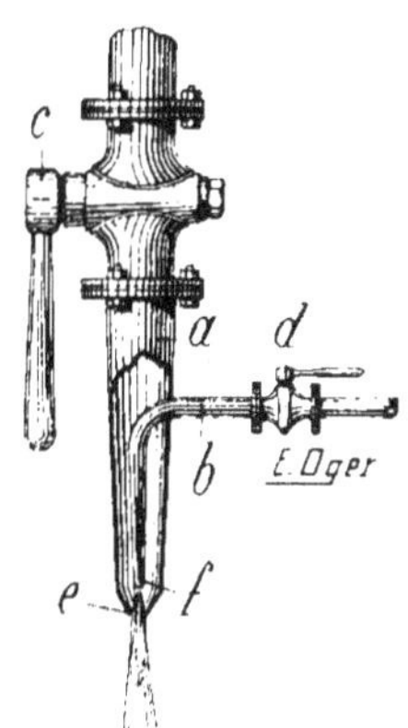

Fig. 45. — Injecteur d'eau par l'air comprimé, *a* arrivée d'eau dont on règle le débit par le robinet *c*, arrivée de l'air comprimé en *bf*, robinet de réglage en *d*, buse en *e*.

L'idée première a été d'injecter de la vapeur d'eau sous une pression de 2 à 4 atmosphères, soit dans le bas des chambres, soit plutôt sur le ciel. Dans ce dernier cas, une conduite d'amenée de vapeur court sur toute la longueur des chambres. C'est sur cette conduite que sont branchés des godets à fermeture hydraulique, précédés d'une

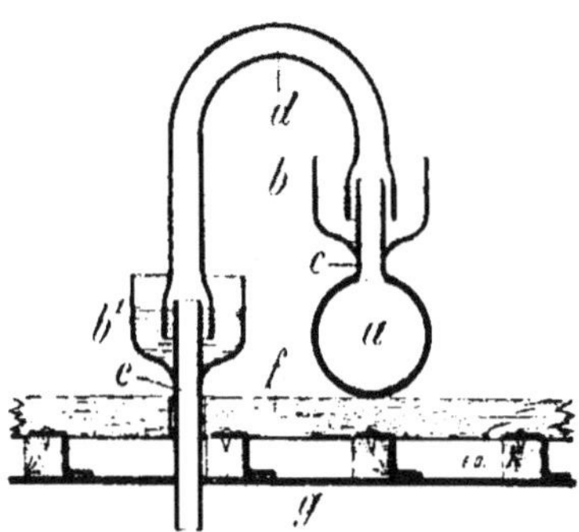

Fig. 46. — Siphon faisant communiquer la conduite générale de vapeur a avec le tuyau e d'introduction dans la chambre de plomb, b et b^1 gardes d'eau.

vanne de réglage. A chaque godet en correspond un autre, soudé sur le ciel de la chambre et réuni au premier par un tube en plomb coudé, et recouvert d'un enduit isolant, tant pour pouvoir le saisir, que pour le protéger contre la condensation.

Lorsque, pour une raison ou pour une autre, un tube est mis hors de service, on bouche les deux godets correspondants au moyen d'un bouchon de grès ou de plomb.

On a songé ensuite à injecter non pas de la vapeur d'eau, mais de l'eau froide pulvérisée, de façon à modérer l'intensité des réactions à l'intérieur de la chambre. D'après SOREL (72), l'idée première serait due à LIEBIG, qui pulvérisait l'eau, dans un ajutage de platine, soit au moyen de la vapeur d'eau, soit par l'air comprimé. MM. SCHNORFF et Cie, à Uetikon, utilisent de l'eau pulvérisée par simple pression d'eau, sans recourir à la vapeur ou à l'air comprimé. On pourrait dans ce but se servir avec succès du pulvérisateur Kœrting. Quoi qu'il en soit, ainsi que le remarque judicieusement Sheurer-Kestner, les pulvérisateurs ont besoin d'être construits avec beaucoup de soin ; il faut notamment donner aux ouvertures d'admission une forme spéciale, afin d'éviter qu'il ne se forme de grosses gouttes d'eau, qui gagneraient immédiatement la surface de l'acide de la cuvette et ne feraient qu'en affaiblir le degré.

L'injection d'eau froide peut avoir un intérêt non seulement au point de vue de la réfrigération générale de la chambre, mais encore pour produire une accélération locale de la formation de l'acide sulfurique, car nous savons que tout refroidissement local, comme par exemple l'action de la paroi, active la fabrication.

On doit introduire au total 2 kg. 250 d'eau par kilogramme de soufre, mais il est évident que la quantité d'eau injectée varie non pas au total, mais avec l'endroit où se fait l'injection, et qu'elle doit toujours être proportionnée à la quantité d'anhydride sulfureux en présence. C'est dire que l'injection est très active dans la première chambre, diminue dans la chambre moyenne pour devenir nulle dans le tambour de queue. On s'en rend compte par le degré indiqué par l'aréomètre des témoins.

L'admission de l'eau demande à être changée assez souvent suivant le système du four à pyrite employé, car les gaz sortant du four contiennent tantôt 6, tantôt 7 0/0 et 8 0/0 de gaz sulfureux, suivant l'heure du chargement.

92. Produits nitreux. — Dans quelques installations françaises, on produit encore les composés nitreux nécessaires à la marche des chambres de plomb en introduisant, soit dans le four lui-même, soit immédiatement à la sortie et sur le passage des gaz incandescents, des marmites de fonte dans lesquelles on met un mélange de salpêtre brut du Chili (nitrate de soude) et d'acide sulfurique à 60° B. en quantités telles qu'il se forme du bisulfate de potasse et de l'acide nitrique, qui est entraîné par le gaz sulfureux jusqu'aux chambres de plomb après

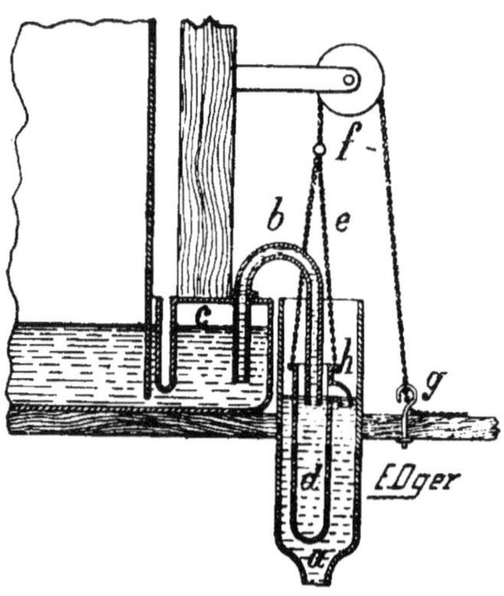

Fig. 47. — Siphon faisant commniquer les liquides des deux chambres. En remontant le récipient *d* au moyen de la chaîne *e f g* on arrête le siphon tout en le maintenant amorcé et prêt à fonctionner.

avoir été réduit par le gaz sulfureux avec formation probable d'anhydride nitreux, suivant l'équation :

$$2\ SO^2 + 2\ NO^3H = SO^3 + SO^3H^2 + N^2O^3.$$

Comme l'équation nous l'indique, il se forme de l'acide sulfurique et comme il est nécessaire que les gaz des fours arrivent à peu près refroidis aux chambres, on est obligé de les faire passer par un réfrigérant en plomb dans lequel l'acide formé se condense. On se sert souvent

des chaleurs perdues pour concentrer l'acide sulfurique
des chambres et, dans ce cas, les bâches de concentration
servent de réfrigérant.

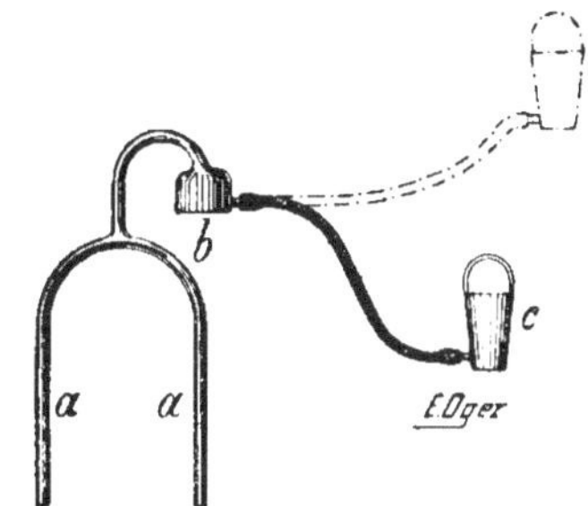

Fig. 48. — Siphon à amorçage automatique grâce au récipient *cb*.

Dans presque toutes les usines anglaises, on alimente
les chambres au moyen de la décomposition du nitrate

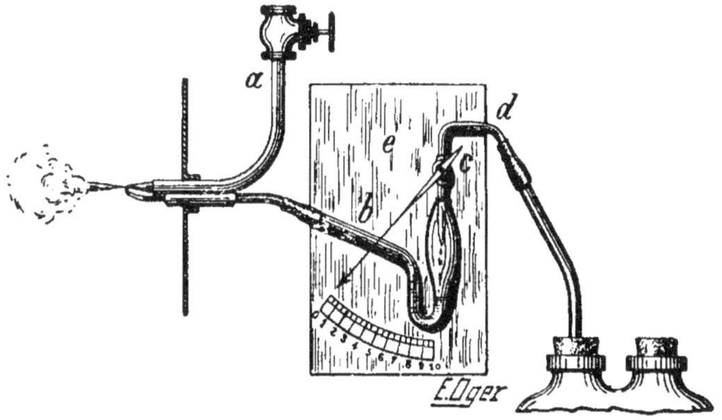

Fig. 49. — Appareil pour l'introduction de l'acide nitrique par aspiration au
moyen de vapeur d'eau.
a aspirateur, *bcd* appareil de réglage.

dans les fours à pyrite. En France, on emploie en général

directement l'acide nitrique, qui permet un réglage plus facile des appareils.

Avant l'adoption générale de la tour de GLOVER, on introduisait — et on introduit encore quelquefois — l'acide nitrique dans la grande chambre en le faisant couler

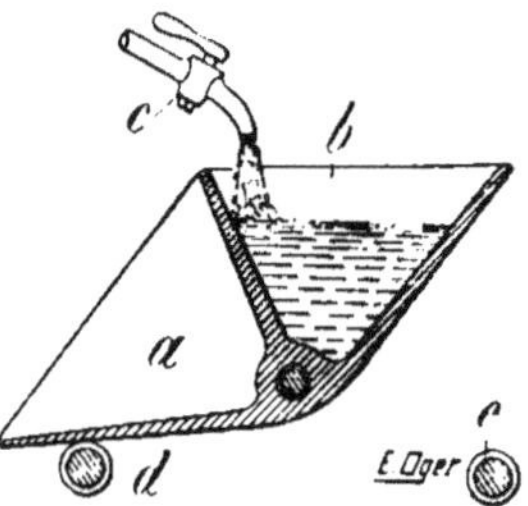

Fig. 50.—Récipient culbuteur pour l'arrosage des tours de GLOVER et GAY-LUSSAC.

Aussitôt que le compartiment *b* sera plein il basculera sur le taquet *e* et le compartiment *a* se mettra de lui-même en remplissage.

dans des terrines plates, ou des coulottes en verre, superposées en cascade, ou des tours en grès, sortes de châteaux d'eau. Aujourd'hui, c'est dans le haut de la tour de GLOVER que l'on fait couler l'acide nitrique destiné à compenser les pertes de fabrication, c'est-à-dire les produits nitreux qui ont échappé à la tour de GAY-LUSSAC.

Dans l'ancien comme dans le nouveau système, le point important c'est que l'acide qui s'écoule de la dernière terrine ou du GLOVER ne contienne plus d'acide nitrique libre.

La consommation d'acide nitrique est très faible, car c'est l'oxygène de l'air qui fait tous les frais de l'oxydation. On peut estimer qu'elle ne dépasse pas 500 à 750 gr. de nitrate par 100 kgr. d'acide sulfurique fabriqué.

93. Récupération des produits nitreux. Tour de Gay-Lussac. — Les gaz qui s'échappent des chambres

de plomb contiennent des produits nitreux mélangés à
d'autres gaz inertes : azote, oxygène et vapeurs acides.
Gay-Lussac eut l'idée de les récupérer, en utilisant leur
propriété d'être solubles dans l'acide sulfurique concentré à 60-62° B.

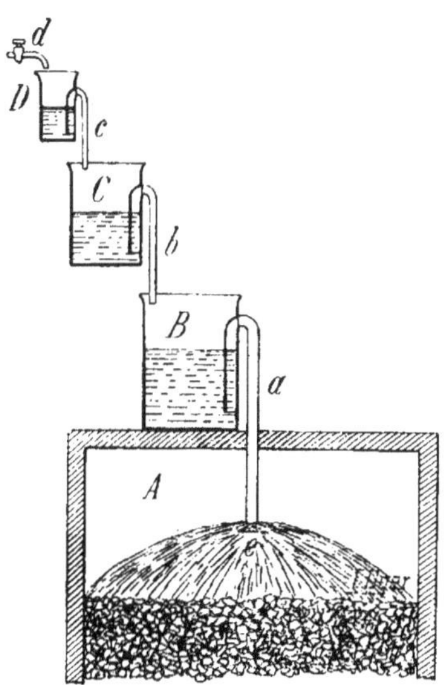

Fig. 51. — Appareil à cascade pour distribuer un liquide (H^2SO^4, HNO^3, etc.)
dans une tour de lavage et d'absorption.

Pour que les produits nitreux soient solubles dans
l'acide sulfurique, il est nécessaire qu'ils soient dans un
état d'oxydation plus élevé que le bioxyde NO. Ce dernier
est, en effet, à peine soluble dans l'acide sulfurique. Il
faut donc que les produits nitreux, à la sortie du tambour de queue, soient sous forme d'anhydride ou d'acide
nitreux et de peroxyde d'azote (NO^2).

Ces gaz sont fortement colorés en jaune orangé. Cette

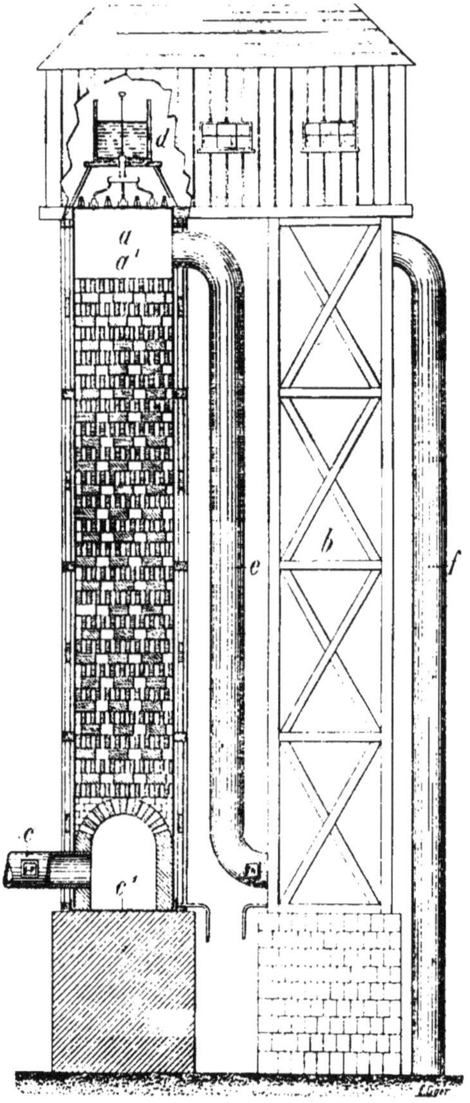

Fig. 52. — Coupe d'une tour de Gay-Lussac.

a b tours jumelles contenant les empilages, *c* arrivée des gaz dont on observe la
coloration par le regard en verre, *c*, *d* distributeur d'acide sulfurique,
f conduit aboutissant à la cheminée.

circonstance permet, dans une certaine mesure, de suivre la marche de la fabrication.

Nous avons parlé déjà des réactions qui ont lieu entre l'acide sulfurique concentré et l'acide nitreux ; il se forme du sulfate de nitrosyle :

$$SO^4H^2 + NO.OH = SO^2(OH)(O.NO) + H^2O.$$

Avec le peroxyde d'azote, il se forme aussi du sulfate de nitrosyle et de l'acide nitrique, qui reste en solution et se trouvera réduit ultérieurement dans le GLOVER :

$$SO^4H^2 + N^2O^4 = SO^2(OH)(O.NO) + NO^3H.$$

C'est pour avoir les produits nitreux sous une forme plus oxydée que le bioxyde que l'on est obligé de laisser un excès d'oxygène dans les gaz sortant du tambour de queue. Comme d'un autre côté l'acide nitrique dissous dans l'acide sulfurique acquiert assez vite une tension appréciable, on cherche à ne pas avoir trop de peroxyde d'azote dans les gaz passant au GAY-LUSSAC. On doit donc chercher à se maintenir dans un juste milieu. On y arrive en ne laissant dans les gaz de sortie que 5 à 6 0/0 d'oxygène au maximum.

C'est l'ignorance de ces conditions, jointe à la difficulté de concentrer l'acide sulfurique nitreux avant l'invention de GLOVER, qui a considérablement retardé l'emploi de la tour de GAY-LUSSAC.

Quelquefois, pour diminuer la quantité de peroxyde d'azote dans le tambour de queue, on y injecte un peu de gaz sulfureux (BENKER) ; de cette façon, on ne diminue pas la proportion d'oxygène dans les gaz de sortie.

La tour de GAY-LUSSAC est constituée par une charpente en bois, doublée de plomb ou de grès, formant une colonne carrée de 2 mètres environ de côté et de 8 à 15 m.

de hauteur. On estime qu'il faut de 5 à 20 mètres cubes d'empilage utile par tonne de pyrites à 50 0/0 brûlées par 24 heures, suivant l'allure de la chambre, c'est-à-dire suivant la quantité d'acide sulfurique que l'on exige par mètre cube de chambre, cette exigence étant en rapport direct avec le stock de produits nitreux en roulement.

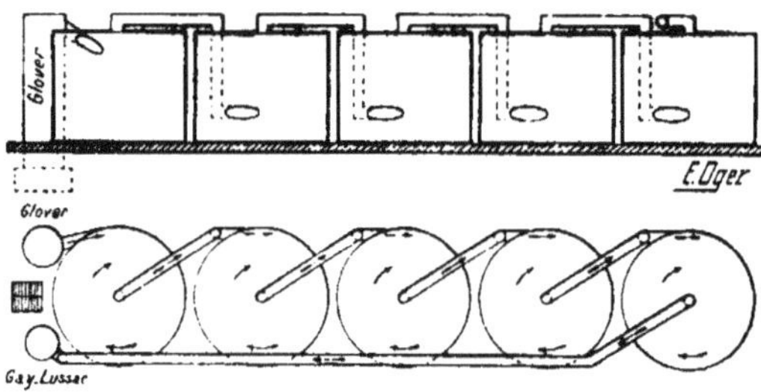

Fig. 53 et 54. — Coupe et plan des chambres tangenticlles système MEYER.

La tour de GAY-LUSSAC, construite comme nous venons de l'indiquer, est remplie de silex, de morceaux de coke, de sphères creuses ou de cylindres en poterie résistant à l'acide et qui offrent une grande surface à l'action des gaz et des liquides. Les gaz, sortant du tambour de queue, entrent par le bas du GAY-LUSSAC, tandis que, dans le haut du même appareil, une croix écossaise, un tourniquet à réaction, ou un déversoir à bascule laisse couler lentement et régulièrement de l'acide sulfurique à 60-62°. On en emploie ordinairement 100 kilogr. pour 100 kilogr. de soufre brûlé.

Cet acide est monté au haut de la tour au moyen de monte-jus spéciaux, dont nous donnerons la description plus loin.

L'acide, en dégringolant dans la tour, se charge des produits nitreux qu'il rencontre et s'écoule à peu près saturé au bas de l'appareil. Cet acide, appelé *acide sulfu-*

rique nitreux, était autrefois directement introduit dans les chambres de plomb, dont l'acide plus dilué faisait dégager les produits nitreux.

Aujourd'hui, on le traite différemment comme nous allons le voir.

L'invention de GAY-LUSSAC a rendu un service considérable à l'industrie en diminuant dans des proportions très appréciables la dépense d'acide nitrique nécessaire au service des chambres de plomb. En même temps, elle a rendu moins insalubres pour les environs les gaz d'échappement des chambres. Ces derniers s'échappent complètement incolores, c'est-à-dire dépouillés d'acide nitreux et de peroxyde d'azote. Ils contiennent un peu de bioxyde d'azote, qui est inoffensif, et un peu de gaz sulfureux, dont on tolère des traces.

94. Traitement de l'acide sulfurique nitreux. Tour de Glover. — Nous avons vu, plus haut, qu'anciennement l'acide sulfurique nitreux était dirigé directement dans les chambres de plomb. Une variante du procédé consistait à le traiter dans une tour par de la vapeur d'eau. Au bas de l'appareil on recueillait un acide à 52° que l'on concentrait, tandis que les produits nitreux, reprenant la forme gazeuse, étaient dirigés à nouveau dans les chambres de plomb.

Ces procédés étaient seuls connus sur le continent jusqu'en 1871 (SOREL). Ils sont maintenant à peu près abandonnés, à cause de divers inconvénients, particulièrement de la nécessité de concentrer spécialement l'acide destiné à alimenter le GAY-LUSSAC, concentration onéreuse et qui exige une installation spéciale que ne possèdent pas les fabriques ne faisant que de l'acide étendu et, pour cette raison, reculant devant l'installation d'un

Gay-Lussac malgré l'économie réalisée sur la dépense de nitrate.

Glover, en 1859, eut une idée remarquable et qui a fait son chemin. Il proposa de faire couler l'acide sortant du Gay-Lussac sur un empilage analogue, placé immédiatement à la sortie du four à pyrites ; c'est l'appareil qui actuellement porte son nom : la tour de Glover. Le gaz des fours à haute température, rencontrant cet acide sulfurique nitreux, libère de la vapeur d'eau qui, dans le haut du Glover met en liberté les produits nitreux qui sont ainsi réduits par l'acide sulfureux présent, tandis qu'au bas de l'appareil coule de l'acide sulfurique, concentré suffisamment pour alimenter et au delà la tour de Gay-Lussac.

La tour de Glover fait donc l'office de réfrigérant pour les gaz des fours, qui pénètrent alors avec la température voulue dans les chambres.

Le Glover, libérant en même temps une certaine quantité de vapeur, économise celle des chaudières.

On comprend combien l'invention de Glover est utile, puisque son appareil sert à la fois :

1° à dénitrer l'acide du Gay-Lussac ;

2° à concentrer l'acide nécessaire à alimenter le Gay-Lussac ;

3° à alimenter en vapeur, en partie tout au moins, les chambres de plomb ;

4° à refroidir les gaz des fours.

La tour de Glover est constituée en général par une cuvette en plomb épais de 15 à 25 millimètres, posée bien d'aplomb sur un massif en maçonnerie de briques, sable et goudron. Cette cuvette, dans laquelle coule constamment de l'acide chaud et assez concentré (60-62° B.), est refroidie, pour éviter la corrosion trop rapide, par une seconde cuvette extérieure en plomb mince, dans laquelle circule un courant d'eau froide, provenant de serpentins disposés dans la cuvette en plomb épais pour y refroidir l'acide.

La hauteur du GLOVER est en général de 8 à 10 mètres, avec une hauteur utilisable de 5 à 7 mètres, les 2 mètres supérieurs étant réservés à la dénitrification. Sa forme est ou carrée ou annulaire; il est d'ailleurs constitué par quatre tronçons ayant des épaisseurs de plomb décroissantes.

La cuvette et les trois premiers tronçons sont en général doublés en matériaux réfractaires, lave de Volvic, briques siliceuses vitrifiées, etc. ; le quatrième anneau laisse le métal à nu.

A une hauteur variant de 60 centimètres à 1 mètre au-dessus de la cuvette, on établit une grille en matériaux réfractaires, supportée par des piliers en lave ou en briques assemblées sans aucun ciment, puis sur cette grille on édifie un empilage formé de briques siliceuses ou en lave, posées de champ, ou de petits cylindres de grès posés debout les uns sur les autres comme un château de cartes. Anciennement on utilisait des silex ou du coke lavé à l'acide chlorhydrique, mais ce procédé entravait le tirage du GLOVER. Le meilleur procédé est celui des tuyaux de grès, qui ont chacun 20 centimètres de hauteur sur 15 centimètres de diamètre intérieur. Une tour de GLOVER en renferme plusieurs milliers.

Dans les usines françaises, c'est dans la tour de GLOVER que l'on introduit l'acide nitrique destiné à compenser les pertes que subit le stock de produits nitreux en roulement. On y introduit en outre l'acide sulfurique nitreux, provenant du GAY-LUSSAC, et enfin une certaine quantité d'acide sulfurique à 52°, provenant des chambres et des-

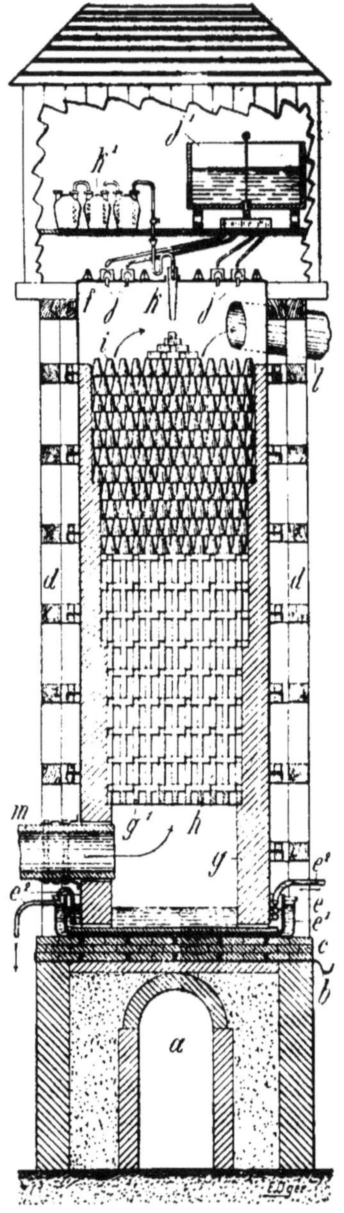

Fig. 55. — Coupe de la tour de GLOVER.

a b c d charpente en maçonnerie, *e* bac en plomb, *f* enveloppe en plomb,
g h i revêtement et empilage, *h* distribution d'acide nitrique, *j* distribution d'acide
sulfurique nitreux, *m* et *l* entrée et sortie des gaz.

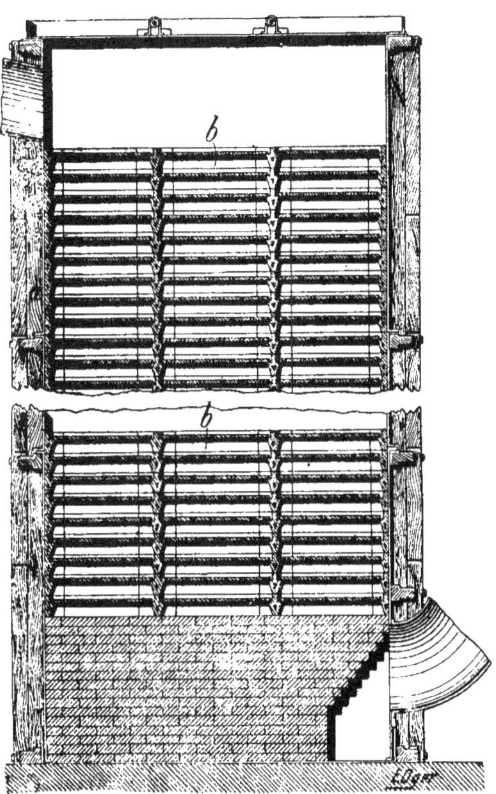

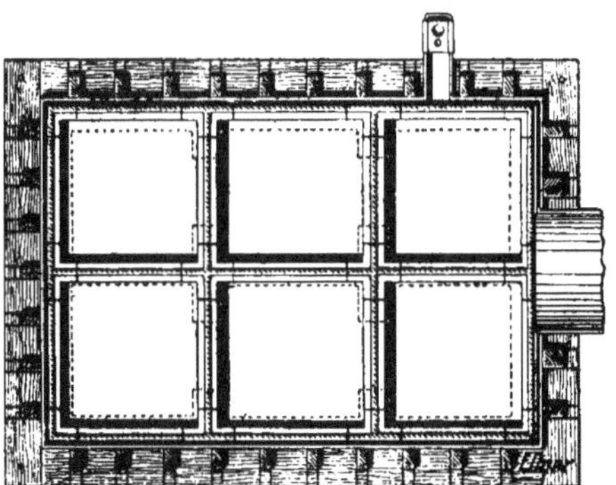

Fig. 56 et 57. — Plan et coupe des tours à plateaux de LUNGE ROHRMANN,
remplaçant les tours à réactions décrites plus haut.

tiné, par son apport en eau, à faciliter la dénitrification dans le haut du GLOVER. Il faut en effet une quantité d'eau importante pour décomposer le sulfate de nitrosyle :

$$2\,SO^3(OH)(ONO) + SO^2 + 2\,H^2O = 3\,SO^4H^2 + 2\,NO,$$

et cette quantité est fournie en grande partie par l'adjonction d'acide des chambres qui se concentre, sans frais, par la même occasion.

La température des gaz à la sortie du GLOVER varie entre 70 et 95°, suivant l'intensité de production que l'on exige des chambres de plomb Ces gaz sortent par un tuyau incliné, se rendant aux chambres de plomb. Souvent on emploie le tirage forcé, et l'on aspire les gaz du four au moyen d'un exhausteur formé par un ventilateur doublé en plomb, qui refoule les gaz dans la tour.

Quant à la capacité à donner au GLOVER, elle varie de 4 à 10 mètres cubes par tonne de soufre; avec le premier chiffre, le GLOVER ne produit que 10-12 0/0 de la fabrication totale de l'acide; le dernier chiffre, qui est généralement adopté par les usines modernes, permet au GLOVER de faire 25 0/0 de la production totale.

Voici quelques chiffres empruntés à SOREL (73) : Dans une chambre de 4.000 mètres cubes, dont la tour de GAY-LUSSAC avait un cube utile de 31 m³ 720 et celle de GLOVER 9 m³ 300, on brûle 11.800 kilos de pyrite à 50 0/0 par 24 heures, et la circulation d'acide à 60° (GAY-LUSSAC et GLOVER) est de 39.000 litres pendant le même temps.

Dans ces conditions, la chambre produit 2 kil. 750 d'acide par mètre cube. Si l'on veut forcer la production par mètre cube, il faut augmenter dans une large mesure l'acide à 60° en circulation, ainsi que le font ressortir les chiffres suivants :

Acide en circulation par 24 heures	Quantité d'acide fabriqué par 24 heures et par mètre cube de chambre
litres	kilos
39.000	2.750
45.000	3.000
52.000	3.500
62.000	4.000

95. Distribution de l'acide dans les tours de Gay-Lussac et de Glover. — Le tableau que nous avons donné ci-dessus des quantités d'acide à 60° en circulation montre combien ces masses liquides sont considérables, et combien on tend à les augmenter au fur et à mesure que l'on exige davantage des chambres de plomb. Anciennement on calculait sur une circulation de 100 kg. H^2SO^4 réel pour 100 kg. de soufre brûlé. Afin d'obtenir un écoulement régulier au haut du GAY-LUSSAC, on se servait d'un réservoir en plomb, jouant l'office de flacon de MARIOTTE. Pour obtenir une grande division du liquide, on employait soit un déversoir dont les deux parties venaient se présenter alternativement devant l'écoulement de l'acide et dont le poids faisait basculer tantôt l'un, tantôt l'autre des compartiments, soit un tourniquet à réaction, ou croix écossaise. Le liquide qui s'échappe des ouvertures imprime au tourniquet un mouvement régulier.

Dans l'un ou dans l'autre cas, le liquide ne tombe pas directement sur l'empilage de la tour mais sur des compartiments en plomb, ou simples feuilles de plomb perforées, de façon que l'acide coule goutte à goutte et se répartisse très uniformément. GAY-LUSSAC lui-même avait appliqué le déversoir à l'usine de Chauny (Compagnie de Saint-Gobain). Quant au tourniquet, les premiers essais furent faits à l'usine de Aussig, sur l'Elbe. Aujourd'hui on soude, sur le ciel du GAY-LUSSAC, des godets, du centre desquels descend un petit tube recouvert d'une calotte faisant joint hydraulique. Dans chacun de ces godets arrive un tube de plomb, provenant d'un distributeur en communication lui-même avec le réservoir d'acide à 60°.

Le ciel du GLOVER est arrangé de la même façon. On y introduit en outre l'acide nitrique par un tube central en grès au-dessous duquel on dispose une petite pyramide en briques, pour diviser l'acide.

96. Monte-jus, pulsomètres. — Pour monter les acides au haut des tours de GAY-LUSSAC et de GLOVER, on se sert de monte-jus à air comprimé. On utilise encore quelquefois un simple monte-jus en fonte, fermé à la main au moment de l'opération par des plaques en caoutchouc prises entre des rondelles de fonte, que maintiennent en place un étrier à vis. Ou bien on remplace l'étrier par une vanne en plomb que l'on commande à la main. Tous ces monte-jus sont pourvus d'un tuyau d'air, avec vanne d'arrêt et robinet d'échappement pour l'air contenu dans le monte-jus au moment du remplissage. Ils ont en outre un tuyau de remplissage et un d'ascension. Ces monte-jus n'ont pas de niveau. Le barbottement de l'air dans le tuyau d'ascension indique la fin de l'opération.

On tend, à l'heure actuelle, à remplacer ce genre d'appareils par des monte-acides automatiques, à émulsion, pulsomètres ou autres. Ces appareils marchent aussi par l'air comprimé. Dans le système ZAMBEAUX et LAURENT, on émulsionne l'acide avec de l'air comprimé, de façon à lui donner une densité apparente inférieure à sa densité réelle, et à pouvoir le monter à une grande hauteur avec une faible pression d'air. C'est le même système qui est utilisé pour le remontage automatique du mercure dans les trompes à mercure.

Soit à monter l'acide du réservoir A dans le réservoir B : On reliera ces deux récipients par un siphon renversé, et à la base du tube d'ascencion, un peu après la courbe du siphon, on injectera de l'air de façon à émulsionner l'acide et à lui donner une densité apparente inférieure, permettant à la pression de l'acide du réservoir A de le faire remonter jusque dans le réservoir B. En B, l'acide coule dans le réservoir, tandis que l'air émulsionné s'échappe dans l'atmosphère.

Quand on possède une source d'air comprimé à une pression suffisante, on utilise le pulsomètre automatique de MM. Laurent et Kestner. Cet appareil se compose de cinq parties : 1° Un vase de fonte d'assez grande capacité ; 2° un tuyau d'arrivée d'acide avec soupape ; 3° un tuyau d'ascension ; 4° une arrivée d'air comprimé ; 5° enfin un siphon renversé qui se soude sur le tuyau d'ascension.

Un pulsomètre de 50 litres ayant une tuyauterie de 50 mm. fait environ 25 pulsations à l'heure et peut monter 30.000 litres d'acide par 24 heures.

Dans ce genre d'appareil, l'air comprimé arrive d'une manière constante, et il est perdu tant que l'appareil n'est pas plein. On a cherché, de différentes manières, à éviter cette perte d'air comprimé, qui est onéreuse.

Dans un système, un *économiseur d'air* permet de n'employer l'air comprimé qu'au moment où il est nécessaire pour le refoulement, mais il exige l'emploi de deux pulsomètres.

Cet économiseur est très petit : c'est un tuyau en bronze formant une chambre horizontale, dans laquelle se meut un double piston terminé à chaque extrémité par une soupape conique. Sous l'influence de la pression de l'air, ce piston peut se mouvoir de sorte que chaque soupape conique peut obturer l'ajutage de gauche ou celui de droite.

Supposons le piston obturant l'ajutage de gauche — ce qui indique que ce pulsomètre est en remplissage — pendant ce temps, l'air comprimé arrivant par la partie supérieure passe autour du piston et se rend dans le pulsomètre de droite où il effectue son travail de refoulement. Celui-ci terminé, ce pulsomètre se met de lui-même en remplissage, et, la pression qu'a à vaincre l'air comprimé étant nulle *subitement*, le piston est poussé sur la gauche et met en vidange le pulsomètre de gauche qui vient de se remplir.

96. Pulsomètre à air comprimé en grès du docteur Plath. — Tous ces monte-acides sont en fonte ordinaire pour les acides d'une concentration variant entre 52 et 60° et en fonte doublée de plomb pour les acides nitreux. Pour l'acide nitrique, on a recours souvent aux monte-acides en grès, du genre de celui que reproduit la fig. 58.

Cet appareil est complètement en grès et résiste par conséquent parfaitement à tous les liquides acides. Les soupapes sont constituées par des sphères en grès qui ne peuvent subir aucune usure. Ces soupapes sont placées en dehors du corps du monte-jus et par conséquent facilement accessibles.

L'utilisation de l'air comprimé est parfaite, car l'arrivée est fermée pendant que l'appareil se remplit, le rendement est maximum car le volume intérieur se remplit chaque fois complètement de liquide.

Le liquide afflue par le tuyau d'alimentation *a* en soulevant la soupape sphérique *b*, pendant que l'air empri-

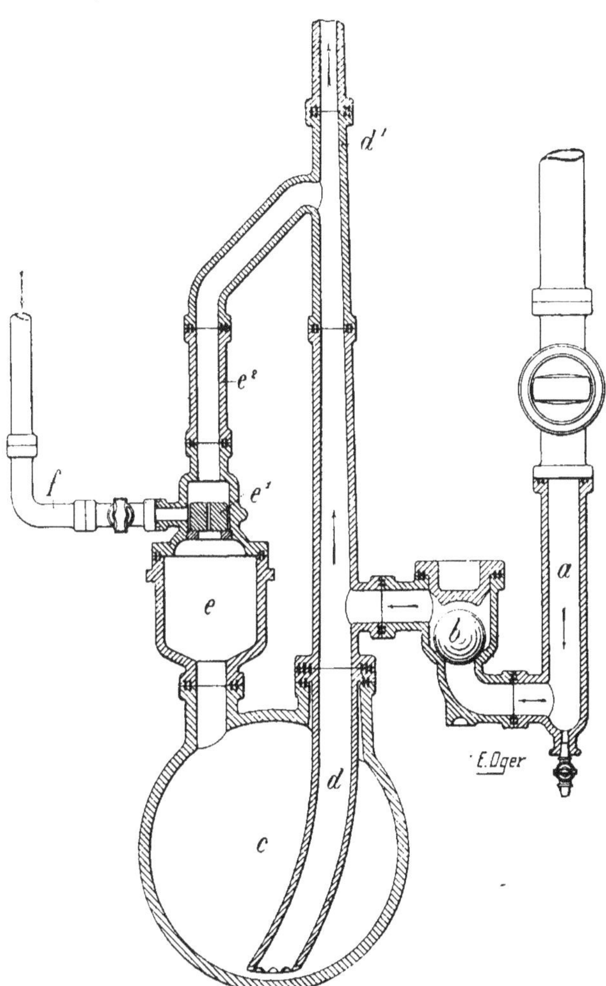

Fig. 58. — Monte-jus automatique du docteur PLATH.

sonné dans l'appareil s'échappe par une ouverture du
flotteur e'. Ce flotteur, qui à ce moment est abaissé, ferme
l'arrivée de l'air comprimé du tuyau *f*. Lorsque le niveau
du liquide a atteint le flotteur, celui-ci se soulève, ferme

l'ouverture de sortie de l'air du monte-jus et ouvre l'arrivée de l'air comprimé. Ce dernier, agissant sur le liquide qui remplit le monte jus, le force à s'élever par le tuyau d. Une certaine quantité de liquide retombe par le branchement e et exerce sur le flotteur une pression qui le force à retomber sur son siège aussitôt que le monte-jus s'est vidé.

Le volume intérieur de l'appareil n'est que de 100 litres. Ses proportions exactes sont indiquées par le dessin de la page 209.

Quant à l'air comprimé, on l'obtient au moyen de pompes à piston sec, dont le cylindre est refroidi extérieurement, c'est-à-dire possède une enveloppe à circulation d'eau. De l'eau froide circule aussi à l'intérieur du piston et arrive par la tige évidée de ce dernier. Ces pompes rendent de grands services quand on n'exige pas de l'air à une pression de plus de 3 kilos; l'air ne sort pas à une température dépassant 70°-80°. Si l'on veut avoir de l'air sous une pression de 6 kilos, il faut avoir recours à des pompes à piston humide. Les pompes marchent continuellement et les pulsomètres alternativement; on emmagasine l'air dans de grands réservoirs en tôle. On utilise dans ce but les vieilles chaudières tubulaires, ou simplement de vieux bouilleurs, que l'on munit de robinets purgeurs pour expulser l'eau de condensation, surtout lorsqu'on fait usage de pompes à piston humide. Dans les grandes fabriques, il existe une station centrale d'air comprimé, et une canalisation distribue ce dernier dans toute l'usine. La Badische Anilin und Soda Fabrik, qui est la plus grande fabrique d'acide sulfurique de l'univers, a une station centrale comprenant plusieurs groupes de 500 chevaux Sulzer, avec les compresseurs montés en tandem.

§ 2. — CONTROLE DE LA FABRICATION
DE L'ACIDE SULFURIQUE DANS UNE CHAMBRE DE PLOMB

97. Mise en route. — Nous avons vu plus haut comment, au moment de la mise en route d'une chambre, on commence à faire le joint hydraulique de la cuvette au moyen d'acide à 50° B. On arrose alors le GLOVER avec de l'acide nitrique, on injecte de la vapeur d'eau (mais en petite quantité) pour échauffer la chambre jusqu'à 40° environ, et on permet alors aux gaz des fours de pénétrer au bas du GLOVER, tout en arrosant ce dernier. On arrose d'abord abondamment pour créer le stock nitreux. SOREL indique 12-15 parties de nitrate pour 100 de soufre jusqu'à ce que la lanterne de queue jaunisse; puis on diminue progressivement (74).

Les réactions commencent aussitôt dans les chambres, ce dont on s'assure par l'examen des témoins.

Leur degré augmente et on augmente dans la même proportion l'arrivée de la vapeur d'eau. « Cela demande une grande attention, car souvent le degré monte très vite, et, d'autre part, quand le GLOVER s'échauffe et dégage de la vapeur, l'appareil peut être brusquement noyé » (75). La température de la chambre augmente aussi. Elle dépend naturellement de l'intensité de la production. C'est ainsi qu'elle est de 55-60° pour une chambre faisant 1,75-2 kilos d'acide par mètre cube de chambre, et de 95-96° pour une chambre produisant 4 kilos.

Voici, d'après SOREL, la concentration des différents acides que l'on obtient dans une chambre de plomb à allure active avec les proportions que nous avons indiquées, savoir : 4 pour la première chambre, 2 pour la moyenne, 1 pour le tambour de queue :

	Intérieur	Paroi	Cuvette
1re chambre	57-58° B. jusqu'au milieu / 56° à la fin	52-54° / 52°	54,5-55°
2e chambre	52-53°	42-43° en tête / 45-47° en queue	48,0-48,5°
3e chambre	53-55°	45-50°	48-52°

Ces acides ne doivent pas être soutirés des deuxième et troisième chambres, car ils y sont nitreux. On les fait écouler dans la première chambre où ils sont dénitrés et d'où on les soutire.

Quant au stock de produits nitreux en roulement, il dépend encore de l'allure de la chambre. Quand on n'exige qu'une production de 2 kilos par mètre cube, l'acide nitrique produit par 4-5 kilos de nitrate suffit pour 100 kilos de pyrite à 50 0/0. Pour 3 kilos de SO^4H^2, il faut 9-10 kilos de salpêtre et pour 4 kilos de SO^4H^2 il en faut au moins 12 kilos.

98. Rendement d'une chambre de plomb. — Théoriquement, voici les chiffres que l'on devrait obtenir en partant de 100 kilos de soufre :

200,00 kilog. d'anhydride sulfureux SO^2.
250,00   »   d'anhydride sulfurique SO^3.
306,25   »   d'acide sulfurique SO^4H^2.
312,50   »   d'acide sulfurique à 98 0/0.
319,00   »   d'acide sulfurique à 96 0/0.
325,08   »   d'acide sulfurique à 94 0/0 $= 66°$ B.
374,80   »   d'acide pour Glover à 81,7 0/0 $= 62°$ B.
392,10   »   d'acide pour Glover à 78,1 0/0 $= 60°$ B.
490,00   »   d'acide des chambres à 62,5 0/0 $= 50°$ B.
443,75   »   de sulfate de soude SO^4Na^2.
462,24   »   de sulfate de soude calciné à 96 0/0 de SO^4Na^2.

On rapporte en général la quantité d'acide sulfurique obtenu à la quantité de soufre réel brûlé ou à la quantité correspondante de pyrites.

Il arrive aussi que, dans les fabriques faisant la soude par le procédé Leblanc, on se base sur la quantité de sulfate neutre obtenu ; c'est pourquoi nous avons indiqué ce chiffre dans le tableau ci-dessus.

99. Rendement en acide sulfurique.

a) En partant du soufre. — Avant l'utilisation de la tour de Gay-Lussac, le rendement ne dépassait guère 50 0/0, avec une dépense de nitrate correspondant à 6-12 0/0 de la quantité de soufre brûlé. Depuis que la récupération des produits nitreux s'est généralisée,, le rendement atteint 96 à 97 0/0, et la dépense de nitrate est descendue à 3-6 0/0 du poids du soufre.

b) En partant des pyrites. — On regardait anciennement comme un excellent rendement la transformation de 88-90 0/0 du soufre total des pyrites en acide sulfurique. La perte en soufre était donc de 12 à 10 0/0, et cette quantité de soufre restait en grande partie dans le résidu de grillage. Dans les meilleures conditions la dépense en salpêtre ne descendait pas au-dessous de 2 kil. 75 pour 100 kilos de soufre brûlé.

A l'heure actuelle, les rendements ont été sensiblement améliorés et l'on transforme 95 0/0 du soufre des pyrites en acide. Lunge cite un cas dans lequel une perte de 7,75 0/0 se répartissait de la manière suivante, que nous donnons à titre d'exemple (Güssefeldt' schen Versuche) : 6,85 0/0 restaient dans les résidus de grillage et 0,9 0/0 échappaient à la transformation dans les chambres de plomb et partaient dans la cheminée de l'usine.

Voici un autre exemple : on transforme 95,29 0/0 du soufre des pyrites en acide. La perte de 4,71 0/0 se répartit en 2,69 0/0 qui restent dans les résidus de grillage et 2,02 0/0 qui échappent à l'oxydation dans les chambres.

Dans le premier exemple, la consommation de salpêtre était de 2,41 0/0 et dans le second de 3,75 0/0.

100. Consommation de salpêtre. — On entend sous ce nom la quantité de produits nitreux qu'il faut ajouter, par 100 kilos de soufre brûlé, pour compenser les pertes du stock en roulement entre le GLOVER et le GAY-LUSSAC, de façon à maintenir une constance aussi approchée que possible.

Le salpêtre utilisé est du salpêtre à 96 0/0, dit salpêtre du Chili. En France, comme nous l'avons déjà dit, on emploie plutôt de l'acide nitrique à 32, 36 ou 38° B.

La consommation de produits nitreux est très variable; elle dépend de la façon dont la fabrication est conduite, de l'allure de la chambre, de la saison : c'est ainsi qu'en été on consomme plus de salpêtre qu'en hiver.

Voici quelques consommations calculées en nitrate 96 0/0 :

Soufre brut	sans récupération,	6-12 0/0	du poids du soufre.
»	avec récupération,	3-5 0/0	»
Pyrites	sans récupération,	8,5-14 0/0	»
»	avec récupération,	2,2-6 0/0	»

Comme nous l'avons dit plus haut, le stock nitreux (et les pertes) augmente proportionnellement à la quantité d'acide que l'on produit par mètre cube de chambre. Le stock nitreux en circulation varie entre 10 et 20 0/0 du poids du soufre.

§ 3. — PURIFICATION ET CONCENTRATION DE L'ACIDE SULFURIQUE

101. Généralités. — Dans la plupart des fabriques, l'acide sulfurique n'est ni concentré, ni purifié. Souvent même on l'utilise encore chaud au sortir du GLOVER à la préparation des superphosphates ou à celle de l'acide chlorhydrique. Dans quelques cas particuliers, l'acide sulfurique est épuré et voici comment :

Les impuretés principales de l'acide sulfurique sont d'un côté le fer et le plomb, et de l'autre l'arsenic, le sélénium et des produits nitreux entraînés par dissolution. Un grand nombre d'autres corps se retrouvent dans l'acide sulfurique, amenés soit par les pyrites, soit par l'eau utilisée, mais ils sont en général peu gênants et souvent se séparent d'eux-mêmes. Par contre, l'arsenic et les produits nitreux doivent être éliminés chaque fois que l'on ne veut pas avoir un acide toxique ou oxydant. Le seul moyen ayant prévalu est la précipitation de l'arsenic sous forme de sulfure. Mais, l'acide sulfurique concentré décomposant l'hydrogène sulfuré avec mise en liberté de soufre, il est nécessaire de diluer l'acide au préalable, de façon que sa concentration ne dépasse pas 46 à 50° B.

D'un autre côté, l'arsenic n'étant rapidement précipité par l'hydrogène sulfuré que lorsqu'il se trouve sous forme d'acide arsénieux et non arsénique, il faut commencer par éliminer les produits nitreux qui opèrent cette suroxydation. On traite donc l'acide à épurer soit à part, soit encore mieux dans la chambre même, par un excès de gaz sulfureux de façon à ramener l'arsenic à son minimum d'oxydation. Quant à l'hydrogène sulfuré nécessaire à la précipitation de l'arsenic sous forme de sulfure, on le prépare en faisant agir de l'acide sulfurique étendu sur du sulfure de fer contenu dans une marmite en fonte, pourvue d'une grille pour retenir le sulfure, d'un serpentin de vapeur et d'un tube d'entrée, pour l'acide sulfurique, et d'un tube de sortie pour l'hydrogène sulfuré. La précipitation est effectuée dans une tour du genre de celle de GLOVER. L'acide à épurer arrive par le haut, tandis que l'hydrogène sulfuré entre par le bas. A sa sortie de l'appareil d'épuration, l'acide tenant en suspension du sulfure d'arsenic est envoyé dans des bacs de décantation fermés ; le sulfure d'arsenic s'y dépose et on soutire l'acide épuré, que l'on utilise après dilution pour le remplissage des accumulateurs, la saccharification, ou bien que l'on envoie à la concentration.

Quoi que l'on fasse, cette épuration n'est jamais complète, et l'on devrait utiliser uniquement, dans les usines de produits alimentaires, de l'acide sulfurique dit *au soufre*, c'est-à-dire préparé avec du soufre au lieu de pyrites et par conséquent ne contenant pas d'arsenic ou encore de l'acide obtenu par le procédé de contact. Il n'en est malheureusement rien, témoin les nombreux empoisonnements constatés récemment en Angleterre, ayant pour cause l'ingestion de bière au cours de la fabrication de laquelle de l'acide sulfurique arsénical avait été employé pour la saccharification.

Il faut de 75 à 100 kg. de sulfure de fer pour épurer 5.000 kg. d'acide des chambres. On a proposé aussi un traitement par l'huile pour l'épuration de l'acide sulfurique.

L'élimination des produits nitreux est plus facile. On utilise le vieux moyen indiqué par PELOUZE (77) et qui consiste à ajouter du sulfate d'ammoniaque en poudre à

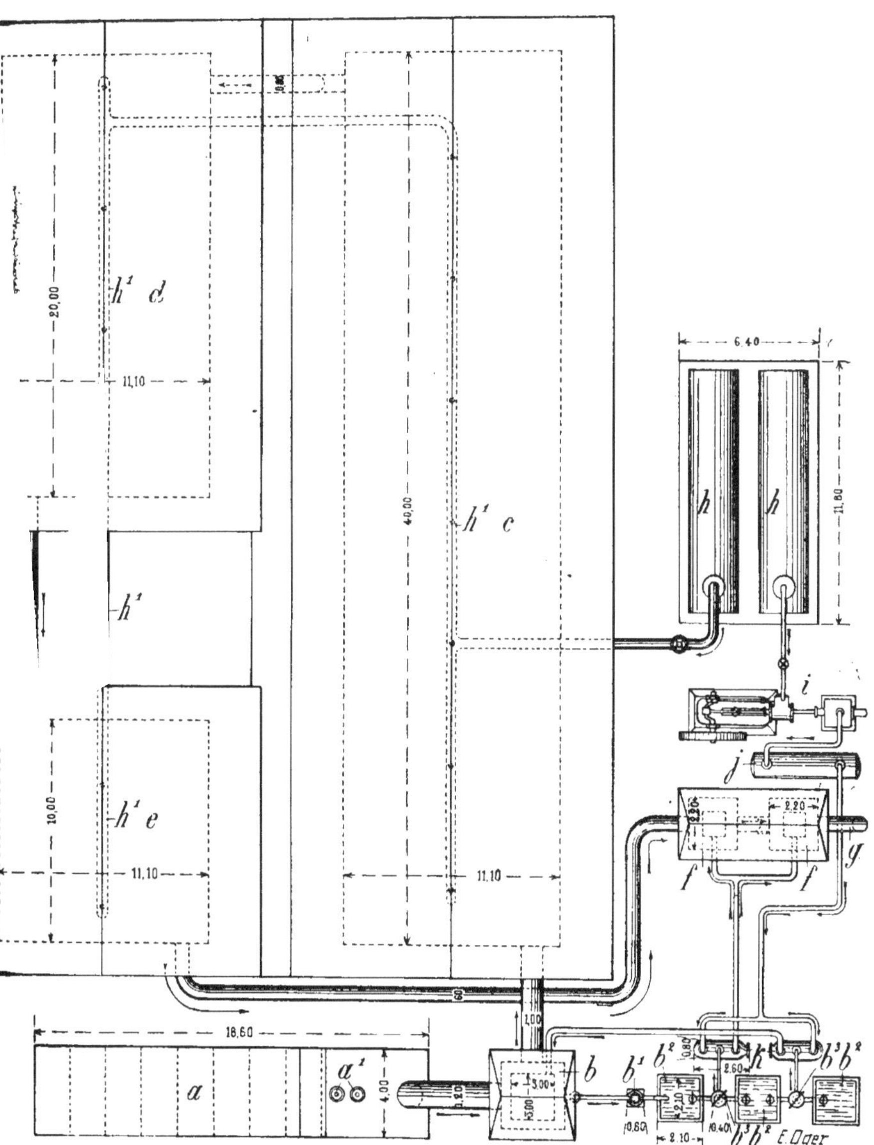

Fig. 59. — Plan d'une chambre de plomb à trois corps.

a four à pyrites, *a¹* chambre à poussières, *b* Glover alimenté par les réservoirs et les monte-jus *b¹ b² b³* et *k* recevant l'acide nitreux du Gay-Lussac, *c* grande chambre, *d* chambre moyenne, *e* petite chambre, *f* Gay-Lussac, *g* conduite conduisant à la cheminée, *h* batterie de chaudières distribuant la vapeur par la conduite *h¹*, *i j k* compresseur d'air, réservoir et monte-jus.

l'acide chaud ; l'une des réactions suivantes prend naissance :

$$N^2O^3 + 2NH^3 = 3H^2O + 4N$$
$$3NO^2 + 4NH^3 = 6H^2O + 7N$$
$$3HNO^3 + 5NH^3 = 9H^2O + 8N.$$

En général, 100 à 500 grammes de sulfate d'ammoniaque suffisent à épurer 100 kg. d'acide sulfurique.

Pour le cas où l'acide contiendrait du sulfate d'ammoniaque en excès, Lunge a proposé de l'éliminer par addition de salpêtre (NO^3K) (78), qui donne de l'eau, de l'azote et du sulfate de potasse insoluble dans l'acide sulfurique concentré.

L'acide sulfurique des chambres, traité comme nous venons de le dire, est déjà très suffisamment pur pour la plupart des emplois, car la dilution a précipité le plomb sous forme de sulfate, les produits nitreux ont été éliminés par le sulfate d'ammoniaque, et l'hydrogène sulfuré a chassé presque tout l'arsenic, les autres métaux précipitables en solution acide et le sélénium. L'acide n'a donc plus qu'à être concentré.

102. Concentration dans le plomb. — Dans la plupart des cas, on se contente de concentrer l'acide jusqu'à 62° B. ; cette concentration s'effectue soit dans la tour de Glover, soit dans des bassines en plomb disposées en étages comme l'indique les figures 60 et 61.

L'acide des chambres, à 51-52°, arrive d'abord dans la chaudière la plus éloignée du foyer et les traverse successivement toutes. Si l'adduction d'acide est proportionnée à l'intensité du chauffage, l'acide sulfurique qui sort de l'appareil est à la concentration voulue.

Quand on ne peut disposer les chaudières en gradins, on

les place de niveau et on les fait communiquer entre elles
par des siphons de plomb ou de verre.

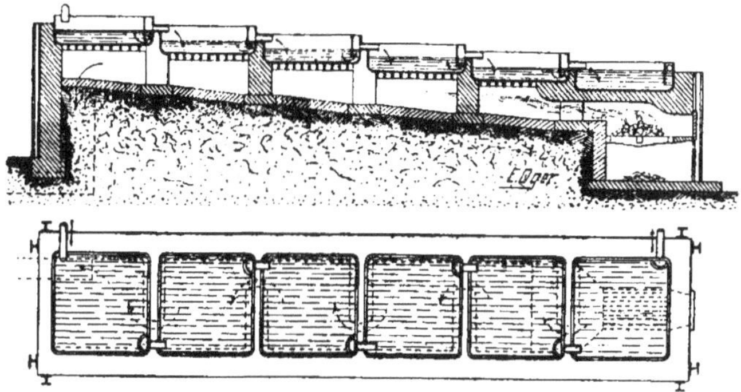

Fig. 60 et 61. — Concentration de l'acide sulfurique des chambres
dans une batterie de six cuves en plomb chauffées par un foyer unique.

Notre figure indique un ensemble de 6 chaudières.
D'après SCHEURER-KESTNER, 4 chaudières ayant chacune
2 mètres de longueur sur 1 m. 20 de largeur suffisent
pour utiliser complètement la flamme d'un foyer brûlant
500 kg. de houille par 24 heures et évaporant à 62° une
quantité d'acide sulfurique qui correspond à 3.000 kg.
d'acide monohydraté.

On se sert aussi pour la concentration du chauffage à
la vapeur. On dispose à cet effet, dans une caisse en bois
doublée de plomb, un serpentin en plomb ayant 10 mm.
de diamètre intérieur et 30 mm. de diamètre extérieur. La
longueur du serpentin varie avec la surface de la caisse,
mais il faut en couvrir le fond, c'est-à-dire y placer
autant de spires que possible. Avec de la vapeur à 4 kg.
on amène facilement l'acide sulfurique à 62° B. Cette opération consomme 70 kg. de vapeur pour concentrer
100 kg. d'acide de 52 à 62° B., soit 10 kg. de charbon,
tandis qu'avec les chaudières en gradins il en faut 15.

Néanmoins ce système est moins employé à cause de la complication de l'appareillage.

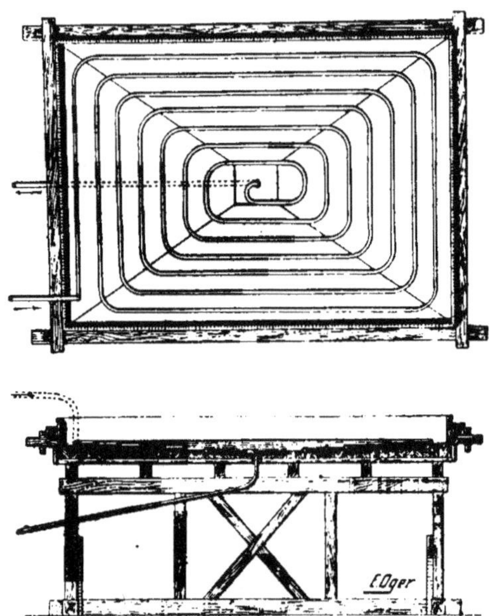

Fig. 62 et 63. — Bacs de plomb chauffés par un courant de vapeur.

Si la concentration de l'acide sulfurique jusqu'à 62° B. peut être réalisée dans des chaudières en plomb, il n'en est plus de même lorsqu'on veut dépasser cette concentration. Il faut avoir recours au verre, à la porcelaine ou au platine. Le verre et la porcelaine ont l'avantage du bon marché ; par contre, ils conduisent mal la chaleur et la consommation de combustible est sensiblement supérieure à celle qu'exige la concentration dans le platine, aussi est-ce dans les pays comme l'Angleterre où le combustible est à bon marché que la concentration dans le verre s'est le plus répandue, tandis que sur le continent on continue à concentrer dans le platine.

103. Concentration dans le verre (procédé ancien). — Les premiers appareils utilisés furent de simples cornues en verre soufflé. Elles avaient l'avantage du bon marché, mais se brisaient facilement. Un simple courant d'air les faisait éclater ; aussi n'entrait-on dans les chambres de concentration que muni d'un vêtement spécial de laine et en passant par un tambour pour éviter toute rentrée d'air froid.

On utilise quelquefois des récipients cylindriques a, ayant de 80 cm. à 1 m. de hauteur et 40 à 50 cm. de diamètre et dans lesquels on introduit l'acide à concentrer. Ces récipients sont entièrement plongés dans des bains de sable contenus dans des vases en fonte chauffés par le foyer b (fig. 64). On forme en général une batterie de 4 cornues chauffées par un foyer unique. Les tubulures c sont également entourées de sable, pour les protéger

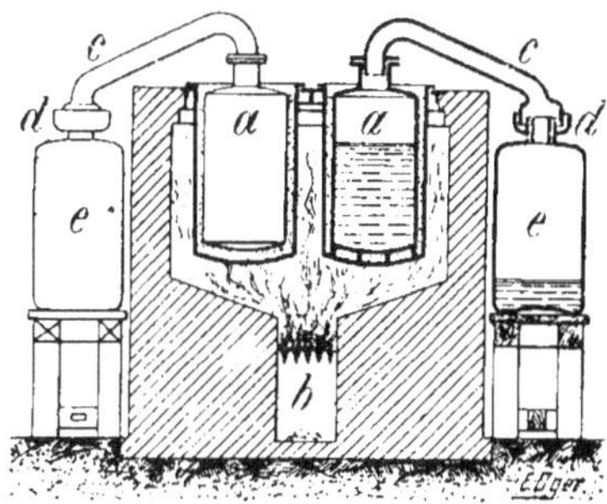

Fig. 64. — Concentration de l'acide sulfurique dans le verre.

a, cornues chauffées par le foyer b ; c, rallonges avec joint d, conduisant les petites eaux acides dans les récipients e.

contre des refroidissements brusques, et rodées exactement pour recevoir les allonges conduisant les petites eaux dans des condenseurs. Chaque allonge est reliée à son condenseur par un joint hydraulique. Les petites eaux qui distillent sont collectées dans un condenseur en plomb *d*. On les utilise dans l'usine pour la préparation du sulfate de fer en les faisant agir sur de la vieille ferraille.

Quand le degré de concentration voulu est atteint, on éteint le feu, laisse refroidir et soutire l'acide concentré au moyen de siphons en verre ou en plomb. Chaque cornue produit en moyenne 200 kg. d'acide 66° B. par opération, ce qui fait 800 kg. pour la batterie de 4 cornues.

104. Concentration dans le verre (procédé moderne).

— Le procédé de concentration que nous avons décrit ci-dessus a été considérablement amélioré par les frères CHANCE dans leur usine d'Oldbury, près de Birmingham, grâce à la fabrication de cornues en verre spécial, par leur propre verrerie de Smethwick. Les figures 65 et 66 que nous reproduisons d'après LUNGE (81) se passent presque de tout commentaire. Les chaudières en plomb sont en A, A, A, chauffées par les chaleurs perdues. L'acide chaud à 60° B. arrive en charge devant chaque cornue au moyen d'un gros tube de plomb sur lequel est branché un tube de petit diamètre, également en plomb, que l'on recourbe à la main et introduit dans chaque cornue au moment du remplissage, c'est-à-dire tous les matins. Le chapiteau est simplement posé, sans aucun lut, sur le col de la cornue. Le collecteur des petites eaux étant en communication avec une cheminée de tirage, tout joint du chapiteau est inutile et les vapeurs acides ne se répandent pas dans la salle de concentration La concentration dure douze heures; elle est terminée le soir. Le lendemain matin on siphonne l'acide encore chaud au moyen de siphons en platine

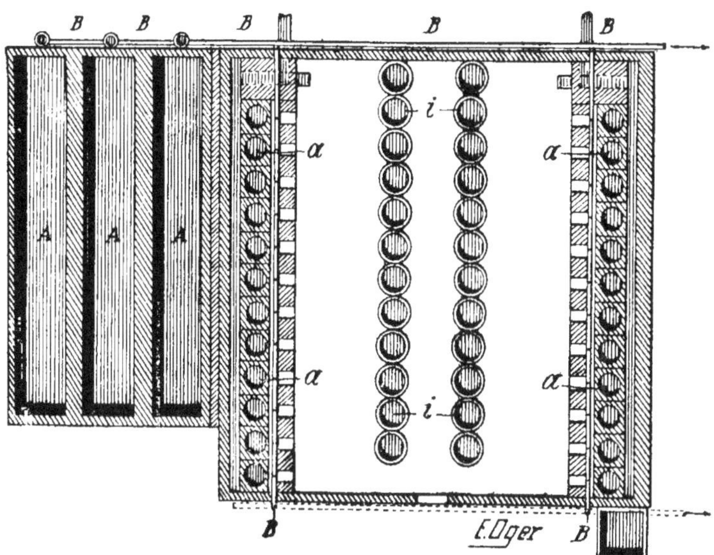

Fig. 65. — Plan d'une installation pour la concentration de l'acide sulfurique
dans le verre.

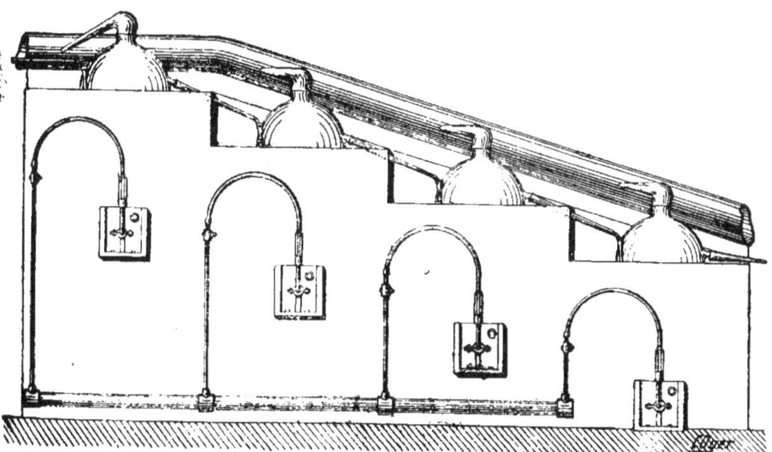

Fig. 66. — Vue d'un four à gaz.

ou en plomb antimonié (le plomb pur est fortement attaqué) et remplit directement les touries ou, ce qui est préférable un réservoir intermédiaire où on le laisse complètement refroidir.

Ce mode de concentration intermittent a été installé il y
a quelques années sur le continent à Mülheim-sur-Rhin;
M. Luty en a donné une description dans la *Zeitschrift für
angewandte Chemie* (82) ét a rendu compte des résultats
moyens obtenus pendant trois années consécutives

L'installation comprend 22 cornues, de la verrerie
Thomas Webb et C°, de Manchester; chaque cornue
avec chapiteau revient, rendue à Mülheim à 27 M. 30.

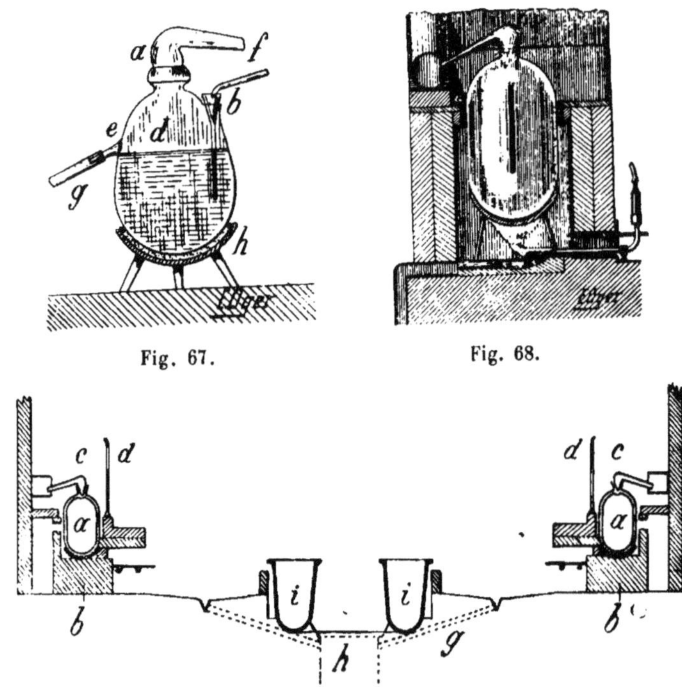

Fig. 67.   Fig. 68.

Fig. 69. — Détails des cornues et de leur installation.

Ces récipients contiennent chacun 200 litres et produisent 3.500 kilogrammes d'acide par jour. Voici à combien ont monté les frais d'installation :

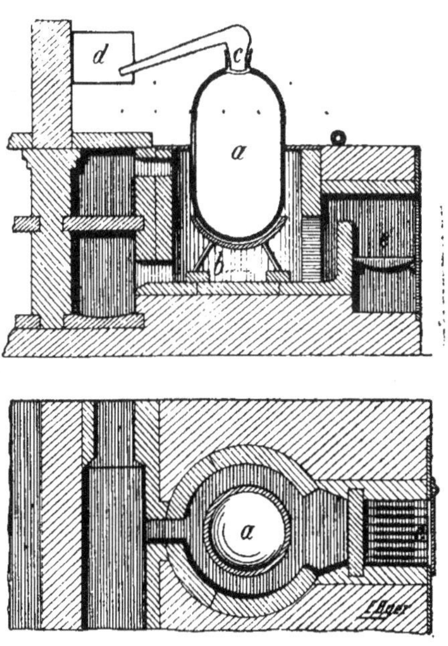

Fig. 70 et 71. — Détails des fours.

Concentration préalable dans les chaudières en plomb :

	M.
4.930 kilogrammes de plomb	1.233
9.900 kilogrammes de fonte	1.243
Maçonnerie.	1.160
	3.636,00

A reporter. 3.636,00

Concentration finale dans les cornues de verre :

		M.
16.200 kilogrammes de fonte		2.224,55
Maçonnerie.		2.613,60
8.324 kilogrammes de plomb (tuyauterie, con-		
denseurs)		3.444,82
22 cornues		600,60
		8.883,57
		12.519,57

Frais de concentration à 60° B. :

Calculés sur 1.377.221 kilogrammes d'acide à 60° obtenu
en partant d'acide à 50°.

	M.
Charbon à 8 M. 95 la tonne pour 100 kilogram-	
mes acide 60°	0,116
Main-d'œuvre	0,027
Réparations, intérêt du capital, amortisse-	
ment	0,119
	0,262

Frais de concentration à 66° B. :

Calculé sur 1.096.446 kilogrammes dont 650.000 kilogrammes d'acide à 94-96 0/0.

	M.
Bris de cornues (35 au total). Pour 100 kilo-	
grammes d'acide	0,0871
Charbon (659 tonnes 8 à 8 M. 95)	0,5390
Main-d'œuvre	0,2509
Entretien, intérêt du capital, amortissement .	0,3600
	1,2370

La consommation de charbon qui était d'abord au
total de 60 kgr. 2 pour 100 kilogrammes d'acide produit
fut réduite à 55 kilogrammes. Ces chiffres, comparés à

ceux constatés dans la concentration dans le platine (15 kgr.), expliquent pourquoi la concentration dans le verre n'a pu être pratiquée qu'en Angleterre où l'on comptait il n'y a pas encore très longtemps à Newcastle par exemple le charbon à 2 fr. 50 la tonne (PELOUZE et FRÉMY).

Les résultats cités par LUTY ont été légèrement améliorés depuis, et les frais de concentration sont descendus de 1 M. 2370 à 1 M. 1408 pour 100 kilogrammes d'acide.

Le procédé de concentration intermittente a été perfectionné par GRIDLEY, qui l'a rendu continu (Henry CHANCE, Patente anglaise 1.243, 1871). Nous empruntons à LUNGE (83) les renseignements suivants :

Chaque installation comprend 16 cornues disposées en gradins, par batteries de 4 (probablement avec deux condenseurs) et produisant 46 tonnes d'acide concentré par semaine (du lundi matin au samedi à midi). La dépense de charbon est de 28 livres par 100 kilogrammes d'acide produit.

Pour éviter le bris des cornues et avoir un chauffage plus régulier, les CHANCE BROTHERS ont installé le chauffage au gaz de houille, produit dans l'usine même ; la consommation en gaz d'éclairage n'atteint pas 100 m³ par tonne d'acide concentré produit, mais il faut remarquer que par ce procédé on dépasse difficilement la concentration de 92-93 0/0.

Nous indiquerons, avant de passer à la concentration dans le platine, le nom des principaux fabricants anglais de cornues pour la concentration de l'acide sulfurique. Ce sont : PERCEVAL VICKERS et Cᵒ et THOMAS WEBB et Cᵒ, tous deux de Manchester, enfin CHANCE BROS à Smethwick près de Birmingham.

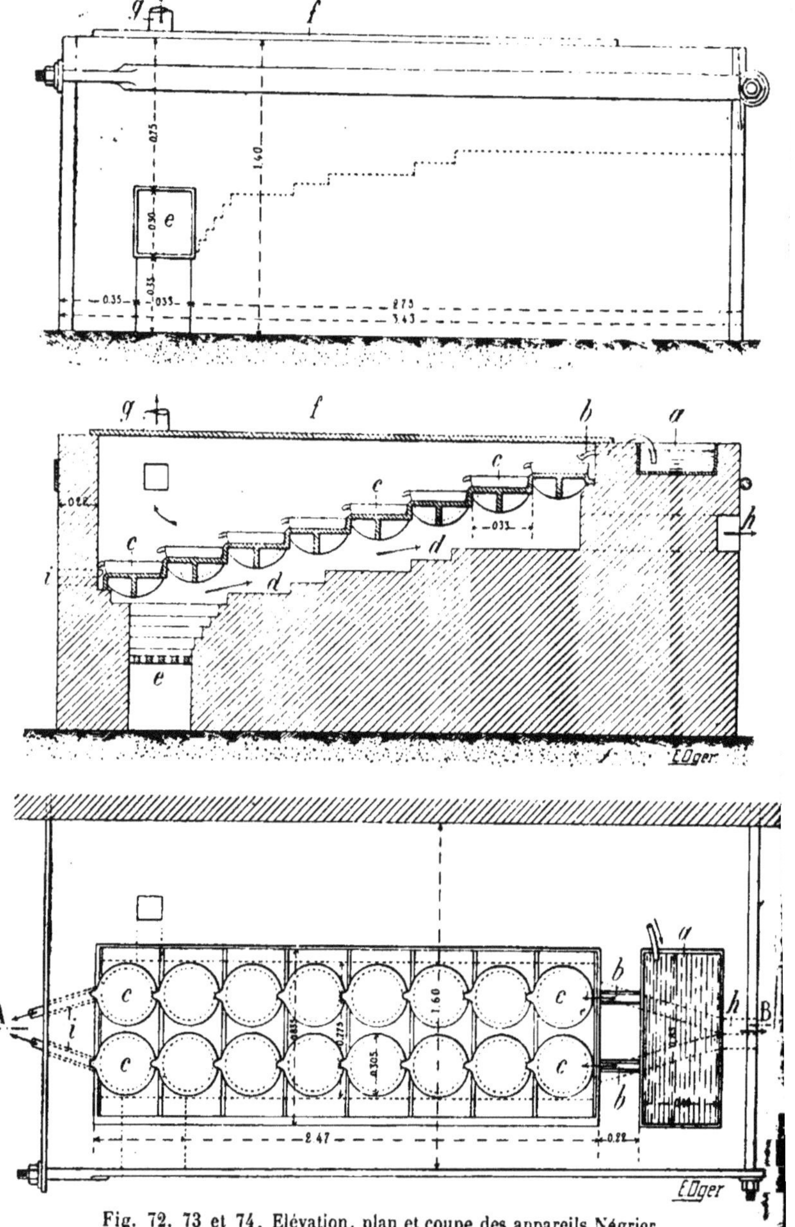

Fig. 72, 73 et 74. Élévation, plan et coupe des appareils Négrier
pour la centration dans la porcelaine.

105. Concentration dans la porcelaine de la lave de Volvic. — Les figures 72, 73, 74 et 75 représentent l'appareil de M. Négrier, qui rappelle beaucoup par son fonctionnement les chaudières en plomb établies en gradin, dont nous avons donné la description en parlant de la concentration de l'acide sulfurique à 62°. M. Négrier, fabricant d'acide sulfurique à Périgueux, a breveté vers 1890 un dis-

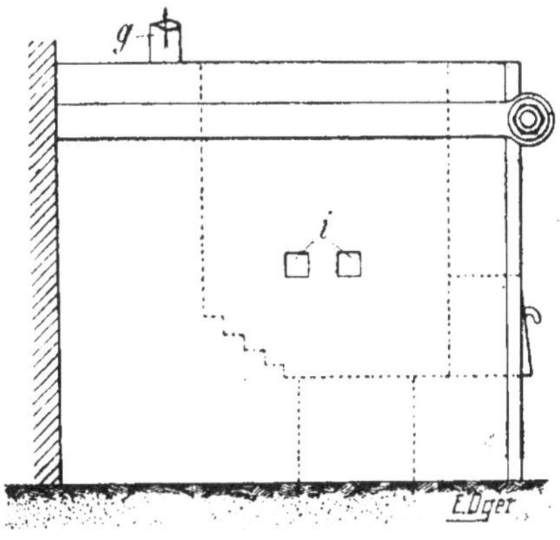

Fig. 75.

positif de concentration formé de cuvettes en porcelaine, de 300 mm. de diamètre et de 135 mm. de profondeur, disposées en cascade et s'alimentant automatiquement. Ces capsules sont ordonnées sur deux rangs de 16, dans des alvéoles en fonte garnies d'amiante, de façon à éviter toute rupture accidentelle en cas de soubresauts. La partie inférieure de ces alvéoles, c'est-à-dire le dessous des capsules, forme le ciel d'un carneau dans lequel circulent des gaz chauds, tandis que les cuvettes elles-mêmes sont enfermées dans une chambre construite en matériaux réfractaires à l'acide (briques à 68 0/0 de silice), dans laquelle les vapeurs se condensent. Ces petites eaux retournent ou bien dans la fabrication ou bien aux chambres de plomb, destinées à faire de l'acide 62° B. ; elles sont extraites de la chambre de condensation (sous forme de vapeur) au moyen d'un éjecteur.

L'alimentation en acide à concentrer se fait automatiquement et d'une façon continue au moyen d'un siphon.

Un appareil de 32 capsules concentre 1.000 à 1.200 kg. d'acide 65,5-65,8 par 24 heures et consomme 130 à 150 kg. de houille.

Les appareils NÉGRIER sont installés à Périgueux, à Rouen, à Lille, etc. Ils sont surtout pratiques pour des dynamiteries où l'on concentre les acides sulfuriques de nitration. On récupère ainsi 2-3 0/0 d'acide nitrique.

106. Appareil Kessler. — M. KESSLER, de Clermont-Ferrand, au cours de ses nombreuses recherches sur la concentration de l'acide sulfurique, a reconnu qu'en faisant passer au-dessus d'acide à 52-53° B., disposé en couches minces, des gaz inertes convenablement chauffés, on arrivait à obtenir facilement de l'acide à 66°. Sur ces principes il a imaginé un appareil de concentration, basé sur la simple évaporation, et non sur la distillation partielle comme dans les autres procédés que nous venons de passer en revue. En effet, à 328° qui est la température d'ébullition, la tension de dissociation de l'acide sulfurique est telle qu'on ne peut jamais dépasser $SO^4H^2 + 1/12\ H^2O$. Avec le procédé KESSLER, au contraire, la température de concentration ne dépassant jamais 170°, on peut pousser davantage la concentration. D'un autre côté, la chaleur est mieux utilisée car les gaz sortent de l'appareil à très basse température, la circulation étant méthodique.

L'appareil KESSLER se compose essentiellement de deux parties :

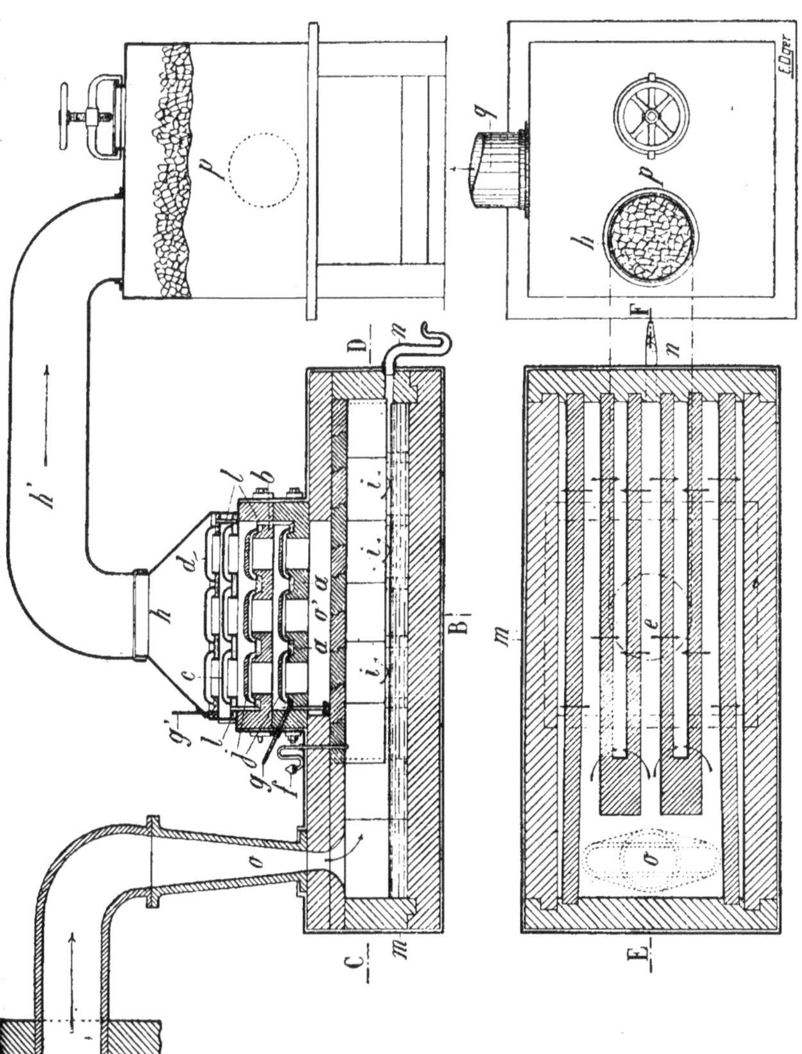

Fig. 76 et 77. — Appareil Faure et Kessler, pour la concentration
par les gaz chauds.

1° Le *saturex* (saturateur-extincteur) où les gaz chauds sont saturés de vapeur acide et leur température, de ce fait, abaissée.

2° Le *récupérateur*, destiné à récupérer en partie la chaleur emportée par les gaz.

Le récupérateur, ainsi que l'indique la figure (76), est placé au-dessus du saturex; il reçoit les acides à concentrer qui circulent en sens inverse des gaz chauds.

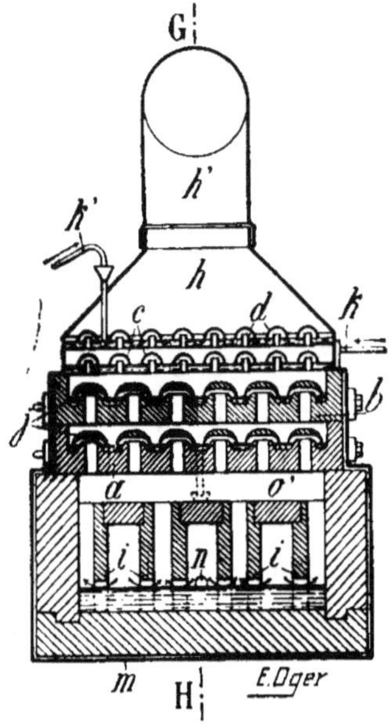

Fig. 78.

Le saturex, qui contient l'acide à concentrer, est une auge en lave de Volvic, entourée extérieurement par une chemise de plomb pour éviter les fuites. Cette auge est divisée par des cloisons réunies de deux en deux par une dalle horizontale, de façon à former des chicanes, sortes de carneaux arrivant jusqu'au niveau de l'acide. Les gaz chauds et secs arrivent dans ces carneaux, passent par des trous percés à leur base et montent dans le récupérateur, saturés d'humidité.

Le récupérateur est formé d'une série de cases horizontales en lave de Volvic, superposées les unes aux autres et recouvertes de calottes de barbotage, analogues à la disposition des colonnes SAVALLE. Ces calottes sont en porcelaine. Les cases inférieures sont en lave de Volvic, comme nous venons de le dire, pour pouvoir résister aux gaz acides chauds. Les deux cases supérieures, qui ne sont soumises qu'à l'action de gaz relativement froids, sont simplement en plomb.

L'échange de chaleur est très rapide dans l'appareil de KESSLER. On peut estimer que les gaz du four débouchant par une buse dans le saturex sont à la température de 500°. Pendant leur passage dans les chicanes du saturex, leur température tombe déjà à 200°. Le tableau suivant rend compte de la marche de la température dans un appareil formé de quatre plateaux récupérateurs :

Température à la sortie du saturex	200°
— au 1er plateau	130°
— — 2e —	111°
— — 3e —	100°
— — 4e —	85°

Comme on le voit, l'appareil de KESSLER n'est en somme qu'un GLOVER perfectionné et adapté spécialement à la concentration.

Les gaz, sortant du récupérateur à 85°, entraînent toujours une certaine quantité d'acide sulfurique, sous forme vésiculaire. On le retient en filtrant les gaz sur une couche de coke assez fin. Le liquide qui se rassemble dans le filtre à coke retombe dans le plateau supérieur du récupérateur, par un tuyau de rétrogradation.

Quant aux gaz chauds, ce sont des gaz de gazogène. On les fait brûler complètement dans une chambre en matériaux réfractaires, précédant l'auge en lave de Volvic, et ils pénètrent dans cette dernière au moyen d'une buse *ad hoc*. Les calottes en porcelaine rendant difficile la marche des gaz, on la facilite au moyen d'un éjecteur à vapeur, établissant une différence de pression de 100 à 120 mm. de hauteur d'eau. Cet éjecteur est placé dans la région du filtre à coke. On s'assure de son bon fonctionnement au moyen d'un manomètre placé à la partie supérieure du récupérateur.

La marche sous dépression à l'avantage d'éviter toute perte d'acide par fuite.

L'acide à 66° sort du saturex par un tuyau en porcelaine et arrive dans un réfrigérant spécial, où il se refroidit en échauffant de l'acide 52° devant être concentré.

L'appareil Kessler s'est généralisé assez rapidement, tant à cause du bas prix de revient de l'appareil lui-même, comparé aux appareils de platine, qu'à cause de sa faible consommation en combustible. De plus il ne donne pas lieu à la formation de petites eaux.

La consommation de charbon est de 8 à 10 kilos par 100 kilos d'acide 66° produit avec de l'acide 53° des chambres. Il faut compter en outre une certaine quantité de vapeur pour actionner l'éjecteur.

A surface égale de plateaux, l'appareil Kessler produit plus d'acide 66° au moyen d'acide 53° froid, que des capsules de platine alimentées d'acide 62° chaud. En outre

la surveillance étant presque nulle, la main-d'œuvre est
de ce fait très réduite.

107. Concentration dans le platine. — Les anciens
alambics de platine se composent d'un vase distillatoire
surmonté d'un chapiteau, dont le tube de dégagement
aboutit à un réfrigérant. Le vase distillatoire est réuni
au chapiteau par deux couronnes de platine maintenues au
moyen de pinces à vis en fer. L'acide à 62° arrive dans l'en-

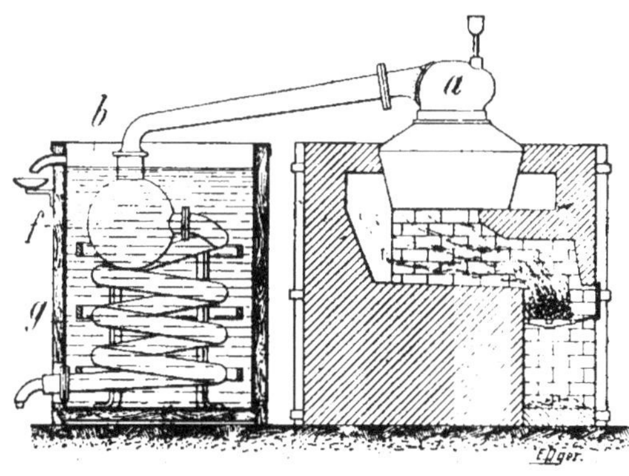

Fig. 79. — Alambic de platine pour la concentration
de l'acide sulfurique.

a, cornue ; *b*, rallonge ; *f*, boule de platine recevant l'acide chaud ;
g, serpentin en plomb.

tonnoir *c* dont l'intérieur (fig. 80) est muni d'une cloche *d*
qui forme fermeture hydraulique sur le tube d'entrée dans
le vase ; il vient gagner la partie supérieure *ee* du vase,
qui est percée d'une grande quantité de petits trous, afin
de diviser le liquide sur toute la surface intérieure du
cône. Les vapeurs acides qui se dégagent pendant la concentration arrivent par le tube de dégagement dans la
boule en plomb *f*, qui est entourée d'eau froide et

suivie d'un serpentin également en plomb. La boule remplit le rôle de réservoir d'acide dans lequel tombent les gouttes chaudes qui se forment sur les bords du tuyau de platine : si ces gouttes venaient à tomber directement sur le plomb, comme il arriverait si l'on utilisait un simple serpentin, le plomb ne tarderait pas à être corrodé ; il se formerait un trou à l'endroit même qui les recevrait ; la boule a donc pour effet de protéger le plomb du serpentin. Le vase est muni d'un tube en platine h, dans lequel se trouve un flotteur indiquant constamment la hauteur de l'acide dans l'intérieur de l'appareil. Enfin un siphon i sert au soutirage de l'acide concentré ; on l'amorce, en se servant des deux entonnoirs k, munis de bouchons l.

La flamme au sortir du dessous de l'alambic en fait le tour par des carneaux, mais de manière à rester toujours au-dessous du niveau du liquide, sans quoi le platine ne tarderait pas à être brûlé et à se casser sous les efforts qu'exerce sur le métal le mouvement de l'acide en ébullition.

De là la flamme passe sous plusieurs chaudières en plomb, destinées les unes à évaporer l'acide faible, une autre à maintenir chaud celui à 62" qui doit servir à l'alimentation de l'alambic.

Quant au refroidissement de l'acide concentré, il s'opère dans le siphon en platine i, qui traverse une cuve remplie d'eau froide, et s'achève dans un grand réfrigérant en bois doublé de plomb et renfermant des bonbonnes en grès entourées d'eau. que l'acide chaud est obligé de traverser au moyen de siphons en verre.

Ces appareils réfrigérants peuvent aussi être construits en plomb ; toutefois l'acide à 66° attaque le plomb, et il n'est jamais aussi limpide en sortant des réfrigérants métalliques que lorsqu'il a été refroidi dans le grès ou dans le verre.

Dans l'appareil que nous venons de décrire, la concentration de l'acide a lieu d'une manière continue, l'acide à 62° entrant régulièrement et constamment dans l'entonnoir de la cornue et l'acide concentré sortant par le réfrigérant, dont on règle l'écoulement au moyen d'un robinet.

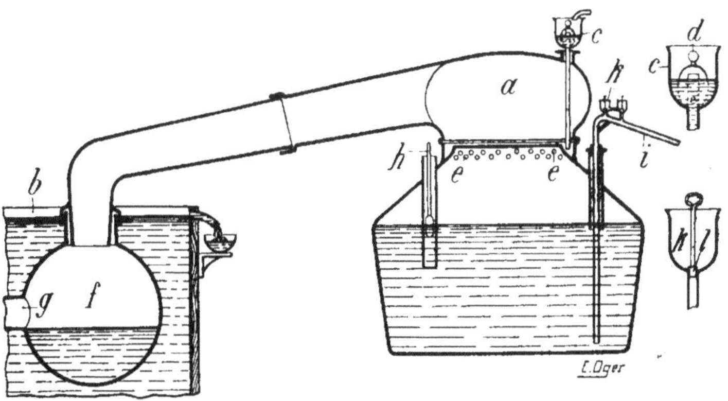

Fig. 80, 81 et 82. — Alambic de platine avec le détail des godets d'alimentation et du siphon de vidange.

Pour obtenir l'acide concentré à 66° B. d'une manière régulière et constante, on se règle sur le degré des petites eaux qui se condensent dans le serpentin. Il a été reconnu que, lorsque ces liquides faibles marquent 35° B., l'acide sulfurique du vase distillatoire a le degré voulu pour la vente de l'acide dit *ordinaire à 66°*. L'ouvrier, pour régler la marche de l'appareil et maintenir un niveau constant de l'acide intérieur, ouvre ou ferme plus ou moins les robinets d'entrée et de sortie et augmente ou diminue l'intensité de la flamme sur le foyer.

Avec un alambic de 450 litres, on peut concentrer, de

62° à 66°, 7.000 à 7.500 kg. d'acide sulfurique en 24 heures, la dépense en combustible étant de 700 à 800 kg. de houille.

Nous avons vu plus haut que la dépense est de 15 kg. de charbon pour porter le degré de 52° à 62°; il en résulte qu'il faut environ 25 kg. de charbon pour produire 100 kg. d'acide sulfurique commercial dit à 66° B., mais ne marquant en réalité que 65°,5.

D'après SCHEURER-KESTNER (84) auquel nous avons emprunté la description de cette ancienne méthode, c'est la dépense minimum dans les usines bien conduites.

Lorsqu'on veut concentrer l'acide au delà de 65°,5 à 65°,7, on ne peut plus se servir de la marche continue. On effectue alors la distillation dans l'alambic d'une manière intermittente, c'est-à-dire qu'on le vide chaque fois que l'acide y a atteint le degré voulu.

108. Appareils de Faure et Kessler. -- Nous avons vu que, pour la concentration de l'acide sulfurique dans des alambics en platine, l'appareil, à partir de la boule, est constitué par un serpentin de plomb, ce qui indique que les petites eaux n'attaquent pas ce métal, surtout lorsqu'il est refroidi. C'est sur cette observation que se sont basés les inventeurs pour proposer l'emploi d'alambics ayant un fond en platine, ainsi que les côtés, jusqu'à une certaine hauteur, mais recouverts par un dôme en plomb refroidi par un courant d'eau.

D'après LUNGE (85) des essais dans ce sens furent tentés dès 1860 par HARRISON, BLAIR ET C°, de Bolton et A. SMITH, de Dublin, mais sans résultat. Il en fut de même d'un premier alambic installé par KESSLER à Griesheim en 1863 (86). Après la guerre de 1870, KESSLER ayant abandonné sa fabrique d'outremer de Strasbourg vint en France, et c'est dans la fabrique de FAURE, à Clermont-Ferrand, qu'il poursuivit ses essais et imagina le type définitif d'appareil qui porte le nom de FAURE et KESSLER.

Voici le type actuel construit par la maison DESMOUTIS de Paris. Il est formé d'une cuvette de platine de 0 m. 80 à 0 m. 90 de diamètre et seulement 0 m. 10 de profondeur, reposant par ses bords sur un anneau en fer. Les

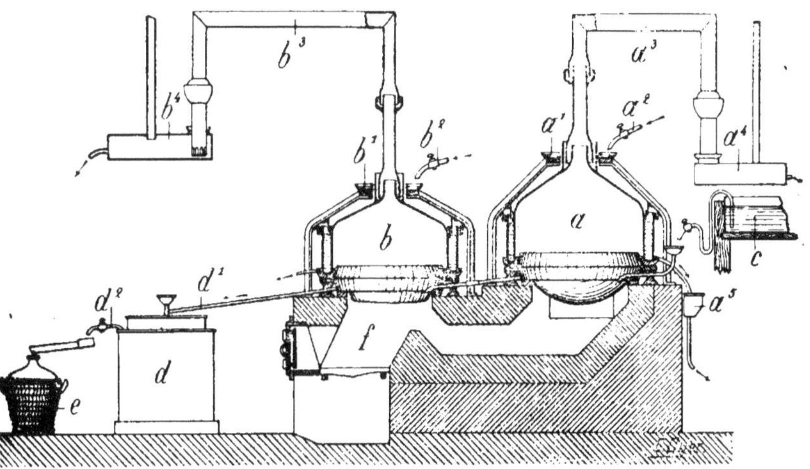

Fig. 83. — Appareil Faure et Kessler pour la concentration dans le platine.

bords de la cuvette forment une rigole circulaire servant de joint hydraulique à un dôme de plomb, sorte de cloche refroidie par une double enveloppe remplie d'eau et qui recouvre entièrement la cuvette de platine.

Le dôme, au moyen d'un palan, peut être enlevé pour la visite ou réparation et replacé sans qu'aucun joint soit à faire, car, comme il plonge dans la rigole circulaire dont nous avons parlé où se condensent les acides faibles, un joint hydraulique se fait naturellement.

Dans les appareils destinés à une faible production, ne
dépassant pas 3.000 à 5.000 kg. par 24 heures, on peut
n'utiliser qu'une seule cuvette, les chaleurs perdues servant à porter à 60° B. l'acide 52° destiné à l'alimentation.

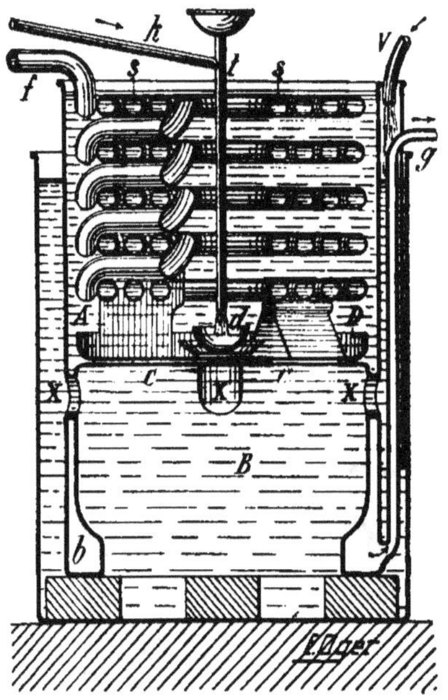

Fig. 84. — Réfrigérant Faure et Kessler.

Pour les fortes productions, on met plusieurs cuvettes
en cascade. On fait alors arriver l'acide à 60° (venant de
la concentration faite dans les chaudières en plomb qui
sont placées à la suite de l'appareil et chauffées par la
flamme perdue) dans l'une des cuvettes, que l'on a soin
d'établir à un niveau un peu plus élevé que l'autre, de
manière que son contenu s'écoule naturellement dans
celle-ci.

De la seconde cuvette l'acide concentré se rend, au moyen d'un tube de platine, dans un réfrigérant à eau.

De même que pour les alambics ordinaires, on règle la marche de l'appareil d'après le degré des petits acides qui s'écoulent tant de la rigole circulaire que de la condensation des vapeurs provenant de l'allonge située à la partie supérieure du dôme.

Il est très important que ce dernier soit refroidi d'une façon uniforme. On doit donc veiller à la circulation de l'eau et n'employer que des eaux suffisamment pures, pour éviter tout dépôt sédimentaire sur les tôles· de plomb, car. si ces dernières venaient à s'entartrer, la forme du dôme serait facilement altérée et ce dernier vite mis hors d'usage.

D'après Sorel (87) ce serait à cause de cet inconvénient que l'appareil à dôme, de Faure et Kessler, s'est peu répandu en France et en Angleterre. « On a trouvé que ses réparations étaient trop fréquentes et trop coûteuses. Il est possible cependant que la hausse considérable subie par le platine à la suite des progrès rapides de l'industrie électro-chimique rende une certaine faveur à ce genre d'appareils. Cependant leur type courant ne paraît pas très bien conçu, car on y fait rarement un acide plus riche que 93 0/0 SO⁴H² ».

Les appareils de Faure et Kessler ont en tout cas le sérieux avantage de réduire dans une grande mesure les quantités de platine immobilisées ; tandis qu'un alambic ordinaire pèse 58 kg., un appareil Faure et Kessler, pour une production de 5.000 kg. par 24 heures, n'en pèse que 15.

On ne doit néanmoins pas employer du platine trop mince, si l'on veut que l'appareil soit d'un usage prolongé. On adopte en général les chiffres de 2 kg. 9 à 3 kg. de platine par tonne d'acide évaporé en 24 heures. Ainsi une capsule évaporant 5.000 kg. d'acide par 24 heures pèse 14 kg. 5 à 15 kg. et a un diamètre de 0 m. 88; pour une production de 7 tonnes, elle pèse 20 kg. à 20 kg. 5 et son diamètre est de 1 m. 06, tandis que pour 1.500 kg. le poids n'est plus que de 6 kg. 5 et le diamètre de 0 m. 60.

L'acide bouillant qui sort de l'appareil FAURE et KESSLER est dirigé sur un réfrigérant, formé par un récipient en plomb ayant un fond fortement relevé, analogue au culot d'une bouteille, de façon à former une chambre circulaire refroidie extérieurement et intérieurement par une circulation d'eau. L'acide chaud arrive par un tube de platine, au fond d'une capsule de porcelaine qui le répar-tit dans l'acide partiellement refroidi. De cette façon, le plomb n'est pas soumis *directement* à l'action de l'acide bouillant et n'est pas attaqué.

L'acide chaud, en raison de sa plus faible densité, monte dans la partie supérieure de l'appareil où il rencontre des serpentins en plomb, parcourus par un rapide courant d'eau froide, il se refroidit ainsi puis descend en suivant les parois extérieures et froides de l'appareil dans la chambre circulaire, d'où il est conduit directement par un tube de plomb dans les touries d'expédition.

Un réfrigérant de 1 mètre de diamètre sur 1 mètre de hauteur suffit pour le refroidissement quotidien de l'acide destiné à remplir cent touries.

La quantité de combustible nécessaire par 100 kg. d'acide 66° est à peu près la même qu'avec de bons alambics de platine, soit 18-21 kg. ; par contre, la dépense en eau de réfrigération est considérable. Elle atteint environ 75.000 litres par 24 heures pour un appareil donnant 5 tonnes d'acide 66°.

109. Alambics de platine modernes. — La concentration dans le platine, telle que nous l'avons décrite d'après SCHEURER-KESTNER, n'est plus que rarement employée aujourd'hui. Au reste, la forme des alambics a varié non seulement avec l'époque, mais aussi suivant les pays. C'est ainsi qu'en France le col de l'alambic était légèrement incliné vers le sol, tandis qu'en Angle-terre il était au contraire légèrement relevé; cela provient du fait que l'appareil français devait produire rapidement de l'acide concentré à 93-94 0/0 SO^4H^2, tout en fournissant de petites eaux pures et presque à la même richesse, tandis qu'avec l'appareil anglais on se préoccupait surtout de produire de l'acide concentré sans tenir compte de la dépense de combustible et sans se soucier de produire des acides distillés riches (SOREL, 88).

Voici, d'après le même auteur, les poids de quelques anciens vases de platine comparés à leur production :

Poids du vase	Acide 66° produit en 24 heures	Poids de platine par 100 kg. d'acide produit
80 kg.	7.250 kg.	1 kg. 103
58 »	5.000 »	1 kg. 160
41,5 »	3.750 »	1 kg. 106

On s'aperçut bientôt que l'évaporation marchait beaucoup plus rapidement dans des appareils de moindre profondeur, et l'on arriva au type actuel qui n'est plus chauffé que par le fond au lieu de l'être à la fois par le fond et par les côtés.

Voici du reste (89) la littérature concernant la fabrication des alambics de platine; nous l'empruntons à l'article de JURISCH du Dictionnaire de DAMMER. Elle montre combien l'esprit des chercheurs s'est ingénié avant d'arriver aux appareils actuels.

Il est juste de rappeler à cette occasion le nom de Henri Sainte Claire Deville, auquel nous devons les procédés utilisés aujourd'hui pour la métallurgie du platine et sans lesquels il aurait été impossible d'atteindre le but. C'est à Sainte-Claire Deville, en effet, que l'on doit le moyen pratique de fondre industriellement de grandes masses de platine, au chalumeau oxyhydrique, et de le souder à la soudure autogène.

. En 1876, la maison Johnson and Matthey, de Londres, abandonna l'une des premières la construction des formes anciennes d'alambic et mit en vente, sous le nom de « système Prentice », une cuvette à fond ondulé, très peu profonde, destinée à la concentration continue. Peu à peu la forme de la cuvette varia, elle devint ellipsoïde et enfin rectangulaire avec coins arrondis.

Voici d'après M. Strof, directeur de l'usine de Griesheim, le rendement d'une installation de cette espèce (90) composée de trois cuvettes : la première de 900 mm. de longueur et de 450 mm. de largeur où l'on obtient l'acide le plus concentré et qui est par conséquent recouverte par un dôme, la deuxième et la troisième en gradins de 1.250 mm. et 450 mm., chacune de 120 mm. de hauteur et évaporant à l'air libre. L'alimentation est faite comme toujours par des chaudières en plomb chauffées par les chaleurs perdues.

L'acide concentré total obtenu par 24 heures représente 6.000 kg. (D = 1,843) et la consommation en combustible 1.300 à 1.350 kg. de charbon de la Saar.

Le poids de platine de la cuvette et de son dôme est de 18 kg., celui de chacune des deux autres cuvettes évaporant à l'air libre 9 à 10 kg.

Voici, d'après Lunge, les poids de platine pour 100 kg.

d'acide 66° produit dans les divers appareils que nous avons examinés jusqu'ici :

	QUANTITÉ d'acide 66° produit par 24 h.	PRIX en francs	PRIX pour 100 kil. d'acide concentré	QUANTITÉ concentrée pour la même mise de fonds
	kilogr.	fr.	fr.	
Ancienne forme d'alambic. . .	7.500	94.000	1.250	38
App. Desmoutis, Quennessen et Cⁱᵉ.	4.800	30.000	625	76
App. Faure et Kessler	5.000	30.000	600	79
App. Prentice	10.000	47.000	470	100

Les avantages incontestables du système PRENTICE, qui ressortent nettement du tableau ci-dessus proviennent avant tout de la faible couche d'acide ainsi que de l'augmentation de surface évaporante obtenue grâce aux ondulations du fond de la cuvette.

Le rapport des surfaces pour un même diamètre entre le système PRENTICE et les cuvettes ordinaires à fond plat est de 157 à 100.

C'est aussi dans cette classe d'appareils que l'on peut ranger les cuvettes jumelées de DELPLACE, de Namur, construites également par JOHNSON, MATTHEY et C°, de Londres. La première chaudière reçoit l'acide à 60° et les petites eaux de la seconde. La seconde chaudière est alimentée par la première, au moyen d'un trop-plein, et peut fournir de l'acide titrant 79 et 80 0/0 SO', c'est-à-dire 96,8 à 98 0/0 H²SO⁴ réel, tel qu'il est exigé par les fabriques de dynamite (92). Comme nous l'avons dit, les petites eaux de la seconde chaudière retournent à la première, elles pèsent 62 à 63° B.

Les tableaux suivants indiquent la richesse des petits acides produits par une chaudière unique suivant la force de l'acide obtenu, l'alimentation se faisant avec de l'acide de 59 à 60° B :

Force de l'acide concentré	Degré des petits acides
75 0/0 SO^3 = 91,87 0/0 SO^4H^2	10-12° B
76 » » = 93,1 »	15-20° B
77 » » = 94,3 »	30-35° B
78 » » = 95,5 »	45-50° B

En employant un système formé de deux chaudières on obtient :

ACIDE CONCENTRÉ	PETITES EAUX EN DEGRÉS BAUMÉ		
	1re chaudière	2e chaudière	Mélange des deux
75 0/0 SO^3 = 91,7 0/0 SO^4H^2. . . .	0 — 2o	10o	6o
76 0/0 — = 93,1 0/0 —	2 — 5	15 — 20	10 — 12
78 0/0 — = 95,5 0/0 —	15 — 18	40 — 45	30 — 35
80 0/0 — = 98,0 0/0 —	25 — 40	60 — 65	

Voici le rendement d'un appareil DELPLACE, composé de deux chaudières, par 24 heures de travail continu, suivant le degré de l'acide produit :

75 0/0 SO^3	12.000 kg.
76 » »	10.000 »
77-78 » »	8.000 »
79-80 » »	5.000 »

Deux chaudières DELPLACE, représentant à elles deux

50 kg. de platine, peuvent produire 12.000 kg. d'acide
92 0/0 SO⁴H² par 24 heures.

C'est aussi sur le système DELPLACE, c'est-à-dire la concentration successive dans deux chaudières, et le retour
des petites eaux à la première, qu'est basé l'appareil
cloisonné de la maison DESMOUTIS, LEMAIRE et Cⁱᵉ, de
Paris.

La chaudière à cloisonnements de DESMOUTIS est for-

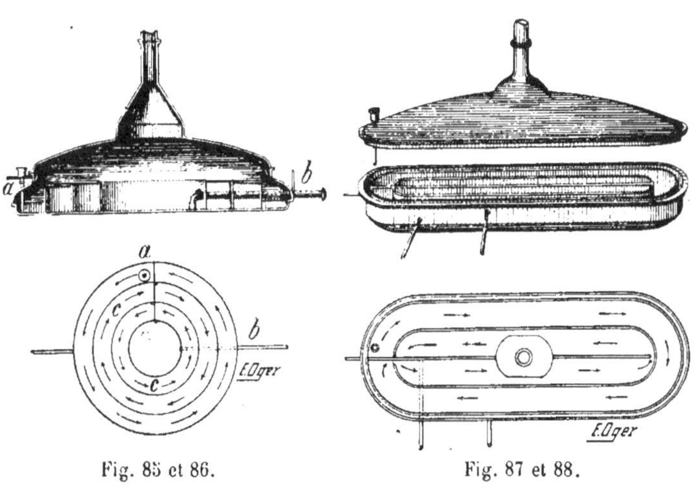

Fig. 85 et 86.   Fig. 87 et 88.

Appareils Desmoutis, cloisonnés.

mée de deux parties essentielles : 1° une cuvette peu profonde en platine ; 2° un chapiteau mobile également en
platine. Le cloisonnement de la cuvette a pour but de
forcer l'acide qui entre dans l'appareil à y séjourner plus
longtemps et à parcourir toutes les régions de la cuvette,
et cela méthodiquement.

Le fond plat de la cuvette porte des cloisons concentriques, réunies suivant un rayon par une séparation transversale. L'acide arrive dans le vase extérieur par un tube

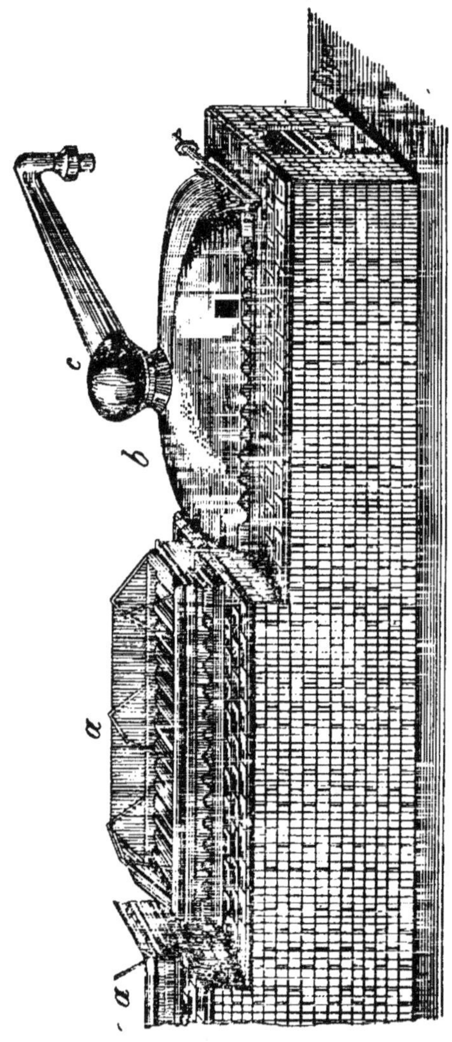

Fig. 89. — Appareils Delplace et Haereus.

formant joint hydraulique ; il est obligé alors de faire tout
le tour du vase avant de trouver à s'écouler dans le
second compartiment, en partant du fond et s'élevant par
un tube vertical pour trouver un trop-plein. Le même
phénomène se reproduit identiquement dans les compartiments suivants, et l'acide concentré s'échappe finalement
du fond du compartiment central par un tube traversant
toutes les cloisons. Quant aux vapeurs qui se dégagent
pendant la concentration, elles se condensent soit dans le
liquide voisin moins concentré et moins chaud, soit sur le
chapiteau, et, ruisselant sur ce dernier, elles arrivent dans
une rigole intérieure et de là quittent l'appareil par un
trop-plein. Quant au chapiteau, il est maintenu en place
par des pinces serrant sur un cercle et porte en son centre
un large tube de dégagement pour les vapeurs non condensées.

Les appareils DESMOUTIS cloisonnés concentrent une
quantité d'acide sulfurique sensiblement plus considérable pour une même quantité de combustible que les
appareils non cloisonnés, ainsi qu'il ressort des chiffres
de SCHEURER-KESTNER, que nous donnons plus bas ; mais on
peut leur reprocher leur prix plus élevé, provenant du
poids de platine additionnel amené par le cloisonnement,
l'attaque de ces cloisons quand elles se surchauffent, si
elles ne sont pas également mouillées par l'acide, et enfin
la difficulté des réparations. Le fond de la cuvette, en
effet, ne s'use pas uniformément, l'attaque la plus rapide
ayant lieu dans l'anneau central d'où sort l'acide le plus
concentré. L'épaisseur de la tôle de platine employée est
en général de 6/10 de millimètre.

La confection de ces chaudières est délicate, car on ne
peut songer à souder directement au chalumeau oxyhydrique, les cloisons sur le fond plat de la cuvette : le dard

du chalumeau y ferait simplement un trou. Voici comment on procède : on découpe d'abord dans le fond de la chaudière une rondelle de diamètre égal à celui du plus grand cloisonnement, puis la rondelle obtenue en autant d'anneaux que l'on veut avoir de cloisons. On ajoute alors les cloisons munies de cornières, venues au marteau, et enfin on soude le tout en faisant tomber goutte à goutte du platine fondu au moyen d'un dard de chalumeau oxyhydrique dirigé sur un petit lingot de platine. Grâce à ces nervures renforcées, on finit par obtenir une cuvette très résistante.

Pour diminuer l'usure du platine, attaqué surtout par l'acide concentré, on a jumelé ces chaudières comme dans le procédé DELPLACE, mais en faisant des appareils d'inégale capacité. La cuvette la plus grande prépare l'acide à concentrer, et la concentration définitive n'est obtenue que dans la seconde. L'usure du platine est de ce fait réduite à un minimum, puisque la grande cuvette est très peu attaquée et que la petite, qui l'est davantage, présente une surface relativement faible à la corrosion.

Les appareils DESMOUTIS jumelés sont employés avec succès à Rouen, à Lille, ainsi que dans les usines de la Compagnie de St-Gobain.

Voici, d'après SOREL (93), les poids de platine des appareils DESMOUTIS. Ces derniers ont en général une section circulaire pour un vase unique ou pour le vase à faible degré, et elliptique pour le second ou le troisième vase.

Production de 4 500 kg. d'acide 65°7 B. par 24 heures

	Vase unique de 102 cm. de diamètre
Vase	27 kg. 362
Dôme	10 kg. 772

Chapiteau	2 kg. 968
Coude du chapiteau . . .	1 kg. 092
Entonnoir	0 kg. 299
Robinet d'alimentation . .	0 kg. 305
Allonge du trop-plein. . .	0 kg. 225
Tuyau d'écoulement et son	
robinet	2 kg. 969
Son allonge.	0 kg. 381
Total. . .	46 kg. 373

Platine pour 100 kg. d'acide à 66° B. produits en 24 heures : 1 kg. 035. Perte de platine par tonne d'acide à 65°,7 : 1 gr. 800.

Production de 9.500 kg. d'acide à 65°7 par 24 heures avec chaudières jumelées

Grand vase circulaire
de 102 cm. de diamètre

Vase	30 kg. 130
Dôme.	10 kg. 881
Chapiteau	3 kg. 130
Coude du chapiteau . . .	1 kg. 200
Allonge du trop-plein. . .	0 kg. 219
Entonnoir	0 kg. 416
Robinet d'alimentation . .	0 kg. 419
Obturateur du godet de la	
rigole	0 kg. 039
Total. . .	46 kg. 434

Petit vase elliptique
de 90 cm. × 58 cm.

Vase	14 kg. 630
Dôme.	4 kg. 630
Chapiteau	2 kg. 498
Coude du chapiteau . . .	1 kg. 035
Tube d'écoulement . . .	4 kg. 293
Son allonge	0 kg. 700

Allonge du trop-plein. . .	0 kg. 203
Tube intérieur	0 kg. 077
Obturateur du godet de la rigole	0 kg. 058
Total. . .	28 kg. 126

Poids total 74 kg. 560.

Platine pour 100 kg. d'acide à 66° produits en 24 heures : 0 kg. 787. Perte de platine par tonne à 65°,7 : 0 gr. 459.

Quand on veut obtenir de l'acide pour dynamiterie à 98°,5 0/0 SO^4H^2 réel, on prend trois chaudières ayant les proportions suivantes en surface :

1re chaudière.	81 dm² 7
2e »	47 dm² 8
3e »	22 dm² 0

Pour l'acide ordinaire on chauffe le foyer à la houille, et la consommation descend à 12-15 kg. par 100 kg. d'acide à 65°,5. Pour l'acide plus concentré, on chauffe avec un gazogène.

Les chiffres que nous avons donnés ci-dessus font bien ressortir l'amélioration que l'on obtient avec des appareils jumelés au point de vue de l'attaque du platine. Ainsi avec une cuvette unique la perte de platine est de 1 gr. 800 par tonne d'acide, tandis qu'avec le système jumelé elle tombe à 0 gr. 459, c'est-à-dire qu'elle est quatre fois plus faible.

Il nous reste encore à examiner l'avantage produit par le cloisonnement. Des recherches très exactes ont été faites à ce sujet par M. Scheurer-Kestner, de Thann ; nous n'aurons donc qu'à reproduire les chiffres publiés par ce savant dans le *Bulletin de la Société industrielle de Mulhouse* (91) et obtenus avec un appareil Desmoutis,

qu'il fit fonctionner d'abord sans cloisonnement, puis
avec cloisonnement, ce qui amenait une différence dans
le temps passé par l'acide dans la cuvette dans le rapport
de 48 à 62.

	SANS CLOISONNEMENT	AVEC CLOISONNEMENT
Quantité produite en 24 heures	5136 kilos	6632 kilos
Concentration de l'acide	92,5 0/0	92,5 0/0
Degré moyen des petits acides.	36° B	11° B
Poids de l'acide distillé.	2160 kilos	2160 kilos
Poids correspondant en acide mono-hydraté . .	816 kilos	216 kilos
Concentration de l'acide distillé	15,8 0/0	3,2 0/0
Consommation de charbon	1100 kilos	1100 kilos
Consommation de charbon pour 100 k. d'acide.	21,4 kilos	16,5 kilos
Eau vaporisée.	1344 kilos	1944 kilos

**110. Attaque du platine dans la concentration de
l'acide sulfurique.**— Les travaux prolongés de Scheurer-
Kestner ont montré que le platine est attaqué par l'acide
sulfurique concentré et chaud, même lorsque ce dernier
est pur. L'attaque est encore bien plus rapide quand il
renferme des composés nitreux même en petite quantité.
Il est donc très important, ainsi que le rappelle Scheurer-
Kestner (95), de chercher à obtenir dans les chambres
de plomb de l'acide renfermant un excès d'acide sulfureux, ou, quand on n'y arrive pas, d'y détruire les composés nitreux avant son introduction dans l'alambic. On a
employé à cet effet l'acide sulfureux, dont l'action sur
l'acide sulfurique chauffé décompose les produits nitreux ;
mais le meilleur procédé est celui de Pelouze, que nous

avons déjà indiqué, et qui consiste dans l'emploi du sulfate d'ammoniaque.

Il suffit, en effet, de dissoudre ce sel dans l'acide sulfurique pour enlever complètement les composés nitreux. Le sulfate d'ammoniaque se décompose sous l'influence de ces composés en acide sulfurique et azote qui se dégage :

$$SO^4(NH^4)^2 + N^2O^3 = SO^4H^2 + 3\,H^2O + 2\,N^2.$$

Lorsque la marche des chambres de plomb est normale et que, par conséquent, l'acide est pauvre en composés nitreux, il suffit de 100 à 500 grammes de sulfate d'ammoniaque pour purifier 100 kilogrammes d'acide sulfurique. L'action est si complète que l'acide sulfurique traité par le sulfate d'ammoniaque ne décolore plus la dissolution de permanganate.

Les résultats obtenus par SCHEURER-KESTNER ont été consignés dans une note des comptes rendus de l'Académie des Sciences (novembre 1875) dont voici les points principaux (96) :

Un alambic, qui avait servi deux ans à la concentration de l'acide sulfurique dans la fabrique de produits chimiques de Thann (Alsace), a perdu 12 kil. 295, tandis qu'on y avait concentré 4.309.000 kilos d'acide sulfurique à 66° B. de concentration ordinaire (c'est-à-dire renfermant de 93 à 94 0/0 d'acide monohydraté). Il a donc disparu, pendant cette opération, 2 gr. 859 de platine par tonne d'acide concentré. L'acide introduit dans le vase distillatoire était souillé de composés nitreux. Par l'emploi du sulfate d'ammoniaque, la dissolution du platine s'est immédiatement amoindrie et est tombée dans l'année suivante à 2 kil. 490 pour une production de 1.843.000 kilos d'acide, soit à 2 gr. 220 de platine pour 1.000 kilogrammes d'acide.

Dans les années suivantes, l'acide introduit dans l'alambic renfermait de l'acide sulfureux ; il était donc exempt de composés nitreux. La dissolution du platine est descendue à 0 gr. 925 par 1.000 kilogrammes d'acide concentré ; pour une production de 17.516.000 kilogrammes d'acide, la perte du poids de la chaudière en platine n'a été que de 16 kil. 178.

Il ne semble pas que la présence de petites quantités d'acide chlorhydrique, dans l'acide des chambres, influe d'une manière sensible sur la dissolution du platine, qui se montre constante quel que soit le degré d'impureté du nitrate de sodium ou de l'acide nitrique employés pour la préparation de l'acide sulfurique. Mais le degré de l'acide produit, aussitôt qu'on dépasse les limites de l'acide 94 0/0, exerce sur le métal une action bien plus considérable. Nous avons vu que la préparation de l'acide à 94 0/0 enlève au vase distillatoire une quantité de platine égale à environ 1 gramme par tonne d'acide. Lorsqu'on augmente sa concentration de manière à atteindre 97 à 98 0/0 d'acide monohydraté, la dissolution du platine dépasse 6 grammes par tonne. Dans un alambic de platine dont la chaudière pesait primitivement 30 kilogrammes on a évaporé 180.000 kilogrammes d'acide amené à 97-98 0/0 ; la perte de poids du métal a été de 6 gr. 070 par tonne d'acide. Une deuxième expérience faite sur une quantité équivalente, a donné 6 gr. 650 de platine par tonne.

Lorsqu'on prépare de l'acide renfermant de 99 1/2 à 99 3/4 0/0 d'acide monohydraté, la dissolution du platine va jusqu'à 8 et 9 grammes par tonne d'acide ; pour une production de 102.000 kilogrammes d'acide à 99 1/2 0/0, la chaudière a perdu 861 grammes de platine, soit 8 gr. 444 par tonne.

Les nombres ci-dessus ont été corroborés, en pesant le

platine contenu dans une certaine quantité d'acide sufurique à 99 1/2 0/0. — 73 kil 600 de cet acide ayant été étendus d'eau, ont été précipités par un courant d'acide sulfhydrique ; le précipité des sulfures, renfermant du plomb et du platine, a été dissous dans l'eau régale ; le plomb a été précipité par l'acide sulfurique, et la solution ayant subi deux fois ce traitement a été débarrassée de tout le plomb qu'elle renfermait ; elle avait la couleur caractéristique des sels de platine ainsi que leurs propriétés.

Le platine en a été précipité à l'état de sulfure et pesé après calcination. On a obtenu 0 gr. 617 de platine métallique, soit 8 gr. 380 par tonne d'acide, nombre qui est complètement d'accord avec les résultats de l'observation industrielle. Ces expériences comportent les conclusions suivantes :

1° La perte de poids des vases distillatoires en platine n'est pas due à une simple action mécanique de l'acide en ébullition ;

2° Lorsque l'acide employé est exempt de composés nitreux, il dissout environ 1 gramme de platine par 1.000 kilogrammes d'acide sulfurique concentré à 94 0/0. Il en dissout 6 à 7 grammes lorsque la concentration a été amenée jusqu'à 98 0/0 et 9 grammes lorsqu'on prépare de l'acide à 99 1/2 0/0 ;

3° Lorsque l'acide introduit dans l'appareil renferme des composés nitreux, le métal se dissout en quantités bien plus considérables.

Le platine iridié résiste à l'action de l'acide sulfurique bien mieux que le métal pur : deux capsules, dont l'une était composée de platine pur et l'autre de platine contenant 30 0/0 d'iridium, ont été introduites dans un alambic où elles ont séjourné pendant 57 jours.

Cet essai a été fait à Thann, vers 1857, sur la demande de MM. Desmoutis et Quenessen (97), les habiles fabricants de platine de Paris.

La capsule en platine pur a perdu 19,66 0/0 de son poids, tandis que la capsule en platine iridié n'a perdu que 8,88 0/0 ; mais le métal iridié est plus cassant que le métal pur, et c'est sans doute à ce défaut qu'il faut attribuer l'abandon du métal iridié à haut titre pour la construction des vases distillatoires.

Voici encore des nombres fournis par M. Scheurer-Kestner (98) sur l'usure des différentes pièces qui composent un alambic de platine.

Un appareil de platine (probablement un ancien modèle de forme profonde), après cinq années d'usage, avait perdu 4 kil. 395 de platine qui se répartissaient de la manière suivante :

	Poids primitif	Poids actuel
Vase distillatoire . . .	30 kil. 336	26 kil. 450
Chapiteau.	7 255	7 »
Siphon	5 699	5 520
Pièces diverses	1 075	1 »
	44 kil. 365	39 kil. 970
	39 970	
Perte totale. .	4 kil. 395	

Ainsi que nous l'avons vu en étudiant les appareils de construction moderne, tels que les nouveaux types jumelés de Desmoutis, Lemaire et Cie, la perte en platine peut être sensiblement diminuée.

D'après Hasenclever [1], cité par Sorel (99), la perte de

―――

1. Dans le chiffre de 0 gr. 252, Hasenclever ne compte pas les frais de réparation et la perte du platine lorsque l'appareil étant complètement hors d'usage doit être entièrement réfectionné. En tenant compte de ces divers facteurs, on arrive au chiffre de 1 fr. 616 par tonne d'acide.

platine à l'usine d'Hautmont ne s'élevait qu'à 0 gr. 252 par tonne d'acide concentré de 1,800 de densité.

Le même auteur rappelle à cette occasion les essais de la maison HERAEUS, de Hanau, sur l'attaque de l'or par l'acide sulfurique. Il ressort de cette étude que l'or pur est sept fois moins attaqué que le platine commercial et quatre fois et demie moins qu'un alliage de platine contenant 10 0/0 d'iridium. Mais il ne suffit pas de dorer le platine par voie galvanique, car l'or ainsi déposé ne constitue pas un enduit continu. C'est un simple réseau très fin dans les mailles duquel peut passer l'acide sulfurique, qui corrode le platine et détache progressivement l'enduit d'or. Le procédé de HERAEUS consiste à chauffer une barre de platine au rouge blanc à une température supérieure à celle où l'or entre en fusion, puis à couler au-dessus une quantité d'or correspondant à l'épaisseur qu'on veut donner à la couche protectrice. Les deux métaux se soudent, dans cette opération, l'un sur l'autre, et se laissent forger et laminer comme un corps homogène. Les feuilles obtenues sont fixées par soudage à l'or, de façon que nulle part le platine ne soit apparent. SOREL fait remarquer avec raison que ce procédé très coûteux ne met pas absolument à l'abri de tout danger, car on ne peut, sans trop de frais, exagérer la couche d'or, et dès que le platine est à nu toute la dépense faite est en pure perte.

Dans la fabrication d'acide très concentré, on ne limite pas l'emploi de l'or à la chaudière proprement dite, mais on dore également le chapiteau sous une épaisseur évidemment moindre.

La maison W. C. HERAEUS avait exposé en 1900 à l'Exposition universelle des appareils platine-or de diverses formes : capsules, gradins, etc. Le poids de ces appareils en or était de 1/15 environ, et leur usure ne serait plus que de 1 gramme par 10 tonnes [1].

C'est en 1893 que la maison W. Carl HERAEUS entreprit la fabrication des appareils pour la concentration de l'acide sulfurique dans le platine-or. Elle installa à cette occasion à Hanau un laminoir de 1 m. 50 qui est vraisemblablement le plus grand laminoir pour métaux précieux du continent, et la fabrication électrolytique de l'oxygène et de l'hydrogène pour la fusion du platine, ainsi que la soudure autogène de ce métal (*Exposition collective de l'industrie allemande des produits chimiques 1900*, p. 159 ; voyez aussi R. G. C., l'article de M. O. N. Witt, 1900, juillet).

L'acide sulfurique fumant attaque le platine dans des proportions beaucoup plus considérables encore. SCHEURER-KESTNER (100) cite des essais de distillation de pyrosulfate de soude dans un moufle de terre réfractaire, doublé d'un récipient en platine. Ce dernier pesait 5 kilogrammes au commencement des essais et perdit 100 grammes après distillation de 100 kilogrammes d'oleum, soit une perte de 1 kilogramme de platine à la tonne.

Enfin, dans les comptes rendus, SCHEURER-KESTNER (101), revenant sur ses premiers essais rappelés plus haut, constate que l'acide sulfurique chimiquement pur de toute vapeur nitreuse (et pour cette constatation il ne suffit pas de se servir de la réaction du sulfate ferreux, mais bien de celle de la diphénylamine qui est beaucoup plus sensible) n'attaque pas du tout le platine même lorsqu'il contient 20 0/0 d'anhydride libre SO^3 ; que, par contre, 1/100 0/0 de ces impuretés suffirait,

---

1. Voyez à ce sujet les chiffres publiés par KNIETSCH et reproduits plus bas sous forme de graphiques et de tableaux.

en agissant comme catalyseur, à déterminer l'attaque du métal.

Rappelons les variations du prix des alambics de platine (y compris la façon) pendant ces dernières années en partie d'après Hasenclever (102) :

1869. .	750 fr.	1882. .	1.100 fr.	1895. .	1.800 fr.		
1870. .	750 »	1883. .	1.200 »	1896. .	1.950 »		
1871. .	750 »	1884. .	1.250 »	1897. .	2.100 »		
1872. .	750 »	1885. .	1.300 »	1898. .	2.200 »		
1873. .	800 »	1886. .	1.250 »	1899. .	2.600 »	(plus haut 2.850, plus bas 2.250).
1874. .	800 »	1887. .	1.200 »	1900. .	2.950 »		
1875. .	850 »	1888. .	1.300 »	1901. .	3.200 »		
1876. .	900 »	1889. .	1.350 »	1902. .	3.050 »		
1877. .	900 »	1890. .	2.000 »	1903. .	3.000 »		
1878. .	1.000 »	1891. .	2.100 »	1904. .	3.150 »		
1879. .	1.000 »	1892. .	1.400 »	1905. .	3.300 »		
1880. .	1.100 »	1893. .	1.600 »	1906. .	4.700 »	(plus haut 6.100, plus bas 3.600).
1881. .	1.100 »	1894. .	1.650 »	1907. .	4.700 »	(plus haut 6.100, plus bas 4.009).

111. Concentration dans la fonte. — La fonte n'est pas attaquée, ou tout au moins est fort peu attaquée par un acide dont la concentration dépasse 93-94 0/0. C'est précisément à ce moment, ainsi que nous l'avons vu, que le platine commence à être le plus sérieusement attaqué, aussi l'idée est-elle venue de terminer la concentration de l'acide sulfurique dans des cuvettes en fonte, surtout pour la préparation des acides concentrés à 98 0/0, réclamés par les dynamiteries et autres fabriques d'explosifs nitrés.

Dans certains cas, on se contente d'utiliser de grandes cuvettes rectangulaires de 3 mètres de long sur 6 mètres de profondeur, recouvertes par un dôme de plomb. A l'une des extrémités, on injecte de l'air surchauffé, à l'autre on ménage un tuyau d'évacuation des vapeurs produites.

L'appareil est alimenté avec de l'acide à 93 0/0, que

l'on maintient à la température de 240°. Quand la concentration atteint 98 0/0, on siphonne une partie de l'acide en en laissant toutefois suffisamment pour qu'après adjonction d'acide à 93-94 0/0 le mélange final soit à 96 0/0.

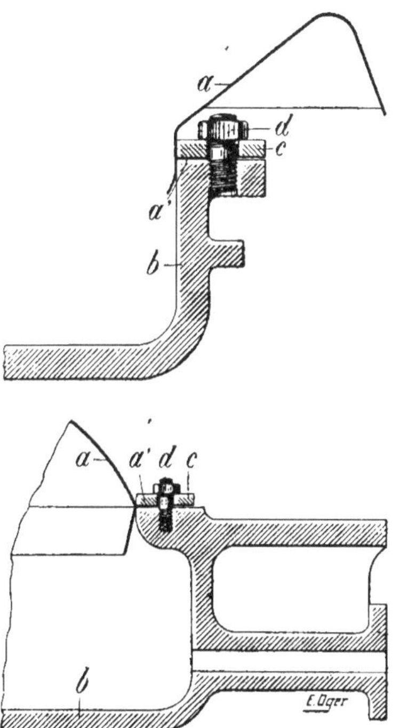

Fig. 90 et 91. — Concentration dans des cuvettes de fonte.
b, cuvette en fonte; *a*, rebord ou chapiteau en platine.

SCHEURER-KESTNER a décrit d'une façon très complète, dans le *Bulletin de la Société industrielle de Mulhouse* (103), un appareil jumelé, fonctionnant à Thann et composé d'une cuvette de platine FAURE et KESSLER à dôme de plomb, produisant de l'acide à 92,5 0/0 suivie d'une cuvette en fonte avec joint hydraulique. Le joint hydraulique en platine est destiné à recueillir les petits acides et à les empêcher d'attaquer la fonte.

Une cuvette en fonte évaporant cinq tonnes d'acide en 24 heures pèse 250 kilogrammes. L'acide obtenu contient environ 10 à 12 grammes de fer par 100 kilogrammes d'acide. Le dôme en plomb étant fortement attaqué aussitôt que l'on cherche à obtenir des concentrations très élevées, Scheurer-Kestner l'a remplacé par un dôme de platine et a modifié son appareil en ajoutant une seconde cuvette (intermédiaire) Faure et Kessler. De cette façon, l'usure du platine ne dépasserait pas 1 gr. 5 par dix tonnes.

M. Benker, de Clichy, utilise trois cuvettes en cascade en fonte spéciale, ayant remarqué que certaines fontes sont moins attaquées que d'autres. Dans ces conditions, la première cuvette dure trois à quatre mois, la deuxième six à neuf mois, la troisième plus d'un an (treize mois). La dépense de fonte atteindrait 2 fr. 50 à 3 fr. par tonne traitée. Comme on le voit, la dépense en métal serait plus grande qu'avec le platine, puisque dans de bons appareils on dépense moins d'un gramme par tonne; par contre, l'évaporation dans la fonte permettrait d'immobiliser un capital infiniment moins considérable.

Les appareils en fonte utilisés pour la régénération des acides ayant servi à l'épuration du pétrole, utilisés en Amérique (104), transforment en 24 heures 4.000 kilogrammes d'acide à 98 0/0 au moyen d'acide à 60° et consomment 21 à 25 kilogrammes de combustible (houille) par 100 kilogrammes d'acide terminé.

Citons enfin le procédé de la Clayton Anilin Company, qui remplace dans le procédé de Négrier les cuvettes de porcelaine par des cuvettes de fonte dure. Ces cuvettes ont un trop-plein prenant l'acide concentré dans le fond de la cuvette supérieure pour le déverser dans le haut de la cuvette immédiatement inférieure. L'alimentation de la première cuvette se fait avec de l'acide peu concentré (62°), mais en ayant soin de le faire tomber non pas sur les parois en fonte de la cuvette, mais au milieu du liquide déjà chaud et concentré.

112. Chauffage des appareils à concentrer l'acide sulfurique. — Quand le maximum de concentration de l'acide à produire ne dépasse pas 95 0/0 SO^4H^2 réel, un simple foyer à grille suffit, et l'on utilise les chaleurs perdues pour chauffer des bassines de plomb servant à faire l'acide 60°. Mais aussitôt que l'on veut produire de l'acide extra-concentré pour dynamiterie, par exemple, il est nécessaire d'établir le foyer en gazogène, seul moyen de chauffage donnant une chaleur absolument régulière. Pour la préparation d'acide très concentré, il est nécessaire, en effet, que la cuvette de platine soit uniformément chauffée, car, l'écoulement de l'acide étant continu, et le contenu de la cuvette relativement faible, toute diminution passagère de la température du foyer influe fâcheusement sur la concentration moyenne de l'acide terminé. Il faut aussi avoir soin quand la concentration a lieu en cascade, dans des chaudières de platine, par exemple dans les systèmes DESMOUTIS, DELPLACE, FAURE et KESSLER, etc., de placer la chaudière contenant l'acide le plus dilué dans la partie la plus chaude du foyer, sinon le platine serait bien vite très fortement endommagé.

113. Acide sulfurique monohydraté, par congélation. — Il y a des fabrications, notamment celle de certains explosifs et de certaines matières colorantes, qui exigent un acide sulfurique presque réel, que l'on appelle du *monohydrate*.

Cet acide ne peut être obtenu par concentration, car nous avons vu qu'il est impossible de dépasser par cette méthode 99 1/2 0/0 ; aussi l'a-t-on préparé pendant longtemps en ajoutant, par exemple, à de l'acide 95 0/0 une quantité calculée d'oleum à 50 0/0, par exemple, d'anhydride, pour avoir finalement du monohydrate réel.

Ainsi, en mélangeant 100 kilogrammes d'acide 95 0/0 et 44 kgr. 4 d'oléum 50 0/0, on obtient 144 kgr. 4 de monohydrate. Au temps où le monopole de l'acide fumant était encore dans les mains de Johannes David Stark en Bohème, ce procédé était relativement coûteux ; aussi Lunge (105) proposa à Griesheim une méthode nouvelle dite « méthode par congélation » : cette méthode consiste à soumettre de l'acide sulfurique à 97 0/0 ou plus, dans des moulots analogues aux moulots à glace ordinaires, à la congélation dans un bain de chlorure de calcium refroidi à — 20°. L'acide sulfurique fait prise ; on démonte, alors, et on turbine les cristaux, pour les séparer de l'eau mère qui n'est autre chose que de l'acide 66° qui rentre dans la fabrication, et on les fond dans une marmite émaillée. On obtient ainsi du monohydrate que l'on n'a plus qu'à emballer.

Il est probable que ce procédé très élégant sera incessamment rendu inutilisable — si ce n'est déjà un fait accompli — étant donnés les progrès incessants réalisés dans la préparation de l'acide fumant, dit anhydride, particulièrement par la Badische Anilin und Sodafabrik.

§ 4. — TRANSPORT DE L'ACIDE SULFURIQUE

114. Emballage et transport de l'acide sulfurique ordinaire.— L'acide sulfurique, pendant longtemps, était

emballé et expédié dans de simples touries de verre, protégées par des corbeilles tressées en jonc et garnies de
tresses de paille. Aujourd'hui, en France du moins, on
utilise presque exclusivement les touries en grès du
Beauvaisis (voyez à ce sujet l'article détaillé consacré à
cette industrie par M. A. Granger, *Revue générale de
chimie*, 1902). Ces touries sont d'une contenance de 60 à
70 litres. On les bouche au moyen d'un bouchon également en grès que l'on trempe dans du soufre fondu et que
l'on applique encore chaud dans le col de la tourie. La
tourie du Beauvaisis est recouverte de la même corbeille
en jonc tressé que celle utilisée pour le verre.

Ces touries ne sont relativement pratiques que pour
des transports à petites distances, à cause de leur poids
mort considérable et de leur fragilité. On tend à les remplacer, surtout en Allemagne, par des wagons citernes en
fer, d'une contenance de 10 tonnes. Ces wagons sont formés d'une enveloppe cylindrique en tôle, analogue à un
bouilleur de chaudière, et munie d'un tube de vidange et
de remplissage. La vidange de ces wagons se fait en
général en les utilisant comme monte-jus, c'est-à-dire en
y insufflant de l'air comprimé.

Dès 1878, Kuhlmann Fils (*Bulletin de la Société industrielle du nord de la France*) a proposé le transport de
l'acide sulfurique par eau, dans des chalands en fer dont
l'intérieur affecte une forme spéciale tendant à maintenir
immobile, malgré les oscillations de l'acide, le centre de
gravité du chaland. Il est à remarquer que l'on ne peut
transporter dans le fer que de l'acide relativement concentré, l'acide étendu attaquant fortement ce métal.

Vorster et Grüneberg ont proposé (D. R. P. 24.748) de
transporter l'acide sulfurique sous forme diluée en l'in-
corporant à de la terre d'infusoires (Kieselguhr). Un

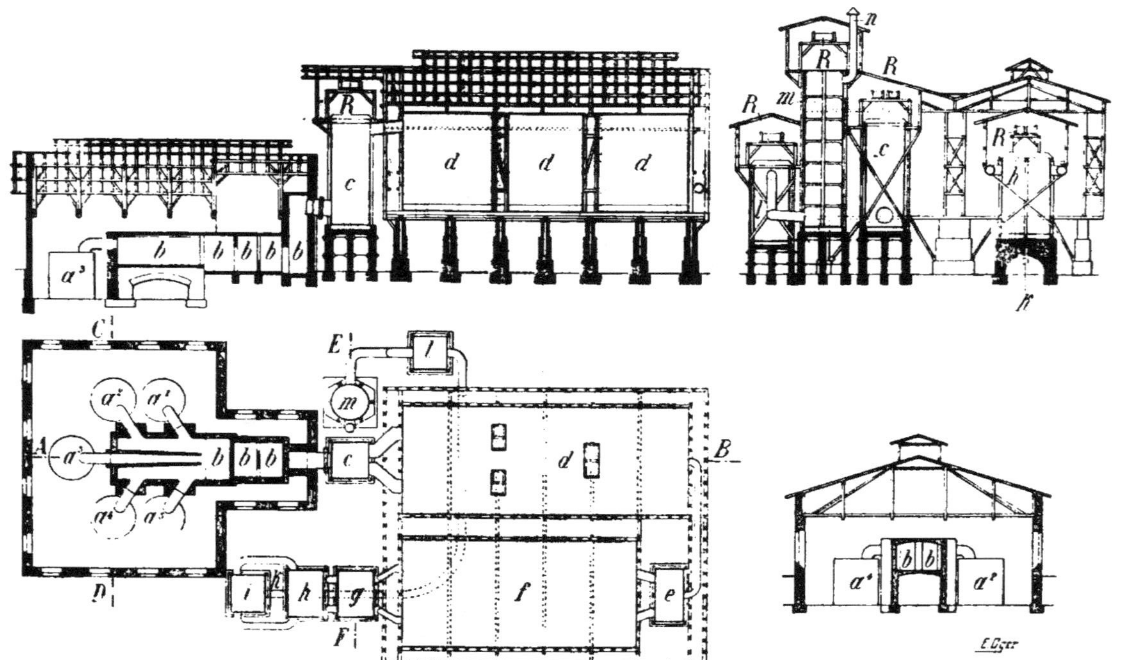

Fig. 92, 93, 94, 95.

Installation moderne pour la fabrication de l'acide sulfurique : a^1, a^2, a^3, a^4, a^5 fours à pyrite, bbb, chambres à poussières, c, Glover, d, grande chambre, e chambre intermédiaire, f troisième chambre, g, h, i tours de Lunge-Rohrmann, l ventilateur, m tour de Gay-Lussac.

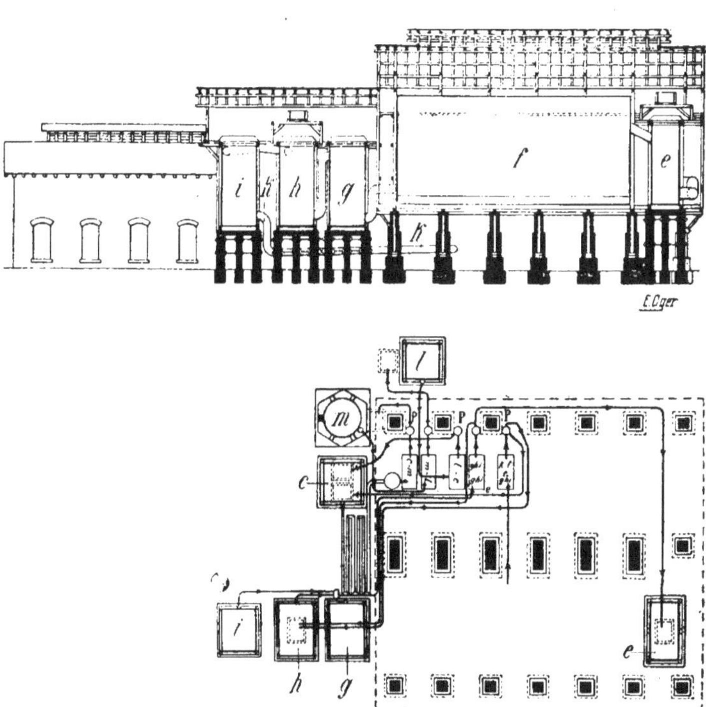

Fig. 96 et 97.

Installation moderne pour la fabrication de l'acide sulfurique. (Voir la légende
de la page ci-contre).

mélange de terre d'infusoires et d'acide sulfurique contenant 75 0/0 d'acide réel, est encore pulvérulent. Ce procédé ne s'est pas répandu, car il est nécessaire de mettre la
poudre obtenue dans des récipients inattaquables. Autant
vaut alors transporter de l'acide liquide. Il en est de même
du procédé de WHITE et RICKMANN (D. R. P. 45.723), qui
mélangent l'acide sulfurique à du phosphate de magnésie
ou de soude à chaud, le tout se prenant par refroidissement en une masse solide.

§ 5. — CONCLUSIONS

Nous ne saurions mieux terminer ce chapitre qu'en
rappelant quelques passages du discours de Robert
HASENCLEVER fait à la Société chimique de Berlin en 1896.
Les conclusions du grand industriel sont encore justes
à l'heure actuelle.

115. Matières premières. — Pour la fabrication de
l'acide sulfurique, on a presque uniquement recours à la
pyrite. Les productions française et allemande de ce
minerai sont restées à peu près constantes ; l'importation espagnole croît de jour en jour.

La pyrite allemande, qui contient du sulfure de zinc, est
lessivée après grillage de façon qu'on puisse en extraire
le zinc par voie électrolytique, tandis que la pyrite espagnole est, après grillage, mélangée à du sel marin et
grillée pour transformer le cuivre en chlorure Dans le
minerai, la seule partie qui intéresse le fabricant est le
soufre ; aussi en achète-t-il quelquefois seulement le
soufre, retournant après grillage le résidu d'oxyde de fer
au propriétaire de la mine. Plus souvent, les fabricants
d'acide se syndiquent et travaillent le résidu du grillage

pour leur propre compte. Ainsi en Allemagne on travaille le résidu du grillage de neuf fabriques d'acide sulfurique à Duisburg, à Hambourg et en Silésie. On récupère ainsi, en partant d'une tonne de pyrite du Rio Tinto :

$$
\begin{array}{l}
610 \text{ kilos de minerai de fer} \\
34 \quad\text{—}\quad \text{de cuivre} \\
29 \text{ gr. } 5 \text{ d'argent} \\
0 \text{ gr. } 1 \text{ d'or.}
\end{array}
$$

L'usine de Duisburg possède même ses propres hauts fourneaux pour traiter ensuite ce minerai de fer.

Depuis une trentaine d'années, on emploie aussi comme matière première de la blende, particulièrement à Aix-la-Chapelle où la fabrique Rhénania a étudié et développé ce procédé.

116. Fabrication de l'acide sulfurique. — La construction des chambres de plomb a été très améliorée depuis 30 ans. Anciennement, on ne demandait conseil, pour leur construction, qu'aux chimistes. Il en résultait que certaines boiseries étaient soit trop fortes, soit trop faibles. Aujourd'hui on laisse le soin de cette construction à des ingénieurs spéciaux, et tous les matériaux employés sont essayés au préalable. Il en est de même des compresseurs d'air pour les monte-jus. Tout ce matériel a été considérablement perfectionné.

La tour de GLOVER a été aussi singulièrement améliorée. Dans les commencements de la fabrication de l'acide sulfurique, on la remplissait de morceaux de quartz, puis on a employé des plaques en pierre inattaquable. A l'heure actuelle, on se sert de tuyaux en grès de 160 mm. de diamètre, 120 mm. de hauteur et 20 mm. d'épaisseur, que l'on met les uns sur les autres en chicane. La tour de

GLOVER ainsi constituée rend les plus grands services ; il faut seulement avoir soin de ne pas l'exposer à des variations trop brusques de température.

117. Théories de la fabrication de l'acide sulfurique.

— La formation même de l'acide sulfurique dans les chambres de plomb a été tout particulièrement étudiée par MM. SOREL, LUNGE et NAEFF, HURTER, SCHERTEL, RASCHIG, etc.

Le nitromètre de LUNGE et les modifications que ce savant a apportées au procédé de titration au moyen du permanganate ont grandement facilité l'analyse des composés azotés complexes qui prennent naissance dans la formation de l'acide sulfurique

Tandis que l'on se figurait anciennement que la formation de l'acide sulfurique reposait sur l'oxydation de l'acide sulfureux par les vapeurs nitreuses, en même temps qu'il y avait réduction de ces dernières qui, pour retourner dans le cycle de la fabrication devaient être oxydées, LUNGE a démontré, se basant sur des faits observés dans la pratique de l'usine et sur des expériences scientifiques, qu'il y a d'abord formation d'un produit de condensation entre l'acide nitreux et l'anhydride sulfureux :

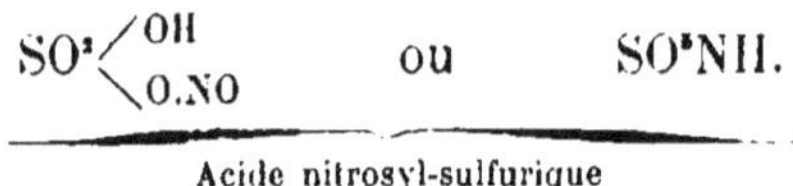

$$SO^2\!\!<^{OH}_{O.NO} \qquad ou \qquad SO^2NH.$$

Acide nitrosyl-sulfurique

RASCHIG, au contraire, admet la formation d'acide dihydroxylamine sulfurique :

$$^{HO}_{HO}\!\!\}\,N.SO^2H \qquad ou \qquad (HO)^2N.SO^2.OH.$$

Acide dihydroxylamine sulfurique

L'existence de ce dérivé de l'hydroxylamine n'a jamais été démontrée, tandis que l'acide nitrosylsulfurique a été isolé à l'état solide et sa présence a été constatée à maintes reprises dans les chambres de plomb.

D'après Lunge et Sorel, qui ont beaucoup développé cette théorie, l'acide nitrosylsulfurique prendrait naissance d'après l'équation suivante :

$$SO^2 + O + NO(OH) = SO^2(OH)(ONO). \qquad (1)$$

Cette *nitrose* n'est stable qu'en solution et au-dessous d'une certaine température. Si on la met en contact avec de l'eau ou de l'acide sulfurique, elle se dédouble en acide sulfurique et acide nitreux :

$$SO^2 \Big\langle {}^{O.NO}_{OH} + H^2O = SO^2 \Big\langle {}^{OH}_{OH} + NO.OH \qquad (2)$$

L'acide nitreux est donc remis en liberté, mais il y a décomposition partielle en H^2O, NO, NO^2, etc.

La formation de l'acide sulfurique dans les chambres de plomb repose en somme sur l'action de l'eau sur la *nitrose*, qui s'y trouve à l'état de vapeur ou de gouttelettes très ténues. Cette réaction se passe dans la première chambre ; aussitôt qu'elle a eu lieu, les gaz doivent être entraînés dans les chambres suivantes, sinon la chaleur dégagée rendrait difficile la combinaison d'après l'équation (1), et en outre il manquerait de l'eau nécessaire pour la réaction (2).

Lunge se basant sur ces considérations a proposé de substituer des tours en grès aux chambres de plomb, pour la fabrication de l'acide sulfurique.

118. Concentration de l'acide sulfurique.— La concentration à 60° B. de l'acide des chambres de plomb n'a pas été généralement améliorée. Une grande partie de ces acides est concentrée dans la tour de GLOVER.

Les anciens appareils d'évaporation, consistant en réservoirs en plomb, reposant sur des plaques de tôle chauffées par dessous, sont toujours en usage. Quand il s'agit de concentrer de grandes quantités d'acide, on se sert de fours à réverbère; on évapore aussi au moyen des gaz chauds.

La concentration à 66° a été grandement améliorée en ce sens que l'on est arrivé à construire des appareils de grande durée. En Angleterre, on emploie toujours beaucoup les vases en verre, tandis que sur le continent ce sont surtout les récipients en platine ou en alliages à base de platine. On évapore surtout en couches très minces ; c'est ainsi que travaille l'appareil de PRENTICE, qui en outre possède un fond gondolé. Dans les appareils de DELPLACE et de FAURE et KESSLER, on se sert de la cuvette de platine recouverte par un dôme en plomb. Un grand perfectionnement a été apporté à tous ces appareils par HERAEUS. Ce constructeur a remarqué que le platine doré était, toutes circonstances égales d'ailleurs, beaucoup moins rapidement usé (5 à 10 fois moins vite) que le platine).

Outre le verre et le platine, on se sert aussi de fonte de fer, d'après SCHEURER-KESTNER. KESSLER a proposé aussi d'aider la concentration en insufflant un courant d'air chaud dans l'acide à concentrer.

LUNGE a breveté un procédé (D. R. P., n° 24.402) qui consiste à faire cristalliser par congélation de l'acide à 66° B. contenant au moins 97 0/0 d'acide monohydraté. On obtient la congélation en refroidissant à — 20°, puis on essore les cristaux d'acide monohydraté.

Tableau donnant le poids de la vapeur d'eau émise par l'acide sulfurique étendu

TEMPÉRATURE

Taux p. 100 de SO^4H^2	10	15	20	25	30	35	40	45	50	55	60	65	70	75	80	85	90	95
Degrés	gr.	gr.	gr.	gr.	gr.	gr.	gr.	gr.	gr.	gr.	gr.	gr.	gr.	gr.	gr.	gr.	gr.	gr.
44	4,495	6,100	8,364	11,110	14,810	19,650	25,950	33,940	43,210									
46	4,087	5,500	7,577	10,144	13,855	18,522	24,288	30,492	39,780	52,448	66,371	82,364						
48	3,786	5,000	6,986	9,274	12,804	17,017	22,072	27,700	35,873	47,080	59,864	74,162	90,273	109,669				
50	3,571	4,500	6,396	8,392	11,466	15,419	19,772	24,865	32,116	41,742	52,184	65,790	80,495	98,045	124,351	155,813	188,271	
52	3,065	4,000	5,707	7,632	10,235	12,633	17,554	21,871	28,178	36,520	46,850	58,044	71,157	86,755	107,335	134,698	165,364	197,400
54	2,656	3,600	4,920	6,763	9,076	11,752	15,238	19,330	24,870	31,856	40,954	54,200	62,990	76,876	94,981	118,761	145,956	174,336
56	2,247	3,100	4,230	5,797	7,739	10,342	13,114	16,806	21,560	27,280	36,092	44,087	53,656	66,914	81,883	103,714	127,264	153,188
58	1,940	2,600	3,434	4,977	6,876	8,556	11,082	14,538	18,250	22,968	29,932	37,594	46,652	56,785	70,520	89,475	110,165	133,100
60	1,635	2,100	2,942	4,154	5,825	7,050	9,235	11,797	15,210	19,008	25,900	34,356	38,720	46,752	59,148	76,046	94,114	114,650
62	1,430	1,800	2,558	3,478	4,777	6,411	7,480	9,529	12,436	15,576	20,735	25,632	31,207	38,315	48,840	63,264	79,595	98,162
64	1,226	1,600	2,165	2,898	3,822	5,174	6,003	7,441	9,754	12,320	16,224	20,420	24,970	31,049	39,269	51,614	66,575	82,456
66	1,214	1,400	1,771	2,415	3,334	4,231	4,987	5,918	7,962	10,120	13,187	16,349	20,015	25,145	31,906	42,472	55,678	69,100
68	0,919	1,200	1,476	2,029	2,866	3,573	4,156	5,100	6,441	8,360	10,671	13,158	15,987	20,256	25,688	34,382	44,542	56,544
70	0,817	1,000	1,278	1,729	2,389	3,102	3,509	3,993	5,278	6,600	8,242	10,338	12,872	16,437	20,861	27,425	35,311	44,762
72	0,715	0,800	0,984	1,352	1,911	2,632	2,955	3,267	4,294	5,280	6,507	8,115	9,890	12,785	16,362	21,295	26,805	34,080
74	0,510	0,600	0,690	1,159	1,623	1,974	2,401	2,843	3,490	4,342	5,205	6,408	7,838	10,047	12,599	15,775	19,487	24,730
76	0,398	0,400	0,492	0,966	1,337	1,692	1,939	2,166	2,684	3,520	4,164	5,044	6,315	7,886	9,653	12,135	14,715	17,220
78	0,296	0,300	0,394	0,763	1,050	1,336	1,570	1,905	2,147	2,640	3,037	3,417	4,800	5,811	6,954	8,494	10,340	12,250
80	0,194	0,200	0,294	0,579	0,764	1,034	1,200	1,452	1,700	2,016	2,516	2,821	3,452	4,151	5,072	6,067	7,397	8,638
82	0,099	0,100	0,198	0,386	0,478	0,658	0,831	1,000	1,243	1,546	1,735	1,965	2,273	2,656	3,490	3,802	4,555	5,340

Chaleur spécifique. — D'après Berthelot, la chaleur spécifique vers 18° est : (1)

FORMULE DE L'ACIDE	Pour l'unité de poids	Pour le poids moléculaire
$SO^4H^2 = 98$	0,3315	32,50 $31,2 + 0,070$ t.
$SO^4H^2 + \dfrac{1}{2} H^2O = 107$	0,385	41,2
$SO^4H^2 + H^2O = 116$	0,435	50,5
$SO^4H^2 + 1,5 H^2O = 125$	0,459	57,4
$SO^4H^2 + 2 H^2O = 134$	0,471	63,1
$SO^4H^2 + 4 H^2O = 170$	0,548	92,70
$SO^4H^2 + 5 H^2O = 188$	0,576	108,4
$SO^4H^2 + 10 H^2O = 278$	0,721	200,5
$SO^4H^2 + 15 H^2O = 368$	0,792	291,4
$SO^4H^2 + 19 H^2O = 440$	0,821	360,8
$SO^4H^2 + 25 H^2O = 548$	0,854	468
$SO^4H^2 + 50 H^2O = 998$	0,915	914
$SO^4H^2 + 100 H^2O = 1898$ . . .	0,954	1812
$SO^4H^2 + 200 H^2O = 3698$	0,975	3604
$SO^4H^2 + 400 H^2O = 7298$	0,988	7209

1. Bode a donné plus récemment les valeurs suivantes :

Degré Baumé à 15°	Chaleur spécifique	Degré Baumé à 15°	Chaleur spécifique
66°	0,3315	35°	0,67
63	0,38	30	0,73
60	0,41	25	0,78
55	0,45	20	0,82
50	0,49	15	0,87
45	0,55	10	0,90
40	0,60	5	0·95

CHAPITRE VI

ACIDE SULFURIQUE

PAR LE PROCÉDÉ DE CONTACT

ACIDE SULFURIQUE FUMANT

SOMMAIRE :

CHAPITRE VI

ACIDE SULFURIQUE
PAR LE PROCÉDÉ DE CONTACT
ACIDE SULFURIQUE FUMANT

La réaction chimique qui donne naissance à l'acide sulfurique est, comme nous l'avons vu plus haut, extrêmement simple. La combinaison de l'anhydride sulfureux avec l'oxygène bien qu'étant une réaction exothermique, ne s'effectue qu'avec une extrême lenteur ; aussi le but des fabricants a-t-il toujours été d'en accélérer la marche par l'emploi de substances catalytiques, comme l'acide nitrique par exemple ou les oxydes inférieurs de l'azote. C'est le procédé des chambres de plomb. On comprend l'intérêt que ce procédé présenterait s'il pouvait se réaliser sans la présence de l'eau — qui est absolument nécessaire comme nous l'avons vu, — car dans ces conditions ce n'est plus de l'acide à 50° B. que l'on obtiendrait, mais de l'anhydride sulfurique même.

Depuis 70 ans environ, des essais ont été tentés dans cette voie et ont abouti aux splendides résultats industriels de la Badische Anilin und Sodafabrik, que nous allons résumer d'après les travaux de R. Knietsch (*Revue générale de chimie pure et appliquée*, 1902, V, 49 à 76).

§ 1. — HISTORIQUE

119. Expériences anciennes avant Winkler. — On distingue quatre périodes dans le développement du procédé de contact. La première commence avec la découverte de l'action catalytique du platine sur la formation de l'acide sulfurique, découverte par PHILLIPS en 1831. La deuxième période est marquée par les travaux de WŒHLER et MAHLA, qui découvrirent en 1852 l'action catalytique d'un certain nombre d'autres corps et qui expliquèrent le mécanisme de la réaction avec quelques catalyseurs. Les expériences de WINKLER signalent la troisième période, qui est caractérisée par ce fait que l'on emploie un mélange de gaz défini pour la préparation de l'anhydride sulfurique dans le but d'obtenir une réaction aussi quantitative que possible. Enfin, dans la quatrième période (B. A. S. F.), on revient à l'emploi des gaz de grillage des pyrites.

Le résultat pratique poursuivi par les expérimentateurs varie d'une période à l'autre ; tandis que, pendant les deux premières périodes et la dernière, on cherche à remplacer le procédé des chambres par un procédé basé sur l'emploi d'une substance catalytique, les chercheurs de la troisième période, devant le grand nombre d'insuccès subis par leurs prédécesseurs, limitent leurs essais à la fabrication de l'acide sulfurique fumant, à ce moment d'un prix élevé (266 fr. la tonne d'oleum 50 0/0, en 1893, d'après LUNGE, *Soda industrie*, 1, 681).

Humphry DAVY a le premier signalé l'action catalytique du platine ; en 1817, il fait connaître (106) qu'un fil de platine chauffé légèrement, porté dans un mélange d'oxygène ou d'air avec de l'hydrogène, de l'oxyde de carbone, du cyanogène, etc., etc., s'échauffe jusqu'à l'incandescence et que le mélange des gaz brûle lentement, quelquefois même rapidement. En 1820, Edmond DAVY découvre que le platine finement divisé (obtenu par précipitation d'une solution de platine par l'hydrogène sulfuré, traitement du précipité par l'acide nitrique, évaporation de la solution et ébullition du résidu avec de l'alcool), humecté avec de l'alcool ordinaire et exposé à l'air, est susceptible de devenir incandescent avec combustion de l'alcool. DOEBEREINER constate, en 1822, que le résidu de la calcination du chlorure double de platine et d'ammonium possède la même propriété, et l'année suivante qu'un courant d'hydrogène dirigé sur du platine finement divisé, au contact de l'air, s'enflamme. Sur ce principe, il construit en 1824 son célèbre briquet à hydrogène.

L'honneur d'avoir appliqué l'action catalytique du platine à la fabrication de l'anhydride sulfurique revient, comme cela a déjà été dit plus haut, au fabricant d'acide acétique Peregrine PHILLIPS junior, de Bristol, qui fit breveter son invention en Angleterre en 1831 (107).

Quelque temps après, en 1832, deux savants allemands, DOEBEREINER et MAGNUS [1], confirment la découverte de PHILLIPS. Dix-sept ans après la découverte de

---

1. Dans les *Pogg. Ann.*, **24**, 610, MAGNUS, confirmant les indications de PHILLIPS, indique que l'acide sulfureux et l'oxygène chauffés en présence de platine, ou mieux de mousse de platine, se condensent en donnant de l'anhydride sulfurique. L'oxygène peut être remplacé par de l'air, mais dans ce cas la réaction est plus lente. Dans les mêmes *Annales*, à la fin d'un mémoire sur la préparation d'éthers oxydes au moyen du noir de platine, DOEBEREINER écrit : « Au moyen du noir de platine ayant été au contact de l'air humide, je suis parvenu à condenser deux volumes d'anhydride sulfureux et un volume d'oxygène et j'ai obtenu de l'acide sulfurique fumant ».

Phillips, un chimiste belge, Schneider [1], prétend avoir résolu le problème de la fabrication de l'acide sulfurique sans chambres de plomb ; en soumettant la pierre ponce à un traitement particulier, il croit l'avoir transformée en une substance catalytique d'une grande activité. Cette prétendue découverte fut lancée à grand bruit, mais aucun succès ne l'a jamais confirmée [2].

[1]. Schneider présenta à un comité belge un appareil d'essai dans lequel il fabriqua pendant toute une journée de l'acide sulfurique par combustion du soufre. Le comité, s'appuyant sur les expériences et sur les conclusions de Schneider, déclara que :

« 1° D'après la méthode de Schneider, on peut fabriquer l'acide sulfurique sans recourir à l'emploi d'acide nitrique ou d'un nitrate ;

« 2° Les quantités d'acide ainsi obtenues sont voisines des quantités maximum fabriquées dans les usines travaillant par l'ancien procédé ;

« 3° Le comité, ne connaissant pas le procédé par lequel Schneider communique à la pierre ponce, à un degré suffisant, la propriété de faciliter la combinaison de l'anhydride sulfureux avec l'oxygène de l'air, doit se borner à citer l'assertion de l'inventeur qui prétend que la préparation de la pierre ponce n'entraîne que des frais très minimes ».

La préparation mystérieuse de la pierre ponce n'a jamais été dévoilée, mais il est très vraisemblable que Schneider avait eu connaissance de la découverte de Phillips et voulait se l'approprier ; lui-même se faisait de grandes illusions à ce sujet.

En 1848, au sujet de ses prétendus succès, il écrivait ce qui suit :

« Tout dernièrement, les chimistes les plus distingués se sont occupés de cette découverte : Gay-Lussac, Clément-Desormes, Dumas, Payen, Bussy, Chevallier, Péligot et d'autres. Mais il manquait toujours un appareil permettant de supprimer les chambres de plomb dans la fabrication de cet acide. Je crois avoir résolu cet important problème aux points de vue pratique et scientifique ».

[2]. En 1848, Schneider termine la relation de ses expériences par les mots suivants : « Je crois n'avoir rien négligé pour parvenir à un résultat qui constitue un grand progrès dans la fabrication de l'acide sulfurique. Mon but principal était de construire un appareil qui puisse remplacer les chambres de plomb et les alambics de platine ; je l'ai parfaitement atteint ».

Le passage suivant extrait, d'une lettre adressée par Clément-

Richard Laming, qui prétend avoir trouvé un procédé pour la fabrication de l'acide sulfurique sans chambres, est aussi peu explicite que Schneider dans la description de son procédé. La pierre ponce doit de nouveau exercer son action merveilleuse; pour la préparer, on la fait bouillir avec de l'acide sulfurique concentré, on la met en contact avec de l'eau ammoniacale, puis on la sèche et l'additionne d'environ 1 0/0 de bioxyde de manganèse. A ce moment, elle est chauffée dans une cornue à 600° F. (315° R.) et refroidie à l'abri de l'air.

Nous rencontrons ici, pour la première fois, une substance de contact à base de composés du manganèse, métal susceptible de prendre différents degrés d'oxydation comme le platine. Mais, de nouveau, un insuccès complet paraît avoir détruit de grandes espérances, comme cela s'était déjà produit pour Schneider. D'après Dingler, le procédé breveté par Laming n'était autre chose que celui de Schneider.

Le brevet anglais pris par Jullion en 1846 mérite une mention particulière, car il indique pour la première fois l'emploi d'amiante platiné. Jullion voulait appliquer cette substance catalytique, devenue plus tard si importante pour diverses réactions, notamment à la fabrication de l'acide sulfurique.

Les essais de Laming que l'on vient de rappeler, ainsi

Desormes à Schneider en 1835, c'est-à-dire quatre ans après la découverte de Phillips, caractérise bien les espérances enthousiastes de cette époque :

« Je suis convaincu que d'ici dix ans, au plus, on sera parvenu à préparer industriellement l'acide sulfurique au moyen de ses constituants, sans chambre de plomb et sans avoir recours ni à l'acide azotique ni aux azotates. Ne vous découragez pas et dirigez tous vos efforts vers la réalisation de ce but important ».

que les expériences de M. C. Blondeau [1], exécutées en 1859, marquent les débuts de la deuxième période. Ce dernier fait passer un mélange d'acide sulfureux, d'air et de vapeur d'eau à travers un tube de porcelaine rempli de sable argileux et ferrugineux.

En 1852, Wœhler et Mahla découvrent que les oxydes de cuivre, de fer et de chrome exercent sur le mélange d'acide sulfureux et d'oxygène une action catalytique analogue à celle de la mousse de platine et du platine métallique. Ils remarquent, en outre, qu'un mélange d'oxydes de cuivre et de chrome est particulièrement actif. Ces expérimentateurs donnent déjà une explication exacte de l'action catalytique, en faisant voir que l'oxyde de cuivre et le peroxyde de fer, chauffés dans un courant d'anhydride sulfureux et en l'absence d'oxygène, fournissent de l'anhydride sulfurique et sont réduits à l'état d'oxyde de cuivre et d'oxyde ferreux noir ; mais, aussitôt que la réaction est terminée, la formation d'anhydride sulfurique cesse. Par contre, l'oxyde de chrome chauffé dans les mêmes conditions n'est nullement réduit, et il ne se forme pas trace d'anhydride sulfurique.

Le cuivre métallique à l'état spongieux et le mercure n'exercent, à la température ordinaire, aucune action sur un mélange de deux volumes de gaz sulfureux et d'un volume d'oxygène. Si l'on chauffe, il se forme dans le cas du cuivre de l'oxyde et alors seulement de l'acide sulfurique.

---

1. C. R., 1849, 29, 405. — Blondeau se basait sur la présence d'acide sulfurique dans certains fleuves de l'Amérique, signalés par Boussingault. Ces fleuves se trouvent dans le voisinage de dépôts de sulfure de fer en combustion ; sous l'influence de la chaleur de combustion et en présence de sables argileux et de schistes, ces gaz sulfureux se transforment en acide sulfurique.

Les deux expérimentateurs font remarquer, en outre, qu'il n'est pas nécessaire que les gaz soient humides pour qu'il y ait formation d'anhydride sulfurique.

Ces importantes observations ont été le point de départ des travaux ultérieurs de LUNGE sur l'action catalytique des résidus de grillage des pyrites et du procédé étudié par le VEREIN CHEMISCHER FABRIKEN, de Mannheim (D. R. P., 107.995 et 108.446) pour la préparation de l'acide sulfurique au moyen de ces résidus.

En cette même année 1852, PETRIE trouve que le quartz agit comme substance catalytique à 300°, PLATTNER et REICH essaient d'employer le quartz au rouge, mais également sans succès. Il est intéressant de remarquer que déjà à cette époque ROBB recommandait l'emploi d'oxyde de fer et de résidus de grillage comme substances de contact.

En outre du quartz au rouge, PIRIA propose de remplacer le platine métallique par de la pierre ponce imbibée d'un sel de platine. En 1854 FORNTHWAITE (Patente anglaise, 1854, 188) reprenant l'idée de JULLION propose l'emploi de l'amiante platiné, ainsi que du bioxyde de manganèse indiqué par LAMING. En outre, il fait protéger à son nom les résultats acquis par WŒHLER et MAHLA, en prenant un brevet anglais.

Les travaux d'Alfred TRUEMANN (Patente anglaise, 1854, 982) se placent également dans cette période; celui-ci imprègne de l'argile avec une solution de chlorure de platine à l'état libre [1].

---

1. Le brevet anglais de TRUEMANN revendique l'emploi du platine ou de l'oxyde de fer, combiné avec celui de la pierre ponce ou d'autres matières poreuses, pour la fabrication de l'acide sulfurique au moyen des gaz de grillage. Ce même brevet décrit en outre un procédé qui consiste à imprégner des substances poreuses avec des dissolutions de

Hundt, en 1854 (Patente anglaise, 1854, 162) fait passer les gaz de grillage dans une série de canaux constitués par des pierres siliceuses et chauffés par les gaz eux-mêmes. Il transforme ainsi en acide sulfurique la plus grande portion possible d'anhydride sulfureux et utilise ensuite ces gaz par le procédé ordinaire [1].

Schmersahl et Bouk proposent en 1855 (Patente anglaise, 1855, 183) de préparer l'acide sulfurique en faisant passer un mélange d'anhydride sulfureux, d'air et de vapeur d'eau sur une substance de contact chauffée, d'absorber l'acide sulfurique formé et de répéter ces opérations jusqu'à ce que tout l'anhydride sulfureux soit transformé en acide sulfurique.

En outre de son célèbre procédé de préparation du chlore, Henry Deacon [2] fait breveter en 1871 un procédé de préparation de l'acide sulfurique au moyen d'une substance de contact (briques poreuses imprégnées d'un sel de cuivre), particulièrement du sulfate de cuivre [3].

C'est ici que se termine la deuxième période du développement du procédé de contact Comme la précédente, elle est caractérisée par ce fait qu'elle s'est donné comme but la solution du grand problème du remplacement des chambres par des appareils basés sur l'emploi d'une substance de contact.

---

sulfate de fer, de cuivre, de chrome, de manganèse, et à les chauffer au rouge pour chasser l'acide sulfurique et mettre l'oxyde actif en liberté.

1. Hundt croit qu'il suffit que les gaz de grillage traversent des tours à ruissellement (sans emploi de chambres) pour que la transformation en acide sulfurique s'effectue.

2. Patente anglaise, 1871, 753 et 1682.

3. Deacon observe que la réaction s'effectue mieux lorsqu'on emploie un excès d'oxygène ou d'air ; mais il faut remarquer que dans ce cas il est nécessaire de chauffer et de mettre en mouvement de plus grandes quantités de gaz.

Ces recherches n'ont pas obtenu de succès pratique ;
elles n'ont même pas conduit à préparer l'acide sulfurique fumant à un prix assez bas pour lui permettre de
soutenir la concurrence avec l'acide préparé par STARCK,
par distillation de schistes contenant du sulfate de fer.

Nous arrivons ici à un point critique de l'histoire du
procédé par contact, marqué par les travaux de Clemens
WINKLER. A la suite de ses recherches expérimentales sur
la formation de l'acide sulfurique, WINKLER conclut que
seul un mélange défini de 2 volumes d'anhydride et de
1 volume d'oxygène peut être complètement transformé
en acide sulfurique, et que tous les autres gaz, même
l'oxygène en excès, exercent une influence nuisible sur
le cours de la réaction. WINKLER prépare très simplement
le mélange voulu en décomposant l'acide sulfurique
hydraté ordinaire par l'action de la chaleur ; il obtient
ainsi du gaz sulfureux, de l'oxygène et de l'eau facile à
éliminer. Par recombinaison des gaz il prépare de l'anhydride sulfurique et par suite de l'acide fumant.

Son travail, devenu célèbre, a été publié en 1875, dans
le *Dinglers Polytechnisches Journal*. Bien qu'il soit très
connu, nous en reproduirons les conclusions principales [1].

---

1. WINKLER tire des expériences qu'il a effectuées les conclusions
suivantes :

« Il ressort de ces essais de transformation de l'anhydride sulfureux
en acide sulfurique dans différentes conditions que sur 100 parties
d'acide sulfureux on en a transformé en acide sulfurique :

73,3 parties (en poids) en opérant avec un mélange d'anhydride sulfureux et d'oxygène pur ;

47,4 parties (en poids) avec un mélange d'anhydride sulfureux pur
   et d'air ;

11,5 parties (en poids) avec un gaz contenant 4 à 5 vol. 0/0 de gaz

Cette théorie sur les conditions de fabrication de l'acide sulfurique par contact était remarquable pour l'époque et particulièrement propre à expliquer tous les insuccès que l'on avait subis dans les essais d'utilisation des gaz de grillage des pyrites depuis la découverte de Phillips. Les travaux de Winkler eurent le plus grand retentisse·ment et les travaux ultérieurs ont été dominés par sa théorie. Un procédé analogue fut trouvé peu après dans la fabrique de Messel et protégé par un brevet (Patente anglaise **1875** 18/9). Winkler a encore fait connaître la préparation d'une substance de contact pour laquelle il utilise l'action réductrice des formiates (D. R. P., **1878**, n° 4566). Les essais hardis de Winkler permirent de réaliser industriellement la préparation de l'acide sulfurique par synthèse, essais qui avaient été vainement tentés jus-

sulfureux, obtenu par la combustion du soufre dans un courant d'air.

« Ces résultats montrent que l'action de l'amiante platiné et des autres substances de contact est d'autant moins complète que la dilution du gaz sulfureux par des gaz indifférents est plus grande. Lorsqu'il y a un excès de gaz sulfureux ou d'oxygène dans le mélange, cet excès n'entre pas en réaction et n'intervient que pour diluer les gaz actifs. Même en employant du gaz sulfureux et de l'oxygène purs dans la proportion théorique on ne parvient à transformer en acide sulfurique que les trois quarts à peine de l'anhydride sulfureux présent.

« Il est bien connu que l'acide sulfurique anglais ordinaire est décomposé par la chaleur au rouge en anhydride sulfureux, oxygène et vapeur d'eau. Cette dernière peut être entièrement éliminée et il reste alors un mélange gazeux d'oxygène et de gaz sulfureux possédant exactement la composition nécessaire pour la formation d'anhydride sulfurique. On parvient de cette manière à éliminer toute action nuisible des gaz indifférents, et ces produits de décomposition, débarrassés de l'eau, peuvent être recombinés par l'action d'une substance de contact. On obtient ainsi de l'anhydride sulfurique, et tout le procédé se ramène à la transformation indirecte de l'acide sulfurique hydraté en anhydride sulfurique. »

qu'à ce moment. Un certain nombre de fabriques, la
BADISCHE ANILIN UND SODA FABRIK entre autres, entreprirent
cette fabrication en se basant sur ces travaux. Le monopole de STARCK, en Bohême, pour la fabrication de l'acide
fumant, fut ainsi détruit. WINKLER a, de ce fait, droit à la
reconnaissance de toutes les industries qui emploient cet
acide.

120. Expériences modernes depuis Winkler. —
Tous les travaux entrepris ultérieurement se sont
inspirés des résultats acquis par WINKLER C'est ainsi que,
dans un brevet pris dix ans après par HAENISCH et SCHROE-
DER (D. R. P., 42.215), ceux-ci proposent de remplacer
l'oxygène pur par de l'air, en maintenant l'emploi du gaz
sulfureux pur, et, pour corriger l'influence de la dilution
occasionnée par la présence de l'azote, d'opérer la réaction sous pression, afin, disent-ils, de rapprocher les
molécules gazeuses. Ce procédé a été également appliqué
à la BADISCHE ANILIN UND SODA FABRIK.

MESSEL (Patente anglaise, 1878, 1828) et LUNGE (Ellice
CLARK) [Patente anglaise, 1888, 3166] proposent d'obtenir
le mélange gazeux avec la composition voulue et d'éviter
l'influence de l'azote en grillant les pyrites au moyen de
l'oxygène.

D'après leur nature même, aucun de ces procédés
n'était susceptible d'entrer en concurrence avec le procédé des chambres, et ils devaient se limiter à la production d'acide sulfurique fumant.

Cependant l'industrie ne se lasse pas de chercher la
solution du problème, quoiqu'il n'ait presque rien été
publié sur ces travaux ; WINKLER lui-même n'a pas publié
le résultat des expériences entreprises dans ce sens. On
sait cependant que LUNGE et WINKLER, dans un important

rapport sur le développement de la fabrication de l'acide
sulfurique fait à Hanovre en 1899 estiment qu'à la
Muldener Hütte, on est parvenu à transformer en
acide sulfurique les 2/3 et au maximum les 3/4 du gaz sulfureux contenu dans les gaz de grillage. Ce résultat a été
obtenu en s'inspirant des recherches de ces deux savants.

Le brevet pris par RATH (D.R.P. 2.218) pour le traitement
des gaz de grillage mélangés aux produits de la combustion ne renferme rien de bien particulier à signaler. RATH
indique surtout comment on peut débarrasser les gaz
de leur teneur en eau et en produits organiques incomplètement brûlés, tandis qu'il ne donne que peu de détails
sur le procédé de contact lui-même. Il dit cependant que
les gaz doivent traverser un cylindre porté au rouge et
contenant la masse de contact ; ces essais ne paraissent
pas avoir été suivis de succès pratique.

Tel était l'état de la question vers la fin de 1898, lorsque
parut, sous forme de brevet, une publication de la BADI-
SCHE ANILIN UND SODA FABRIK (brevet français n° 280.647 du
17 août 1898) disant que depuis plusieurs années elle pos-
sédait « un procédé technique de fabrication de l'anhydride sulfurique, que jusqu'alors elle ne l'avait exploité
qu'en Allemagne, tout en le tenant secret, mais que, par
crainte d'indiscrétions de la part d'employés infidèles, elle
jugeait opportun de le faire connaître au public tel qu'il
était pratiqué actuellement dans son usine et avec tous ses
perfectionnements ».

Cette publication eut le plus grand retentissement dans
la presse scientifique et immédiatement surgirent de tous
côtés des publications, plus ou moins exactes, concernant
le procédé de contact ainsi que des demandes de brevets
se rapportant à cet objet.

La question de la fabrication de l'acide sulfurique anhydre fut définitivement mise au point par M. Knietsch, chimiste de la Badische Anilin und Soda Fabrik, dans une conférence faite à Berlin le 19 octobre 1901, à la fondation Hofmann; c'est à ce travail, paru *in extenso* dans la *Revue générale de chimie*, que nous allons emprunter la plupart des renseignements suivants.

121. Purification des gaz. — D'après les connaissances pratiques et théoriques que l'on avait acquises, le problème de la transformation complète du gaz sulfureux, obtenu par grillage des pyrites en acide sulfurique, apparaissait comme insoluble, lorsque l'on commença à étudier ce problème à la Badische Anilin und Soda-Fabrik. C'est cependant en se basant sur des considérations théoriques qu'on admit la possibilité de le résoudre.

On sait que les gaz qui s'échappent des chambres de plomb contiennent toujours de l'oxygène, 6 volumes pour cent environ. Il est évident que cet excès d'oxygène restera constant, soit que les gaz de grillage soient transformés au moyen de chambres de plomb, soit que l'on ait recours à une substance de contact, et il n'est pas compréhensible que malgré un tel excès d'oxygène la réaction ne parvienne pas à être quantitative. Cette question fut étudiée expérimentalement avec des gaz très dilués, obtenus en mélangeant du gaz sulfureux pur avec un excès d'air; on établit ainsi que dans certaines conditions la réaction arrive à s'accomplir d'une façon *presque quantitative*. Ces essais montrèrent d'une manière évidente que la dilution du mélange, même considérable, au moyen d'air, n'exerce presque aucune influence sur la transformation de l'anhydride sulfureux présent en anhydride sulfurique. Il parut même que la transformation était d'autant plus complète que le mélange contenait un plus grand excès d'oxygène par rapport à la quantité de gaz sulfureux, c'est-à-dire qu'il était plus dilué.

Ces résultats montraient nettement qu'il était nécessaire de contrôler l'exactitude des idées admises jusqu'à ce jour sur l'influence défavorable de la dilution des gaz pour l'accomplissement de la réaction.

Des essais furent repris, et, pour se mettre dans des conditions aussi proches que possible de la pratique, on opéra sur les gaz de grillage eux-mêmes. Dans ce but, ces gaz furent amenés dans le laboratoire au moyen d'une longue conduite en plomb. Cette conduite agissait elle-même pour débarrasser les gaz de la plupart des impuretés entraînées : cendres, poussières, etc. En outre, les gaz étaient aspirés à travers plusieurs flacons contenant la substance de contact.

Les résultats ainsi obtenus étaient presque aussi satisfaisants que ceux fournis par le mélange artificiel, fait très encourageant en lui-même.

Bien que ces essais aient été prolongés plusieurs jours en utilisant la même masse de contact, l'activité de celle-ci ne parut pas diminuer. L'espoir de parvenir à produire l'acide sulfurique directement au moyen des gaz de grillage avec un rendement presque quantitatif parut être justifié par les faits.

En conséquence, les essais furent repris en opérant en grand. On s'aperçut bientôt que la substance de contact ne conservait pas son activité et qu'après un assez long usage elle devenait absolument inactive. On purifia les gaz, non pas comme dans les essais de laboratoire, mais en les faisant passer sur des filtres secs constitués par du coke et de l'amiante, de façon à obtenir des gaz aussi purs qu'il est possible de le faire industriellement. Le résultat définitif fut le même ; les essais en grand durent être considérés comme ayant échoué.

Bien que la confiance dans la réussite des essais fût fortement ébranlée par cet insuccès imprévu, les essais de laboratoire furent repris dans le but de rechercher la cause de l'inactivité de la substance de contact au bout de quelque temps de service.

Ces essais démontrèrent que certaines substances possèdent la propriété curieuse d'influencer considérablement l'action du platine lors même qu'elles n'existent qu'en très petites quantités. L'arsenic, le mercure et le phosphore[1] se rangent parmi ces substances nuisibles, tandis que l'antimoine, le bismuth, le plomb, le fer, le zinc et les autres substances que l'on rencontre habituellement dans les gaz de grillage n'exercent pas d'action particulièrement nuisible. Ils ne deviennent gênants que lorsque leur quantité est suffisante pour envelopper la substance de contact et réduire sa surface de contact avec les gaz. L'action de l'arsenic seule est si considérable qu'il suffit que sa proportion atteigne 1 à 2 0/0 de la quantité de platine, contenue dans la substance de contact, pour rendre celle-ci tout à fait inactive. Ces expériences ont démontré d'une façon irréfutable que certains corps exercent sur le procédé par contact une action spécifique, on pourrait presque dire « vénéneuse ». Dès ce moment, la question se posait de savoir si les gaz de grillage employés contenaient encore de petites quantités de ces substances, alors même qu'ils avaient subi la purification déjà décrite.

---

1. Par un examen plus approfondi de l'action nuisible du phosphore, on a démontré que celle-ci n'était attribuable qu'à une certaine teneur en arsenic.

Il fut bientôt possible d'établir effectivement que les fumées blanches, non condensables, d'acide sulfurique, que renferment ces gaz, contiennent de petites quantités d'arsenic. Bien que la cause des insuccès éprouvés fût connue dans une certaine mesure, le moyen d'y remédier était loin d'être trouvé par ce fait, car jusqu'à ce moment, la condensation complète de ces fumées blanches était considérée par les spécialistes les plus distingués comme impossible industriellement [1].

Quoique la confiance dans le succès final fût très affaiblie par la rencontre de difficultés si multiples, la solution du nouveau problème qui se présentait fut recherchée avec une nouvelle énergie. Il s'agissait de séparer entièrement toutes les impuretés contenues dans les gaz provenant du grillage des pyrites, afin d'obtenir finalement un mélange de gaz absolument purs, contenant uniquement du gaz sulfureux, de l'oxygène et de l'azote.

Pour atteindre ce but on entreprit de nombreuses séries d'essais. On peut dire sans exagération que les problèmes que l'on a dû résoudre pour arriver à la révolution accomplie aujourd'hui dans l'industrie de l'acide sulfurique se rangent parmi les plus difficiles qui se soient posés à une industrie nouvelle. L'application du procédé a

---

1. Voici ce que dit Schnabel à ce sujet dans son ouvrage *Lehrbuch der allgemeinen Hüttenkunde*, Berlin, **1890**, 500 :

Dispositifs pour recueillir les poussières et fumées métalliques. — Ces dispositifs sont basés sur le refroidissement, la filtration, le lavage, le contact avec de grandes surfaces, la diminution de la vitesse, le changement brusque de direction du courant gazeux.

On a même fait des essais avec l'emploi d'électricité à haute tension.

Ni par l'emploi des moyens cités plus haut, ni par leurs combinaisons les plus variées, on n'a pu parvenir jusqu'ici à obtenir une séparation complète des corps entraînés par les fumées métallurgiques. Il reste de ce côté un large champ ouvert à l'esprit d'invention.

exigé plusieurs années d'efforts et de recherches, avant
que l'on pût considérer la purification des gaz comme
certaine. Le problème était d'autant plus difficile que l'on
avait à combattre un ennemi pour ainsi dire invisible et
que chaque méprise entraînait une détérioration de l'installation et une diminution sensible dans le rendement.
Le résultat de ces travaux[1] a été de démontrer, que l'on peut
débarrasser les gaz, obtenus par grillage de la pyrite, de
toutes les impuretés qui les accompagnent, en les soumettant à un traitement approprié qui consiste à les refroidir
et à les mettre en contact intime et prolongé avec de l'eau
ou de l'acide sulfurique. Ce traitement est répété jusqu'à
ce qu'un examen *optique* et *chimique* des gaz démontre
qu'ils sont absolument exempts de toute impureté nuisible. Pour le résultat final, la manière dont on produit le
contact intime des gaz avec les liquides purificateurs est
sans importance. On a employé avec le même succès des
lavages répétés, des filtrations humides ou même une
combinaison de ces deux procédés.

Nous citerons seulement quelques-unes des difficultés
que l'on rencontra dans l'adaptation du procédé au travail
industriel.

Pour obtenir de bons résultats, on reconnut qu'il était
nécessaire de refroidir les gaz lentement. C'est un phénomène remarquable et jusqu'ici insuffisamment expliqué
qui motive cette précaution : les fumées blanches d'acide
sulfurique sont beaucoup plus difficiles à condenser, lorsque les gaz ont été refroidis rapidement que dans le cas
où ils l'ont été lentement.

Dans ce but on employa de longues conduites en fer

1. *D. R. P.*, 113.933 ; 22/7.98, Brevets français 280.647 17/8. 98 ;
280.649 17/8. 98.

refroidies par l'air. L'acide sulfurique contenu dans les gaz provenant du grillage de pyrites sèches contenant plus de 90 0/0 d'anhydride, on supposait que l'emploi de telles conduites ne pouvait exercer aucune influence fâcheuse sur la marche du procédé. En effet, un acide d'une telle concentration n'attaque que très faiblement le fer et avec dégagement d'anhydride sulfureux, lequel ne saurait être nuisible dans le cas particulier.

Bien que les gaz fussent entièrement débarrassés de toutes les impuretés mécaniquement entraînées, et que l'essai optique n'y décelât plus la moindre trace d'impureté nuisible, afin de procéder en toute sûreté, on les purifia à nouveau en les filtrant à travers un tissu humide, suivant le principe appliqué dans les filtres-presses. Malgré toutes ces précautions, l'activité de la substance de contact diminuait d'une façon lente mais évidente. Ce n'est que par l'analyse de l'amiante platiné devenu inactif que l'on put s'assurer de la présence d'arsenic. On acquit la certitude que ces traces d'arsenic provenaient de l'action de l'acide sulfurique condensé sur le métal des conduites servant à refroidir les gaz, et qu'à leur sortie ces gaz contenaient un composé arsénié gazeux, vraisemblablement de l'hydrogène arsénié.

Le dispositif de refroidissement des gaz fut modifié de telle façon que l'acide sulfurique condensé ne pût se trouver en contact avec des parties métalliques en fer et, à partir de ce moment, la substance de contact conserva intégralement son activité. Contrairement à l'opinion admise jusqu'à ce jour, l'action de l'acide sulfurique concentré sur le fer fournit non seulement de l'anhydride sulfureux, mais aussi de petites quantités d'hydrogène ; ce fait seul peut expliquer la formation d'hydrogène arsénié.

Dès ce moment, la plus grande difficulté que l'on ait eue à vaincre dans l'application industrielle du procédé par contact était résolue. Mais ce n'était pas encore la dernière. En essayant d'employer le procédé sur une plus grande échelle, il se présenta de nouveaux troubles dans la purification des gaz, pour des raisons presque aussi énigmatiques et aussi inattendues que celles que l'on vient de voir.

Lorsqu'on pousse à fond le grillage des pyrites, il se forme des fumées qui résistent à toutes les tentatives de condensation. Après de longues recherches, on se convainquit que ces fumées étaient dues à de très petites quantités de *soufre* non brûlé. Ce soufre est excessivement difficile à condenser, de même que les vapeurs d'acide sulfurique refroidies rapidement. On peut se demander en quoi ce soufre peut être nuisible, puisque, dans la suite des appareils, il sera brûlé et transformé en gaz sulfureux, puis en anhydride sulfurique. La raison qui rend indispensable son élimination, c'est que ces vapeurs de soufre ont été reconnues renfermer de petites quantités d'arsenic.

On a remédié radicalement à cet inconvénient en mélangeant intimement les gaz de grillage encore chauds, çe qui assure la combustion des dernières traces de soufre. Ce mélange est effectué le plus avantageusement par insufflation de vapeur d'eau ; ce procédé n'a pas seulement l'avantage d'assurer la combustion totale du soufre : l'acide sulfurique riche en anhydride qui se trouve sous forme de vapeurs dans les gaz est dilué par cette arrivée de vapeur d'eau. En conséquence, il ne se condense plus dans les conduites en fer et ne donne plus lieu à la formation d'hydrogène arsénié ; en outre, en raison de sa faible concentration, il ne détruit pas les réfrigérants

principaux qui sont en plomb. En dehors de ces avantages, qui ne sont pas négligeables, l'injection de vapeur
d'eau empêche l'obstruction des conduites et des appareils de refroidissement, en évitant la formation d'incrus-
tations dues à la poussière entraînée[1] (109).

122. Refroidissement. — Nous arrivons ici à l'un
des plus importants principes du procédé de contact, l'élimination de l'excès nuisible de chaleur dégagée par la
réaction.

On sait que la formation d'anhydride sulfurique est
accompagnée d'un dégagement de chaleur :

$$SO^2 + O = SO^3 \text{ gazeux} + 22 \text{ cal. } 600.$$

Jusqu'à ces derniers temps, on n'avait accordé qu'une
faible attention à ce dégagement de chaleur considérable
qui accompagne la formation d'acide fumant. Cependant, dans son ouvrage *Handbuch der Soda-Industrie*,
LUNGE propose de ne chauffer les gaz (gaz sulfureux pur
et air) qu'à la température nécessaire pour que la réaction s'accomplisse et de se contenter de protéger autant
que possible contre le refroidissement la partie de l'appareil où s'effectue la réaction. Cette dernière est garnie de
boules en argile platinée, comme un appareil de DEACON
pour la production du chlore. Mais, comme il s'agit de

---

1. La Société AKTIENGESELLSCHAFT FÜR ZINKINDUSTRIE, anciennement
Wilhelm GRILLO et SCHRÖDER, a pris deux brevets pour la régénération de la substance de contact devenue inactive. Ces procédés partent
du principe qu'il est pratiquement impossible d'éliminer toutes les
impuretés contenues dans les gaz. L'un de ces procédés propose d'employer un sel soluble comme support de la substance active, ce qui
permet de récupérer le platine devenu inactif ; l'autre propose de revi-
vifier la substance de contact devenue inactive en la soumettant à l'action du chlore gazeux.

traiter des gaz renfermant environ 25 0/0 en volume de gaz sulfureux, on ne peut appliquer ces conclusions à des mélanges obtenus par grillage de pyrites et trois ou quatre fois plus dilués. On admettait donc qu'il était nécessaire non seulement de protéger les appareils contre le refroidissement, mais de les chauffer à la température du rouge.

En conséquence, les premiers appareils de contact construits à Ludwigshafen comprenaient des dispositifs de chauffage. Dans le but de restreindre les quantités d'amiante platiné nécessaires, on employa des tubes verticaux pas trop larges, pour contenir la substance de contact. L'expérience montra qu'avec de pareils tubes l'amiante platiné peut être réparti beaucoup plus régulièrement que lorsqu'on emploie des tubes horizontaux d'un grand diamètre. L'appareil à contact se composait d'un faisceau de tubes en fer étroits dont la partie inférieure contenait la substance de contact. Le dessin ci-joint, extrait des brevets de la B.A.S.F., rend compte de cette disposition.

L'un de ces appareils ayant été mis en fonctionnement à la température du rouge faible comme d'ordinaire, on constata avec étonnement que, lorsque l'on remplaçait les gaz chauds du foyer inférieur par un courant d'air froid passant entre les tubes, non seulement le rendement augmentait, mais qu'on pouvait accélérer beaucoup la vitesse du courant de gaz à transformer. Le courant d'air froid avait eu pour résultat d'abaisser considérablement la température des appareils.

Cette expérience montrait nettement la marche à suivre [1] pour obtenir un travail rationnel des appareils, et

1. *D. P. R.*, 113.932, 3/6.98.

cette marche était absolument opposée à celle que l'on
avait cru être logique jusqu'à ce jour. Pour obtenir une

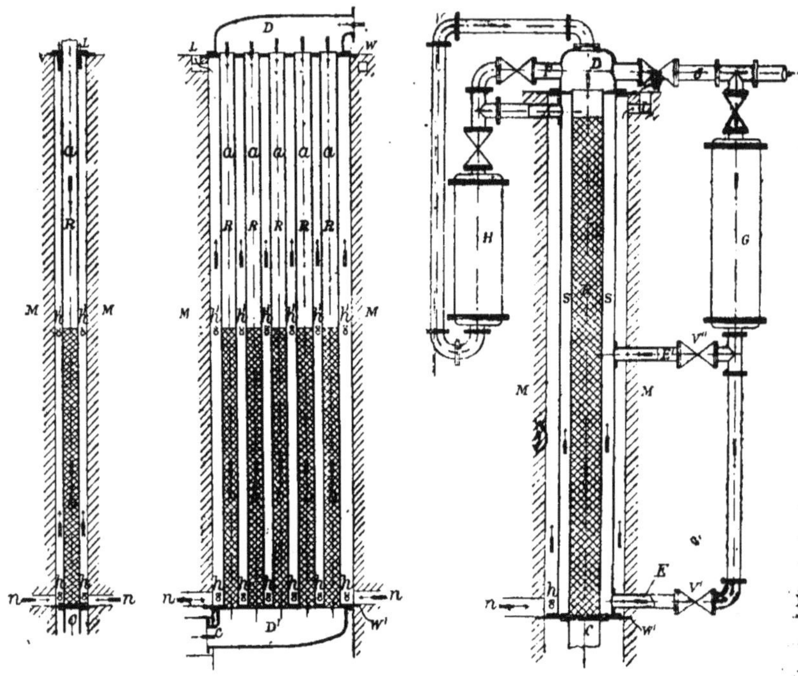

Fig. 98.   Fig. 99.   Fig. 100.

réaction complète et une production maximum, les appareils devaient être refroidis d'une façon régulière.

Avec un appareil de ce genre, on opère comme suit : on
commence par chauffer le four froid au moyen des foyers
(à gaz) h et h', et, aussitôt que l'appareil est en marche,
on éteint le foyer h et on dirige un courant d'air froid autour de la masse de contact. De cette façon, on obtient
le refroidissement de celle-ci, et, en même temps, le courant d'air chaud, à mesure qu'il s'élève, échauffe les gaz

qui arrivent dans l'appareil ; cette action est continuée et complétée par le foyer h'.

On voit aisément que les couches supérieures de la masse de contact ne parviennent qu'au rouge faible, et

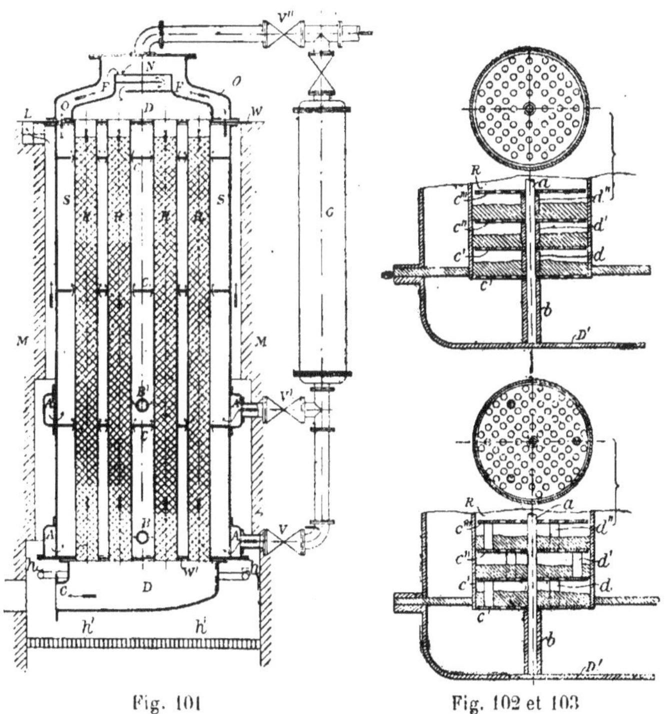

Fig. 101   Fig. 102 et 103

qu'à mesure que les gaz progressent ils trouvent une température de plus en plus favorable à l'accomplissement de la réaction.

Cette disposition des appareils et ce mode de travail ont été conservés plusieurs années ; ils permettent d'estimer la température directement par l'observation du faisceau de tubes sans recourir à l'emploi d'un pyromètre.

Des études ultérieures ont démontré que les quantités de chaleur que l'on peut enlever sans nuire à la réaction sont si importantes qu'il est possible d'employer les gaz de grillage eux-mêmes comme moyen de refroidissement. L'excès de chaleur dégagée par la réaction est ainsi directement utilisé à porter ces gaz à la température nécessaire pour que la réaction s'effectue.

Ce principe caractérise plusieurs modifications des appareils décrits dans les brevets allemands que nous avons cités : tels sont par exemple les appareils représentés par les figures 98, 99, 100 et 101[1].

Si nous examinons de plus près les conséquences du refroidissement, nous reconnaissons qu'il possède quatre avantages essentiels :

1° Une surchauffe des appareils est évitée et l'on maintient une température qui garantit l'obtention du plus grand rendement possible, c'est-à-dire 96 à 98 0/0 du rendement théorique ;

2° Les appareils en fer ayant à supporter des températures moins élevées résistent plus longtemps à l'oxydation ;

3° La substance de contact n'est pas surchauffée et elle conserve son activité pendant plusieurs années ;

4° La capacité de production de la substance de contact et par suite des appareils est considérablement accrue et portée à son maximum, car on peut intro-

---

1. Un brevet de la Société Hœchster Farbwerke[a] décrit un autre procédé qui utilise la chaleur entraînée par les gaz sortant de l'appareil à contact.

a. *D. R. P.*, 105.876.

duire des quantités de gaz toujours renouvelées sans que l'appareil se surchauffe, et la substance de contact est maintenue à la température la plus favorable.

Pour éviter que la température ne s'élève trop dans les appareils de contact, il n'est plus nécessaire de diminuer la vitesse du courant gazeux à transformer lui-même, comme cela était le cas avec l'ancien procédé. On régularise l'absorption de chaleur en faisant varier la quantité, ou la température initiale, du courant de gaz servant à refroidir ; on peut encore choisir le point le plus convenable pour l'entrée de ces gaz suivant le résultat désiré.

Une des caractéristiques essentielles du nouveau procédé, c'est que la réaction est effectuée sans compression des gaz. Nous devons rappeler que l'on avait proposé d'éviter l'action de la dilution par les gaz inertes en employant des gaz fortement comprimés.

Cette manière d'opérer que l'on avait proposée en se basant sur des considérations théoriques de l'époque est sans portée pratique. Si l'on opère dans les conditions voulues, *on arrive sans aucune difficulté à une transformation presque théorique de l'anhydride sulfureux en anhydride sulfurique*, sans recourir à la compression des gaz.

Ce fait est d'une grande importance, étant donné qu'il s'agit de faire concurrence au procédé des chambres, et qu'il est par suite nécessaire d'éviter toutes les opérations entraînant de grands frais.

D'autre part, il est absolument indispensable que les gaz soient contraints à traverser la substance de contact et à se trouver en contact intime avec elle. Etant donné le peu de consistance de l'amiante platiné, il est presque inévitable qu'il ne se tasse et n'oppose alors une grande résistance au passage des gaz.

Il était nécessaire d'imaginer un dispositif qui abaissât au minimum la pression de la substance de contact sur elle-même, sans que les gaz pussent éviter de traverser la masse de contact; les tubes de contact devaient être en outre faciles à refroidir. L'appareil [1] représenté par la figure 101 remplit toutes ces conditions.

La substance de contact est étalée sur des disques en tôle perforée (fig. 102 et 103); le tube de contact porte une tige en fer ronde placée suivant son axe, les disques sur lesquels est disposée la substance de contact sont enfilés sur cette tige. Pour détruire les effets de la pression des disques les uns sur les autres, on interpose entre deux disques successifs un petit tronçon de tuyau également enfilé sur la tige centrale; on peut encore munir les disques de petits pieds; par ces deux moyens, la pression des éléments est entièrement reportée sur le fond des appareils. Le courant gazeux n'a plus qu'à vaincre la résistance opposée par la substance de contact elle-même, et, comme celle-ci est très faible, la circulation des gaz peut s'effectuer au moyen d'appareils mécaniques d'un travail très économique.

Ce mode de remplissage des tubes de contact a le grand avantage de permettre d'égaliser la résistance de tous les tubes au passage des gaz. Et, même dans le cas où l'appareil comprend un grand nombre de tubes pareils, il offre la garantie la plus absolue d'une égale répartition des gaz et, par suite, les conditions les plus favorables à l'accomplissement de la réaction.

123. Absorption. — L'anhydride sulfurique étant obtenu, nous arrivons à la question du meilleur procédé

1. *D. R. P.*, 119.059, 23/7. 98.

à employer pour l'absorber et le séparer des gaz qui le contiennent.

On sait que l'anhydride possède une affinité beaucoup plus considérable pour l'eau que pour l'acide sulfurique concentré ; ce fait est d'ailleurs rendu évident par la comparaison des quantités de chaleur dégagées dans les deux cas [1].

En conséquence, le procédé qui semble le plus naturel est de disposer une série d'appareils d'absorption dans lesquels la concentration de l'acide diminue à mesure que l'on avance dans le sens du courant gazeux. De telle sorte que les appareils les plus éloignés du point d'arrivée des gaz renfermeraient soit de l'eau, soit de l'acide sulfurique des chambres ou un autre acide étendu, tandis que des premiers appareils s'écoulerait de l'acide, soit fumant, soit à l'un des degrés de concentration en usage dans l'industrie.

Contrairement à toutes les vraisemblances, ce mode d'absorption n'est pas le plus facile à réaliser. On éprouve de grandes difficultés à absorber complètement l'anhydride sulfurique au moyen d'acide étendu ou d'eau, et les gaz, à leur sortie de l'appareil, renferment encore des quantités sensibles de fumées blanches difficilement condensables, ce qui entraine des pertes.

On a reconnu à la BADISCHE ANILIN und SODAFABRIK que l'acide sulfurique n'est capable d'absorber instantanément et complètement l'anhydride, que lorsque sa concentration est comprise dans certaines limites très étroites, entre 97 et 98 0/0 d'H^2SO^4.

---

1. La combinaison d'un kilogramme d'anhydride sulfurique avec une grande quantité d'eau dégage 500 cal. environ, tandis que la dissolution de la même quantité d'anhydride dans une grande quantité d'acide à 66° B. ne dégage que 300 cal.

Si l'on représente par une série de courbes (fig. 104) les variations des propriétés de l'acide sulfurique avec la concentration, on remarque que toute une série de changements dans les propriétés de l'acide coïncident avec la concentration critique indiquée.

A cette concentration correspond le sommet de la courbe des points d'ébullition. Lorsque l'on distille un acide moins concentré, il passe de l'eau et de l'acide étendu jusqu'au moment où la concentration à 98 1/3 d'H^2SO^4 0/0 est atteinte ; à ce moment, cet acide distille avec une concentration constante, à 317° environ, absolument comme un composé défini.

Si l'on distille un acide plus concentré (à droite du sommet de la courbe), il distille d'abord de l'anhydride, jusqu'au moment où cette même concentration de 98 1/3 0/0 est atteinte.

Les tensions de vapeur des différents acides, mesurées 100° dans le vide, par exemple, montrent également un minimum à peine perceptible avec les moyens ordinaires, mais qui ressort nettement de l'examen de la courbe.

La densité de l'acide hydraté atteint son maximum [1] pour cette même concentration. Ce point correspond donc à la contraction maximum de l'acide sulfurique.

La résistance électrique commence soudainement à croître en ce point, pour se diriger avec une grande rapidité vers un maximum correspondant à l'acide monohydraté.

L'attaque du fer par les acides de différentes concentrations est en relation avec leur résistance électrique ; elle s'abaisse et est faible pour la concentration indiquée, ce

1. 1,8409 à 15° d'après LUNGE et NAEFF.

qui a naturellement une grande importance pour la durée des appareils.

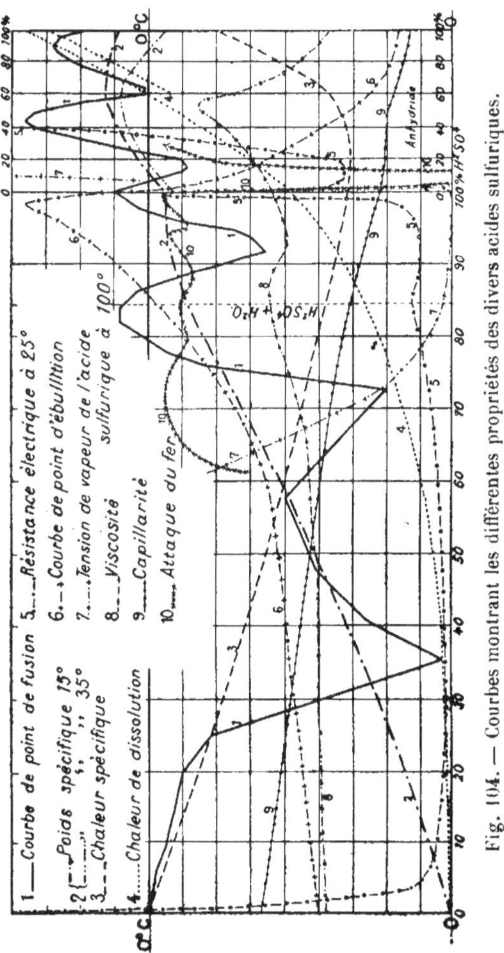

Fig. 104. — Courbes montrant les différentes propriétés des divers acides sulfuriques.

Le pouvoir absorbant d'un acide d'une telle concentration est si considérable qu'il suffit de faire passer un fort courant de gaz dans *un seul appareil à absorption* pour le dépouiller *entièrement* de l'anhydride sulfurique qu'il entraîne, à la condition de maintenir sa concentration constante par une addition continuelle d'eau ou d'acide sulfurique étendu ; on a alors un écoulement continu d'acide de 97 à 99 0/0 [1].

Pour la préparation d'acide fumant, il est nécessaire de disposer un ou plusieurs appareils d'absorption à la suite du premier. On constate des phénomènes très remarquables pendant cette opération.

Les récipients en fonte sont parfaitement propres à la préparation d'acide sulfurique hydraté, car ils résistent très bien à l'action de cet acide ; par contre, ils ne peuvent être utilisés pour la préparation de l'acide fumant, bien qu'ils ne soient que peu attaqués, car ils présentent l'inconvénient très grave de se fendre. Ce phénomène peut même être subit, et il est souvent accompagné d'une forte détonation ; il est causé par la diffusion de l'acide fumant dans les pores de la fonte : cet acide commence là son action destructive. Sous l'influence réductrice du métal, il se forme du gaz sulfureux et de l'acide sulfhydrique, et même du gaz carbonique aux dépens du carbone de la fonte ; les points critiques de ces gaz étant assez bas, ils acquièrent de fortes pressions dans l'intérieur du métal lui-même. Si l'on fragmente un morceau d'une pareille fonte, on reconnait nettement le gaz sulfureux et l'hydrogène sulfuré à leur odeur, et l'on observe un dégagement gazeux si l'on plonge les fragments dans un liquide convenablement choisi.

Contrairement à la fonte, le fer malléable est assez fortement attaqué par les acides faibles ou fumants jusqu'à

1. *Pat. Ann.*, B. 28.724 de la BADISCHE ANILIN UND SODAFABRIK.

l'acide fumant à 27 0/0 de SO^3 libre. Cette attaque s'explique par l'augmentation de la conductibilité électrique de tels acides.

Si l'on jette un coup d'œil sur la courbe représentant les variations de la conductibilité avec la concentration de l'acide, on voit que celle-ci, après avoir subi un minimum correspondant à l'acide monohydraté, s'élève à nouveau pour atteindre un maximum correspondant à l'acide fumant de 10 à 15 0/0 SO^3 environ et s'abaisse finalement à des valeurs excessivement petites pour les acides plus concentrés.

L'action corrosive sur le fer et le zinc subit des variations sensiblement identiques, ainsi que cela ressort de l'examen de la courbe figurative.

C'est ainsi que le fer malléable est en pratique tout à fait passif contre l'action d'acide fumant à 27 0/0 SO^3, et l'on peut employer des appareils en fer pendant de longues années sans remarquer aucune attaque sensible.

On a basé, sur ces observations, un procédé pour la préparation d'acide fumant presque absolument exempt de fer [1].

L'acide sulfurique possède encore une série de propriétés intéressantes pour l'industriel et le théoricien, que les courbes annexées mettent en évidence.

Les remarquables travaux de Rudolf WEBER ont établi que l'anhydride sulfurique absolument pur est liquide à la température ordinaire, et qu'il fond à 17°,7 [2]. Lorsque l'anhydride absorbe de petites quantités d'eau, son point de fusion s'élève pour atteindre le maximum de

---

1. *Pat. Ann.*, 28.290 de la BADISCHE ANILIN UND SODAFABRIK.

2. R. WEBER a trouvé 14°8 comme point de fusion en ne plongeant pas le thermomètre dans le liquide. En prenant cette précaution on trouve le point constant 17°7.

27° correspondant à 85 0/0 de SO^3 libre. Ces données ne se rapportent qu'à des mélanges fraîchement préparés ; ils se polymérisent au bout de quelque temps et ne sont plus susceptibles de fondre, car, dans cet état, ils se subliment directement à haute température, en se transformant dans la modification ordinaire.

Si nous continuons la dilution, le point de fusion s'abaisse pour atteindre entre 0 et 2° un minimum correspondant à 60-65 0/0 de SO^3; il augmente de nouveau jusqu'à un maximum de $+ 36°$ représentant le point de fusion de l'acide pyrosulfurique $H^2SO^4 + SO^3$. Ce maximum est intéressant par lui-même, car il coïncide assez exactement avec la plus grande densité, la plus grande viscosité et une dépression sensible dans la courbe des hauteurs d'ascension dans un tube capillaire.

Par de nouvelles dilutions, nous arrivons aux acides corrodant le fer et possédant un point de fusion minimum de 12° ; les courbes représentant la conductibilité électrique, l'action corrosive sur les métaux et la température de fusion coïncident assez exactement pour ces acides. Si l'on prend une dilution correspondant au monohydrate H^2SO^4, la courbe se relève pour atteindre $+ 10°$; une nouvelle dilution fournit l'acide à 66° B commercial, représenté par l'hydrate $2 H^2SO^4 + H^2O$ pour lequel la courbe atteint un minimum de $- 35°$. La courbe se relève pour atteindre $+ 8°$, point de fusion de l'hydrate $H^2SO^4 + H^2O$, pour s'abaisser ensuite au-dessous de $- 50°$; elle commence à se relever avec l'acide à 30 0/0 H^2SO^4, et à partir du point de fusion de l'acide à 20 0/0 elle se dirige en ligne presque droite vers 0°. (D'après Thilo, il existe un maximum correspondant à l'acide à 57 0/0, $H^2SO^4 + 4H^2O$.)

On doit remarquer que chacun des sommets de la

courbe en question correspond à un hydrate défini, se
solidifiant seul à la température correspondante, tandis
qu'aux dépressions correspondent des mélanges de
deux hydrates voisins, qui se séparent par cristallisation.
Si l'on analyse les cristaux obtenus en partant d'un de ces
mélanges d'hydrates, on leur reconnaît une composition
correspondant au maximum voisin. LUNGE [1] a basé
sur ce phénomène un procédé de préparation de l'acide
monohydraté que nous avons déjà rappelé ; on pourrait
obtenir par la même méthode les hydrates correspondant aux autres sommets de la courbe, méthode susceptible aujourd'hui encore d'applications industrielles.

La courbe figurant les variations de la chaleur spécifique avec la concentration est également digne de
remarque ; elle s'abaisse constamment jusqu'à l'acide
fumant à 20 0/0, point à partir duquel elle se relève pour
atteindre finalement la valeur élevée de 0,77 correspondant à l'anhydride sulfurique SO^3.

Par contre, les chaleurs de dissolution des acides sulfureux et sulfurique dans une grande quantité d'eau
sont sensiblement constantes, ce qui semble démontrer
que la formation des différents hydrates dégage à peu de
chose près la même quantité de chaleur.

Si l'on fait écouler des volumes égaux d'eau et d'acides
à différentes concentrations, on obtient quelques résultats intéressants en comparant les durées d'écoulement.
L'eau et l'anhydride sulfurique possèdent presque la
même fluidité. Le plus haut point de la courbe correspond
à l'acide de densité maximum, un deuxième point plus
bas à l'hydrate $H^2SO^4 + H^2O$.

La hauteur d'ascension dans un tube capillaire dimi-

1. *D. R. P.*, 24. 402.

nue avec la concentration de l'acide ; on remarque deux petits sommets, correspondant l'un à l'hydrate $H^2SO^4 + H^2O$, l'autre à la densité maximum.

On voit par ces exemples que l'acide sulfurique possède des propriétés très diverses suivant sa concentration ; il est particulièrement propre à devenir l'objet d'études approfondies.

Le phénomène de la variation du point de fusion est un exemple remarquable auquel on peut appliquer la théorie des mélanges eutectiques. Les relations entre la conductibilité électrique et l'action corrosive sur les métaux, les variations de la chaleur spécifique, de la chaleur de dissolution, de la densité, sont susceptibles d'être étudiées de la façon la plus exacte et de fournir des résultats d'un grand intérêt.

Plusieurs de ces propriétés permettent de baser des méthodes d'analyse pour déterminer la concentration de l'acide, méthodes d'une grande importance pratique car elles permettent d'éviter l'emploi de la balance et ne présentent pas l'inconvénient de s'appuyer sur le poids spécifique, lequel induit fréquemment en erreur.

§ 2. — THÉORIE DU PROCÉDÉ PAR CONTACT

Nous allons étudier ici, d'une façon plus détaillée, la réaction qui s'accomplit lors de la fabrication de l'acide sulfurique par le procédé de contact. Dans ce but, nous exposerons tout d'abord les résultats de quelques expériences fondamentales.

Si nous examinons la marche de la réaction lorsqu'on emploie un gaz de grillage contenant, en outre de l'azote, les proportions théoriques de gaz sulfureux et d'oxygène et si nous faisons varier la température et l'intensité du courant, nous reconnaissons que dans ces conditions il n'est pas possible en pratique d'obtenir une transformation

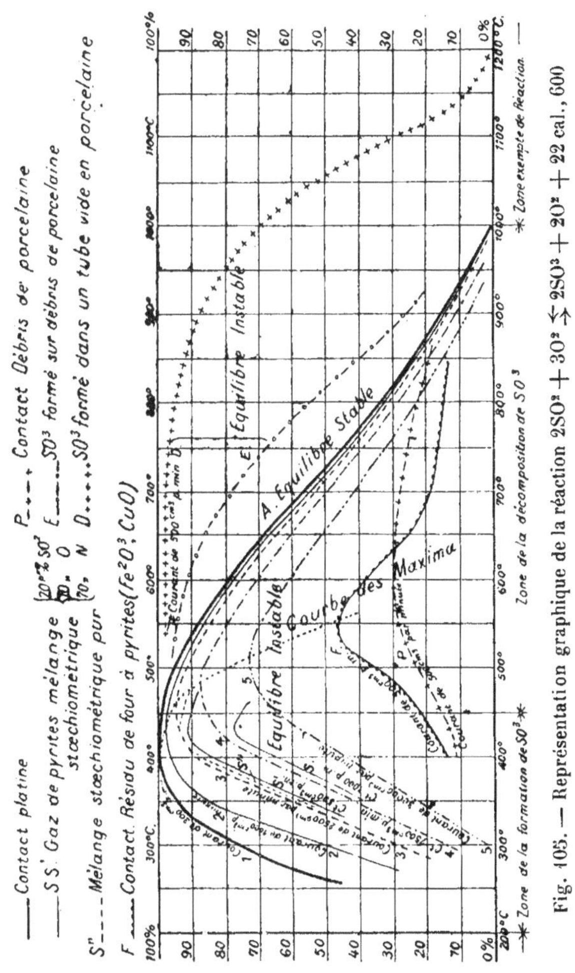

Fig. 105. — Représentation graphique de la réaction $2SO^2 + 3O^2 \leftrightarrows 2SO^3 + 2O^2 + 22$ cal., 600

quantitative de l'anhydride sulfureux en anhydride sulfurique. La marche de la réaction est représentée par les courbes S et S' de la figure 105 qui montrent que, suivant l'intensité du courant gazeux, la transformation maximum a été dans l'un des cas de 77-78 0/0, dans l'autre de 90-91 0/0 en opérant à 430°. Un mélange de gaz sulfureux et d'oxygène purs, en l'absence de gaz indifférent, se comporte d'une façon tout à fait analogue, et la transformation quantitative ne peut être réalisée (courbe S″).

Si l'on opère avec un mélange gazeux, contenant l'un des deux gaz, oxygène ou anhydride sulfureux en excès, on obtient une combinaison sensiblement quantitative de l'un des gaz avec celui qui est en excès. Le gaz en excès agit par sa masse pour favoriser la réaction.

La formation d'anhydride sulfurique par le procédé de contact est donc d'autant plus facile à réaliser que le mélange gazeux renferme une plus forte proportion d'oxygène par rapport à la quantité de gaz sulfureux qu'il contient. L'azote n'a aucune influence sur la réaction [1].

Examinons maintenant le cas d'un mélange gazeux tel que celui que l'on obtient industriellement par le grillage des pyrites ; ce gaz renferme l'anhydride sulfureux et l'oxygène dans un rapport correspondant à peu près à $2SO^2$ pour $3O^2$, c'est-à-dire qu'il se compose de 7 vol. 0/0 de gaz sulfureux, 10 vol. 0/0 d'oxygène et 83 vol. 0/0 d'azote. Si nous faisons passer ce mélange dans un tube de porcelaine vide, chauffé régulièrement, nous constatons dans ces conditions qu'il y a à certaines températures une faible formation d'anhydride sulfurique.

---

1. En conséquence, la formule $SO^2 + O = SO^3$ n'exprime pas exactement la composition du mélange gazeux le plus favorable. Il est préférable d'écrire $2SO^2 + nO^2 = 2SO^3 + (n-1)O^2$, formule dans laquelle n ne doit pas être plus petit que 2.

Le résultat de cette expérience est représenté graphiquement par la courbe P de notre dessin.

On a poursuivi ces essais en remplissant le tube de porcelaine avec une substance de contact platinée, de l'amiante [1] par exemple ; ces essais ont été effectués en faisant varier la température. Au-dessus de 200° apparaissent déjà les premières traces d'anhydride sulfurique. La vitesse de la réaction augmente rapidement à mesure que la température s'élève, si bien que vers 380-400°, presque tout le gaz sulfureux est transformé. De 400 à 430°, la réaction reste sensiblement complète et l'on peut atteindre 98 à 99 0/0 du rendement théorique, mais si l'on continue à élever la température il survient une décomposition très nette de l'anhydride sulfurique en ses composants : la courbe s'abaisse mais pas aussi rapidement qu'elle s'était élevée. A 700-750° on a encore 60 à 50 0/0 du gaz sulfureux transformé, et ce n'est que vers 900-1000° que la courbe indique qu'il n'y a plus de réaction décelable entre les deux gaz.

Si nous reprenons ces essais dans les mêmes conditions, en employant une plus petite quantité de substance de contact, ou, ce qui revient au même, en faisant passer un courant gazeux plus intense, nous obtenons une série de courbes 2, 3, 4, 5, 6, dont les branches de droite et de gauche possèdent un aspect différent. Tandis que les branches de gauche, qui représentent la formation de l'anhydride, courent parallèlement à une certaine distance l'une de l'autre jusqu'à leur plus haut point et qu'elles

---

1. Pour des essais semblables, le dispositif le plus convenable consiste à prendre de l'amiante renfermant 5 à 10 0/0 de platine en quantité telle que l'on ait 0 gr. 5 de platine environ. On garnit la deuxième moitié du tube avec cet amiante, la première moitié reste vide et sert à échauffer les gaz.

divergent, ce qui laisse conclure qu'elles possèdent un point de départ commun, les branches représentant la décomposition sont convergentes et se dirigent toutes vers un même point situé entre 900 et 1000°, pour lequel la réaction est nulle.

L'examen de ces courbes indique que, pour des quantités de platine décroissantes, les points maxima se déplacent dans le sens des températures croissantes, en même temps que le pour cent d'anhydride sulfureux, transformable en SO_3, diminue rapidement. Si l'on relie ces maxima par une courbe, celle-ci a pour asymptote l'abscisse représentant le rendement théorique de 100 0/0, tandis que son extrémité gauche se dirige vers un point situé dans le voisinage de 600°.

Le rapprochement rapide des différentes courbes dans la région correspondant à la décomposition de l'anhydride sulfurique éveille l'idée que cette décomposition est de plus en plus indépendante de la quantité de substance de contact employée, et qu'elle tend à devenir fonction de la température seule.

L'exactitude de cette hypothèse peut être facilement établie en reprenant ces essais en l'absence de platine, mais en opérant sur des gaz dans lesquels l'anhydride sulfureux a été préalablement transformé en anhydrique sulfurique.

Ces essais ont été effectués, et ils ont fourni un résultat très surprenant ; la courbe D a été construite en se basant sur ces expériences. Cette courbe se dirige vers la droite pendant plusieurs centaines de degrés et ne commence à fléchir fortement que vers 800 à 900°, sans atteindre cependant le point zéro, même à la plus haute température que l'on ait pu obtenir c'est-à-dire 1100 à 1200°. L'anhydride sulfurique, une fois formé, résiste donc très bien à l'action des hautes températures en l'absence d'une substance de contact. Il existe dans ce cas un équilibre instable que l'introduction d'une substance de contact modifie aussitôt en tendant à le rendre stable.

La courbe E montre cette influence qui se traduit par un rapprochement graduel des courbes D et A ; cette courbe E a été obtenue en répétant l'expérience qui a fourni D, mais en opérant avec un tube rempli de fragments de porcelaine. Ce phénomène rappelle ceux de la surfusion et du retard que subit l'ébullition des liquides dans certaines conditions. A ces températures, la porcelaine et certains autres corps possèdent une action catalytique analogue à celle du platine. Il est remarquable que, même à la température élevée du rouge clair, l'équilibre stable est très lent à s'établir.

La réaction de formation dépend de la durée de contact des gaz avec la substance catalytique, ainsi que l'indiquent les courbes 1. 2, 3, 4. Nous pouvons nous faire une idée très nette de la vitesse de la réaction de formation, si nous représentons par une courbe les variations du rendement pour différentes durées de contact à une même température. Il suffit pour cela de porter les durées de contact (ou, ce qui revient au même, les quantités de platine) sur l'axe des X et sur l'axe des Y les quantités pour cent de SO^2 transformé en SO^3.

Nous obtenons ainsi une courbe telle que celle de la figure 106, qui nous permet de connaître immédiatement la durée de contact (ou la quantité de platine) nécessaire pour obtenir une transformation donnée de SO^2 en SO^3, en opérant à une température déterminée. Le tracé de la courbe nous apprend que celle-ci commence à zéro, court parallèlement à l'axe des X et a pour asymptote l'abscisse du point représentant la transformation maxi-

mum que l'on peut obtenir à la température d'expérience. Nous voyons de plus que les courbes s'infléchissent

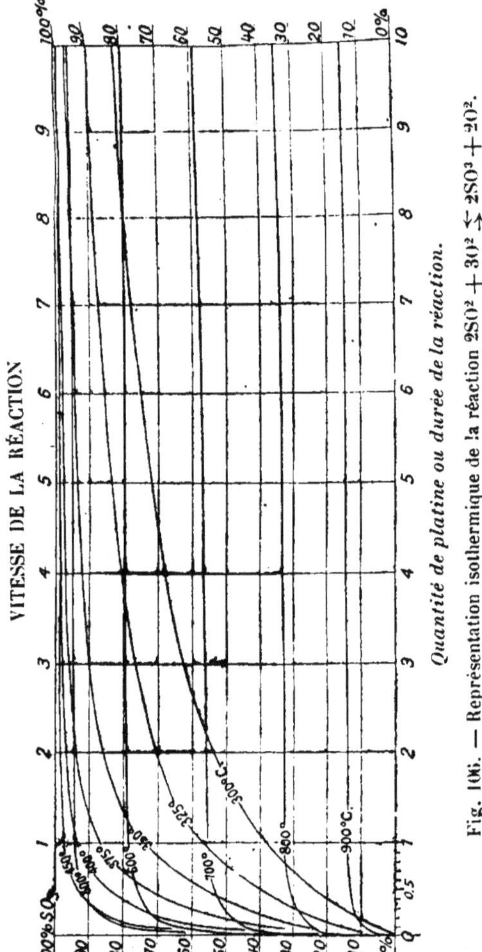

Fig. 106. — Représentation isothermique de la réaction $2SO_2 + 3O^2 \leftrightarrows 2SO^3 + 2O^2$.

de plus en plus pour s'éloigner de la ligne correspondant
à la transformation maximum à mesure que croissent la

température et la teneur des gaz en anhydride sulfurique. Pour de hautes températures, la vitesse de réaction commençante devient tellement considérable, que le début de la courbe se confond avec l'axe des Y.

Le premier contact des gaz avec la substance catalytique est accompagné d'une réaction très vive, et les premières portions de la substance de contact s'échauffent fortement. Cet échauffement est tel qu'il peut se manifester, avec certain smodes de refroidissement extérieur, par une incandescence des parties correspondantes des appareils.

Les courbes démontrent qu'à la température du rouge, que l'on maintenait autrefois dans les appareils à contact, il est impossible d'obtenir une réaction quantitative, et que l'anhydride sulfurique gazeux lui-même retarde fortement la vitesse de réaction.

Le plus important résultat de ces essais a été d'établir une ligne, correspondant aux équilibres stables, qui divise en deux régions l'étendue représentant les températures d'expérience.

En pratique, on peut considérer que les gaz ne réagissent pas dans la région comprenant les températures inférieures à 200° et supérieures à 900-1000°. Entre 200° et 450°, la réaction de formation prédomine et, à partir de cette dernière température, la vitesse de décomposition de l'anhydride sulfurique croît très rapidement.

Ces faits permettent de tirer des conclusions très importantes pour l'application industrielle de la réaction. Bien que la ligne A qui limite les deux régions de températures n'ait été déterminée que pour un certain mélange de gaz industriel, elle permet cependant de tirer des conclusions générales, car les différentes circonstances dans lesquelles on peut opérer dans la pratique n'exercent pas une grande influence sur la position des équilibres stables qu'elle représente.

Il est clair que cette limite doit être considérée comme indépendante de la substance de contact adoptée. Les considérations théoriques et les faits expérimentaux sont unanimes sur ce point. Il s'ensuit que seules les substances qui exercent leur action catalytique maximum dans la zone des températures de formation, c'est-à-dire au dessous de 450°, sont capables d'effectuer en une opération une transformation approximativement quantitative. Toutes les substances de contact qui n'exercent leur plus grande action catalytique qu'au delà de cette température ne sont dans aucun cas susceptibles de donner un rendement quantitatif, si prolongé que soit leur contact avec le gaz à transformer.

Jusqu'ici nous ne connaissons qu'une substance de contact remplissant les conditions ci-dessus et cette substance c'est le platine. Même les autres métaux faisant partie du groupe du platine ne peuvent le remplacer avec un succès analogue.

Pour terminer, nous donnerons une idée de l'essor qu'a pris la fabrication de l'anhydride sulfurique depuis l'invention du procédé de contact, en citant les chiffres qui indiquent la production de la Badische Anilin und Sodafabrik, seule, en anhydride :

Année 1880	18.500 tonnes
— 1894	39.000 —
— 1899	89.600 —
— 1900	116.000 —

§ 3. — PROPRIÉTÉS DE L'ACIDE SULFURIQUE FUMANT ET DES OLÉUM EN GÉNÉRAL[1]

124. Détermination des points de fusion. — Pour la détermination des points de fusion, on s'est servi d'un cylindre en verre (grand tube à essais) contenant un thermomètre mobile divisé en dixièmes de degrés, le tout placé dans un bain réfrigérant.

On a commencé d'abord par observer à quelle température on pouvait refroidir l'acide, tout en l'agitant sans qu'il se solidifiât (surfusion), puis, aussitôt que des cristaux ont commencé à se former, on a sorti le tube à essai du bain réfrigérant et, tout en continuant d'agiter, on a noté le point maximum où est monté le thermomètre et où il est resté constant pendant la durée de la cristallisation. A ce moment on a fait fondre, à nouveau et lentement, les cristaux et on a noté la température où le dernier des cristaux a disparu.

125. Poids spécifique. — La méthode employée a été la suivante : on a pesé dans l'air à 15°, et avec des poids en laiton, un demi-litre d'acide à différentes concentrations, contenu dans un ballon jaugé à col étroit.

126. Chaleur spécifique. — Le calorimètre employé se composait d'un vase en zinc contenant 2 kg. d'eau à la température ordinaire (18° environ) et isolé par de la laine peignée. Dans un ballon de verre on a chauffé à une température un peu supérieure à 35°, 1 kg. de

1. Les propriétés de l'acide sulfurique fumant étant relativement peu connues, nous donnons le *modus operandi* employé par KNIETSCH pour les déterminer.

l'acide à examiner, puis on l'a laissé refroidir jusqu'à 35°
en l'agitant constamment et en observant la température
avec un thermomètre donnant le dixième de degré. A ce
moment précis, on a plongé le ballon de verre dans le
calorimètre tout en continuant d'agiter et, au moment où

TABLEAU I

*Point de fusion de l'acide sulfurique et de son anhydride
de 0 à 100 0/0 SO³*

ACIDE SULFURIQUE				ANHYDRIDE		
SO³ 0/0 total	F	SO³ 0/0 total	F	SO³ 0/0 libre	F	
1	— 0,6°	69	+ 7,0°	0	+ 10,0	
2	— 1,0	70	+ 4,0	5	+ 3,5	
3	— 1,7	71	— 1,0	10	— 4,8	
4	— 2,0	72	— 7.2	15	— 11,2	
5	— 2,7	73	— 16,2	20	— 11,0	
6	— 3,6	74	— 25,0	25	— 0,6	
7	— 4,4	75	— 34,0	30	+ 15,2	
8	— 5,3	76 ⎫ 60°	— 32,0	35	+ 26,0	
9	— 6,0	77 ⎬ Bé	— 28,2	40	+ 33,8	
10	— 6,7	78 ⎭	— 16,5	45	+ 34,8	
11	— 7,2	79	— 5,2	50	+ 28,5	
12	— 7,9	80	+ 3,0	55	+ 18,4	
13	— 8,2	81	+ 7,0	60	+ 0,7	
14	— 9,0	81,63	+ 10,0	65	+ 0,8	
15	— 9,3	82	+ 8,2	70	+ 9,0	
16	— 9,8	83	— 0,8	75	+ 17,2	
17	— 11,4	84	— 9,2	80	+ 22,0	
18	— 13,2	85	— 11,0	85	+ 33,0	(27°)[*]
19	— 15,2	86	— 2,2	90	+ 34,0	(27,7°)
20	— 17,1	87	+ 13,5	95	+ 36,0	(26°)
21	— 22,5	88	+ 26,0	100	+ 40,0	(17,7°)
22	— 31,0	89	+ 34,2			
23	— 40,1	90	+ 34,2			
—	⎧au-dessous	91	+ 25,8			
—	⎨ — 40,0	92	+ 14,2			
61	— 40,0	93	+ 0,8			
62	— 20,0	94	+ 4,5			
63	— 11,5	95	+ 14,8			
64	— 4,8	96	+ 20,3			
65	— 4,2	97	+ 29,2			
66	+ 1,2	98	+ 33,8			
67	+ 8,0	99	+ 36,0			
68	+ 8,0	100	+ 40,0			

[*] Les chiffres entre parenthèses se rapportent aux points de fusion d'anhydride fraichement préparé c'est-à-dire non polymérisé.

TABLEAU II

Poids spécifique de l'acide sulfurique fumant à 35°

SO^3 0/0 total	SO^3 libre 0/0	Poids spécifique	SO^3 0/0 total	SO^3 libre 0 0	Poids spécifique
81,63	0	1,8186	91,18	52	1,9749
81,99	2	1,8270	91,55	54	1,9760
82,36	4	1,8360	91,91	56	1,9772
82,73	6	1,8425	92,28	58	1,9754
83,09	8	1,8498	92,65	60	1,9738
83,46	10	1,8565	93,02	62	1,9709
83,82	12	1,8627	93,38	64	1,9672
84,20	14	1,8692	93,75	66	1,9636
84,56	16	1,8756	94,11	68	1,9600
84,92	18	1,8830	94,48	70	1,9564
85,30	20	1,8919	94,85	72	1,9502
85,66	22	1,9020	95,21	74	1,9442
86,03	24	1,9092	95,58	76	1,9379
86,40	26	1,9158	95,95	78	1,9315
86,76	28	1,9220	96,32	80	1,9251
87,14	30	1,9280	96,69	82	1,9183
87,50	32	1,9338	97,05	84	1,9115
87,87	34	1,9405	97,42	86	1,9046
88,24	36	1,9474	97,78	88	1,8980
88,60	38	1,9534	98,16	90	1,8888
88,97	40	1,9584	98,53	92	1,8800
89,33	42	1,9612	98,90	94	1,8712
89,70	44	1,9643	99,26	96	1,8605
90,07	46	1,9672	99,63	98	1,8488
90,44	48	1,9702	100,00	100	1,8370
90,81	50	1,9733			

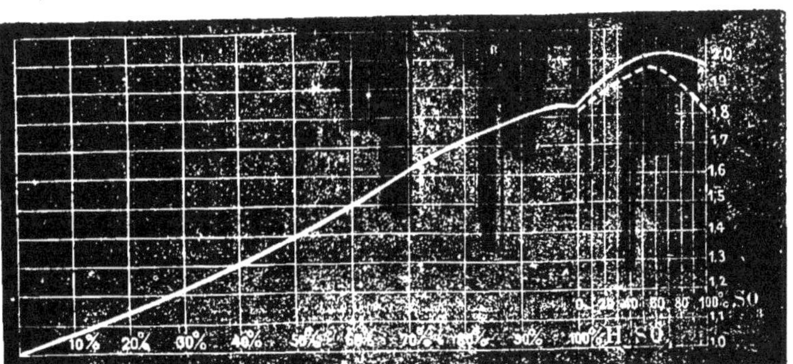

Fig. 107. — Poids spécifique à 15° (la ligne pointillée indique le poids spécifique à 45°).

TABLEAU III

Poids spécifique de l'acide sulfurique concentré et fumant à 15 et 45°.

H^2SO^4 0/0	SO^3 0/0 total	SO^3 libre 0/0	Poids spécifique à 15°	Poids spécifique à 45°
95,98	78,35	—	1,8418	—
96,68	78,92	—	1,8429	—
96,99	79,18	—	1,8431	—
97,66	79,72	—	1,8434 Max.	—
98,65	80,53	—	1,8403	—
99,40	81,14	—	1,8388 Min.	—
99,76	81,44	—	1,8418	—
100,00	81,63	0,0	1,8500	1,822
—	83,46	10,0	1,888	1,858
—	85,30	20,0	1,920	1,887
—	87,14	30,0	1,957	1,920
—	88,97	40,0	1,979	1,945
—	90,81	50,0	2,009	1,964 Max.
—	92,65	60,0	2,020 Max.	1,959
—	94,48	70,0	2,018	1,942
—	96,32	80,0	2,008	1,890
—	98,16	90,0	1,990	1,864
—	100,00	100,0	1,984	1,814

TABLEAU IV

Chaleur spécifique.

SO^3 total 0/0	SO^3 libre 0/0	Chaleur spécifique	SO^3 total 0/0	SO^3 libre 0/0	Chaleur spécifique
76,8	—	0,3691 *	91	51,00	0,370
78,4	—	0,3574 *	92	56,45	0,400
80	—	0,350	93	61,89	0,425
80,0	—	0,3574 *	93,3	63,5	0,4325 *
81,5	—	0,3478 *	94	67,34	0,455
82	2,0	0,345	94,64	70,6	0,4730 *
83,46	10,0	0,3417 *	95	72,78	0,495
84	12,89	0,340	96	78,23	0,535
85,48	20,95	0,3391 *	96,52	81,0	0,5598 *
86	23,78	0,340	97	83,67	0,590
87,13	29,74	0,3392 *	97,99	88,6	0,6526 *
88	34,67	0,350	98	89,12	0,650
88,75	38,75	0,3498 *	99	94,56	0,710
90	45,56	0,360	99,8	98,9	0,7413 *
90,1	46,1	0,3599 *	100	100,0	0,770
90,73	49,4	0,3660 *			

Les chiffres marqués d'un astérisque sont ceux donnés par l'expérience, les autres ont été obtenus graphiquement.

la température de l'acide n'était plus que de 25°, on a ressorti le ballon. La détermination de la température dans le calorimètre a été faite au moyen d'un thermomètre de BECKMANN donnant le centième de degré et dont l'échelle avait été vérifiée.

La valeur trouvée a été corrigée en tenant compte de la chaleur spécifique propre du calorimètre lui-même et du ballon de verre.

Exemple : 1 kg. anhydride à 70 0/0 SO³ libre a été refroidi de 35° à 25° au moyen de 2 kg. d'eau. Dans quatre essais successifs, on a trouvé les valeurs suivantes :

$$\left.\begin{array}{l} 2°,41 \\ 2°,41 \\ 2°,41 \\ 2°,42 \end{array}\right\} \text{moyenne} = 2°,4125$$

		Cal.
	=	4,825
Correction pour le calorimètre	+	0,045
		4,870
Correction pour le ballon de verre . . .	—	0,150
Chaleur spécifique pour 10 degrés . . .	=	4,720 à 35/25°.

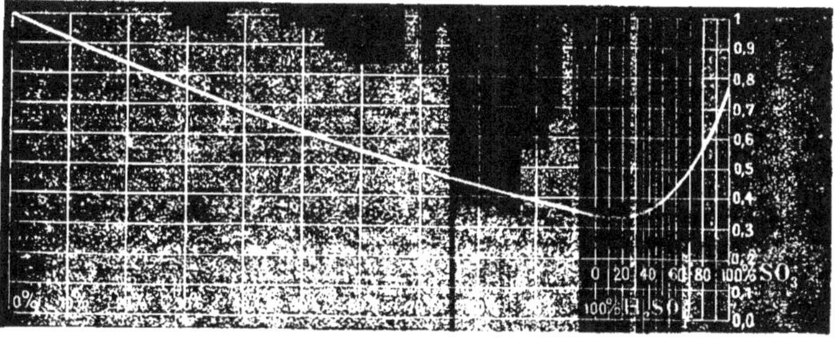

Fig. 108. — Chaleur spécifique.

127. Chaleur de dissolution. — Le calorimètre se composait d'un ballon de verre de 8 litres de capacité, —

contenu dans une enveloppe de fer-blanc, — soigneusement isolé jusqu'au col par de la laine peignée, et contenant 5 à 6 kg. d'eau à la température ambiante (18-22°). L'enveloppe de fer-blanc portait des poignées qui permettaient de saisir et de secouer le calorimètre. La quantité d'acide employée a varié, suivant la concentration, de 40 à 15 grammes Cet acide était contenu dans une ampoule en verre mince, terminée par deux pointes effilées. On le faisait tomber dans le calorimètre, en brisant les extrémités des deux pointes capillaires et le chassant au-dessous de la surface du liquide au besoin, par de l'air comprimé sec. La boule de verre était ensuite rapidement

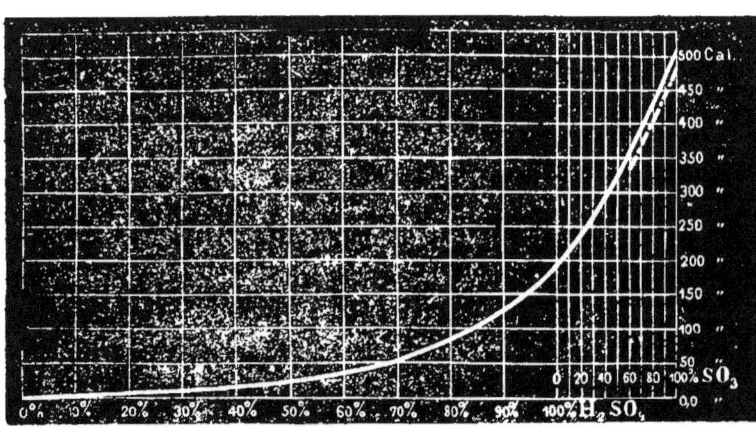

Fig. 109. — Chaleur de dissolution de l'acide sulfurique ordinaire et fumant dans une quantité illimitée d'eau (la ligne pointillée se rapporte à l'anhydride solide).

brisée et jetée dans le ballon. Le calorimètre était ensuite secoué et la température maximum lue au thermomètre de BECKMANN, gradué en centièmes de degré. Le chiffre obtenu était ensuite corrigé en tenant compte des coefficients propres au calorimètre et au thermomètre.

Les poids n'ont pas été rapportés au vide, l'omission de cette correction ne représentant que le dixième des erreurs d'expérience.

Les acides ont été titrés à double reprise et les prises d'échantillons faites dans des endroits différents, puis on a pris la moyenne.

Exemple : 40 gr. 247 anhydride (91,07 0/0 SO^3) = 51,38 0/0 SO^3 libre.
43 gr. 738   —   (91,07 0/0 SO^3)

Augmentation de la température dans le calorimètre, contenant 5 kg. d'eau : $2^o,610$; $2^o,835$.

Calories mesurées . . . . =	13,050	14,175
Équivalent du calorimètre. . =	+ 0,155	+ 0,1647
	13,205	14,3397
Calories développées . . .	328,09	327,70
Moyenne	327 cal. 895	

Pour la détermination de la chaleur de dissolution de l'anhydride, solide à la température ordinaire, on a tenu compte dans les calculs de la perte entraînée.

Les déterminations ont été faites aussi sur une grande échelle en se servant d'un tonneau en bois de 500 l. de capacité, placé sur une bascule sensible et soigneusement vérifiée et recouvert par un couvercle en bois. Après agitation avec un agitateur en bois, la température de l'eau dans ce calorimètre restait constante pendant un temps extrêmement long. On ajoutait alors la quantité d'acide sur laquelle on voulait expérimenter, 1 à 2 kg. environ, et on notait la température maximum à un thermomètre de BECKMANN donnant le centième.

Les résultats des deux méthodes ont concordé d'une façon remarquable, aussi le tableau ci-dessous ne contient-il qu'une série de chiffres. Nous ferons remarquer enfin que les expériences sur une grande échelle sont plus faciles à exécuter que celles en petit et donnent une exactitude au moins aussi grande, si les pesées sont faites avec soin.

TABLEAU V

Chaleurs de dissolution. — Valeurs observées.

H^2SO^4 0/0	SO^3 0/0	SO^3 libre 0,0	Calories
50,32	41,07	—	40,45
60,18	49,12	—	65,46
63,86	51,13	—	79,05
70,24	57,33	—	110,05
73,76	60,21	—	132,3
76,86	62,74	—	151,4
79,41	64,82	—	171,7
99,98	81,62	0,0	194,06
—	83,49	10,12	221,4
—	85,26	19,75	245,27
—	87,31	30,91	277,6
—	89,08	40,55	299,05
—	91,05	51,28	327,9
—	92,67	60,10	361,4
—	94,72	71,26	393,6
—	96,62	81,60	433,5
—	98,48	97,81	470,6
—	99,64	99,48	491,1

TABLEAU VI

Chaleurs de dissolution de l'anhydride solide. — Valeurs observées.

SO^3 total 0,0	SO^3 libre 0,0	Calories
89,4	42,3	271,0
90,73	49,53	303,2
92 5	59,2	330,4
94,5	70,1	369,2
96,28	79,75	408,8
98,14	97,32	436,1
99,54	99,34	481,4
99,84	99,77	486,0

TABLEAU VII

Chaleurs de dissolution de l'acide sulfurique et de son anhydride déterminées graphiquement.

Acide sulfurique			Anhydride			
SO^3 0/0	H^2SO^4 0/0	Calories	SO^3 0/0	SO^3 libre 0/0	Calories	Chaleur de dissolution de l'anhydride solide Calories
50	61,25	39	82	2,0	199	—
51	62,48	41	83	7,5	210,5	—
52	63,70	44	84	12,9	223,5	—
53	64,93	46,5	85	18,3	237	—
54	66,15	49	86	23,8	250	—
55	67,38	51,5	87	29,2	265	—
56	68,60	54	88	34,7	278	—
57	69,83	57	89	40,1	292	—
58	71,05	59,5	90	45,6	308	286
59	72,28	62	91	51,0	325	304
60	73,50	65	92	56,4	344	322
61	74,73	68	93	61,9	363	340
62	75,95	72	94	67,3	381	360
63	77,18	75	95	72,8	401	380
64	78,40	79	96	78,3	421	420
65	79,63	83,5	97	83,7	442	423
66	80,85	88	98	89,1	465	442
67	82,08	93	99	94,6	490	463
68	83,30	98	100	100,0	515	486
69	84,53	103				
70	85,75	108				
71	86,98	113				
72	88,20	119				
73	89,43	126				
74	90,65	133				
75	91,88	139				
76	93,10	146				
77	94,33	152				
78	95,55	160				
79	96,78	168				
80	98,00	178				
81	99,23	188				
81,63	100,00	193				

128. Résistance électrique. — La détermination de la résistance électrique de l'acide sulfurique fumant de diverses concentrations a été effectuée de la manière habituelle, au moyen de courant alternatif, du pont de

WHEATSTONE et du téléphone, en se servant d'électrodes en
platine platiné de 4 cm. de diamètre et 1 cm. d'écarte-

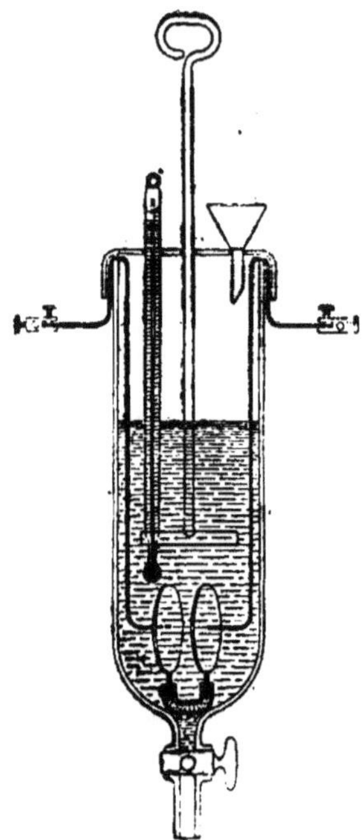

Fig. 110. — Appareil pour la mesure de la conductibilité électrique.

ment. Le dessin ci-dessus montre comment l'appareil est
composé dans ses diverses parties. Le récipient en verre
est pourvu à son extrémité inférieure d'un robinet permettant un nettoyage facile ; en outre, l'éloignement des
électrodes est déterminé une fois pour toutes, et, pour que
cet éloignement ne puisse varier, les électrodes sont
pourvues à leur partie inférieure d'un fil de platine soudé
dans un tube de verre en U. L'appareil permet de déterminer exactement une différence de 0,02 ohm. On a trouvé
pour l'acide monohydraté une petite différence avec le

chiffre trouvé par Kohlrausch [1] en ce sens que le maximum de résistance a été trouvé pour 99,9 à 99,95 0/0 de H^2SO^4 au lieu de 90,74-99,75. L'acide employé pour ces

TABLEAU VIII

Résistance de l'acide sulfurique à 25°

SO^3 %	H^2SO^4 %	Ohms	SO^3 %	H^2SO^4 %	Ohms
40,19	49,23	0,235	75,1	92,01	0,70 Min.
48,80	59,79	0,29	76,73	94,0	0,72
53,27	65,14	0,345	78,45	96,11	0,795
57,54	70,55	0,43	78,52	96,2	0,79
60,28	73,85	0,475	79,55	97,46	0,80
61,07	74,82	0,525	80,22	98,27	1,10
64,0	78,4	0,60	80,98	99,21	1,95
65,14	79,8	0,67	81,27	99,55	2,2
67,04	82,14	0,74	81,345	99,64	2,7
68,53	83,97	0,75	81,425	99,74	3,5
69,12	84,68	0,76 M x.	81,455	99,78	4,2
70,23	86,03	0,745	81,53	99,87	5,7
70,84	86,79	0,74	81,535	99,88 Mono-	5,7
73,4	89,92	0,705	81,59	99,95 hydrate	7,45 Max.

TABLEAU IX

Résistance électrique de l'anhydride à 25°.

SO^3 total 0/0	SO^3 libre 0/0	Ohms	SO^3 total 0/0	SO^3 libre 0/0	Ohms
81,695	0,34	6,15	90,5	45,0	23,4
81,74	0,5	5,35	90,8	50,0	53,0
82,4	4,0	2,43	91,6	54,0	88,0
83,14	9,8	2,20	92,7	60,3	220
84,2	14,0	2,15 } Min.	93,4	64,0	287
84,7	16,7	2,15	94,4	69,6	759
85,2	19,4	2,23	95,4	75,0	1265
86,3	25,5	2,95	96,35	80,0	4000 à 27°
87,05	29,4	4,05	96,87	83,0	6650 » 32°
88,3	36,3	6,65	98,16	90,0	61850 » 36°
89,0	40,2	15,2			

1. Il est spécialement question ici des recherches exactes publiées par Kohlrausch en 1882 dans les Annales de Wiedemann (**17**, 69).

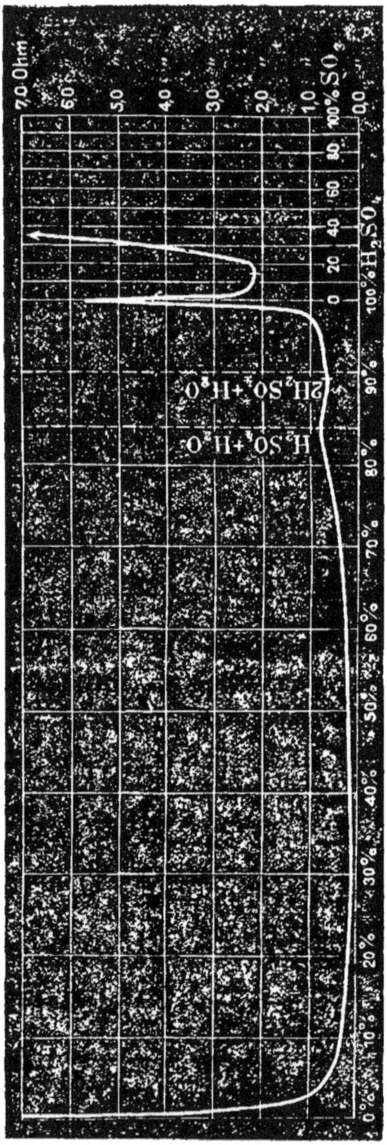

Fig. 111. — Résistance électrique de l'acide sulfurique à 25°.

expériences était de l'acide sulfurique absolument pur préparé au moyen d'anhydride gazeux.

Du reste, les chiffres obtenus concordent avec ceux de KOHLRAUSCH ; seulement les déterminations ont été étendues jusqu'à SO^3 100 0/0.

TABLEAU X

Attaque du fer. — Quantité dissoute en grammes, par mètre carré et par heure, après une attaque de 72 heures à la température de 18-20°.

H^2SO^4 0/0	SO^3 0/0	Fonte	Fonte malléable	Fer forgé
48,8	39,9	0,2177	—	—
61,2	50,0	0,1510	—	0,3032
67,7	55,3	0,0847	—	0,0789
73,4	59,9	0,0662	—	0,0623
79,7	65,0	0,1560	—	0,1159
83,7	68,4	0,1388	—	0,1052
85,1	69,5	0,1306	—	0,1034
88,2	72,0	0,1636	—	0,1417
90,6	73,9	0,1760	—	0,1339
92,0	75,2	0,0983	—	0,1040
93,0	75,9	0,0736	0,0987	0,0855
94,3	77,0	0,0723	0,0933	0,0708
95,4	77,9	0,1274	0,1471	0,1209
96,8	79,0	0,1013	0,0815	0,0988
98,4	80,3	0,0681	0,0533	0,0655
98,7	80,6	0,0583	0,0509	0,0570
99,2	81,0	0,0568	0,0418	0,0504
99,30	81,07	0,057	0,042	0,050
99,50	81,25	0,060	0,038	0,049
99,77	81,45	0,066	0,042	0,049
100,00	81,63	0,087	0,088	0,076
81,8 SO^3 total	0,91 SO^3 libre	0,201	0,393	0,323
82,02	2,00	0,190	0,285	0,514
82,28	3,64	0,132	0,441	0,687
82,54	4,73	0,154	0,956	0,075
82,80	7,45	0,151	0,566	1,321
83,50	10,17	0,079	0,758	1,510
84,20	12,89	0,270	1,024	0,892
84,62	16,16	0,271	1,400	0,758
85,05	18,34	0,076	1,988	1,530
86,00	23,78	0,070	0,245	0,471
88,24	34,67	0,043	0,033	0,053
90,07	45,56	0,040	0,018	0,019

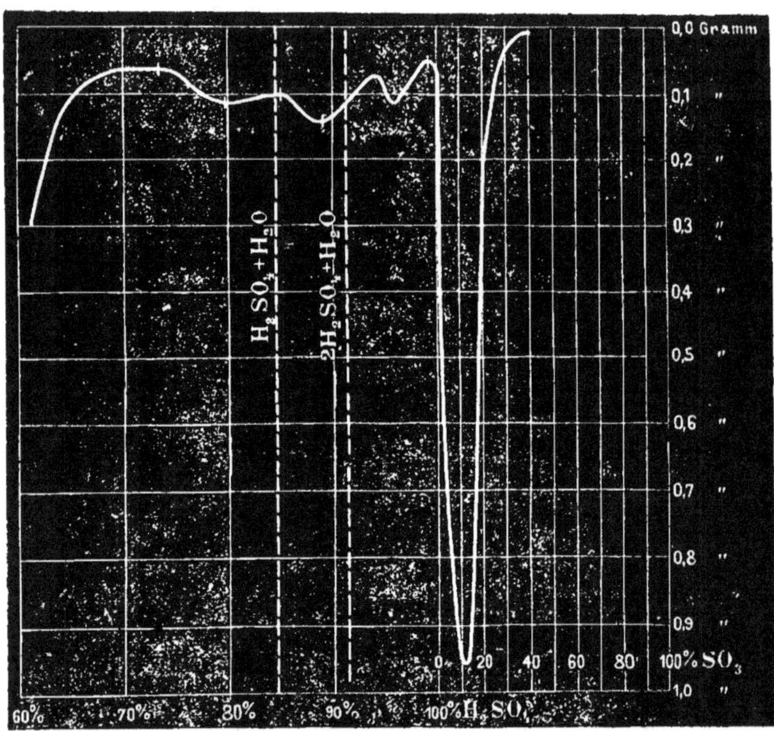

Fig. 112. — Attaque du fer forgé à 19°, en grammes, par mètre carré et par heure.

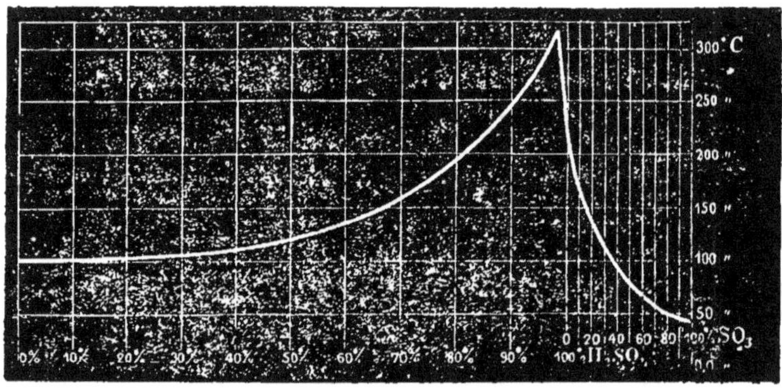

Fig. 113. — Courbe des points d'ébullition.

129. Attaque du fer. — On s'est servi pour ces essais de barres prismatiques en fer de 10 mm. $\times$ 10 mm. $\times$ 100 mm. dont la surface avait été rabotée puis polie. Après avoir enlevé les matières grasses au moyen de soude caustique et d'alcool, on les séchait dans un exsiccateur, les pesait et les mettait dans l'acide à examiner pendant 72 heures, en éliminant l'accès de l'air. Au bout de ce temps, on égouttait les prismes et après lavages avec du carbonate de soude, de l'eau chaude, de l'alcool, et séchage d'abord avec une serviette de coton, puis à l'exsiccateur on opérait une nouvelle pesée.

	Pourcentage en carbone total	Graphite
Fonte.	3,55 0/0	2,787 0/0
Fonte malléable	0,115 »	—
Fer forgé	0,076 »	—

TABLEAU XI
Points d'ébullition

H^2SO^4 0/0	SO^3 0/0	SO^3 libre 0/0	Eb.	H. en mm
61,69	50,36	—	140°	750
70,90	57,88	—	162	750
81,49	66,44	—	202	750
89,23	72,84	—	240	750
96,26	78,56	—	292	750
98,54	80,44	—	317	750
99,91	81,56	—	273	753
—	82,3	3,64	212	759
—	83,4	9,63	170	759
—	86,45	26,23	125	759
—	89,5	42,84	92	759
—	93,24	63,20	60	759
—	99,5	97,2	43	759

130. Point d'ébullition. — On a adopté comme point d'ébullition le degré donné au *premier bouillon* par un thermomètre plongé dans le liquide. Si on opère au réfri-

gérant à reflux, on obtient des chiffres un peu plus élevés
(LUNGE, *B.*, **1878**, 11, 370).

131. Tension de vapeur. — Pour les acides sulfuriques hydratés, la tension de vapeur a été mesurée par le

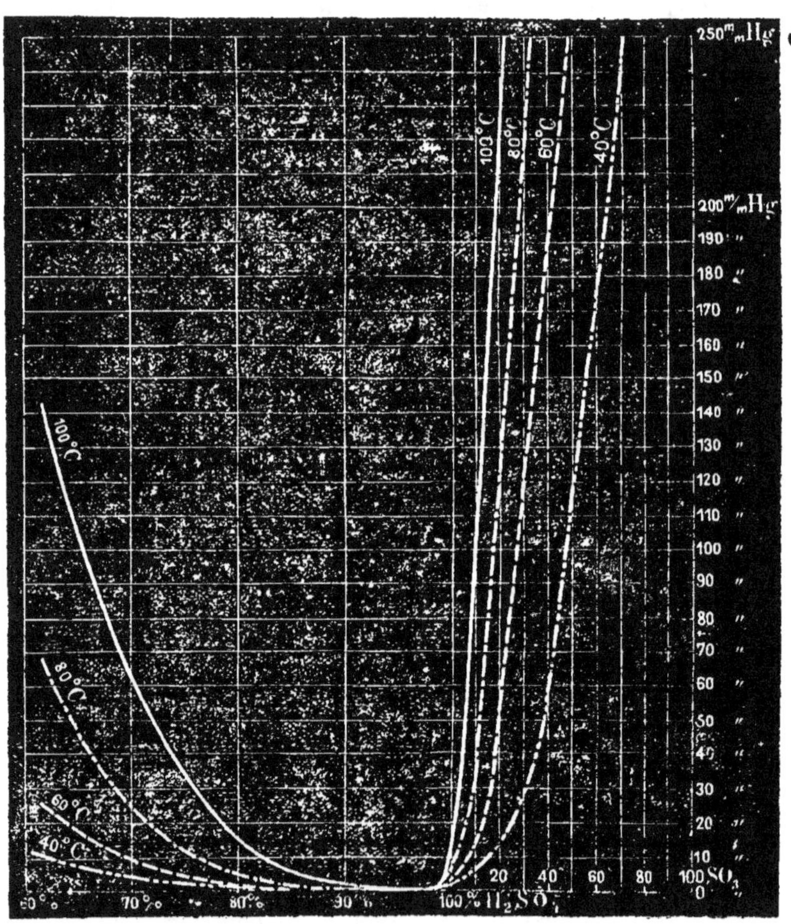

Fig. 114. — Tension de vapeur de l'acide sulfurique.

procédé ordinaire, en mesurant la dépression d'une colonne barométrique à différentes températures constantes.

Pour l'acide sulfurique fumant, cette méthode n'est pas applicable à cause de l'action corrosive de l'anhydride sulfurique sur le mercure. Les déterminations ont

TABLEAU XII

Dépression en mm. de mercure

H^{2}SO^4 0,0	20° mm.	40° mm.	60° mm.	80° mm.	100° mm.
61,7	3	10	25	68	143
70,9	2	3	8	22	57
81,4	1	1	1,5	3	10
89,23					1
93,8					
96,26	0	0	0	0	0
97,76					
98,56					

TABLEAU XIII

Tension de vapeur de quelques marques d'anhydride
(3/4 Vol. Anhydride + 1/4 Vol. Air.)

Températ.	Tension de l'anhydride à 30 0/0 Atm.	Tension de l'anhydride à 40 0/0 Atm.	Tension de l'anhydride à 50 0/0 Atm.	Tension de l'anhydride à 60 0/0 Atm.	Tension de l'anhydride à 70 0/0 Atm.	Tension de l'anhydride à 80 0/0 Atm.	Tension de l'anhydride à 100 0/0 Atm.
35°	—	—	—	—	—	0,150	0,400
40	—	0,075	—	0,225	0,375	0,500	0,650
45	0,050	0,125	—	0,350	0,575	0,650	0,875
50	0,100	0,175	0,350	0,525	0,775	0 875	1,200
55	0,140	0,225	0,450	0,675	1,025	1,200	1,600
60	0,200	0,275	0,550	0,825	1,400	1,500	1,850
65	0,225	0,350	0,700	1,025	1,650	1,900	2,250
70	0,275	0,400	0,825	1.275	2,050	2,300	2,725
75	0,340	0,475	1,000	1,570	2,525	2,800	3 300
80	0,400	0,575	1,150	1,850	3,100	3,500	4,000
85	0,450	0,675	1,400	2,150	3,700	4,175	4,900
90	0,530	0,825	1,700	2,575	4,400	5,050	5,900
95	0,625	0,950	2,050	3,150	5,200	6,000	—
100	0,730	1,100	2,400	3,700	6,000	—	—

donc été faites dans un appareil en fer muni d'un manomètre, ce qui était assez précis pour les applications
industrielles.

132. Viscosité. — La méthode employée était la suivante : l'acide était aspiré dans une sorte de pipette de
320 cc. et de 28 mm. de diamètre, étroite dans le haut et
munie d'un repère. L'écoulement se faisait en paroi
mince avec une ouverture de 1 mm. 3/4. Les temps pour

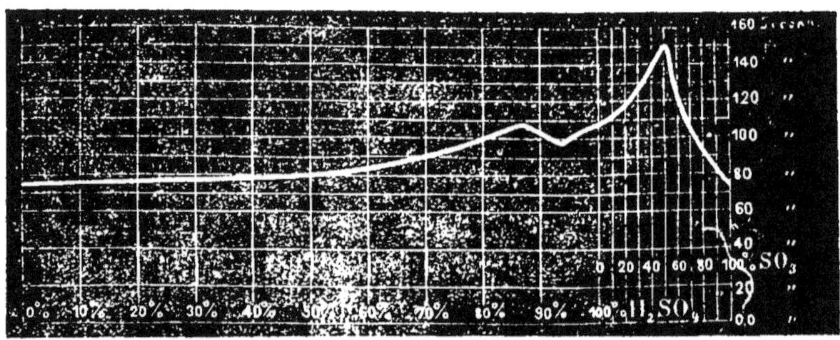

Fig. 115. — Courbe de la viscosité à 23°.

l'écoulement de volumes égaux et à des températures
sensiblement constantes (23°) étaient mesurés par un
chronographe donnant le quart de seconde.

133. Capillarité. — L'ascension capillaire était déterminée en se servant pour chaque expérience d'un tube
capillaire de thermomètre, aplati, soigneusement nettoyé
et séché. La détermination se faisait une fois avec le tube
sec et une fois avec le même tube mouillé par l'acide à
étudier.

Dans la plupart des cas les observations ont concordé,
mais quand il se produisait des différences on a envisagé

comme seule exacte la hauteur mesurée dans le tube
mouillé. Les tubes capillaires avaient une section lenticulaire. Une colonne de mercure de 22 mm. pesait

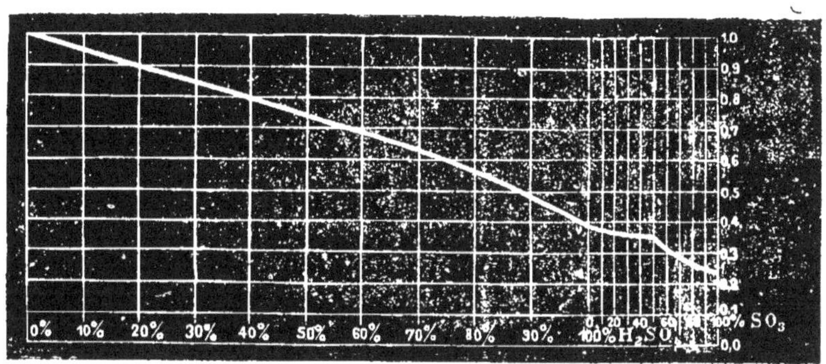

Fig. 116. — Courbe de la capillarité.

0 gr 0366 et une colonne de 52 mm. 5, 0 gr.0870, il s'ensuit qu'une colonne de 1 mm. représentait 0 gr. 00166
de mercure, soit un volume de 0 mmc ,122.

TABLEAU XIV

Capillarité à 22°					Viscosité de H^2SO^4 et SO^3 à 23°	
H^2SO^4	SO^3 0/0	SO^3 libre 0/0	rapportée à $H^2O=100$	trouvée en mm.	valeur trouvée en secondes	calculée pour $H^2O=100$
Eau	—	—	100	85	75,5	100
9,5 °/₀	—	—	95,29	81	75,5	100
18,7	—	—	90,58	77	75,75	100,3
27.8	—	—	85,88	73	76,5	101,3
37,3	—	—	82,35	70	77,5	102,6
46,4	—	—	76,47	65	80,0	106,0
55,9	—	—	71,76	61	82,5	109,3
65.2	—	—	65,88	56	86,5	114,6
74,4	—	—	61,17	52	95,0	125,8
81,5	—	—	55,88	47,5	104,5	138,4
86,1	—	—	51,76	44	107,0	141,7
86,8	—	—	51,17	43,5	107,25	142.0
89,2	—	—	49,41	42	105,5	139.7
93,8	—	—	44,70	38	98,0	129,8
96,3	—	—	42,35	36	103,5	137,1
97,7	—	—	40,58	34,5	105,5	139,7
98,6	—	—	40,00	34	106,0	140,4
100,3	81,8	0,9	38,23	32,5	110,0	145,7
100,9	82,4	4,2	38,23	32,5	111,0	147,0
101,9	83,2	8,5	37,64	32	111,5	147,7
103,4	84,4	15,1	37,64	32	114,0	151,0
104,4	85,2	19,4	36,47	31	117.5	155,6
106,8	87,2	30,3	36,47	31	126,0	166,9
108,8	88,8	39,0	35,29	30	130,0	170,8
111,2	90,8	49,9	35,29	30	150,0	198,7
113,2	92,4	58,6	32,94	28	145,0	192,0
115,6	94,4	69,5	29,41	25	109,0	145,0
118,1	96,4	80,4	25,88	22	95,0	125,8
120,1	98,0	89,1	24,70	21	83,0	109,9
122,5	99,8	98,9	23,52	20	76,0	100,7

§ 4. — ACIDE SULFURIQUE FUMANT
(ACIDE DE NORDHAUSEN)

134. Historique. — Quoique la fabrication de cet acide, localisée exclusivement en Bohème dans les mains de la maison Johann David STARK, soit destinée à être remplacée entièrement, et d'ici peu, par le procédé de contact, nous décrirons néanmoins dans ses grandes lignes le procédé plusieurs fois centenaire utilisé dans la région de Pilsen.

La fabrication de l'acide fumant fut d'abord exploitée en Saxe dans les environs de Gosslar et de Braunlage ; le lieu de dépôt et de vente de cet acide était Nordhausen, qui lui a donné ainsi son nom. Peu à peu, les fabriques du Harz ayant suspendu leur fabrication, cette dernière se trouva concentrée dans la région de Pilsen où l'on utilise les schistes pyriteux du Przibram.

Comme nous l'avons rappelé dans un autre chapitre, la distillation des sulfates métalliques, en particulier du sulfate de fer (vitriol) se trouve mentionnée dès le XIIIe siècle par les alchimistes en vue de la fabrication de l'huile de vitriol. C'est le même procédé que l'on utilise pour la préparation de l'acide de Nordhausen, avec cette différence que les alchimistes ne préparaient que de l'acide étendu ordinaire, tandis qu'en Bohème on fait de l'acide fumant.

La matière première de cette fabrication consiste en schistes pyriteux d'origine silurienne qui se rencontrent en grandes quantités aux environs de Przibram. Ces schistes dénommés *Vitriolschiefer* possèdent la composition suivante :

Constituants :	Origine des schistes				
	Weissgrün I	Weissgrün II	Darova	Hromie	Briza
a) Soluble à l'eau : Sulfates calcique, magnésique ou ferreux.	1,20	2,80	1,00	1,60	0,80
b) Insoluble à l'eau : Sulfure de fer . . .	12,37	31,53	14,50	11,58	14,33
Oxyde de fer . . .	0,76	2,17	2,42	0,16	0,64
Alumine.	3,50	2,40	2,80	1,20	1,30
Silice.	74,90	55,96	71,21	75,70	73,40
Carbone	6,09	4,99	6,84	8,40	8,80
CaO, Cu, Se, As . Perte	1,18	0,15	1,23	1,36	0,73
Poids spécifique . .	2,76	3,15	2,67	2,56	2,85

Les schistes pyriteux sont uniformément concassés et mis en tas de 15 à 20 mètres et abandonnés à eux-mêmes trois ans environ. Les tas sont arrangés de manière à former, au moyen de morceaux plus gros, des canaux intérieurs donnant accès à l'air nécessaire à l'oxydation. Sous l'action des agents atmosphériques, on voit ces schistes s'échauffer, s'effleurir peu à peu et se transformer en une masse friable, en partie soluble dans l'eau. Cette partie soluble n'est autre chose que du sulfate ferrique plus ou moins souillé par du sulfate d'alumine, de chaux, etc.

Les schistes entassés, comme nous l'avons dit, sur des aires planes, sont entourés de rigoles, conduisant les eaux de lessivage à de vastes réservoirs. Ces eaux ferriques fortement colorées en rouge brun marquent 18 à 23° à l'aréomètre de Baumé : on les abandonne à la décantation et à l'évaporation spontanée, puis on les concentre dans des chaudières à feu supérieur jusqu'à 40° B., après avoir extrait par pêchage l'alun qui cristallise le premier ; on pousse cette concentration jusqu'à consistance sirupeuse et l'on coule sur une aire où le produit se solidifie. On obtient de cette façon le *Rohstein* (pierre brute). Il ne reste plus qu'à le déshydrater à 130° et à l'oxyder par un courant d'air chaud, de façon à transformer aussi complètement que possible le sulfate ferreux en sulfate ferrique. On obtient finalement le *calcinierte Vitriolstein,* sulfate ferrique impur, de couleur blanc jaunâtre, facilement soluble dans l'eau en jaune rougeâtre avec un faible résidu, à réaction fortement acide.

La distillation pyrogénée du sulfate ferrique est exécutée dans des usines spéciales (*Oleumbrennerei*) dont il existe en Bohême une douzaine appartenant toutes à la maison Johann David STARK et travaillant chacune avec une dizaine de fours, comportant chacun environ 272 à 306 cornues. Les usines Stark fabriquent chaque année, dans leur propres ateliers, 724.000 cornues en terre et 40.000 allonges de condensation. Chaque cornue contient en moyenne 1 livre 1/2 de *Vitriolstein* calciné.

Ces cornues sont disposées horizontalement en quatre rangées de 34 dans des fours à galerie. Pendant quatre heures on chauffe les cornues avec l'ouverture débouchée ; dès que les vapeurs d'anhydride commencent à se dégager, on applique sur l'extrémité de chaque cornue une allonge contenant 15 litres d'eau ou d'acide sulfurique à 66° B. On pousse alors activement la distillation, qui est terminée en quelques heures.

En chargeant l'allonge avec de l'eau seulement, il faut répéter quatre à cinq fois l'opération pour arriver à de l'acide 79° B.; en employant dès le début de l'acide 66°, en trois à quatre distillations on obtient de l'oléum à 88° B.

On reconnaît que l'acide fumant a atteint le degré de concentration voulu à la vitesse avec laquelle il carbonise un éclat de sapin plongé dans le liquide. Ce point atteint, on verse le liquide des allonges dans un réservoir en grès où on le laisse déposer pendant huit jours, puis on le décante dans les récipients d'expédition.

Le résidu d'oxyde ferrique restant dans les cornues, appelé *caput-mortuum* d'après les alchimistes, est coloré en rouge brun. Il est utilisé soit comme poudre à polir, sous le nom de colcothar ou rouge d'Angleterre, soit comme matière colorante destinée à la fabrication de vernis et d'enduits marins, employés principalement à Hambourg.

Les usines de Johann David STARK sont arrivées à préparer 19 nuances de rouge formant 41 sortes, et cela grâce à des broyages du *caput-mortuum* brut et à la calcination soigneusement réglée après mélange avec du sel marin.

Les nuances jaunes sont obtenues par une calcination d'une heure, avec 2 0/0 de sel, et un refroidissement lent ; les brunes avec 4 0/0 de sel, les violettes avec 6 0/0 de sel ; on chauffe progressivement pendant six heures au rouge vif, puis on refroidit brusquement.

Voici encore quelques renseignements concernant la composition du *Vitriolstein* et du *caput-mortuum*, que nous empruntons à Lunge (*loc. cit.*, I, 773) :

I. *Vitriolstein*

Sulfate ferrique.	50,17
Sulfate d'alumine	11,94
Sulfate ferreux	1,35
Sulfate de magnésie . . .	1,17
Sulfate de chaux	0,33
Sulfate de cuivre	0,20
Sulfate de soude	0,11
Sulfate de potasse. . . .	0,13
Acide sulfurique	1,49
Acide silicique	9,10
Mn, As, P^2O^5	Traces
Eau	23,31
	99,30

II. *Caput-mortuum*

Oxyde ferrique   74,62
Alumine   12,53
Magnésie.   3,23
Chaux.   0,82
Anhydride sulfurique . .   5,17
Anhydride silicique . . .   1,17
Oxyde de cuivre   0,20
Eau   1,30
                                 ——————
                                  99,04

Le rendement du *Vitriolstein* en SO^3 95 à 96 0/0, dissous bien entendu dans l'acide 66° B. mis à l'avance dans l'allonge, ne dépasse pas 36 0/0.

135. Préparation de l'acide sulfurique fumant par d'autres procédés. — Un grand nombre de procédés ont été proposés pour la préparation de l'acide fumant. Tous, ou à peu près, se basent sur la décomposition ignée de sulfates ou pyrosulfates. Ces procédés n'ont plus aujourd'hui qu'un intérêt historique, étant donné le développement considérable pris ces dernières années par le procédé par contact, et il nous aura suffi des développements qui précèdent sur le procédé principal ancien.

CHAPITRE VII

———

ACIDE NITRIQUE

CHAPITRE VII

ACIDE NITRIQUE

§ 1. — NITRIFICATION NATURELLE

L'acide nitrique est uniquement préparé, actuellement, par la décomposition du nitrate de soude sous l'action de l'acide sulfurique, les procédés synthétiques basés sur l'effluve ne donnant pas encore en grand, comme nous le verrons plus loin, des rendements rémunérateurs. Nous commencerons ce chapitre par l'étude des nitrates, matière première de l'acide nitrique ou azotique.

136. Nitrification naturelle. — D'après BERTHELOT (*Sur la force des matières explosives*, t. I, p. 309), auquel nous empruntons les renseignements qui vont suivre, la formation du nitre dans la nature a été longtemps regardée comme un phénomène des plus obscurs, malgré les nombreuses recherches dont cette formation a été l'objet depuis des siècles. On savait, depuis longtemps aussi, que les alcalis et les carbonates alcalins exposés pendant quelque temps à l'air fournissent les réactions de l'acide nitrique.

De même il existe certaines plantes qui paraissent fabriquer du salpêtre aux dépens des combinaisons azotées, que l'on trouve dans le sol ou dans les engrais. Telles sont la bourrache, la parasitaire, la betterave, le tabac et surtout les plantes de la famille des amarantacées [1].

On savait encore que l'acide nitrique, formé dans l'atmosphère en petite quantité sous l'influence des orages, en même temps qu'un peu de nitrate d'ammoniaque, puis entraîné par les eaux de pluie dans le sol, s'unit aux bases qu'il y rencontre.

De ces différentes constatations, il résultait que la nitrification naturelle consiste principalement dans l'oxydation lente des composés organiques azotés, ou même de l'ammoniaque, par l'oxygène de l'air, avec le concours de l'eau et d'un carbonate alcalin ou terreux. Les substances argileuses et les matières poreuses paraissaient favoriser cette oxydation.

Tel était l'état de la question lorsqu'en 1877 MM. SCHLŒSING et MUNTZ [2] montrèrent que la nitrification des composés organiques azotés a lieu sous l'influence de corpuscules organisés, punctiformes, arrondis ou légèrement allongés, parfois accolés deux à deux, de très petites dimensions et fort analogues comme apparence aux corpuscules-germes des bactéries.

Ces corpuscules se trouvent dans tous les sols arables et dans les eaux d'égout, qu'ils concourent à purifier. Ils déterminent la fixation de l'oxygène sur l'ammoniaque et sur les matières azotées, en formant des nitrates et quelquefois des nitrites quand la température est inférieure à 20° ou l'aération insuffisante. Ces nitrites peuvent encore résulter de la réduction des nitrates, formés par le *processus* indiqué, par l'intervention du ferment

---

1. FAUCHER, note sur l'extraction du salpêtre, *Mémorial des poudres et salpêtres* ; **1883**, 162.
2. C. r., **1884**, 301 ; **85**, 1018 ; **86**, 892 ; **89**, 891, 1074.

butyrique ou d'autres ferments secondaires analogues, ainsi que l'ont montré MM. P. P. Dehérain et Maquenne (*C. r.*, **95**, 691, et Gayon, *C. r.*, **95**, 1365).

L'action du ferment nitrique s'exerce entre des limites de température déterminées. Au-dessous de 5°, elle est insensible ; à 12° elle devient appréciable. Elle est de plus en plus active à mesure que la température est plus haute, jusque vers 37°, température à laquelle la nitrifi-cation est dix fois plus rapide qu'à 14°. Au delà elle se ralentit ; vers 45° elle est moins active qu'à 15°, et à 55° elle cesse totalement.

L'utilisation pratique de ce ferment nitrique, pour la préparation du salpêtre, fut faite sur une grande échelle dans tous les pays civilisés. Aujourd'hui que le Chili et le Pérou exportent des quantités de plus en plus grandes de salpêtre, la nitrification artificielle ne se pratique plus guère qu'en Russie et en Suède.

Nous croyons néanmoins utile de résumer d'après Berthelot (*loc. cit.*, p. 346) l'histoire de l'industrie du salpêtre préparé au moyen des matières artificielles.

Les grandes guerres du xve siècle répandirent en Europe l'emploi de la poudre et de l'artillerie, et par conséquent celui du salpêtre. Cependant le premier règlement général que l'on trouve dans nos archives, relativement à la fabrication du salpêtre, est un édit publié en novembre 1540, régularisant sans aucun doute une industrie préexistante. Il institue des salpêtriers commissionnés, chargés de la recherche et de l'extrac-tion du salpêtre.

Cet édit fut confirmé et renouvelé en 1572 ; depuis lors chaque grande guerre entreprise par la France coïncide avec une série de règlements nouveaux, destinés à préci-ser les anciens, à remettre en vigueur des obligations qui tendaient toujours à tomber en désuétude, et à donner à la fabrication une impulsion nouvelle.

L'industrie des salpêtriers s'exerçait sur les terres et matériaux salpêtrés des écuries, bergeries, étables, caves, celliers et colombiers, ainsi que sur les platras de démolitions. Les salpêtriers avaient le droit d'exploiter partout ces matériaux divers : avec des ratissoirs et écouvettes dans les maisons ; avec des marteaux, pelles, pics et hoyaux dans les lieux non habités. Ils pratiquaient *la fouille*, c'est-à-dire qu'ils enlevaient les terres des caves, étables et bergeries, etc., à la condition de ménager les fondations et de rétablir les lieux en l'état.

Nul ne devait démolir un mur ou une maison sans prévenir les salpêtriers qui venaient désigner sur place les platras et les pierres qu'ils se réservaient, matières qu'il était dès lors interdit de mouiller, gâter ou mélanger avec d'autres débris.

A ces privilèges on ajouta au xviii⁰ siècle l'obligation pour les particuliers de livrer leurs cendres à prix réglementé, les salpêtriers ayant d'ailleurs le droit de saisir les cendres aux portes des villes (règlements de 1745, 1779, etc.). Ils avaient encore le droit de pénétrer chez les particuliers pour faire leurs recherches et d'y séjourner de 6 heures du matin à 6 heures du soir, d'installer leurs cuveaux et appareils dans les halles publiques, dans les cours privées et dans les lieux qui leur paraissaient les plus favorables. Leur visite avait lieu tous les trois ans à peu près.

Les communes devaient leur fournir le bois nécessaire pour leur travail, parfois même le logement, et donner les voitures pour transporter leurs effets et instruments, ainsi que le salpêtre jusqu'à la raffinerie. Ils fixaient eux-mêmes en Franche-Comté le salaire des journaliers, à savoir cinq sous par jour, ou dix sous, selon la saison. Enfin les salpêtriers étaient exemptés du logement des gens de guerre, des droits de péage sur les ponts et routes, etc.

En 1701 il existait à Paris 27 salpêtriers, fabriquant par an chacun 22.000 livres de salpêtre brut (perdant 25 à 30 0/0 au raffinage).

Entre 1783 et 1791, les salpêtriers de Paris produisirent en moyenne 750.000 livres par an et ceux de la campagne parisienne 300.000 livres, tandis que la production des nitrières artificielles ne dépassait pas 24.000 livres.

Le salpêtre brut était payé 9 sous la livre en 1775 et le salpêtre raffiné 12 sous.

La récolte du salpêtre s'élevait pour la France entière, vers le temps de Louis XIII, à 3.500.000 livres ; mais elle avait décliné peu à peu jusqu'à tomber, en 1775, au-dessous de 1.800.000 livres ; on tirait à cette époque une moitié de salpêtre en plus des Indes orientales.

De grands efforts furent alors tentés pour relever cette industrie, et l'on avait réussi, en 1789, à porter la récolte à 3.000.000 de livres.

Le déclin survenu dans la production pendant le XVIIIe siècle provenait en partie de la routine et de l'affaiblissement de l'initiative, qui s'introduisent inévitablement dans toute grande organisation existant depuis de longues années ; mais il résultait aussi de l'adoucissement des mœurs, lequel ne permettait plus de pousser aussi loin qu'autrefois la rigueur vexatoire des anciens règlements.

En 1777, sous l'influence de Turgot, qui cherchait à supprimer partout, ou tout au moins à restreindre, les entraves des corporations, un édit interdit la fouille

dans les caves, celliers à vin et lieux d'habitation person-
nelle ; toute commune qui formait une nitrière artificielle devait être exemptée tout à fait de la fouille, le droit
des salpêtriers étant restreint aux matériaux de démolitions.

C'est de cette époque en effet que datent le grand mouvement dans l'importation du salpêtre et sa fabrication au moyen des nitrières artificielles déjà usitées en
Suède et dans le nord de l'Allemagne, où elles s'étaient
introduites peu à peu pendant le cours du xviiie siècle.

§ 2. — NITRIÈRES ARTIFICIELLES

137. Nitrification artificielle. — Une nitrière artificielle consiste essentiellement en un vaste emplacement
ou hangar, recouvert d'un toit pour l'abriter de la pluie,
et dans lequel on dispose une terre meuble, mélangée
avec des débris de matières végétales et animales, de la
cendre, des matériaux de démolition, de la chaux ou
de la marne (BERTHELOT, *loc. cit.*, p. 349).

Le tout est entremêlé de branchages, afin de permettre
une circulation lente de l'air dans toute la masse. On
remue de temps en temps pour multiplier les surfaces,
et l'on arrose avec de l'urine ou du purin.

Dans ces conditions, la décomposition des débris organiques se complète lentement et son dernier terme est
représenté par l'oxydation totale des composés azotés,
laquelle, dirigée et activée par la présence des carbonates
alcalins et surtout terreux, facilitée en outre par la poro-
sité du milieu et le lent renouvellement de l'air, donne
lieu à la formation des nitrates.

Diverses autres dispositions ont été proposées pour

atteindre le même but. A Malte, la terre calcaire et le fumier étaient placés par lits alternatifs. Dans les carrières de Longpont, en France, on disposait des couches alternées de terre et de fumier, de 10 cm. d'épaisseur, arrosées avec le purin des étables. Après deux ans on exposait ces couches à l'air et on les retournait de temps en temps ; deux ans après on lessivait. On obtenait ainsi de 500 à 600 kilos de salpêtre avec le fumier de 25 animaux, vaches ou veaux. En Prusse, on construisait des murs en terre et matériaux calcaires, entremêlés de paille. Ailleurs on essaya des fosses, des voûtes et même des édifices, destinés à la fois à l'habitation des moutons (nitrières-bergeries), ou des chevaux (nitrières-cavaleries) et à la production du salpêtre, etc...

Voici à titre d'exemple comment on installa la nitrière du village de Mike Perces, près de Debreczin, en Hongrie :

L'emplacement choisi pour l'exploitation se compose d'une surface légèrement inclinée, dont le sol est formé d'un sable noir, poreux, mélangé de parties argileuses et calcaires. Cette surface aboutit à un marais, qui ne se dessèche jamais complètement et dont elle faisait primitivement partie. Tous les liquides qui s'écoulent des fermes du village, liquides chargés de matières organiques, spécialement les urines des étables et les purins des fumiers, sont dirigés vers ce terrain incliné ; dans leur parcours jusqu'à la mare, ils imbibent le sol, sur lequel on répand des cendres de temps à autre. La nitrification est si active que dans les mois où l'air est chaud, sans être trop sec, en mai et en juin par exemple, on peut ramasser du salpêtre chaque soir.

Ce sel se concentre dans les couches supérieures, où s'évapore le liquide qui le tenait en dissolution, et il y forme des efflorescences. On racle la terre avec un outil traîné par des chevaux et l'on enlève ; 6 récoltes par an donnent de 300 à 400 kilos de salpètre par 100 mètres carrés de surface.

Les nitrières quand elles sont bien construites fournissent du salpètre dès la première année ; les terres lessivées, remises en fabrication, en fournissent de nouveau et même davantage la deuxième et la troisième année. Au bout de 8 à 10 ans, elles sont épuisées, à moins de les renouveler par l'introduction de nouveaux matériaux.

La présence du ferment nitrique se retrouve en d'autres lieux, c'est ainsi qu'il existe des couches calcaires immenses, imprégnées de débris organiques et qui se nitrifient spontanément, partout où elles arrivent en contact avec l'air, dans les lieux habités.

On a signalé, par exemple, les tuffeaux de Touraine et de Saintonge, les carrières de Villers-Cotterets, les calcaires de la Roche-Guyon, aux bords de la Seine.

Voici quelques chiffres qui donnent une idée de la richesse en salpètre de ces diverses matières premières.

1.000 parties d'une terre de bergerie n'ayant jamais été traitée ont fourni :

Salpètre brut.	8,5
Après trois ans de repos, il s'en était reproduit.	6,3
Après quatre ans de repos	8,4
Bergerie récemment bâtie, après trois ans . .	2,1
Cimetière, sous une voute aérée	7,6
Terre nitrifiable, sans addition, remuée à la pelle	4,0
Craie de la Roche-Guyon, prise au-dessous des habitations . . . . , .	2,8
Craie de la Roche-Guyon, au centre de la montagne	traces.

Les rendements maximum sont beaucoup plus élevés et montent jusqu'à 3 ou 4 0/0 dans les terres et jusqu'à 5 0/0 dans les platras, mais exceptionnellement.

Les ressources destinées à la production du salpêtre augmentaient ainsi chaque jour, et l'on espérait pouvoir affranchir les particuliers des vexations de la fouille et de la visite par les salpêtriers. Le gouvernement proposa des prix, par l'intermédiaire de l'Académie des sciences, pour l'étude de la formation du salpêtre, et il propagea les nitrières artificielles à l'aide de toutes sortes d'encouragements.

La production du salpêtre s'accrut, en effet, et fut presque doublée en quinze ans. Mais cette accroissement n'était pas dû aux nitrières artificielles. En raison du prix de la main-d'œuvre, multipliée par les nouveaux procédés, et à cause de quelques vices d'exploitation mal éclaircis, les nitrières artificielles ne tinrent pas ce qu'on en attendait. Quoi qu'il en soit, les efforts de la science eurent deux résultats, à savoir : de développer l'exploitation des roches nitrifiées naturellement en Touraine, et de découvrir des méthodes nouvelles pour traiter les eaux-mères des salpêtriers.

Jusque là, en effet, ces traitements avaient lieu un peu à l'aventure, et leur succès dépendait des proportions variables de potasse, de soude, de chaux et de magnésie, qui se trouvaient sous forme de nitrates, de chlorures et parfois de sulfates, dans le mélange de terres salpêtrées et de cendres soumises au lessivage.

On assigne aux sels contenus dans la lessive des matériaux salpêtrés, pris isolément, la composition moyenne que voici :

Nitrate de potasse. 10

Nitrates terreux 70

> Chlorure de sodium   15
> Chlorures terreux (calcium, magnésium).   5

Mais cette composition varie d'un échantillon à l'autre, et elle est modifiée par l'introduction des cendres.

C'est de cette époque aussi que date le traitement méthodique des eaux-mères, après une première séparation du salpêtre, par du carbonate de potasse, employé en proportion exacte pour précipiter les terres et tout transformer en sels alcalins. Le sulfate de potasse précipite aussi les sels de chaux. On reconnut encore que le chlorure de potassium, qui peut résulter de la destruction des chlorures terreux, transforme en nitrate de potasse les nitrates de chaux et même de soude : propriété dont il est facile de tirer parti pour économiser une portion du carbonate de potasse.

Cependant la production du salpêtre en France luttait déjà avec difficulté contre l'importation du sel venu des Indes. Aussi les salpêtriers tiraient-ils parti de tout : les derniers résidus étant employés comme engrais, les dernières eaux-mères étant distillées à sec avec de l'argile pour obtenir de l'eau-forte (acide nitrique), etc. Bref, ainsi que le dit BERTHELOT, c'était de plus en plus, suivant une expression du temps, « un métier de gagne-petit ». Le prix de 13 sous et demi par livre, fixé vers 1792, n'était pas regardé comme suffisamment rémunérateur. Dans un mémoire, présenté par les salpêtriers en 1793, ils déclarent que le salpêtre vaudrait réellement 29 sous et demi la livre, si l'on abolissait tous leurs privilèges. Cette évaluation était sans doute fort exagérée ; mais il n'en est pas moins vrai que l'industrie des salpêtriers ne pouvait subsister sans des privilèges contraires à l'esprit nouveau.

En 1791, on proposa à l'Assemblée nationale d'abolir

tous ces privilèges, et de s'en remettre à la liberté du commerce pour pourvoir la France de salpêtre, à plus bas prix et avec moins d'entraves pour les citoyens.

Ces espérances, fondées sur les prévisions d'un régime régulier et pacifique, allaient être renversées par de terribles réalités. En 1792, la guerre éclatait de toutes parts, la France était bloquée, les ressources de l'Inde lui étaient interdites et il devenait nécessaire de tirer du sol national toute la poudre et tout le salpêtre nécessaires pour soutenir la lutte.

On revint aussitôt aux anciens errements et l'on fit un appel au concours volontaire de tous les citoyens, pour activer et accroître l'extraction d'une matière devenue indispensable à la défense nationale. Par un décret rendu le 14 frimaire, an II de la République, tous les citoyens sont invités à lessiver eux-mêmes la surface de leurs caves, écuries, bergeries, pressoirs, celliers, remises, étables, etc... Les municipalités sont aussi invitées à former un atelier commun pour des lessivages et évaporations ; des instructions sont publiées, des agents nommés pour diriger l'initiative des particuliers. Le prix du salpêtre récolté est fixé à 24 sous la livre, le prix fut bien dépassé dans les lieux où l'on procéda par voie administrative ; on dit même que dans certaines communes le salpêtre revint jusqu'à 200 livres (assignats).

Quoi qu'il en soit, le but fut atteint ; la *fête du salpêtre* célébra les premiers résultats obtenus.

Bientôt il exista dans Paris soixante ateliers nouveaux, fabriquant chacun 800 livres par décade, sans préjudice des travaux continués par les anciens salpêtriers, qui subsistèrent à côté de l'organisation nouvelle. Dans la France entière, le même mouvement se produisit et porta le nombre des ateliers à six mille et la production à

16 millions de livres, en une seule année ; l'année suivante, la production fut de 5 millions de livres. Ces quantités n'étaient pas excessives, car elles devaient suffire à l'emploi des bouches à feu nouvellement fabriquées au nombre de 12.000 en fer et de 7.000 en bronze, pour la seule année 1793. En même temps, les méthodes de purification, devenues plus promptes et plus parfaites, permettaient d'abaisser de 30 à 10 0/0 le déchet du raffinage.

En l'an V, le prix du salpêtre brut était de 18 à 20 sous la livre. Une organisation unique réunit alors l'ancienne régie et les nouveaux agents de la fabrication révolutionnaire : c'est l'origine de l'Administration actuelle des poudres et salpêtres.

En 1813 il existait seulement 800 salpêtriers commissionnés, et la production annuelle, dans la vaste étendue de l'empire français, s'élevait à 2.000.000 de kilogrammes, sur lesquels Paris fournissait un tiers, la Touraine un dixième, les nitrières artificielles un vingtième environ. À la paix, le rétablissement du commerce avec les Indes orientales porta un premier coup à l'industrie des salpêtriers ; cependant elle florissait encore pendant la Restauration. Mais l'affranchissement des colonies espagnoles eut pour résultat l'exploitation des minerais de nitrate de soude au Chili et au Pérou. La concurrence ne tarda pas à devenir impossible, malgré les primes accordées à l'industrie nationale. Néanmoins, il y a une quarantaine d'années, des particuliers continuaient encore, en Champagne, à extraire et à livrer à la Régie quelques milliers de kilogrammes de salpêtre, obtenu dans des conditions de main-d'œuvre exceptionnelles.

Si nous avons cité presque *in extenso* l'étude de

M. Berthelot, c'est pour montrer combien depuis longtemps la question du salpêtre a d'importance et quelle
révolution économique produisit sur le marché euro-
péen l'apparition du salpêtre du Chili et du Pérou. Ce
salpêtre est du nitrate de soude, il est vrai, donc impropre à la fabrication de la poudre, mais on avait remarqué depuis longtemps déjà la transformation que cette
substance éprouve sous l'action du chlorure de potassium. On savait le transformer en nitrate de potasse.
Les derniers salpêtriers n'avaient donc plus qu'à disparaître. Nous verrons néanmoins plus loin (**140**), en parlant des recherches actuelles sur l'extraction de l'azote
atmosphérique, que certains chercheurs ont repris avec
succès les vieilles méthodes des salpêtriers.

§ 3. — GISEMENTS DU CHILI

138. Salpêtre du Chili et du Pérou. — Les champs
de salpêtre du Chili et du Pérou se trouvent principalement dans la province de Tarapacà, entre 68° 15′ et
70° 18′ de longitude et entre 19° 12′ et 21° 18′ 30″ de lati-
tude ; on en rencontre encore plus au Sud à Antofogasta
et Jaltal. Ces gisements de salpêtre ont été découverts en
1821 par Mariano de Rivero et sont exploités depuis 1830.
Ils se trouvent à une altitude de 1.100 mètres au-dessus
du niveau de la mer et leur surface représente environ,
d'après Billinghurst, 21.212 estacas, c'est-à-dire environ
60.000 hectares. La quantité de salpêtre que ces gisements
sont susceptibles de livrer correspond à environ 1980 millions de quintaux espagnols.

La couche de minerai salpêtré, appelé *caliche,* a
25 cm. à 1 m. 50 d'épaisseur. On la rencontre rarement

en affleurement, elle est presque toujours recouverte par une épaisseur de terre, appelée *costra*, qui a de 50 cm. à 2 mètres d'épaisseur et qui consiste généralement en sable, feldspath, phosphates et autres minéraux. Ces gisements, appelés *salibieras*, s'étendent jusqu'aux Andes et constituent un désert absolument dépourvu de végétation et appelé *Pampa negra*, où le caliche alterne avec des gisements de sel gemme et de borate de chaux (Tincal). Comme nous le disons plus haut, on a découvert d'autres gisements dans le désert d'Atacama ; les principaux sont ceux de Salinas sous le tropique, et celui de Toco, plus au Nord, dans le bassin du Hoa (Bolivie). Il semble que le gisement de Salinas a été en partie lessivé par les eaux venant des Andes et a fourni des eaux salines, dont l'évaporation a constitué le gisement d'El Carmen, existant dans une cuvette, sur le versant oriental de la chaîne littorale, à 24 kilomètres d'Antofogasta.

Il existe également des gisements dans le Chili, mais ils sont moins riches et moins réguliers que ceux du Pérou.

On trouvera dans l'Encyclopédie chimique de Frémy, tome **5**, p. 295, une carte des principaux gisements de l'Amérique du Sud.

La région transcaspienne est aussi riche en gisements de salpêtre : on en a découvert récemment à Schor-Kala dont le minerai brut titre 77 0/0 de nitrate de soude (E. DAVIDSOHN, B. H Z. **1892**, 127, Z. angew, Ch. **1892**, 279).

D'après SICKENBERG et FLOGER, on rencontre aussi dans la Haute Egypte des gisements de salpêtre, appelé *tafla*, utilisés comme engrais.

La présence constante du sel marin et de l'iode, concurremment avec l'existence des borates, a conduit à penser que les gisements de salpêtre sont d'origine marine.

Cette théorie a d'abord été proposée par Nöllner et Langbein ; elle est aujourd'hui généralement acceptée [1]. D'après ces auteurs les gisements actuels de caliche, furent un jour au même niveau que la mer et recouverts par les flots. Il s'y forma des dépôts importants de débris organiques végétaux et animaux, qui, après le soulèvement de ces terres, et dans un pays particulièrement sec et chaud subirent une fermentation nitrique intense. Tout parle en faveur de cette hypothèse : les gisements de sel gemme, de borate de chaux et de natroborocalcite qui accompagnent toujours le caliche, la petite teneur de ce dernier en sel de potasse (ce qui correspond à la constitution des plantes marines) et enfin la présence constante d'iode.

Voici la composition du *caliche* et de la *costra* d'après

Constituants	CALICHE					Costra de Toco
	belle blanche	belle	brune	de Toco	de Toco	de Toco
Nitrate de sodium. . .	70,62	64,98	60,97	51,50	49,05	18,60
Iodate de sodium . . .	1,90	0,63	0,73	—	—	—
Iodure de sodium . . .	—		—	Traces	Traces	—
Chlorure de sodium . .	22,39	28,69	16,85	22,08	29,05	33,80
Sulfate de sodium. . .	1,80	3,00	4,56	8,99	9,02	16,64
Sulfate de potassium. .	—	—	—	8,55	4,57	2,44
Chlorure de magnésium	—	—	—	0 43	1,27	1,62
Sulfate de magnésium .	0,51	—	5,88	—	—	—
Sulfate de calcium. . .	0,87	—	1,31	—	—	—
Carbonate de calcium .	—	—	—	0,12	0,15	0,09
Silice et oxyde de fer .	—	2,60	—	0,90	2,80	3,00
Insoluble	0,92		4,06	6,00	3,18	20,10
Eau.	0,99	—	5,64	—	—	—
	100,00	99,90	100,00	98,57	99,09	96,29
Expérimentateur . . .	Machattie	Blake	Machattie	L'Olivier	L'Olivier	L'Olivier

1. Voyez Wagner Jahresbericht, **1868**, 290 ; **1871**, 300 ; **1872**, 290 ; **1879**, 390 ; Dingler, **232**. *Encyclopédie de Frémy*, 5, 297.

Constituants	PROVENANCE DU CALICHE										
	Gisement situé entre Taltal et Paposa		Gisement situé à 100 kilomètres environ de Taltal				Gisement d'Aguas-Blancas				Morceaux les plus purs
	a	*b*	*c*	*d*	*e*	*f*	*g*	*h*	*i*	*k*	*l*
Nitrate de sodium. .	47,2	10,1	32,3	29,4	26,8	21,1	15,6	13,0	10,0	5,0	95,04
Chlorure de sodium.	7,4	8,7	Traces	Traces	2,6	25,3	35,5	34,6	35,5	8,0	0,17
Sulfate de sodium et eau combinée. . .	26,7	28,2	21,0	47,6	55,6	53,3	21,7	48,2	22,5	74,0	3,94
Iodate de sodium . .	—	—	—	—	0,22	—	—	0,43	0,58	—	0,014
Insoluble	18,7	53,0	41,7	23,0	14,8	0,3	27,2	3,7	31,4	9,0	0,21
	100,0	100,0	95,0	100,0	100,02	100,0	100,0	99,93	99,98	96,0	99,374

les analyses de Machattie *(Ch. N.*, **1875**, **31**, 263, DE Blake et V. L'Olivier *(C. r.*, **1875**, 26 oct. et *A. ch*, [5], **7**, 280).

D'après Lunge les analyses de Machattie seraient sujettes à caution à cause de leur haute teneur en dérivés de l'iode.

Voici encore d'autres analyses de *caliche* faites par Villannera pour le compte du gouvernement du Chili (Dammer, **1**, 294).

D'après Polakowsky, on peut estimer qu'un bon *caliche* moyen doit contenir :

Nitrate de sodium . .	50 0/0
Chlorure de sodium . .	26 —
Sulfate de sodium. . .	6 —
Sulfate de magnésium .	3 —
Insoluble et eau . . .	15 —

Le traitement du caliche est basé sur le fait que la solubilité du nitrate de soude augmente considérablement avec la température, tandis que celle du sel marin demeure sensiblement constante.

Pour dissoudre 1 kilogramme de nitrate de soude, il faut les quantités suivantes d'eau :

Température Degrés	Qantités d'eau kgs	Auteurs —
— 6	1,58	Marx
∓ 0	1,49	Ditte
+ 4	1,40	—
10	1,31	—
15	1,24	—
21	1,16	—
29	1,08	—
56	1,00	—

51	0,880	—
68	0,799	—
80	0,710	—
90	0,650	Poggiale
100	0,595	—
119	0,460	Marx
120	0,444	Griffiths

La solution saturée bout à 122°.

Cette table des solubilités ne peut pas être appliquée industriellement, car, d'après les lois de MALAGUTI, la présence d'autres sels solubles diminue notablement la solubilité du nitrate. C'est ainsi que, d'après ANTHON (*Dammer, Handbuch der chemischen Technologie*, **1**, 294), 100 litres d'eau pure, additionnés de 25 kgs. de chlorure de sodium, ne dissolvent plus que 52 kgs. 8 de nitrate, à la température de 20°, au lieu de 88 kgs.

139. Extraction du salpêtre du Chili. — 1° D'après SOREL (*loc. cit.*, 361), l'extraction du nitrate de sodium a été longtemps faite d'une façon très primitive par de petites exploitations industrielles. Le fabricant était nomade et, par suite, devait n'avoir qu'un matériel portatif qui consistait en deux chaudières en fonte (*paradas*), chauffées par un foyer très primitif qu'il construisait sur place. Il y jetait le *caliche* concassé avec un mélange d'eau pure et d'eaux-mères (*aqua vieja*) et chauffait le mélange pendant 6 à 8 heures, en ayant soin d'enlever les écumes très abondantes qui se formaient, puis il abattait le feu, laissait décanter à chaud, et extrayait les matières insolubles et le sel qui se déposait (*ripia*). Les liquides clarifiés étaient décantés à la main dans des cristallisoirs en bois longs de 2 mètres, larges de 1 mètre et profonds de 0 m. 20 environ, où la masse se trouvait exposée au rayonnement nocturne très actif dans ces climats secs. On retirait le lendemain 40 parties de cristaux et 60 d'eaux-mères, que l'on réutilisait jusqu'à ce qu'elles continssent une dose d'iode capable de compromettre la durée du matériel.

2° On utilisa ensuite des cylindres verticaux chauffés par barbotage de vapeur (*maquinas*). Ces cylindres ont de 8 à 10 mètres de hauteur sur 4 à 5 mètres de diamètre et livrent 1.000 à 3 000 quintaux espagnols (46 kgs.) de nitrate brut par 24 heures. La cristallisation des lessives clarifiées a lieu dans de grands bacs plats en tôle de 10.000 litres de contenance et dure de 3 à 4 jours.

3° D'après l'*Encyclopédie de Frémy*, **5**, 301, on utilise actuellement dans de grandes usines installées par des maisons allemandes ou anglaises des chaudières de 11 mètres de longueur sur une largeur et une hauteur égales de 1 m. 85. Ces chaudières, chauffées à la vapeur indirecte, peuvent recevoir 6 wagonnets en tôle perforée contenant environ 4.000 kgs de *caliche*. On active la dissolution par injection d'air chaud, au moyen d'un Körting, ce qui provoque un brassage énergique, et, l'opération terminée, on enlève les wagonnets avec les matières insolubles qu'ils contiennent.

Ces appareils d'épuisement sont fermés et les vapeurs qui se dégagent pendant l'opération, conduites dans un appareil à contre-courant destiné à réchauffer à 60° les eaux-mères qui serviront à alimenter la chaudière.

Les eaux-mères sont mises à part aussitôt qu'elles contiennent une quantité d'iode assez forte pour attaquer les tôles des chaudières.

Un litre d'eaux-mères contient d'après V. L'Olivier, dont nous avons déjà cité les analyses :

A l'usine la Noria   4 gr. 80 d'iode

—	San-Pedro	2 gr. 75	—
—	San-Antonio	2 gr. 30	—
—	Argentina	3 gr. 90	—
—	Pernana	4 gr. 55	—

On estime que, pour extraire 1.000 kgs de salpêtre, il faut traiter 3 tonnes de *caliche*. Ce salpêtre a la composition suivante :

Nitrate de sodium . .	95 0/0 à 96,5 0/0
Chlorure de sodium .	0,5 à 0,8
Sulfate de sodium . .	0,5 à 0.75
Eau	2,5 à 3,00

Voici encore, d'après Reichardt, l'analyse des eaux-mères mises hors de service :

Eau de dissolution	57,41 0/0
Eau de combinaison. . . .	6,93
Nitrate de sodium	23.30
Chlorure de sodium. . . .	8,59
Iodate de sodium.	0,44
Sulfate de magnésium . . .	2,21
Chlorure de magnésium . .	1,12
	100,00

Voici, d'après Gerlach, une table de solubilité du nitrate de soude dans de l'eau à 20°.

Nitrate de soude en 0/0.	Poids spécifique de la solution.	Nitrate de soude en 0/0.	Poids spécifique de la solution.
1	1,0065	6	1,0399
2	1,0131	7	1,0468
3	1,0197	8	1,0537
4	1,0263	9	1,0606
5	1,0332	10	1,0676

Nitrate de soude en 0/0	Poids spécifique de la solution	Nitrate de soude en 0/0	Poids spécifique de la solution
11	1,0746	31	1,2325
12	1,0817	32	1,2412
13	1,0889	33	1,2500
14	1,0962	34	1,2589
15	1,1035	35	1,2679
16	1,1109	36	1,2770
17	1,1184	37	1,2863
18	1,1260	38	1,2958
19	1,1338	39	1,3055
20	1,1418	40	1,3155
21	1,1498	41	1,3255
22	1,1578	42	1,3355
23	1,1659	43	1,3456
24	1,1740	44	1,3557
25	1,1822	45	1,3659
26	1,1904	46	1,3761
27	1,1987	47	1,3864
28	1,2070	48	1,3968
29	1,2154	49	1,4074
30	1,2239	50	1,4180

Le salpêtre brut, tel qu'on l'obtient après la première cristallisation, est mis à égoutter, puis séché sur des claies ou des aires, en couches de 30 cm. d'épaisseur. Il retient toujours une certaine quantité d'humidité à cause de sa teneur en chlorures de calcium et de magnésium. Son aspect est gris rougeâtre à cause de l'oxyde de fer qu'il contient. Le salpêtre de soude cristallise en rhomboèdres cubiques d'où son nom de *salpêtre cubique*. Voici quelques analyses de salpêtre que nous empruntons à l'*Encyclopédie de Frémy* (**5**, 302) (*Dammer*, **1**, 296).

	Wagner 1869	Hofsteller (1)	Jurisch 1875	Lecanu (2)	Wittstein
Nitrate de sodium. . . .	94,03	94,29	93,320	96,70	99,63
Nitrite	0,31	—	—	—	—
Chlorure.	1,52	1,99	2,305	1,30	0,37
Sulfate	0,92	—	0,036	—	—
Iodate.	0,29	—	—	—	—
Nitrate de potassium .	—	0,43	—	—	—
Chlorure.	0,64	—	—	--	—
Sulfate	—	0,24	—	Traces	—
Nitrate de magnésium . .	—	0,85	—	—	—
Chlorure.	0,93	—	—	—	—
Nitrate de calcium . . .	—	—	—	Traces	Traces
Acide borique	Traces	—	—	—	—
Insoluble	—	0,21	0,100	—	—
Eau.	1,36	1,99	2,110	2,00	—
	100,00	100,00	97,871	100,00	100,00

On trouve, en outre, presque toujours, dans le salpêtre brut, une petite quantité de chlorate et de perchlorate ; ces deux corps peuvent avoir une action nuisible sur les plantes quand le nitrate est destiné aux besoins de l'agriculture.

D'après LUNGE (*Soda Industrie*, **1**, 65) la composition *moyenne* du salpêtre utilisé dans l'industrie chimique anglaise serait la suivante :

Nitrate de soude (y compris nitrites

iodates, etc...) 96   0/0

Chlorures calculés en NaCl 0,5

Sulfates calculés en SO⁴Na². 0,75

Humidité 2,75

Le nitrate utilisé comme engrais est un peu moins riche (95-95,5 0/0 NaNO³) et contient un peu plus de chlorures (1 à 2 0/0).

1. HOFSTELLER, *Liebig's Annalen*, **45**, 340.
2. LECANU, *J. pharm. chim.*, **18**, 102.

Le salpêtre du Chili n'est raffiné en Europe que pour des usages tout à fait spéciaux. Le salpêtre raffiné est tout à fait blanc ; en gros cristaux il est incolore et translucide, il ne contient plus comme impureté que de l'eau, environ 2.6 0/0 (JURISCH). Sa dureté est comprise entre 1,5 et 2, et son poids spécifique entre 2,09 et 2,39. Il fond à 320° environ.

Le nitrate de soude *pur* (de même que le chlorate de soude *pur*) est absolument stable et non hygroscopique ; mais, pour peu qu'il soit souillé de chlorures, ce qui est le cas du salpêtre brut, il attire l'humidité.

On connaît aussi des gisements de nitrate de potasse. C'est ainsi que SACC [1] décrit le gisement de salpêtre de potasse de Cochabamba, en Bolivie. Ce minerai est très riche, il se compose de :

Nitrate de potasse.	60,7
Borax.	30,7
Substances organiques et très peu de NaCl	8,6
	100,0

Voici, d'après LUNGE (*Soda Industrie*, 1, 66) et JURISCH (*Dammer*, 1, 300), depuis 1830 la progression de l'exportation du salpêtre de l'Amérique du Sud :

1830	935	tonnes
1835	7.020	—
1840	11.368	—
1850	25.592	—
1860	68.512	—
1870	147.170	—

1. SACC, *Comptes rendus*, **99**, 84.

1871	180.205	—
1877	229.018	—
1881	319.000	—
1882	410.000	—
1883	530.000	—
1888	759.090	—
1889	930.000	—
1890	1.065.277	—
1891	891.727	—
1892	804.213	—
1893	943.570	—
. . .	. . . . . .	—
. . .	. . . . . .	—
. . .	. . . . . .	—
1906	1.500.000	—
1907	1.700.000	—

L'exportation du salpêtre est frappée au Chili d'un droit de douane de plus de 100 francs par tonne. Voici les sommes encaissées de ce fait par le gouvernement Chilien, d'après le *Board of Trade Journal* d'avril 1892 :

Année	Revenu total des douanes pour l'exportation des salpêtres (en dollars)	Droit par tonne (en dollars)
1880	1.336.881	5,1
1885	10.510.182	24,4
1889	21.485.685	22,7

D'après GEORGE SMITH, la quantité de nitrate à extraire encore à Tarapaca serait de 68 millions de tonnes, d'après LAGRANGE de 100 millions. D'après WALKER (1890), on peut estimer à 120 millions de tonnes le nitrate restant à extraire dans tout le territoire Chilien.

§ 4. — PROCÉDÉS MODERNES D'EXTRACTION DE L'AZOTE DE L'AIR

140. Les nouvelles nitrières ; procédés électriques, etc. — Parmi les questions actuellement à l'ordre du jour en chimie, une des plus intéressantes est celle de l'obtention des produits azotés. D'où les retirerons-nous quand les gisements de salpêtre du Chili seront épuisés ? Cette date est plus proche qu'on ne le penserait au premier abord, à en croire M. V.-F. VERGARA, statisticien des mieux informés à ce sujet. Il calcule que, si l'exportation du nitrate de soude continue à augmenter dans la même proportion que de 1880 à nos jours (voyez graphique 118), nous serons en 1923 à bout de nos ressources de ce sel. Mais la chimie, surtout l'électrochimie, a trouvé récemment des moyens qui, en utilisant l'azote de l'air, permettent d'obtenir des produits destinés à servir de succédanés aux produits employés actuellement.

La fixation de l'azote de l'air peut se faire à l'aide de quatre procédés typiques. Deux d'entre eux ne sont pas sortis du laboratoire. Les deux autres ont été introduits dans la pratique et ont été, ou sont encore, employés dans différentes usines Nous allons passer en revue ces procédés et chercherons à déterminer leurs caractéristiques.

Le premier, qui n'est pratiqué que dans le laboratoire, réalise la fixation de l'azote atmosphérique en le transformant en *azoture* selon les équations :

$$3Li + N = Li^3N$$
$$Li^3N + 3H^2O = 3LiOH + NH^3.$$

On produit donc d'abord l'azoture de lithium (ou de magnésium ou de calcium) et on le décompose ensuite

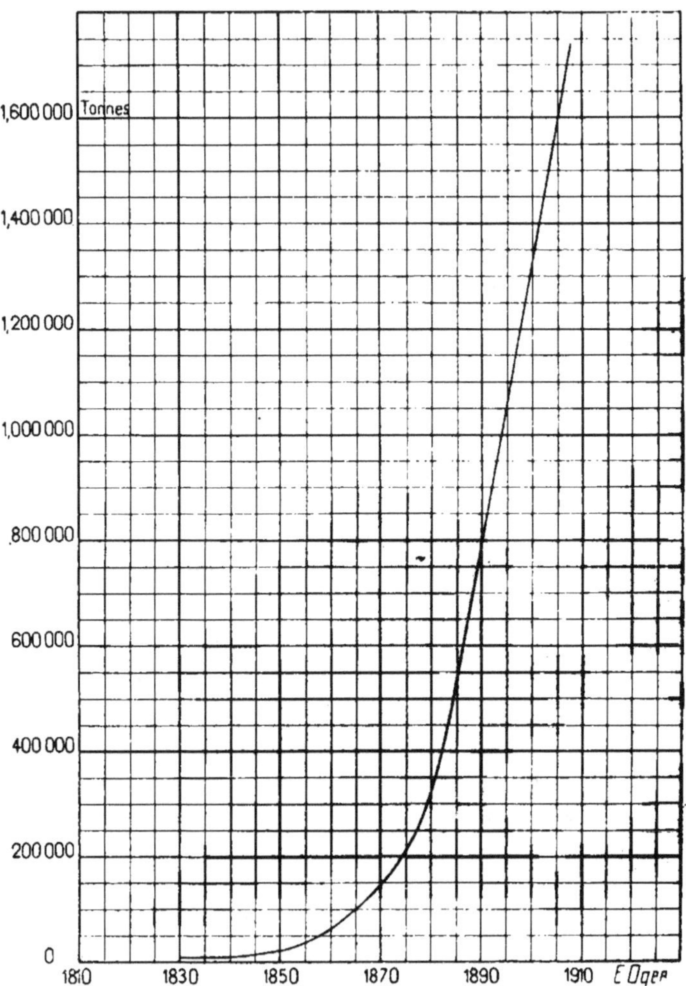

Fig. 118. — Courbe montrant le développement de l'exportation du salpêtre du Chili de 1830 à 1908.

au moyen de la vapeur d'eau. Le travail employé pour fixer le gramme équivalent d'azote est donc, dans ce procédé, le triple du travail employé à la précipitation électrique d'un métal alcalin. Cela donnerait par cheval-vapeur une production de 32 gr. d'azote. Ce procédé est actuellement trop compliqué pour passer dans la pratique, parce que : 1) il faut produire d'abord un métal alcalin ; 2) il faut porter ce métal à la température la plus appropriée à l'absorption de l'azote ; 3) il faut décomposer l'azoture formé pour en obtenir l'ammoniaque. Cette dernière opération est relativement facile, mais cela ne compense pas les difficultés et les frais occasionnés par les deux premières, la concentration et la fusion de l'hydroxyde alcalin à l'état où il se prête le mieux à l'élec·trolyse étant déjà très compliquées et assez onéreuses[1].

Cependant quelques propositions récentes, se basant sur le principe du procédé précité, ne manquent pas d'intérêt. Ainsi, SCHUTZENBERGER et COLSON, reprenant les travaux de DEVILLE et WŒHLER, qui prépara un azotocarbure de silicium, réussirent à trouver le corps N^3Si^2, l'azoture de silicium, et recommandèrent son emploi comme engrais. On tenta aussi, à plusieurs reprises, de produire de l'azoture de bore, mais la chaleur nécessaire pour obtenir ce corps est si haute que tous les appareils sont détériorés.

MEHNER (D. R. P., 88.999), chauffe les oxydes de bore, de silicium, de magnésium, de titane, de vanadium, en

---

1. Depuis quelques années on est parvenu à réaliser régulièrement et d'une manière industrielle la préparation du calcium en utilisant le procédé de MM. BORCHERS et STOCKHEM. Le calcium lui-même n'a pas trouvé d'application ; par contre, il sert à la préparation de l'hydrure de calcium (Hydrolithe) qui a trouvé un emploi en aéronautique pour le gonflement des ballons (George F. JAUBERT, C. r.. 1906, 142, 788).

présence de charbon dans le four électrique, et fait passer à travers la masse incandescente de l'azote, ou de l'azote mélangé avec un gaz neutre. Le produit de la réaction est riche en azotures ; tout l'azote qu'il contient peut donc être mis en liberté comme NH^3, en le traitant avec de la vapeur d'eau. Un procédé très ingénieux, basé sur la formation intermédiaire des azotures, est celui de KAYSER (B. F. 350.966). La matière première est l'hydrure de magnésium ou de calcium. On chauffe ce corps dans un four électrique à résistance à la température voulue, et on fait passer un courant de gaz à 25 0/0 d'azote et 75 0/0 d'hydrogène à travers ce tube. La réaction qui a lieu alors peut être représentée par les équations suivantes :

$$1) \ 3MgH + 3N = Mg^3N^2 + NH^3$$
$$2) \ Mg^3N^2 + 6H = 3Mg + 2NH^3.$$

Peut-être la pratique confirmera-t-elle les espérances qu'on met dans ce procédé.

Le deuxième procédé typique, qui est actuellement l'objet de différentes recherches scientifiques, envisage la formation de l'ammoniaque selon la formule :

$$N + H^3 \rightleftarrows NH^3$$

à l'aide de l'effluve électrique. Ce procédé a été essayé pour la première fois en 1901 par A. de HEMPTINNE. Puisque l'industrie tend à utiliser ce procédé, nous l'examinerons plus loin d'une façon un peu plus détaillée.

Le troisième procédé envisage les méthodes de production du *salpêtre* à l'aide d'étincelles électriques ; le quatrième procédé typique traite de la fixation de l'azote atmosphérique à l'état de *cyanamide*.

Le troisième procédé, qui a donné des résultats très

encourageants au laboratoire, et très concluants dans l'industrie, consiste dans l'oxydation de l'azote de l'air par l'oxygène de l'air au moyen de l'étincelle électrique. L'équation représentant ce procédé est :

$$N^2 + O^2 \rightleftarrows 2NO.$$

Le but indiqué de ce procédé est la production de grandes quantités d'oxydes d'azote dans le trajet de l'étincelle.

Les premières recherches se rapportant à ce procédé remontent au XVIIIᵉ siècle ; déjà PRIESTLEY prouva qu'en absorbant dans l'eau le produit de la combustion de l'azote avec l'oxygène de l'air, l'eau donne la réaction de l'acide azotique. CAVENDISH réussit même à produire, avec des étincelles provenant d'une machine électrique à frottement, 0 gr. 0036 de HNO³ par heure. Au XIXᵉ siècle, ce fut NEWTON en 1859 et PRYM en 1882 qui essayèrent l'utilisation de l'azote atmosphérique en l'oxydant. Dans le brevet all. n° 88.320 de 1895, NAVILLE et GUYE décrivent la fixation de l'azote atmosphérique par l'étincelle électrique. Lord RAYLEIGH, lors de ses recherches classiques en commun avec RAMSAY sur l'argon, réussit à fixer la totalité de l'azote atmosphérique en employant un mélange d'air et d'oxygène, d'une composition de 33 0/0 de N et 66 0/0 d'O.

Se basant sur le travail de leur illustre compatriote, Mc DOUGALL et HOWLESS, en 1900, traitèrent à fond la question de la production de l'acide azotique avec l'azote de l'air et l'électricité. En employant le même mélange de gaz que Lord RAYLEIGH, ils obtiennent 10 gr. 5 d'azote, calculé comme acide azotique, tandis que ce dernier n'en avait obtenu que 8 gr. 5 par cheval-heure. Ils entreprirent ensuite des recherches sur l'emploi de l'air pur, au lieu de

l'air oxygéné, et parvinrent à produire de cettte manière
5 gr. 5 d'azote par cheval-heure. Leur procédé est le suivant : ils produisent des étincelles avec un courant de
8.000 volts et 0,06 ampères en faisant jaillir leurs étincelles dans l'intérieur d'une bouteille de grès ; cette bouteille est traversée par l'air avec une rapidité de 20 l. à
l'heure. Après avoir traversé l'appareil, l'air est laissé en
présence de l'oxygène, et la réaction suivante a lieu :

$$2NO + O^2 = N^2O^4.$$

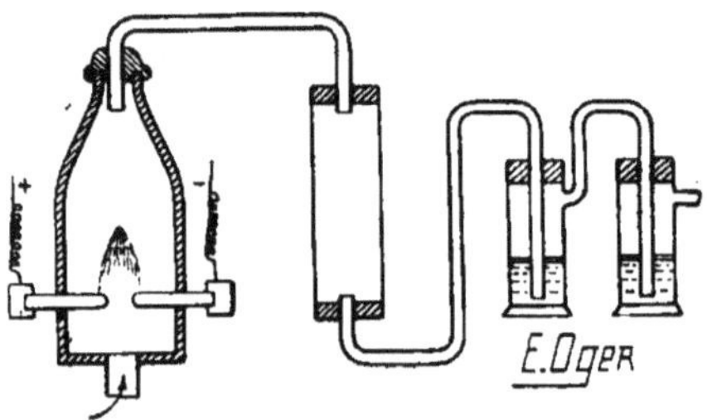

Fig. 119. — Schéma de l'appareil de MAC DOUGALL et HOWLESS.

Ce gaz est absorbé dans plusieurs récipients remplis
d'alcali. L'expérience finie, ils déterminent l'acidité
totale des gaz passés en titrant l'alcali et calculent cette
acidité comme acide azotique. Ce calcul est inexact,
comme nous allons le voir en considérant les trois équations représentant ce procédé :

$$N^2 + O^2 \rightleftarrows 2NO$$
$$2NO + O^2 \rightleftarrows N^2O^4$$
$$N^2O^4 + H^2O = HNO^3 + HNO^2.$$

Mc DOUGALL et HOWLESS, en déterminant l'acidité totale et
calculant le tout comme acide azotique, déterminent
aussi le HNO^2 comme si c'était du HNO^3. Ils remarquent

encore que l'étincelle se transforme en flamme et préten-
dent que l'azote de l'air brûle avec une flamme régulière
comme tout autre corps combustible. On peut se demander alors pourquoi, l'azote une fois allumé quelque part,
la flamme ne se propage pas dans toute l'atmosphère
terrestre, nous plongeant ainsi dans une mer de feu ?
Selon l'opinion de Sir W. CROOKES, cela ne peut arriver,
parce que la température de l'inflammation de l'azote est
de beaucoup plus haute que sa température de combustion.

MUTHMAN et HOFER, de Munich, qui reprirent les recher-

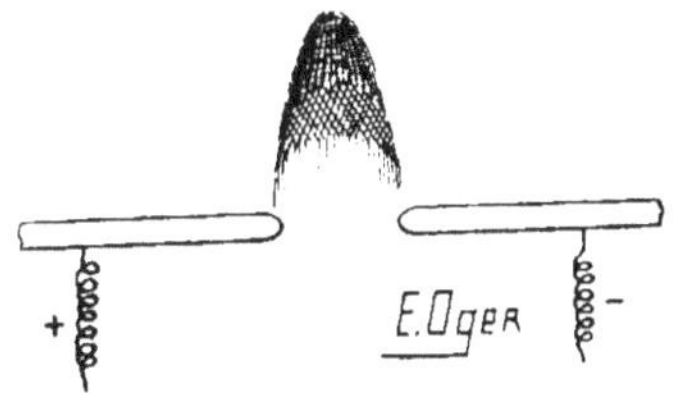

Fig. 120. — La flamme de l'azote brûlant dans l'oxygène ou dans l'air.

ches de Mc DOUGALL et HOWLESS, travaillèrent à déterminer
les bases théoriques du procédé. En outre, ils étudièrent
la flamme de l'azote de plus près, et décrivirent sa forme
(fig. 120). Ils trouvent qu'elle est constituée par trois
zones : dans la première, d'une couleur vert clair, l'électricité passe ; dans la deuxième, d'une couleur bleue,
l'azote est brûlé ; il se produit le corps NO ; dans la troisième zone, d'un brun clair, ce monoxyde d'azote est
transformé en dioxyde :

$$2NO + O^2 = N^2O^4.$$

Dans leurs expériences ils employèrent un courant de
4.000 volts et de 0,05 ampères, et réalisèrent la fixation
de 1 gr. 76 d'azote par cheval-heure, soit une quantité

bien inférieure à celle obtenue par les savants anglais. Ils essayèrent de trouver la constante d'équilibre pour le procédé :

$$N^2 + O^2 \rightleftarrows 2NO.$$

Cette constante, est :

$$k = \frac{[N^2][O^2]}{[NO]^2} = 119 \text{ à la température de } 1.800^\circ \text{ C.}$$

La détermination de la température, au moyen du couple de Le Chatelier, n'étant pas possible à cause de la fusibilité des alliages composant ce thermo-élément à des températures de 1.800° C, ils employèrent une autre méthode. Ils mélangent à leur gaz du gaz carbonique ; ce corps est décomposé en $CO + O$ à la température de l'expérience ; mais la constante d'équilibre pour l'équation :

$$CO^2 \rightleftarrows CO + O$$

est connue pour toutes les températures. On n'a donc qu'à déterminer la quantité de CO^2 avant et après l'expérience, pour trouver cette constante ; puisqu'elle est typique pour chaque température et puisqu'elle change avec la température, on peut déterminer la température de la réaction par ce procédé. Ils trouvèrent les conditions les plus propices pour la formation de NO à 1.800° et lorsque l'air contenait 3,6 vol. 0/0 de ce gaz. La détermination de la température n'étant pas très rigoureuse, ces expériences manquent d'exactitude. M. E. Rasch, se basant sur les nombres trouvés par Muthman et Hofer, essaya alors de calculer l'énergie nécessaire pour produire 1 kg. d'acide azotique. Il trouva que :

à 1.800°, cette énergie est de 8,73 kw. heures.
à 2.115°,   —   — 5,07 kw.   —
à 3.500°,   —   — 2,10 kw.   —

Puisqu'il n'y a point de métal qui puisse supporter cette température sans fondre, il conseilla l'emploi des électrodes en oxyde de magnésie.

Les travaux de DEMETRIO HELBIG ne manquent pas non plus d'intérêt. Il étudia l'influence de l'étincelle électrique sur l'air liquide. Il obtint un corps verdâtre, probablement du N_2O_3 et de l'ozone ; ces deux corps réagissent l'un sur l'autre avec explosion.

La question de l'oxydation de l'azote de l'air fut reprise alors par NERNST (en 1904), qui réussit à trouver les équations mathématiques selon lesquelles la formation du monoxyde d'azote se produit. Il chercha aussi l'influence de la température sur la constante d'équilibre ; dans ce but il conduit simplement l'air à travers un four à spirale d'iridium, et détermine la température d'une manière exacte à l'aide du pyromètre à radiation de WANNER. La constante d'équilibre pour le système $N_2 + O_2 = 2NO$ se calcule de la façon suivante :

$$k = \frac{C_2(NO)}{C(N_2)C(O_2)} \qquad (1)$$

En partant de l'air, deux volumes d'air donnent deux volumes de NO ; en désignant les 0/0 de volume de NO par x, nous avons l'équation :

$$k = \frac{x^2}{\left(79,2 - \frac{x}{2}\right)\left(20,8 - \frac{x}{2}\right)} ;$$

ou bien :

$$\sqrt{k} = \frac{x}{\sqrt{\left(79,2 - \frac{x}{2}\right)\left(20,8 - \frac{x}{2}\right)}} \qquad (2)$$

NERNST obtint pour k à la température de 2.200° et

sous pression atmosphérique la valeur : $k = 8,5 + 10^7$ à une concentration $x = 0,0117$.

Mais, si on connaît la constante à une température déterminée, la formule de Van't Hoff nous permet de la calculer, pour chaque température, selon l'équation :

$$\frac{d \ln k}{d T} = - \frac{q}{RT^2}$$

ou, intégrée :

$$l_n k_1 - l_n k_0 = - q \frac{T_1 - T_0}{R(T_0 T_1)} \tag{3}$$

où q est la chaleur de formation de NO : elle est égale à 43.200 gr. calories ; si nous déterminons par l'analyse les valeurs de x et x_0 à deux températures différentes, nous pouvons, à l'aide de l'équation (2), obtenir les valeurs k et k_0 pour ces températures ; nous avons alors la formule :

$$l_n k_1 - l_n k_0 = \frac{43.200(T_1 - T_0)}{4.584(T_0 T_1)} ;$$

et si :

$$\frac{k_1}{k_0} = k, \text{ nous avons : } l_n k = \frac{43.200(T_1 - T_0)}{4.584 T_0 T_1} \tag{4}$$

Nous avons maintenant les équations :

$$\sqrt{k} = \frac{x}{\sqrt{\left(79,2 - \frac{x}{2}\right)\left(20,8 - \frac{x}{2}\right)}}$$

et :

$$l_n k = \frac{43.200(T_1 - T_0)}{4.584 T_0 T_1}$$

et en éliminant k :

$$l_n k - \frac{1}{2} l_n \left(79,2 - \frac{x}{2}\right) - \frac{1}{2} l_n \left(20,8 - \frac{x}{2}\right)$$
$$= \frac{43.200(T_1 - T_0)}{9.168 T_0 T_1} \tag{5}$$

qui nous donnent les relations entre la température et la concentration NO dans l'air. Les valeurs de X calculées pour des températures différentes nous donnent une belle coïncidence avec les valeurs déterminées expérimentalement, montrant ainsi la justesse des équations précitées.

Mais nous avons introduit dans le système de nos équations la valeur q, égale à la température de formation de NO, selon l'équation $N + O = NO$; cette valeur a été contrôlée par NERNST, à l'aide de deux expériences, dans l'équation :

$$l_n \frac{k_1}{k_0} = - q \frac{(T_1 - T_0)}{R(T_0 T_1)} \; ;$$

on obtient pour q la valeur :

$$q = \frac{(T_0 - T_1)}{R(T_0 T_1)} \cdot l_n \frac{k_1}{k_0} \; . \tag{6}$$

NERNST fit les deux espériences suivantes :

A la température $T_1 = 2.033°$, la concentration du NO formé par 100 cc. d'air est : $x_1 = 0,64$ cc.

A la température $T_0 = 2.195°$, la concentration du NO formé par 100 cc. d'air est : $x_0 = 0,97$ cc.

Ayant calculé à l'aide de l'équation (2) les valeurs correspondantes de k, il trouve :

$$q = 2.458 \cdot \frac{2.033 - 2.195}{2.195 \times 2.033} \log \frac{k_1}{k_0} \qquad (\textit{log. népérien})$$

$$q = 45.600 \text{ gr. calories.}$$

La valeur q trouvée d'après d'autres méthodes thermochimiques est : $q = 43.200$ gr. calories, ce qui est d'une bonne correspondance avec le chiffre trouvé par NERNST.

Ce savant détermina aussi la rapidité de réaction pour

le susdit procédé, en partant de l'équation suivante, déri-
vée de l'équation (1) :

$$\frac{dx}{dt} = [NO]^2 k'_2 - [N^2][O^2] k'_1 \qquad (7)$$

La composition de l'air ne changeant guère, on peut
mettre :

$$[N^2][O^2] k'_1 = v_1 = \text{constante.} \qquad -\frac{dx}{dt} = k'_2 x_2 - v_1$$

En intégrant cette formule, on aura :

$$\frac{1}{k_2 x_2 - v_1}\, dx = dt \quad -\frac{1}{k_2} \int \frac{1}{x^2 - \frac{v_1}{k_2}}\, dx = t + c \quad x\sqrt{\frac{k_1}{v_2}} = z$$

$$-\frac{1}{k_2} \int \frac{1}{\frac{v_1}{k_2}\left(z^2 - 1\right)} \sqrt{\frac{v_1}{k_2}}\, dz = t + c \quad \frac{1}{\sqrt{v_1 k_2}} \int \frac{1}{z^2 - 1}\, dz = t + c$$

$$-\frac{1}{\sqrt{v_1 k_2}} \quad \frac{1}{2} \cdot \quad l_n \frac{z + 1}{z + 1} - t + c = 0$$

Cette formule, dûment transformée, nous donne enfin :

$$2\, x_0 k_2 = \frac{1}{t}\, l_n \frac{(x_1 - x_0)(x_2 + x_0)}{(x_1 + x_0)(x_2 - x_0)} \qquad (8)$$

Si nous considérons le temps qui est nécessaire pour la
formation de la moitié de la quantité totale possible de
NO pouvant être obtenue avec l'air, nous trouverons,
pour :

$$x_2 = 0 \text{ et } x_1 = \frac{x_0}{2}, \ t = \frac{l_n \frac{1}{3}}{2 x_0 k_2}$$

Ce temps est, à la température de 1.538° C., 97′
—   —   1.737° C., 3,5′
—   —   2.600° C., 0,018′

Les valeurs expérimentales donnent dans ce cas des

nombres à peu près exactement les mêmes que les valeurs calculées.

M. Fr. Lepel a publié aussi une série d'expériences faites au point de vue de la fixation de l'azote de l'air. Ses publications datent de l'année 1903. Il cherche à déterminer l'influence de la matière des électrodes sur le procédé et obtient les meilleurs résultats avec le charbon et le cuivre. Pour éloigner aussi vite que possible le NO déjà formé de la sphère d'influence de l'étincelle où il pourrait se décomposer de nouveau, M. Lepel travaille avec des vides de quelques millimètres de mercure seulement. En même temps, il arrose ses électrodes avec des solutions de différents sels et pense améliorer ainsi ses résultats, admettant que les « brouillards métalliques » formés de cette façon activent catalytiquement la réaction. Il est inutile de démontrer l'impossibilité de cette théorie ; les bons résultats obtenus par Lepel consistent surtout dans l'obtention d'un gaz dont la concentration va jusqu'à 6 0/0 du volume de l'air, sont causés principalement, comme nous allons d'ailleurs le voir aussitôt, par le refroidissement des électrodes, résultant de leur arrosage. M. Lepel parvint à obtenir 1 gr. 52 d'azote par cheval-heure.

Dans le courant de l'année 1905, nous trouvons les recherches de M. I. Brode pour déterminer le maximum de concentration possible pour le NO formé dans l'air. Il employa simultanément comme électrodes : le platine qui fond trop vite, l'iridium, qui s'évapore trop rapidement, enfin les corps incandescents de la lampe Nernst, qui lui donnèrent les meilleurs résultats. Il observe que la concentration du monoxyde d'azote formé est indépendante : 1) de l'humidité de l'air employé ; 2) de la matière constituant les électrodes, ce qui contredit les expériences de Lepel ; qu'elle dépend : 1) du nombre de watts employés qui ne doit pourtant pas s'élever au-dessus d'un certain maximum ; 2) de la distance des électrodes, et 3) surtout du refroidissement de la flamme, qui donne aussi de très bons résultats au point de vue du rendement. Il ne publie pas ses rendements, mais on peut les calculer avec les chiffres qu'il donne sur la marche de ses appareils. Avec un courant de 60 watts, il obtint dans 4 litres d'air 6,9 vol. 0/0 de NO, et en refroidissant la flamme avec un creuset Rose dans lequel l'eau circulait :

$$6,9 \; 0/0 \; \text{v. de } 4.000 \; cc. = 276 \; cc. ; \quad 22,4 \; l. \text{ de NO} = 30 \; gr.;$$
$$\text{donc } 0,276 \; l. = 0 \; gr. \; 37 \; NO.$$

0 gr. 37 NO sont fournis par 0 kw. 06 heures ; cela correspond à un rendement de 2 gr. 36 d'azote par cheval-heure. En employant un courant de 32 w. seulement, mais refroidissant la flamme par un tube de quartz posé perpendiculairement dans le trajet de l'étincelle, il obtint 14 gr. 5 de NO par cheval-heure à une concentration de 8,1 vol. 0,0.

En même temps, M. O. Scheurer, à Genève, faisait des expériences analogues ; comme électrodes, il employait des pointes en métal comme MM. Oelschlager et Schrottke les avaient proposées pour la défense des lignes électriques à haute tension contre les décharges atmosphériques et la foudre. Il obtint un rendement de 6 gr. 8 de HNO^3 par cheval-heure, en employant comme rapidité de l'air 262 cc. à la minute.

Les résultats de Brode, en ce qui concerne le rendement, ont été réalisés aussi par la pratique, et même quelques années avant lui.

Nous allons nous occuper maintenant des procédés qui ont été introduits dans l'industrie.

L'Atmosphaeric Products C° de Niagara Falls fut la première à fabriquer l'acide azotique en partant de l'air. Son rendement est de 453 gr. de HNO^3 pour 7 chev.-heures,

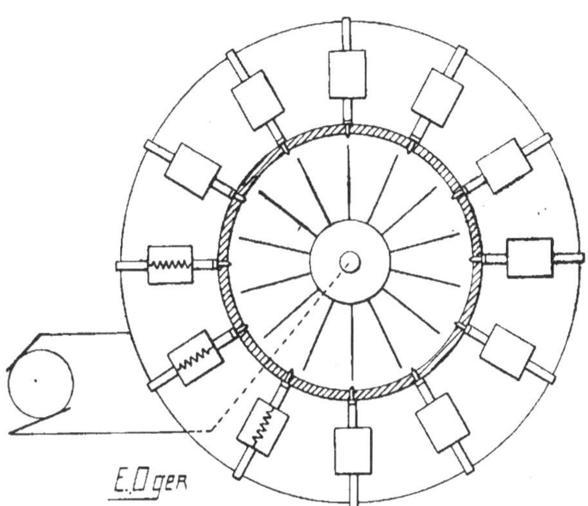

Fig. 121. — Schéma de l'appareil de l'ATMOSPHAERIC PRODUCTS Cᵒ.

ce qui correspond à 14 gr. 3 d'azote par cheval-heure. L'appareil employé était le suivant :

Dans la paroi d'un cylindre recouvert d'une couche isolante d'asphalte, se trouvent 12 lignes verticales consistant chacune en 23 pointes en platine ; elles sont en contact avec un pôle d'une dynamo à haut voltage. Sur un axe rotatif, au milieu du cylindre, se trouvent 14 lignes verticales, chaque ligne avec 23 bras au bout desquels se trouvent aussi des pointes en platine ; l'axe est en contact avec l'autre pôle de la dynamo ; faisant tourner l'axe, on peut obtenir 414.000 étincelles à la minute. Avec un courant de 0,05 ampères sous 10 à 16.000 volts, on obtient un gaz à 2,5-2,7 vol. 0/0 de NO. Ce gaz, en quittant le cylindre, réagit dans un appareil spécial avec un excès d'air, et, après avoir donné ici N^2O^4, parvient dans une tour à coke, dans laquelle, à l'aide d'une solution diluée de soude caustique, il est condensé moitié en nitrite et moitié en nitrate. Mais, d'après les travaux de MM. LUNGE et BERL, il est possible d'obtenir, en employant le NO, l'air et l'eau dans certaines proportions, de l'acide azotique pur, sans acide azoteux. Ces résultats sont surtout atteints avec un grand excès d'air. L'ATMOSPHAERIC PRODUCTS Cᵒ, n'ayant pas connaissance de ces expériences, ne réussit point à obtenir le nitrate exempt de nitrite. Cette circonstance et l'impossibilité de traiter plus de 18 m³ d'air par heure dans un appareil si onéreux furent les principales causes pour lesquelles elle dut fermer son usine en juin 1904.

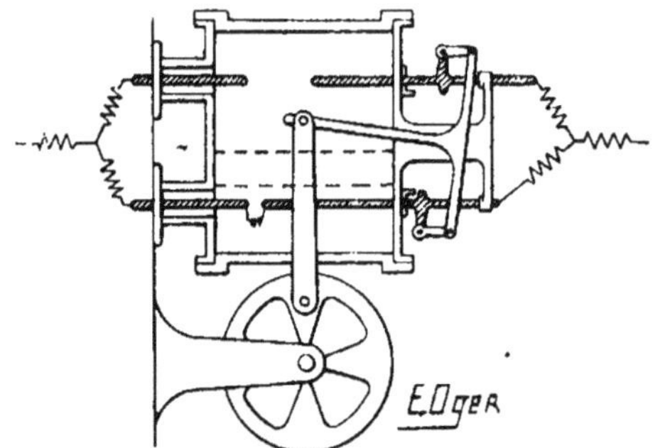

Fig. 122. — Schéma de l'appareil de MITCHELL et PARKS.

Bientôt après la réussite partielle de cette industrie au Niagara, les procédés pour la production de l'acide azotique se multiplièrent d'une façon inattendue. La plupart de ces procédés ne sont pourtant restés qu'à l'état de projet. Il en est ainsi du brev. amér. 774.307 de MITCHELL et PARKS, qui décrit un arrangement dans lequel l'étincelle traverse

de l'air comprimé ; les électrodes sont mobiles ; elles sont
aux deux bases du cylindre d'une pompe à air ; au

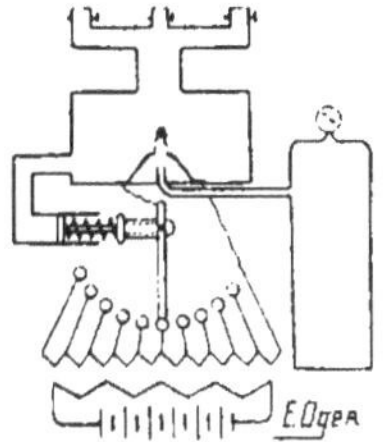

Fig. 123. — Schéma de l'appareil de M. E. WERNER.

moment où le piston arrive à une position proche d'une
des bases du cylindre, les électrodes sont rapprochées
l'une de l'autre à l'aide d'un dispositif spécial fixé sur

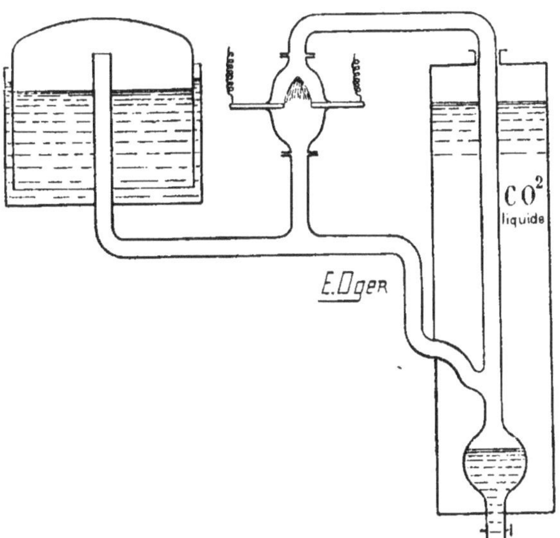

Fig. 124. — Schéma de l'appareil MARQUARDT et VIERTEL.

le piston ; l'étincelle jaillit, et l'air électrisé est aussitôt chassé hors de l'appareil à travers les soupapes de refoulement.

Un autre brevet américain, le n° 777.987, décrit aussi un dispositif destiné à faire passer l'étincelle à travers de l'air comprimé ; l'air est envoyé dans le trajet de l'étincelle, pour allonger la flamme. Si la compression monte au-dessus d'un certain degré, une partie du courant est coupée à l'aide d'un piston accouplé au rhéostat ; ainsi, quand on a beaucoup de courant, la pression est petite ; et par contre, si le courant est moindre, la pression croît. Le brevet appartient à E. WERNER.

L'appareil de MM. MARQUARDT et VIERTEL est décrit dans le brevet américain n° 804.021 ; il consiste en un système de tubes, dans lesquels l'air circule constamment, en passant toujours à travers un trajet d'étincelles ; les oxydes de l'azote qui se forment sont refroidis et liquéfiés par un dispositif spécial contenant du CO^2 liquide. Les quantités d'azote et d'oxygène entrées en réaction sont continuellement restituées par le gazomètre. Les auteurs pensent obtenir les meilleurs résultats avec un gaz à 50 0/0 de N et 50 0/0 d'O ; il se formerait le corps N^2O^4 ; ils restituent, pour les produits liquéfiés, un mélange de 33 0/0 de N et 66 0/0 d'O. Ils emploient un courant de 5 à 10.000 volts et des électrodes en graphite avec 30 0/0 de fluorure de chaux, addition qui sert à diminuer la résistance et à produire une bonne flamme. Dans tout l'appareil existe une pression de 5 atmosphères.

Tout récemment PAULING, dans le brevet allemand n° 152.805, décrit une série d'appareils destinés également à la fixation de l'azote atmosphérique. Un de ses appareils typiques (fig. 125) consiste en une boîte contenant les deux électrodes A et B. L'électrode B a la forme d'un segment sphérique, au foyer duquel vient se terminer l'autre électrode, A, consistant en un tube ; l'air entre par ce tube, traverse le cône d'étincelles formées et sort, chargé des oxydes de l'azote, par l'électrode B. Le segment peut être recouvert d'une grille, pour faciliter le

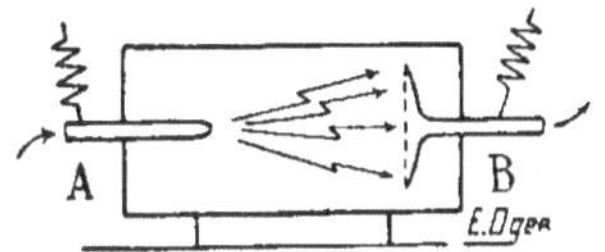

Fig. 125. — Schéma de l'appareil PAULING.

jaillissement des étincelles. Un autre appareil de PAULING a une électrode rotative et régularise le courant d'air passant par l'appareil, à l'aide d'un ventilateur. L'INDUSTRIE-GESELLSCHAFT GELSENKIRCHEN a l'intention d'ériger à Patsch, près d'Innsbruck, une usine travaillant selon les brevets PAULING. Cette usine consistera en deux groupes de bâtiments ; un groupe pour les appareils électriques, l'autre pour les appareils chimiques. Les gaz, chargés d'oxydes d'azote, sortant des appareils, seront alors chargés de vapeur d'eau et refroidis dans des tubes en terre réfractaire, d'une longueur totale de 3.000 mètres. Cette opération suffirait pour produire un acide azotique assez fort pour pouvoir être mis sur le marché sans aucune concentration ultérieure.

KOWALSKI et MOCISKI, dans le brevet américain n° 754.147, décrivent une installation permettant de fournir, à l'aide d'une seule dynamo, un courant de la tension de 50.000 volts à plusieurs trajets d'étincelles. Ils emploient, pour obtenir ces résultats, plusieurs condensateurs en parallèle, et plusieurs solénoïdes. Les condensateurs consistent en un certain nombre de tubes de verre argenté et plongés dans l'huile. Un courant de 0,05 ampères leur

donne un rendement de 8 gr. 8 de N par cheval-heure.
Un « Comité initial pour la production de produits azotés », qui se constitua en Suisse pour rendre possible
l'utilisation pratique des inventions de KOWALSKI, décou-
ragé par quelques insuccès, s'est dissout.

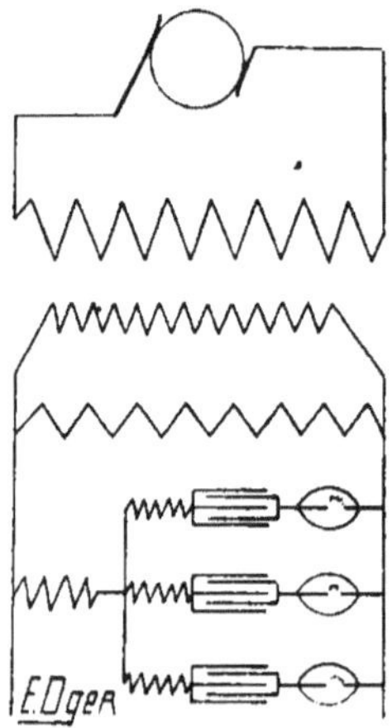

Fig. 126. — Schéma du dispositif de KOWALSKI et MOUSKI.

Les seuls qui ont eu un véritable succès industriel,
sont MM. BIRKELAND et EYDE, à Christiania. Dans leur
usine d'Ankerlœkken, près Christiania, installée dans le
but de faire des expériences avec leur procédé, ils obtin-
rent un rendement de 16 gr. 7 d'azote par cheval-heure
et dans la grande usine de Notodden, aux chutes du
fleuve Rukanor, ils parvinrent à produire jusqu'à 600 kg.
d'acide azotique par kilowatt-année.

Le principe du procédé de BIRKELAND et EYDE est l'emploi d'un électro-aimant comme interrupteur électrique.
Si l'étincelle électrique est introduite dans un champ
magnétique, elle s'allonge dans la direction perpendiculaire au champ et cesse à une certaine hauteur, pour

recommencer aussitôt entre les pôles ; si l'étincelle jaillit dans un champ magnétique variable, l'allongement ne se

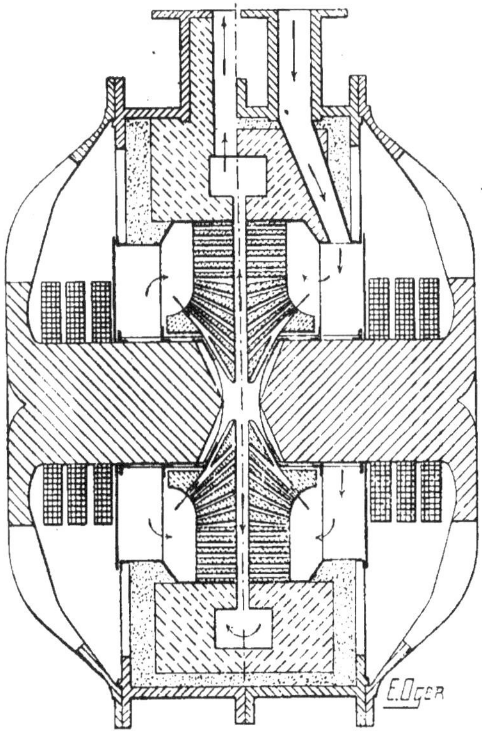

Fig. 127. — Coupe schématique de l'appareil de BIRKELAND etEYDE.

fait pas seulement dans la direction perpendiculaire au champ, mais aussi le long des électrodes, de telle sorte que l'on obtient un disque consistant en une série d'étincelles (fig. 128 et 129); ce disque, marchant avec une certaine rapidité le long des électrodes, peut arriver à la grandeur de 2 mètres de diamètre, si le courant employé atteint 500 kw. BIRKELAND et EYDE produisent ces disques

d'étincelles dans des fours électriques d'un diamètre de
quelques mètres, construits en cuivre revêtu de matière

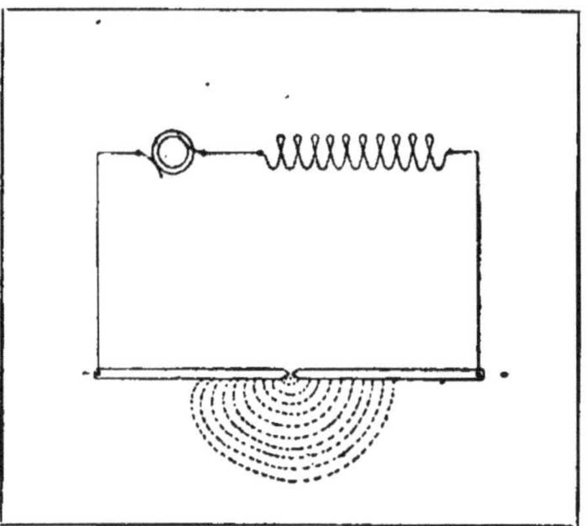

Fig. 128. — Demi disque lumineux produit par un courant continu.

réfractaire. Les électrodes sont en métal, cuivre ou fer, et
servent aussi, étant tubulées, à l'introduction de l'air qui

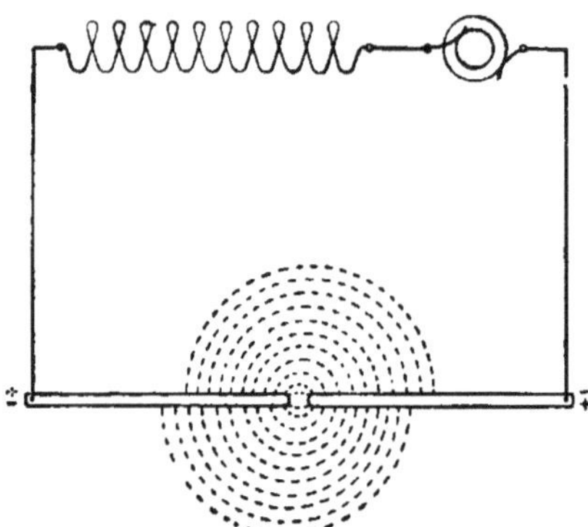

Fig. 129. — Disque lumineux produit par un courant alternatif.

les refroidit en même temps, leur garantissant ainsi une
grande durée. Dans une nouvelle installation, les électrodes sont même refroidies par un courant d'eau.

La Norsk Elektrochemisk Selskab, vient d'ériger pour exploiter le procédé de Birkeland et Eyde, une fabrique à Notodden, employant 3.000 chevaux des 30.000 disponibles de la chute du fleuve Rukanor. Cette première usine a été suivie de l'aménagement de plusieurs chutes ainsi que nous l'indiquons (fig. 141). Le procédé suivi à

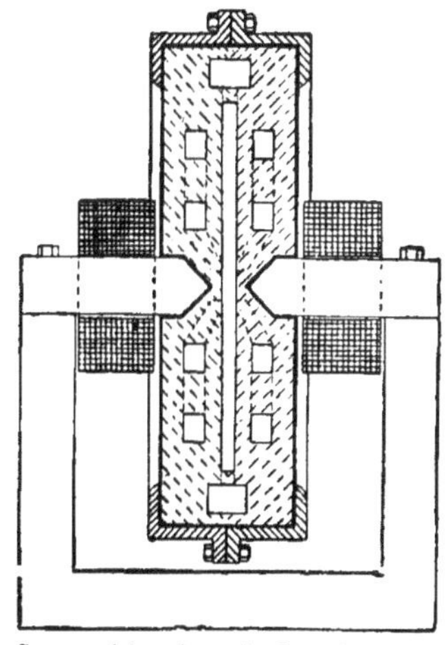

Fig. 130. — Coupe schématique du four de Birkeland et Eyde.

Notodden consiste à absorber les gaz nitreux dans des tours à réaction ; avant d'entrer dans ces tours, les gaz, pour être débarrassés de leur chaleur, sont conduits au-dessous d'appareils à concentrer, qui contiennent des solutions d'azotate de chaux, formé au cours du procédé ; après avoir abandonné leur chaleur, les gaz entrent dans les susdites tours, dont il existe toute une série. Les premières sont arrosées avec de l'eau, les suivantes avec du lait de chaux, et la dernière, qui, comme d'ailleurs toutes les autres, est construite en grandes plaques de granit, est pleine de grands morceaux de chaux vive, qui absorbent

Fig. 131. — Premier four industriel de Birkeland et Eyde.

Fig. 132. — Photographie du disque de flamme produit dans un four de BIRKELAND et EYDE

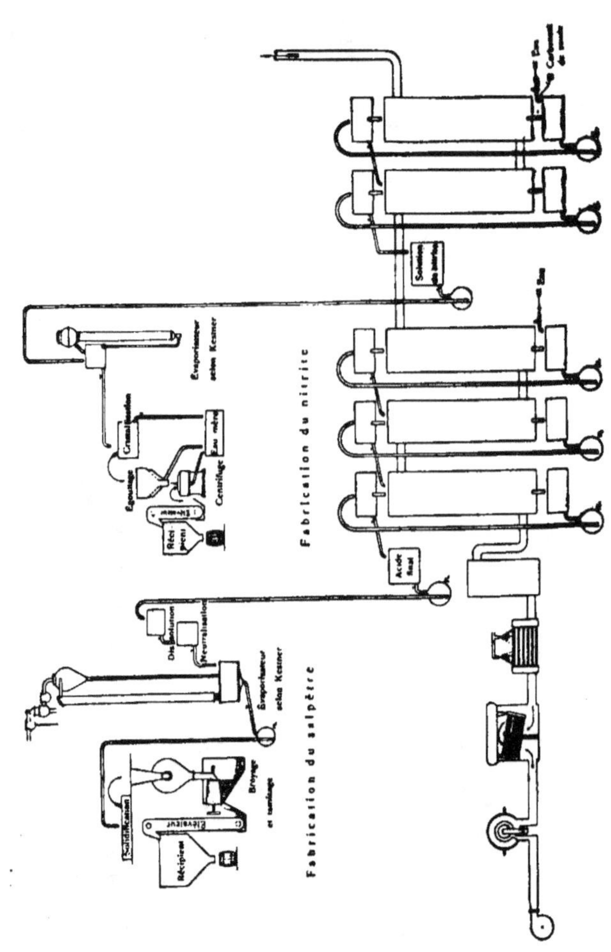

Fig. 133. — Usine de Notodden (schéma de la fabrication des produits azotés).

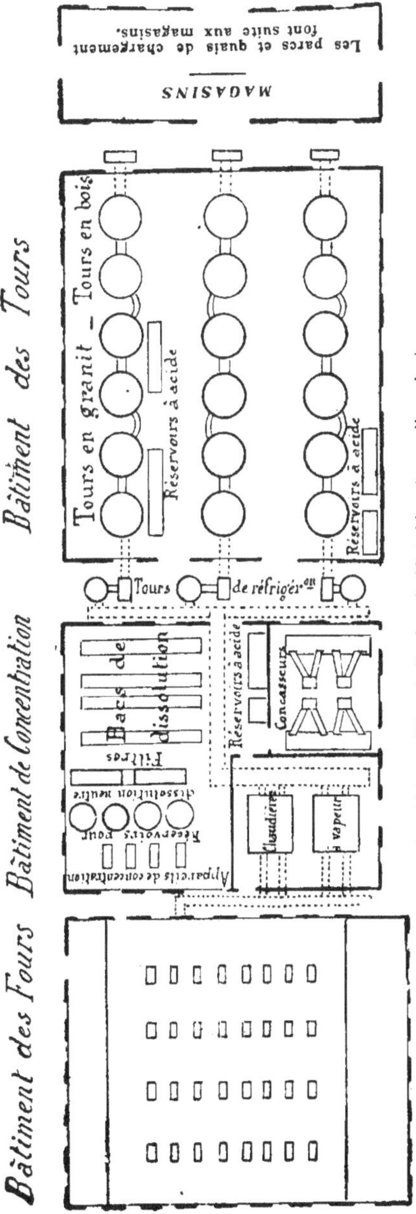

Fig. 134. — Plan de l'usine de Notodden (nouvelle usine).

les derniers restes des gaz acides contenus dans l'air. Le nitrite de chaux, obtenu ici, sert à neutraliser les solutions d'acide azotique, produites dans les premières tours ; les gaz qui se dégagent pendant cette opération de neutralisation sont conduits à nouveau dans les tours. Tous les liquides contenant de l'azotate de chaux sont alors réunis et concentrés dans les appareils cités plus haut, à l'aide de la chaleur des gaz quittant le four. On obtient deux sortes de sels : l'azotate neutre, qui, après être évaporé à sec, est fondu et coulé dans des boîtes de fer-blanc où il est soudé hermétiquement à cause de son hygroscopicité ; et l'azotate basique, sel pouvant très bien être employé comme engrais chimique, puisqu'il n'est pas hygroscopique et forme une poudre pouvant être répandue comme engrais. La fabrique produit journellement 100 000 kg. d'acide azotique ou des azotates correspondant à ce poids.

Avant de terminer la liste des méthodes produisant l'acide azotique avec l'azote atmosphérique, nous citerons encore le procédé HELBIG.

M. HELBIG emploie des électrodes refroidies, revêtues de corps qui ont la faculté d'ioniser les gaz, à haute température : comme le MgO et le CaO. La flamme devenant beaucoup plus conductrice, on est en état d'employer un voltage plus bas que dans les autres procédés : 600 volts lui suffisent pour former une flamme entre deux électrodes éloignées l'une de l'autre de 50 cm. L'intérieur de l'appareil est entièrement revêtu par des couches de CaO pour rendre l'ionisation des gaz aussi complète que possible. Avec cette disposition, l'auteur prétend utiliser beaucoup d'énergie dans un petit espace et obtenir un bon rendement ; son procédé et les appareils sont décrits dans le brevet français nº 352.090.

Fig. 135. — Turbines et génératrices de l'usine hydro-électrique de Svaelgfos.

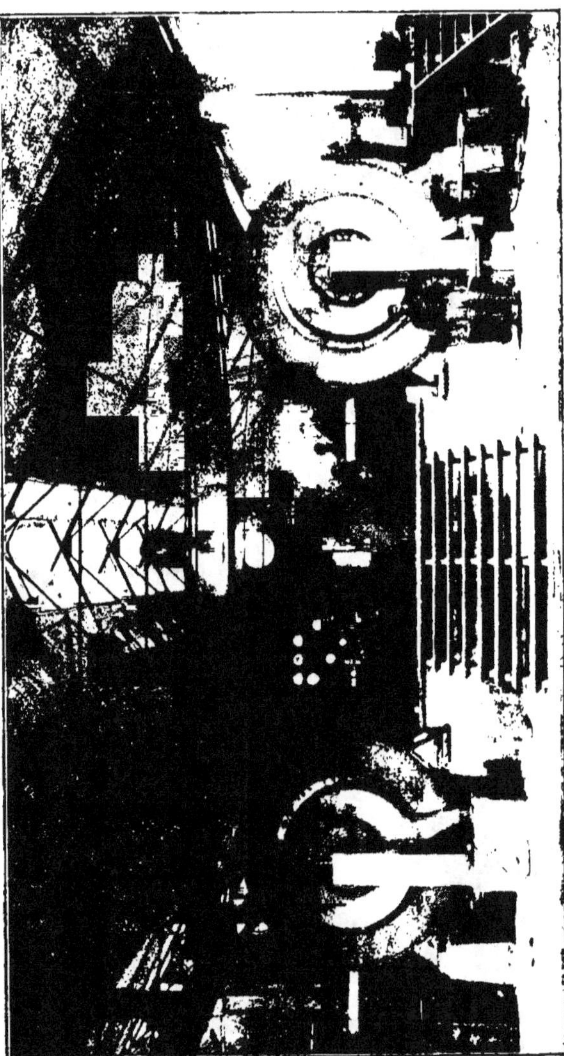

Fig. 436. — Vue partielle de la salle des fours de Notodden (32 fours de 1000 chevaux).

Fig. 137. — Fours d'absorption de l'usine de Notodden (ancienne usine).

26

Fig. 138. — Monte-jus automatiques pour la circulation de l'acide nitrique (ancienne usine).

Fig. 139. — Cuves en granit pour la saturation de l'acide nitrique par le calcaire

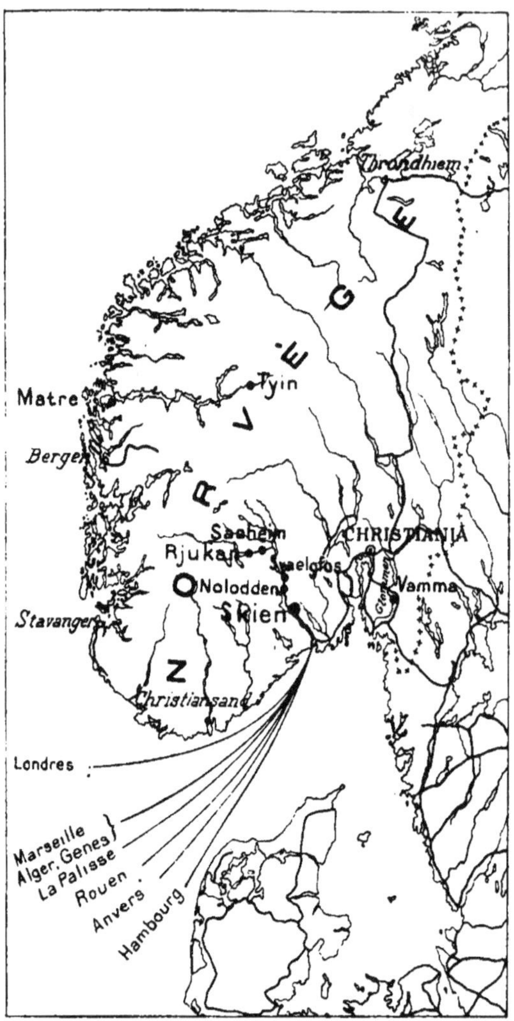

Fig. 140.— Carte de Norvège indiquant la situation des usines d'acide nitrique.

NOTODDEN. — Usines chimiques en pleine marche.
SVAELGFOS. — Chute de 40.000 HP aménagée, plus LIENFOS 15.000 HP, en aménagement.
RJUKAN. — Chute de 227.000 HP (en aménagement).
SAAHEIM. — Emplacement des futures usines chimiques, qui seront en marche en 1911.
VAMMA. — Chutes de 55.000 à 72.800 HP (en aménagement).
TYIN. — Chute de 81.000 HP.
MATRE. — Chutes de 83.000 HP.

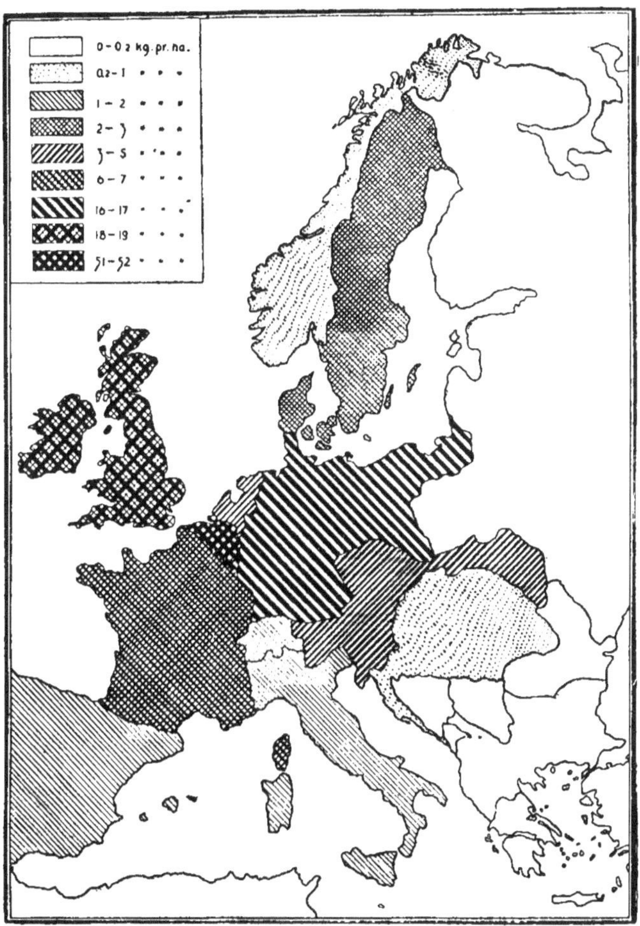

Fig. 141. — Emploi comparatif des nitrates dans les divers pays d'Europe.

141. — Nous allons examiner maintenant les procédés utilisant les *carbures* pour la fixation de l'azote atmosphérique.

C'est en 1895 que MM. Caro et Frank indiquèrent dans le brevet allemand n° 88.363 un procédé selon lequel on fait passer de l'azote pur, saturé de vapeur d'eau, sur des carbures, chauffés au rouge dans un four électrique. Ils pensaient d'abord que le produit résultant était du cyanure. Plus tard, le Dr Mehner obtint le brevet allemand n° 92.810 pour faire passer de l'azote, ou de l'azote

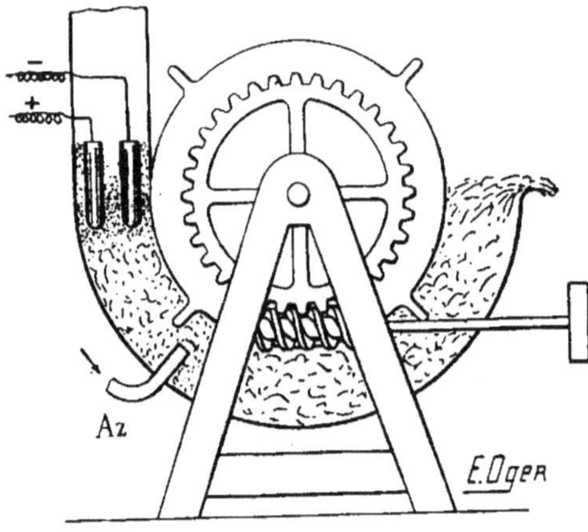

Fig. 142.

mélangé à un gaz neutre, à travers un mélange de chaux ou de carbonate alcalin et de charbon, le tout chauffé au rouge dans le four électrique ; il pensait aussi obtenir des cyanures qu'il voulait transformer ensuite en ammoniaque à l'aide de vapeur d'eau. La même année, l'Ampère Electrochemical C° prit le brevet allemand n° 98.708 pour la production du cyanure de baryum au four électrique.

Cette Société emploie un four à carbure rotatif, comme

le four HORRY (fig. 142). Le carbure produit entre les électrodes est transporté à l'autre bout du four par la rotation de celui-ci ; pendant ce temps, il se refroidit : à chaque endroit du four il aura une température différente, mais cette température sera constante pour des points à la même distance des électrodes. On cherche donc la température la plus favorable pour la formation du **cyanure,** et on fait passer à l'endroit correspondant de l'azote. Le produit résultant de l'absorption de l'azote par le **carbure** du four est dissous dans l'eau ; en y ajoutant du carbonate de soude, on obtient du cyanure de sodium. Le précipité, consistant en carbonate de baryum, retourne dans le cycle de fabrication.

Dans une série nouvelle de brevets allemands, les nᵒˢ 92.587, 95.650, 108.871, 116.088 et 116.089, MM. FRANK et CARO décrivent le procédé actuel de la fixation de l'azote atmosphérique à l'aide de carbure ; ce procédé définitif peut être décrit en peu de mots.

Un mélange intime d'oxydes de métaux alcalins (principalement de la chaux) avec du charbon pulvérisé est distribué en couches minces dans un four chauffé électriquement ; de l'azote est amené sur ce mélange, qui l'absorbe rapidement à une température de 1.000 à 1.100° C. Il en résulte du cyanamide, selon la formule :

$$CaO + 2C + 2N = CaCN^2 + CO.$$

Ce qui est à noter, c'est que MM. FRANK et CARO s'aperçoivent de la formation du cyanamide. Pour transformer le carbure entier en cyanamide, ils conduisent assez d'azote dans le four pour que plus rien n'en soit absorbé (br. all. nᵒ 116.088). Ensuite, ils fondent le produit avec du sel marin et obtiennent une composition contenant 30 0/0 de cyanure de sodium, pouvant remplacer efficacement déjà, à cause de son bas prix, dans toutes ses utilisations, le cyanure de sodium pur employé précédemment.

A l'aide de ces procédés, Frank et Caro sont en état de produire 1 kg. de chaux azotée (*Kalkstickstoff*), ce qui correspond à la fixation de 24 gr. d'azote atmosphérique, par cheval-heure.

Le cyanamide de calcium, ou chaux azotée, obtenu industriellement peut être employé comme matière première dans la production de plusieurs corps chimiques : les dérivés du cyanogène, de la carbamine et de la guanidine. Il peut très bien être employé comme engrais chimique. Cette dernière application de la chaux azotée peut être représentée par les équations suivantes, exprimant des réactions qui, toutes, ont lieu dans le sol :

1) $CaCN^2 + 3H^2O = 2NH^3 + CaCO^3$

2 a) $2CaCN^2 + 4H^2O = 2Ca(OH)^2 + 2CNNH^2$ (cyanamide)

2 b) $CN.NH^2 + 3H^2O = (NH^4)^2CO^3$

2 c) $CN.NH^2 + 2H^2O = 2NH^3 + CO^2$

La formation de la carbamide se fait en traitant le cyanamide avec peu d'eau selon la formule suivante :

$$CNNH^2 + H^2O = CO\langle{}^{NH^2}_{NH^2}$$

En chauffant le cyanamide avec l'eau, sous pression, on obtient de la guanidine :

$$3CNNH^2 + 2H^2O = CO^2 + 2CNH\langle{}^{NH^2}_{NH^3}$$

La Societa di prodotti azotati, avec l'aide de Siemens et Halske, a installé une grande usine électrique dans l'Italie du Nord, à *Piano dell' Orte,* pour exploiter les procédés Frank et Caro ; l'usine utilise 3.000 chevaux.

Nous allons décrire l'usine française de Briançon qui exploique aussi les brevets FRANK et CARO.

142. Préparation du carbure. — L'usine des carbures métalliques (brevets BULLIER) livre le carbure titrant 300 litres à 15 degrés et 760 mm., mesuré sur l'eau, ce qui correspond à $CaC^2 = 80,57\ 0/0$. Le carbure cassé en morceaux de 20 à 40 kilos est amené par wagonnets à l'usine des produits azotés qui se trouve en face de l'usine des carbures.

Un monte-charge élève les wagonnets à l'étage supérieur de l'atelier de préparation du carbure. Concassé dans un casse-pierres à mâchoires, le produit est envoyé par un distributeur dans un moulin à boulets de 2 mètres de diamètre pour passer dans un tube finisseur, garni de silex, de 5 mètres de long, système DAVIDSEN. Le carbure, réuni dans une trémie, est chargé directement dans les fours.

L'atelier de préparation est actionné par moteur BRÉGUET de 50 chevaux.

143. Préparation de l'azote. — Elle se fait dans un atelier spécial au moyen des appareils du professeur von LINDE, construits par la Linde's Eismaschinen Gesellschaft de Wiesbaden.

La fabrication de l'azote pur au moyen des appareils LINDE est basée sur les principes suivants :

Dans un premier récipient que nous dénommerons « récipient à azote ». on fait bouillir de l'air liquide tout en y envoyant de l'air liquéfié en quantité supérieure à celle du liquide évaporé.

Par un trop-plein, le récipient à azote communique avec un second réservoir, le « récipient à oxygène ». On fait également bouillir le liquide dans ce récipient.

Tout le monde sait que le point d'ébullition absolu de l'azote est inférieur à celui de l'oxygène ; il est donc évident que le liquide du récipient à oxygène est toujours plus riche en oxygène que celui du récipient à azote, puisqu'il n'arrive dans le premier qu'après avoir été déjà soumis à une distillation partielle.

Les vapeurs émises par le liquide du récipient à oxygène sont dirigées directement dans l'air extérieur, après avoir toutefois abandonné leurs frigories dans un appareil à contre-courant. Les vapeurs émises par le liquide du récipient à azote se rendent dans une colonne rectificatrice à plateaux. Dans la partie médiane de la colonne on envoie continuellement de l'air liquide à 21 0/0 d'oxygène, dans la partie supérieure, de l'azote liquide à 100 0/0 d'azote. Les liquides qui ne s'évaporent pas dans la colonne, retombent continuellement dans le récipient à azote. Les mélanges liquides d'azote et d'oxygène présentent cette propriété qu'ils émettent des vapeurs plus riches en azote qu'eux-mêmes. Ainsi l'air liquide à 21 0/0 d'oxygène émet d'abord des vapeurs à 7 0/0 d'oxygène.

Quel que soit donc le titre des vapeurs émises par le liquide du récipient à azote, la pluie d'air liquide qu'elles reçoivent ramène leur titre, dès le milieu de la colonne, à 7 0/0 d'oxygène. Dans la partie supérieure de la colonne, ce titre est ramené à 0 0/0 d'oxygène par l'arrivée d'azote liquide pur.

Or l'ébullition des liquides des récipients à azote et à oxygène est provoquée par l'adduction dans un serpentin intérieur à chaque réservoir (et dont les arrivées et les sorties sont communes en-dessus et en-dessous de chaque réservoir) d'air comprimé à 3 ou 4 atmosphères et ramené à une température voisine de celle de l'air liquide

par l'appareil à contre-courant. En raison de sa pression
cet air se liquéfie et est alors envoyé dans le milieu de la
colonne.

Quant à l'azote gazeux pur sortant de la colonne rectificatrice, il traverse aussi l'appareil à contre-courant, y
cède ses frigories et est dirigé partiellement sur le lieu
d'utilisation. Le reste est repris par un compresseur et
comprimé à 150 kilogr. Ce gaz comprimé traverse comme
l'air l'appareil à contre-courant, vient favoriser, dans un
serpentin, l'ébullition du liquide dans le récipient à azote,
s'y liquéfie et est dirigé au sommet de la colonne rectificatrice.

Au début, c'est évidemment de l'azote à 7 0/0 d'oxygène
qui sort du sommet de la colonne, mais ce mélange liquéfié n'émet plus de vapeurs aussi riches et en quelques
minutes, par le simple jeu de la liquéfaction de vapeurs
de plus en plus pauvres en oxygène, on obtient de l'azote
pur.

Les pertes en frigories sont encore compensées par le
jeu d'une machine à ammoniaque qui refroidit à — 20 degrés les gaz comprimés que l'on dirige dans l'appareil.

On voit donc que, partant d'une quantité déterminée
d'air liquide, on le renouvelle en l'accroissant constamment grâce à l'excès de frigories fourni, soit par la
machine à ammoniaque, soit par la détente continue de
l'air à 3-4 atmosphères et de l'azote à 150 kilogr.

Pour produire la quantité initiale d'air liquide, on se
sert uniquement de la détente continue d'air comprimé à
200 kilog. par deux puissants compresseurs. L'excès d'air
liquide produit ou plutôt l'excès de mélange d'azote et
d'oxygène liquide, riche en oxygène, est dirigé dans un
récipient entourant les deux autres : on assure ainsi une
marche de régime plus stable et on constitue une réserve,

permettant de refroidir plus rapidement un appareil de rechange une fois l'appareil en service obstrué. En effet, les appareils sont constitués en majeure partie par des faisceaux tubulaires ou des serpentins. Malgré les agents qu'on emploie dans ce but, on ne peut parvenir à éliminer d'une façon absolue l'humidité et l'acide carbonique de l'air. Ces produits aux températures excessivement basses où l'on opère, se déposent sous forme solide dans la tuyauterie de l'appareil et l'obstruent. Il faut alors réchauffer tout le système et le purger excessivement soigneusement. Pour une installation qui travaille de façon continue il faut donc disposer de deux appareils. On profite de la différence du point de fusion de l'eau et de l'acide carbonique pour faire déposer la majeure partie de l'humidité de l'air dans un appareil à contre-courant séparé de l'ensemble où s'effectue la distillation. Dans ce réfrigérant, la température n'est pas beaucoup supérieure à — 20 degrés. On dispose de deux réfrigérants que l'on peut intervertir sans interrompre la fabrication. Dès que l'un d'eux présente des signes d'obstruction, on le remplace par l'autre et on réchauffe pour purger le premier.

La purification de l'air employé à la fabrication de l'azote s'effectue au moyen d'une lessive de soude pour éliminer l'acide carbonique. Puis le gaz comprimé est dirigé sur du chlorure de calcium qui retient la majeure partie de l'humidité.

Les compresseurs du type BURCKHARDT, à circulation extérieure d'eau, sont à haute pression à trois étages : 1ᵉʳ à 5 kilogr. ; 2ᵉ à 30 à 35 kilogr. ; 3ᵉ à 120 à 200 kilogr. L'alternateur les commandant est de 150 HP.

On effectue le contrôle des gaz dans des appareils spéciaux en absorbant l'oxygène au moyen de cuivre, de carbonate d'ammoniaque et d'ammoniaque.

144. Préparation de la cyanamide. — Le carbure placé dans des fours cylindriques est soumis à une haute température en présence d'un courant d'azote. L'opération dure de 18 à 56 heures : la fin est indiquée par la température qui passe par un maximum.

Le four, enlevé par une grue roulante, est ensuite refroidi. L'atelier des fours comprend 30 unités, contenant chacune 300 kilogr. de carbure. La production moyenne est de 10 tonnes par jour, soit plus de 3.000 tonnes par an. Les installations, bâtiments et machines, sont prévues pour une production double de la quantité précédente.

145. Broyage et exploitation de la cyanamide. — La cyanamide qui sort des fours est en pains compacts. Le broyage s'effectue dans un concasseur à mâchoires. Un moulin à boulets horizontal, avec bluterie indépendante, termine la préparation de la cyanamide ; réduite en poudre, cette dernière est prise par une chaîne à godets pour être distribuée dans deux vastes silos d'attente de 1.500 tonnes chacun. Deux chaînes Simplex, situées à la partie inférieure, conduisent la marchandise à l'atelier d'ensachage, où une trémie alimente un ensacheur peseur automatique. L'expédition se fait en sacs par voie de fer.

146. Propriétés principales de la cyanamide de calcium. — Les plantes absorbent leur nourriture azotée principalement sous forme de nitrates et aussi sous celle de sels ammoniacaux. On peut donc prévoir la valeur d'un engrais azoté d'après la facilité avec laquelle il se transforme en ammoniaque, puisque celle-ci peut être absorbée directement, plutôt encore puisque sous cette forme l'azote est nitrifié sous l'influence des microbes du sol.

La cyanamide se décompose assez facilement en ammoniaque : lorsqu'on chauffe une solution de cyanamide sous pression, il se produit de l'ammoniaque et du carbonate de chaux :

$$CN^2Ca + 3H^2O = CO^3Ca + 2NH^3.$$

La réaction a même lieu très lentement à froid, activée probablement par l'intervention de l'acide carbonique de l'air.

Dans le sol, la réaction est plus énergique et les travaux de S. F. Ashby [1] ont montré que, sous l'action des microbes du sol, une solution nutritive à base de cyanamide de calcium se transforme assez rapidement en une solution de composés ammoniacaux.

147. Recherches effectuées sur la cyanamide de calcium. — Quelqu'intéressantes que soient ces constatations, elles ne suffisent pas pour préjuger de l'emploi de la cyanamide comme engrais. Il faut surtout tenir compte des nombreux essais directs effectués sur la végétation.

Nous citerons les recherches de MM. GERLACH et WAGNER qui commencèrent, dès 1901, au champ d'Ernstoffen, dans un sol argilo-calcaire, sur la betterave à sucre [2].

Ces expérimentateurs arrivent à la conclusion que le nitrate de soude, le sulfate d'ammoniaque et la cyanamide produisent le même effet, si l'on répand ces engrais au moment des semailles ; mais, une moitié étant employée avant l'ensemencement et l'autre en couverture, la cya-

---

[1] Journal of agricultural Science, 1905. I. 358.
[2] Landw. Presse, 11 juillet 1903.

namide leur a donné un rendement inférieur à ceux du nitrate et du sulfate d'ammoniaque.

STROHMER (1), d'après ses essais sur la betterave à sucre, SCHULZE (2) d'après ses cultures de moutarde et d'avoine, A. HALL (3), d'après ses expériences faites à Rothamstedt sur la betterave, les navets et la moutarde, admettent que l'engrais nouveau doit être placé à côté du nitrate de soude et du sulfate d'ammoniaque.

D'après M. GRANDEAU (4), qui a institué des essais pendant deux ans au Parc des Princes, la cyanamide équivaut au nitrate de soude, pour les pommes de terre, et égale le sulfate d'ammoniaque pour l'orge.

La « Societa italiana per la fabricazione di prodotti azotati per l'agricoltura » a réuni de nombreuses expériences dans une brochure illustrée, parue à Rome en 1906. Ces expériences concordent avec les précédentes.

La conclusion de ces divers auteurs est la même ; la cyanamide de calcium est un excellent engrais azoté, égal au sulfate d'ammoniaque. Mais, si l'on emploie ce corps à doses massives, on trouve des résultats différents ; c'est ce qu'ont montré les expériences de M. PEROTTI (5) dans lesquelles la germination des graines fut arrêtée par des doses de cyanamide correspondant à 750 kgs de sulfate d'ammoniaque à l'hectare ; pour les fortes doses, l'auteur conseille de transformer avant l'épandage la cyanamide de calcium en composés ammoniacaux au moyen de tourbe humide (6). De même que les expériences faites

(1) Osterr.-Ungar, Zeitsch. f. Zuckerind. und Landw., 1905.
(2) Jahresber, d. Versuchsst. Breslau, 1904-05-8.
(3) The Journal of agricultural Science, 1, janv. 1905.
(4) Journal d'agriculture pratique, 1906, 1. p. 8.
(5) Staz. sperim. Agrar. Ital. 1904. 37. 787.
(6) Staz. sperim. Agrar. Ital. 1904. 38. 581,

en Italie, MM. Seelhorst Müther (1), Behrens (2), Hardt (3) constatent dans leurs essais un ralentissement au début de la végétation, quelquefois la mort des plantes sous l'influence de fortes fumures de cyanamide de calcium ; ils conseillent d'enfouir l'engrais quelque temps (soit environ 10 jours) avant les semailles.

Il semblerait donc que la cyanamide n'est utilisable par les plantes qu'après sa transformation dans le sol.

Pour déterminer la marche de l'absorption des engrais azotés par les plantes. Rössler (4) a établi des cultures en pots, fumées avec des engrais azotés différents : la dose d'azote introduit dans la terre était la même dans tous les pots.

Il fit alors une série de cultures et de récoltes se suivant de dix jours en dix jours, et détermina la quantité d'azote absorbée par chaque récolte. Il trouva ainsi que, dans les premiers 28 jours, l'absorption de l'azote de la cyanamide était nulle, tandis qu'elle était de 40,3 0/0 pour le nitrate de soude et 48,4 0/0 pour le sulfate d'ammoniaque.

Ces résultats expliquent en partie les résultats contradictoires obtenus avec de fortes doses de cyanamide, dans certaines expériences ; une meilleure explication se trouve dans les travaux de Haselhoff (5) qui ont montré que l'action fertilisante de la cyanamide est en raison inverse de sa proportion dans le sol, pour le cas des fumures excessives.

148. Aspect de la cyanamide. Méthode d'analyse.

— La cyanamide de calcium se présente sous l'aspect d'une

(1) Journal f. Landw. 1905. 53. 329.
(2) Jahresbericht Versuchsanst. Agustenberg, 1904, 34.
(3) D. Landw. Presse 1905. 32. 827.
(4) Landw. Zeit., 1905. 25. 311.
(5) Mitt. Landw. Versuchsst. Marburg. Landw. Jarbücher, 1905, 597.

poudre ténue, d'un noir légèrement bleuâtre; son odeur est alliacée et rappelle celle de l'hydrogène phosphoré et de l'acétylène. Son maniement est désagréable en raison de cette odeur, ainsi que de l'action irritante qu'elle exerce sur les muqueuses.

Sa teneur en azote est d'environ 20 0/0, celle en chaux de 60 0/0. Pour doser l'azote, nous conseillons la méthode de KJELDAHL de préférence au dosage par la chaux sodée ; par ce dernier, en effet, on n'a trouvé dans un échantillon que 17,22 0/0 d'azote, alors que, par l'attaque à l'acide sulfurique, on en a trouvé 19,57.

Cette attaque est d'ailleurs très rapide ; il n'est pas nécessaire de prolonger le chauffage jusqu'à disparition complète du charbon. En effet, sur un autre échantillon on a fait des attaques dont la durée variait d'une demi-heure à 2 heures 1/4 ; tous les résultats étaient identiques, soit 20,07 0/0 d'azote pour les cinq opérations effectuées de cette manière.

Le grand nombre d'expériences effectuées, la diversité des cultures, des sols et des climats permettent de tirer des conclusions générales des chiffres obtenus, qui concordent avec les expériences de dénitrification.

Prenons par exemple la culture du blé. La moyenne des chiffres obtenus donne comme rendement à l'hectare :

	Cyanamide enfouie avant les semailles	Cyanamide enfouie aux semailles	Sulfate d'ammoniaque	Témoin
	Quintaux	Quintaux	Quintaux	Quintaux
Poids total.....	92	97	88	83
Grains.........	30	33	28	27
Paille.........	57	56	51	48

En examinant les résultats moyens où les causes d'erreur des expériences sont quelque peu atténuées, on constate une supériorité de la cyanamide enfouie au moment des semailles. Cet engrais se montre d'ailleurs au moins égal au sulfate d'ammoniaque ; mais, pour les divers engrais azotés, l'augmentation de récolte porte sur la paille plus que sur le grain.

Pour l'avoine, on trouve comme rendement à l'hectare obtenu par la moyenne des expériences :

	Cyanamide enfouie avant les semailles	Cyanamide enfouie aux semailles	Sulfate d'ammoniaque	Témoin
	Quintaux	Quintaux	Quintaux	Quintaux
Poids total	93	93	95	84
Grains	33	32	33	30
Paille..........	56	55	56	47

La cyanamide employée de l'une ou de l'autre façon et le sulfate d'ammoniaque donnent sensiblement le même rendement.

Considérées à un autre point de vue, les expériences culturales ont montré que la cyanamide ne gêne pas la germination, tout au moins si l'on emploie les doses ordinaires de la pratique agricole ; peut-être, pour des doses plus fortes que celles employées, serait-il prudent d'enfouir l'engrais quelques jours avant les semailles.

La fumure en couverture a donné de bons résultats, surtout quand on a dépassé 200 kilogs à l'hectare, dose qui peut être regardée comme normale.

Il semble donc que la cyanamide peut être considérée comme équivalente au sulfate d'ammoniaque dont elle se rapproche à tous égards, et qu'elle peut être substituée à ce dernier engrais azoté aux mêmes doses, et appliquée de la même façon.

Si l'industrie de la cyanamide se développe et si cet engrais offre l'azote à un prix ne dépassant pas celui du sulfate d'ammoniaque, il y a là une nouvelle source de cet élément fertilisant, dont l'action sur l'augmentation des récoltes est si manifeste.

149. — Les autres méthodes pour la production des cyanures avec l'azote de l'air, sont des réactions de gaz à gaz.

En conduisant un mélange d'acétylène et d'azote à travers le four électrique, Berthelot obtint l'acide cyanhydrique :

$$C^2H^2 + N^2 = 2HCN.$$

Gruszkievicz, en étudiant cette action, y remarqua la précipitation d'une partie du charbon. Pour éviter cet inconvénient, il essaya d'abaisser la pression partielle des gaz et parvint ainsi à son but ; il obtint du HCN pur en faisant agir un gaz à 5 0/0 d'acétylène, 5 0/0 d'azote et 90 0/0 d'hydrogène.

Voulant utiliser industriellement cette réaction, il chercha un gaz meilleur marché, contenant tout ce qu'il lui fallait, et le trouva dans le gaz Dowson, dans lequel il y a 33 volumes de CO, 50 volumes d'H et 17 volumes d'N. En faisant passer l'effluve électrique à travers ce gaz, il obtint la réaction représentée par l'équation suivante :

$$2CO + 3H^2 + N^2 = 2HCN + 2H^2O.$$

Il arriva aux meilleurs résultats avec à peu près 50 0/0 en vol. de CO ; dans ces conditions le gaz, quittant son appareil, contenait 0,4 0/0 vol. de HCN et pouvait être absorbé dans des solutions alcalines. Ce procédé n'est naturellement jamais entré dans l'industrie.

O'Neill cherche à faire réagir l'air et le gaz d'éclairage à la température de l'arc ; le gaz obtenu de cette façon serait assez riche en cyanogène pour qu'on pût l'en extraire à peu de frais.

Malgré beaucoup d'efforts, on n'a pas réussi à fixer industriellement l'azote de l'air sous forme d'ammoniaque. Haber et V. Oordt étudièrent dernièrement l'état d'équilibre chimique de l'équation :

$$N + H^3 \rightleftarrows NH^3.$$

Récemment Lambilly, se basant sur quelques travaux de de Hemptinne, put fixer l'azote atmosphérique comme carbonate acide d'ammoniaque, en faisant passer un mélange d'hydrogène, d'azote, d'acide carbonique et de vapeur d'eau à travers des corps recouverts de mousse de platine, chauffés à la température de 50°. La réaction peut être représentée par l'équation :

$$N + H^3 + CO^2 + H^2O = CO^2\begin{cases} H \\ (NH^4) \end{cases}$$

Il réussit aussi à produire du formiate d'ammoniaque en employant un gaz qui contenait du monoxyde de carbone :

$$N + H^3 + CO + H^2O = HCOO(NH^4).$$

Dans ce cas, la température appropriée est entre 80° et 150° ; au-dessous de 80°, on n'obtient que de l'ammoniaque seule. Le même produit est obtenu par Schlutrus, qui expose à l'effluve électrique un mélange de gaz analogue dans les mêmes conditions de température. Pourtant, on ne parle pas de l'emploi de ces procédés dans l'industrie.

WOLTERECK réussit à fixer l'azote atmosphérique sous forme d'ammoniaque, en prenant le Fe^3O^4 comme catalyseur. En conduisant un mélange de 20 l. d'air et la même quantité de gaz d'éclairage à travers un tube chauffé à 400° et contenant du Fe^3O^4, il obtint 1 gr. 56 de sulfate d'ammoniaque. L'usine qu'il érigea à Cornlough, dans l'Irlande du Nord, pour exploiter ce procédé, travaille au gaz de tourbe ; elle produit 5 tonnes de $(NH^4)^2SO^4$ pour 100 tonnes de tourbe employée ; sa production journalière est de 60 tonnes de ce sel.

MEHNER a fait breveter deux procédés pour la production de l'ammoniaque. Le premier, décrit dans le brevet all. n° 92.810 de 1895, se base sur la production intermédiaire des cyanures et est en principe le même que celui des brevets de FRANK et CARO ; il chauffe au rouge les carbonates des métaux alcalino-terreux avec du charbon dans le four électrique et introduit de l'azote dans le four. Le produit résultant est ensuite décomposé par la vapeur et donne de l'ammoniaque.

Un procédé plus récent (br. all. n° 151.644) décrit en somme la même réaction sans emploi du four électrique. Un syndicat formé pour l'exploitation des procédés MEHNER a été dissous, ce qui montre la non-valeur industrielle de ces procédés.

SIEMENS et HALSKE, en 1894, brevetèrent un procédé (br. all. n° 85.103), qui réalise la fixation de l'azote atmosphérique d'une façon très originale. Ils mélangent de l'ammoniaque à l'air et exposent ce mélange à l'effluve électrique. L'azote de l'air devrait être oxydé en acide azoteux et se combinerait à l'ammoniaque ; mais il est beaucoup plus probable que l'effluve produit de l'ozone qui oxyde une partie de l'ammoniaque en le transformant en acide azotique, et cet acide se combine avec le reste de l'ammoniaque resté intact. Mais ce procédé n'a pas non plus reçu d'utilisation dans la pratique.

Il est indispensable de citer encore les travaux de BERTHELOT, qui réussit à fixer l'azote atmosphérique aux corps organiques, en faisant agir, sur un mélange d'alcools ou d'aldéhydes, l'air et l'effluve électrique selon la formule :

$$2C^2H^5OH + N^2 = 2C^2H^5OHNH^2.$$

Nous connaissons encore, outre les procédés cités jusqu'ici, un procédé bactériologique tendant à assimiler l'azote de l'air. Il existe des bactéries, vivant en symbiose avec quelques races de légumineuses, sur les racines de ces dernières, qui assimilent l'azote de l'air et l'accumulent sur les racines. — Des cultures sélectionnées de ces bactéries, appelées « Nitromonades » par WINOGRADSKI qui les avait découvertes, ont été mises dans le commerce par les USINES CHIMIQUES DE HŒCHST, sous le nom d' « Alinite » et de « Nitragine ». Leur emploi n'a pourtant pas donné le résultat voulu. Il existe aussi des races de bactéries qui libèrent l'azote assimilé par les autres, de sorte qu'ici aussi le procédé $Az + O \rightleftarrows AzO$ peut être considéré comme réversible.

Si nous comparons maintenant le résultat obtenu selon les divers procédés par les différents savants et par la pratique, nous obtenons le tableau suivant :

Quantités obtenues par cheval-heure			Matière première
Lord RAYLEIGH	8 gr. 1	d'N.	mélange d'air et d'O.
Mac DOUGALL et HOWLESS.	10 gr. 4	—	—
FR. DE LEPEL	1 gr. 52	—	air ; les gaz contenaient 6 0/0 v. NO
MUTHMAN et HOFER. . . .	1 gr. 76	—	3,6 0/0 v. NO
Mac DOUGALL et HOWLESS.	5 gr. 5	—	3,0 0/0 v. NO
O. SCHEURER	6 gr. 8	—	???
KOWALSKI et MOSCIEKI . .	8 gr. 8	—	3 0/0 v. NO
ATMOSPHÆRIC PRODUCTS Cⁱᵉ.	14 gr. 3	—	2,5 0/0 v. NO

J. Brode	14 gr. 5	—	8,0 0/0 v. NO
Birkeland et Eyde. . . .	16 gr 7	—	3,5 0/0 v. NO
Frank et Caro.	24 gr. 1	—	carbure de calcium et air ; Produit à 22 0/0 d'N.

Si nous considérons l'utilisation de l'azote atmosphérique comme engrais artificiel, il n'y a que les deux derniers procédés qui puissent entrer en concurrence. L'Atmosphæric Prod. C° ne réussit point à vendre ses sels de chaux, parce qu'ils contenaient du nitrite ; depuis lors, MM. Lepel et Schlœsing ont prouvé que, loin d'être vénéneux pour les plantes, l'azote a la même valeur dans les nitrites que dans les nitrates ; mais il faudra encore long-temps avant que les agriculteurs, accoutumés aux nitrates, se résolvent à employer aussi les nitrites. L'engrais produit par la Société Norvégienne, le nitrate de chaux basique, correspond bien aux nécessités de l'agriculteur, surtout dans les terres pauvres en chaux, mais a l'inconvénient de contenir trop peu d'azote, ce qui rend le transport un peu coûteux.

Les expériences de certains Instituts d'agriculture expérimentale, comme ceux de Brême, puis ceux de Leipzig et de Berlin, démontrèrent que la chaux azotée, le produit qui vient d'apparaître sur le marché des engrais, n'a pas la valeur entière calculée selon l'azote qu'il contient. En prenant la valeur de l'azote 100 dans le nitrate de soude, la même quantité n'en vaut que 67-84 dans le cyanamide de calcium. En outre, ce dernier ne peut être employé dans des terres tourbeuses, l'acide humique de ces terres mettant en liberté du dicyandiamide, qui est un puissant poison pour certaines plantes de culture. Mais, puisque c'est un produit qui, avec 56-57 0/0 de calcium et 17-18 0/0 de carbone, contient encore 21 à 22 0/0 d'azote, il pourra certainement être employé couramment dans l'agriculture, pourvu qu'il soit assez bon marché.

Voilà encore une situation, comme l'a fait remarquer M. Frank, au Club des Agriculteurs allemands, en 1905, de laquelle notre ancien ami, le cheval, vient d'être éliminé : il ne produit que 50-60 kg. d'azote par an, utilisable comme engrais ; le cheval électrique au contraire parvient à en produire 170-250 kg. dans le même temps.

150. — Avant de quitter le chapitre concernant la préparation artificielle des nitrates il est nécessaire de dire quelques mots d'une autre solution, à laquelle — d'après un article de M. Rigaut[1] auquel nous empruntons les lignes qui suivent — semble s'être arrêtée l'autorité militaire, et qui repose sur la nitrification de l'ammoniaque, c'est-à-dire un retour aux procédés d'autrefois, abandonnés depuis l'exploitation régulière des nitrates naturels (1830).

En 1878, MM. Th. Schlœsing et Muntz avaient montré que la nitrification de l'ammoniaque était une oxydation biologique. M. Winogradsky isolait un peu plus tard ces ferments nitrificateurs. De nombreuses recherches d'ordre scientifique ont été faites sur cette intéressante question.

MM. Muntz et Laisné[2] se sont appliqués à les utiliser pour réaliser la préparation des nitrates par voie biologique en cherchant les conditions du rendement maximum.

À l'ancienne fabrication des Salpêtriers qui, d'après Boussingault, ne donnait que 2 kg. 5 de salpêtre brut par

---

1. A. Rigaut. — *Revue scientifique*, 1909, **47**, 457.
2. Muntz et Laisné. — *Ann. de l'Institut agronomique*, **1907**, 2ᵉ série, t. VI.

mètre cube et par an, ils sont arrivés à substituer une fabrication intensive permettant d'obtenir cette même quantité en 12 heures. Il a fallu, pour arriver à ce résultat, rechercher l'influence des divers supports pour l'oxydation des sels ammoniacaux.

Sur une couche de terre arable de 50 centimètres d'épaisseur, ayant une étendue de un hectare, MM. Muntz et Laisné ont obtenu une production journalière de 17 à 52 quintaux de salpêtre. Si on emploie comme support les escarbilles, un volume de dix décimètres cubes donne 4 gr. 05 de NO^3K par jour. Avec le noir animal en grains, le même volume en fournit 8 grammes.

La tourbe paraît être le support assurant la production optimum ; MM. Muntz et Laisné ont prouvé que la matière organique azotée intervient et favorise la nitrification.

MM. Muntz et Girard (1906) ont alors utilisé la tourbe et ont indiqué deux procédés de fabrication : un procédé intermittent applicable à la ferme et un procédé continu exigeant une installation industrielle.

Dans le premier on construit, sur une aire cimentée, une meule de un mètre de haut, faite de tourbe concassée, additionnée de 10 0/0 de craie et de 1 0/0 de phosphate de chaux naturel. On l'arrose avec de l'eau, de façon que la masse en contienne 50 à 60 0/0. On ensemence avec 1 0/0 de terreau, riche en ferments nitrificateurs. On arrose alors le tas avec une solution de sulfate d'ammoniaque, à raison de 2 kgr. par mètre cube de matière. On maintient la teneur en humidité par arrosage et on facilite l'aération par bêchage. Après quinze jours on lessive la masse. On obtient une solution qui, à 15° Baumé, renferme 15 0/0 de nitrate de chaux. La tourbe résiduelle peut servir comme support pour une nouvelle opération.

On peut d'ailleurs utiliser directement la masse non lessivée comme engrais.

Les nitrières intensives continues présentent un plus grand intérêt. Chaque nitrière comprend huit éléments constitués chacun par une caisse en fer treillagé, de deux mètres de haut, contenant de la tourbe légère et moussue, concassée en morceaux ayant des grosseurs variant de celle de la noix à celle d'un œuf de poule. On humecte la masse avec une solution de sulfate d'ammoniaque à 2 gr. par litre, dans laquelle on a délayé de la craie pulvérisée et un peu de phosphate de chaux. On ensemence ensuite avec du terreau (1 mètre cube de mélange exige 10 kgr. de terreau et 50 kgr. de craie).

Au-dessus de chaque caisse se trouve un réservoir duquel s'échappe en pluie une solution qui, dans le premier élément, contient au début 2 gr. 5 de sulfate d'ammoniaque par litre.

On règle le débit de liquide de façon à faire écouler 200 litres du liquide par mètre cube de matière et par 24 heures. Quand la fermentation a pris son régime, on peut augmenter à la fois et le volume du liquide et sa teneur en sulfate d'ammoniaque. On arrive alors à faire écouler 1.000 litres par mètre cube et par 24 heures d'une solution contenant 7 gr. 5 de sulfate d'ammoniaque par litre.

Au-dessous de chaque caisse se trouvent deux bacs qui reçoivent alternativement le liquide s'écoulant, liquide chargé de nitrate de chaux exempt d'ammoniaque et de nitrite si l'opération est bien réglée. On additionne ce liquide de la quantité de sulfate d'ammoniaque nécessaire pour transformer le nitrate de chaux en sulfate de chaux et nitrate d'ammoniaque. Après décantation la solution de nitrate d'ammoniaque est amenée dans le bac du deuxième élément, et ainsi de suite jusqu'au huitième.

Il importe absolument de précipiter la chaux pour éviter l'encrassement du support de tourbe. Ce passage successif dans la batterie a pour effet de donner une solution relativement concentrée, soit 200 gr. de nitrate de chaux par litre. Cette solution évaporée fournit le nitrate brut que l'on soumet au raffinage en le transformant en nitrate de soude.

On sait qu'en France il y a plus de 30.000 hectares de tourbières, la plupart inexploitées.

L'industrie proposée par M. Muntz, en même temps qu'elle assurerait à la France son indépendance et sa sécurité relativement aux approvisionnements de munitions de guerre, permettrait de mettre en valeur une matière mal utilisée comme la tourbe qui, riche en azote (2 0/0), est susceptible de fournir par distillation l'ammoniaque nécessaire à la nitrification tout en donnant des sous-produits utilisables [1].

BIBLIOGRAPHIE. — *Z. f. Electrochemie*, 1903, 1904, 1905. *Electrochemical and Metallurgical Industry*, 1904 et 1905. *Die oxydation des Stickstoffs in der Hochspannungs-Flamme*, von J. BRODE, 1905. *Revue des Sciences*, 1906. *Génie civil*, 1906. *Z. für angew. Chem.*, 1905. *Nov. Chemische Ind.*, 1905.

§ 5. — FABRICATION DE L'ACIDE NITRIQUE

151. Acide nitrique. — L'acide nitrique (eau forte) est connu depuis la plus haute antiquité. En 1225, RAYMOND LULLE montra qu'on pouvait l'obtenir par la distillation

____

1. 100 kilogs de tourbe brûlés dans un gazogène donnent 3 kilogs de sulfate d'ammoniaque et 250 mètres cubes d'un gaz combustible dont la chaleur de combustion est égale à 1.300 calories, d'après FRANK, *Z. für angew. Ch.* **1907**, 1592-95.

du salpêtre avec de l'argile, procédé utilisé encore au
XVIIIe siècle par les salpêtriers pour se débarrasser des
eaux-mères. Aujourd'hui on l'obtient uniquement par
l'action de l'acide sulfurique sur le nitrate du Chili,
d'après la formule :

$$NaNO^3 + H^2SO^4 = SO^4NaH + HNO^3. \qquad (1)$$

Il semblerait plus rationnel d'employer 2 molécules de
nitrate pour une d'acide sulfurique :

$$2NaNO^3 + H^2SO^4 = SO^4Na^2 + 2HNO^3 ; \qquad (2)$$

mais, pour obtenir cette réaction, il faudrait opérer à
une température beaucoup plus élevée, température à
laquelle l'acide nitrique mis en liberté est partiellement
décomposé par la chaleur en oxygène et acide hypoazotique.

D'après la seconde de ces équations, 49 kgs de nitrate
n'exigeraient que 85 kgs d'acide sulfurique pour donner
63 kgs d'acide nitrique et 71 kgs de sulfate neutre. En
d'autres termes, pour décomposer 100 kgs de nitrate brut
à 95 0/0, il faudrait théoriquement 57 kgs 6 d'acide sulfurique réel ou 60 kgs d'acide sulfurique à 66°. En réalité on emploie, pour éviter la décomposition signalée
ci-dessus, 20 à 30 0/0 d'acide sulfurique de plus que
n'indique l'équation (2). On utilise l'acide concentré à 60°
des bacs de plomb, ou à 62° du Glover. Quand la fabrication de l'acide nitrique se fait d'une façon concomi-
tante à celle de l'acide chlorhydrique, on ajoute un excès
d'acide sulfurique encore beaucoup plus grand, répondant environ à la formule (1), de façon à rendre le résidu
de bisulfate et sulfate très fusible ; ce résidu est ensuite
mélangé à du sel marin et calciné dans des fours à mouf-

fles pour en faire de l'acide chlorhydrique et du sulfate neutre.

La fabrication de l'acide nitrique, surtout dans les usi-

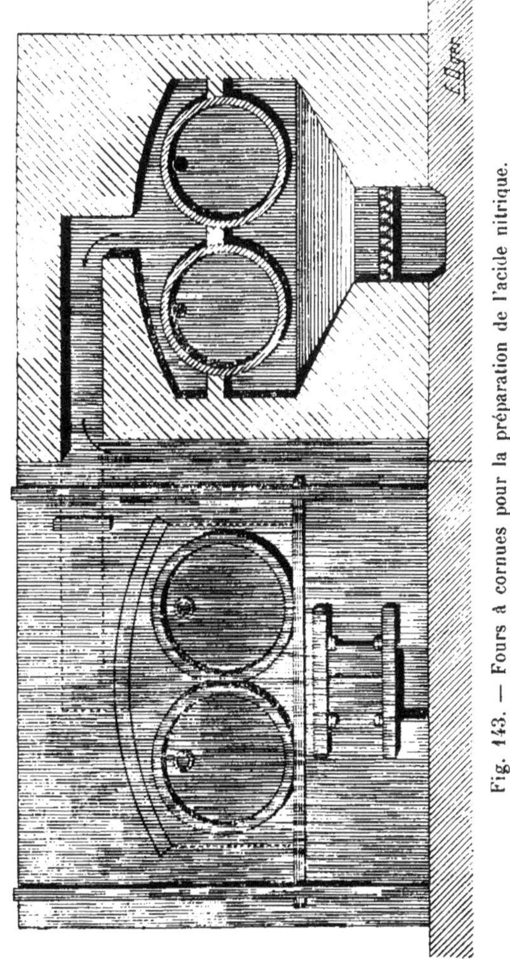

Fig. 143. — Fours à cornues pour la préparation de l'acide nitrique.

nes qui ne peuvent utiliser le bisulfate dans des fours à

mouffles (sulfate), a lieu par distillation dans des cornues en fer horizontales et cylindriques (fig. 143 et 144). Ces cornues sont formées d'un cylindre de 60 cm. de diamètre et de 1 m. 50 de longueur avec une épaisseur de paroi de 0 m. 04. Les deux fonds sont rapportés et

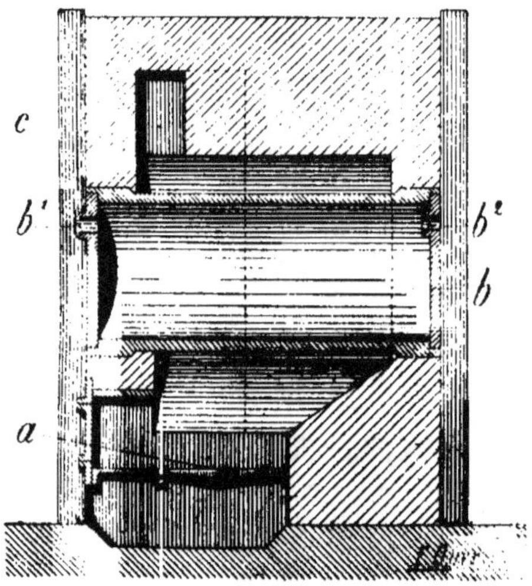

Fig. 144. — Coupe d'une cornue horizontale pour la fabrication de l'acide nitrique.

lutés avec un mastic composé de 100 parties de limaille de fer, 5 de fleur de soufre et 5 de sel ammoniac. Le fond postérieur de la cornue est en général inamovible et possède une ouverture pour le départ des vapeurs d'acide nitrique, le fond antérieur est enlevé par contre à chaque opération. C'est par cette ouverture que se font le chargement du salpêtre et l'extraction du bisulfate. Ce fond est percé d'un orifice communiquant avec un tube en S qui sert à l'introduction de l'acide sulfurique.

On place en général deux cornues des dimensions indiquées ci-dessus dans un seul four et l'on conduit les vapeurs d'acide nitrique dans des bonbonnes de condensation, sortes de grandes bouteilles de Woolf, au nombre de 7 à 9. Tous les joints reliant les bonbonnes sont faits avec un lut composé de fumier de cheval et d'argile; on peut aussi utiliser avec avantage la composition suivante : 3 kgr. de fleur de soufre sont mélangés avec 2 kgr. 500 d'huile de lin bouillante et 500 gr. de rognures de caoutchouc. On chauffe assez longtemps pour obtenir une masse complètement homogène et, après refroidissement, on la mélange avec du sulfate de baryte en poudre impalpable, de façon à fournir un ciment qui permet de faire un lutage inattaquable aux acides et possédant en même temps une certaine élasticité.

On peut encore faire de bons joints avec un mélange de silicate de soude et de poudre d'amiante. Il faut avoir la précaution de laisser bien sécher avant usage.

On sépare la cornue de distillation de la première bonbonne de condensation par un réfrigérant, de façon à ne pas exposer cette bonbonne à la haute température des vapeurs sortant de la cornue, ce qui aurait pour résultat de la faire éclater. Ce réfrigérant est formé en général par une conduite légèrement inclinée, composée d'un emboitage de tubes en grès. Quand on fait de l'acide très concentré, on peut se servir de fonte pour le réfrigérant, ou même à la rigueur, mais c'est moins bon, de plomb. La maison DOULTON et C°, de Lambeth près de Londres, et les Vereinigte Thonwarenwerke, ainsi que l'usine de Friedrichsfeld en Allemagne, livrent des serpentins en grès, refroidis extérieurement par une circulation d'eau froide. Ces appareils sont peu répandus en France où l'on préfère le refroidissement par l'air.

La concentration de l'acide nitrique obtenu dans les

bonbonnes dépend de deux facteurs : 1° la concentration de l'acide sulfurique employé ; 2° la quantité d'eau introduite dans les bonbonnes.

On utilise en général de l'acide sulfurique concentré dans le plomb ou sortant du Glover. Avec un acide à 60° B (71 0/0), et en ne mettant que 4 litres d'eau dans la première bonbonne, on obtient un acide nitrique marquant 40-42° B (38 à 41 0/0). On ne peut obtenir l'acide nitrique très concentré 50° B (53 0/0) qu'en séchant au préalable le nitrate et en employant de l'acide sulfurique concentré (66° B = 96,4 0/0).

On se contente en général de préparer de l'acide nitrique à 36° B ; dans ces conditions, on met dans la première bonbonne 8 litres d'eau pour 100 kgs de nitrate, dans la seconde 4 litres et 2 l. 600 dans les suivantes. Pour avoir l'acide à 40° B dont nous parlions plus haut, on emploie respectivement 6 litres, 3 litres et 1 litre.

Chacune des cornues dont nous donnons le dessin ci-dessus comporte une charge de 75 kgs de nitrate et 75 kgs d'acide sulfurique 60° B. Aussitôt que les cylindres sont chargés de salpêtre et qu'on les a remplis de la quantité voulue d'acide sulfurique par le tube en S, on commence à pousser le feu assez vivement ; mais, dès que les premières bonbonnes commencent à chauffer, on abat le feu, et l'on s'arrange pour que pendant toute la distillation, qui dure environ 18 heures, les cinq premières bonbonnes s'échauffent seules, sur les neuf qui composent l'appareil de condensation. Aussitôt que les bonbonnes commencent à se refroidir, on pousse de nouveau activement le feu pendant quelque temps, puis on arrête l'opération et l'on vide le bisulfate en enlevant le fond de la cornue, ou plus simplement en le faisant couler par un trou d'homme ménagé à cet effet.

Voici, d'après SOREL, le prix de revient de 100 kgr. d'acide nitrique 36° B, préparé aux usines de Saint-Gobain dans un appareil à deux cornues du type de celui que nous venons de décrire :

Surveillance (1/4 du salaire du contremaître).	0 fr. 59
Main d'œuvre	1 fr. 13
76 kgr. 33 de salpêtre à 27 fr. .	20 fr. 69
83 kgr. 69 acide sulfurique à 60° B, à 2 fr. 25	1 fr. 89
36 kgr. de charbon à 2 fr. 15 .	0 fr. 77
Éclairage.	0 fr. 27
Entretien et réparations . . .	2 fr. 55
Divers.	0 fr. 65
	28 fr. 54
A déduire 88 kgs 54 de bisulfate à 2 fr. 25	1 fr. 99
Prix de revient de 100 kgr. HNO³ 36° B	26 fr. 55

L'acide nitrique que l'on obtient dans le procédé que nous venons de décrire n'est jamais pur, mais contient une grande partie des impuretés des matières premières : nitrate brut et acide des chambres. Le nitrate contenant toujours de petites quantités de chlorures, il se forme au commencement de la distillation des produits fortement colorés, probablement les acides chloronitreux et chloronitrique, etc. (GAY-LUSSAC). En outre, des vapeurs rutilantes prennent toujours naissance et proviennent d'une surchauffe locale ; au début de la distillation, le mélange de nitrate et d'acide sulfurique est loin d'être homogène, d'où surchauffe et décomposition de l'acide nitrique

formé, et à la fin de la distillation il en est encore de
même, à cause du feu plus vif que l'on pousse sous les
cornues. Dans toute préparation d'acide nitrique on peut
donc envisager trois phases, donnant trois sortes de produits :

1° des produits de tête fortement colorés, et contenant
les dérivés chlorés de Gay-Lussac ;

2° des produits intermédiaires : acide nitrique blanc ;

3° des produits de queue contenant beaucoup de
vapeurs nitreuses.

On peut évidemment, au moyen de robinets en grès à
plusieurs voies, séparer facilement ces différentes portions dont on examine le passage dans les allonges de
réfrigération au moyen d'une glace formant regard.
Quant à l'acide nitrique fortement coloré, on peut le
blanchir par différents moyens : soit en le chauffant au
bain de sable, dans les bonbonnes mêmes ayant servi à
la condensation (ce procédé a l'avantage de mettre les
bonbonnes à l'abri des chances de rupture dues aux
variations de température : on les chauffe par les chas-
leurs perdues, en faisant attention à ne pas dépasser 80
à 85°), soit en chassant les vapeurs nitreuses à froid, par
un rapide courant d'air.

Dans les deux cas, les vapeurs nitreuses sont récupé-
rées au moyen d'un Gay-Lussac au bas duquel on retire
une solution d'acide sulfurique nitreux, que l'on passe
ensuite au Glover.

Le résidu de la fabrication de l'acide nitrique, nommé
en anglais *nitre cake* ou improprement *bisulfate*, est un
mélange de sulfates neutre et acide de sodium et de très
petites quantités de nitrate ayant échappé à la réaction.
Ce bisulfate est en général un résidu de très peu de
valeur, étant presque sans emploi ; c'est ainsi qu'une

fabrique de St-Denis le vend, pris à l'usine, 17 francs la tonne. Il est employé dans les fours à sulfate Leblanc pour la valeur de son sel neutre et de son acide en excès, quand des circonstances de proximité en permettent le transport. Il est peu employé en verrerie à cause de sa grande acidité, mais par contre il sert à la préparation, par fusion avec du charbon, du monosulfure de sodium employé en tannerie.

Après avoir examiné la fabrication de l'acide nitrique par le procédé ordinaire nous dirons quelques mots des perfectionnements qui ont été proposés et même en grande partie appliqués tant aux cornues de distillation qu'à la condensation des vapeurs et à l'épuration finale de l'acide nitrique :

152. Procédés perfectionnés. — 1° *Cornues horizontales en fonte possédant un seul fond amovible.* — Quand un excès d'acide sulfurique dans le bisulfate final ne gêne pas (ce qui est le cas dans une fabrique possédant des fours à sulfate), on peut, en travaillant avec un excès d'acide, avoir une cuite plus liquide et remplacer le fond amovible de la cornue, nécessaire pour l'opération du défournement, par un simple tampon de vidange. Dans ce cas on emploie des cylindres fermés par un bout et complètement plongés dans les gaz du foyer, tandis qu'un tampon en pierre réfractaire de 25 cm. d'épaisseur, scellé au moyen du mastic dont nous avons donné la formule, porte le tube de dégagement des vapeurs, le tube en S servant à l'introduction de l'acide sulfurique et une ouverture munie d'un tampon maintenu en place par une traverse et des coins, pour le chargement du nitrate et la vidange.

Ces cylindres ont 125 cm. de diamètre et 175 de profondeur, on peut y traiter 350 à 400 kgs de nitrate par opération. Si l'on prend les précautions convenables pour qu'il ne se fasse pas de rentrées d'air froid entre

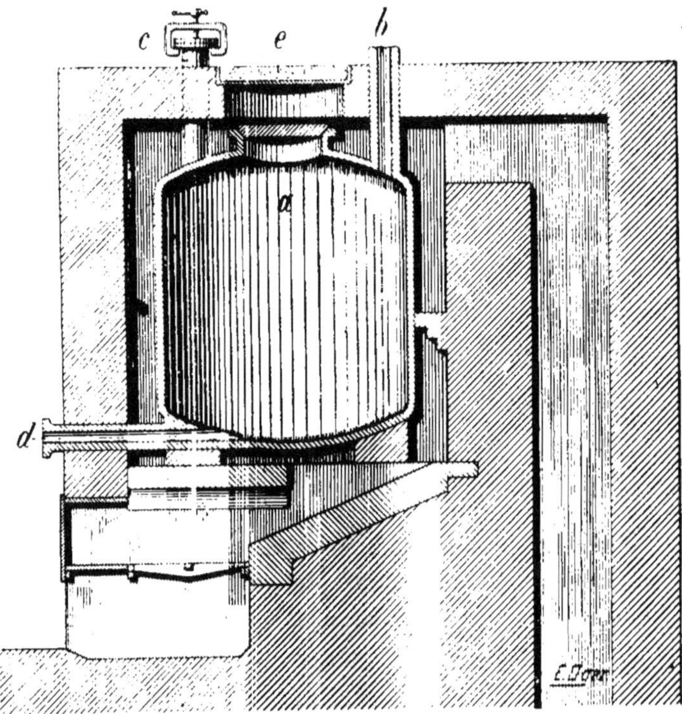

Fig. 145. — Coupe d'un four à cornue verticale, pour la fabrication de l'acide nitrique.

la maçonnerie du fourneau et la fonte, ces appareils sont presque inattaquables et peuvent faire plusieurs campagnes : au reste, une attaque ne se produit qu'au voisinage de la tête et dans la chambre de vapeur ; le cylindre n'est pas perdu pour cela, on peut boucher la fente avec des matériaux réfractaires consolidés par une frette extérieure et faire subir une rotation au cylindre, de façon que la partie attaquée soit dans le bas (SOREL).

2° *Cornues verticales en fonte.* — Dans beaucoup d'usines, on utilise des cornues verticales en fonte, se chargeant par le haut. Ces cornues, entièrement noyées dans les gaz chauds du foyer, ont 1 m. 20 à 1 m. 50 de diamètre, autant de hauteur et une épaisseur de 4 à 5 cm.; elles sont susceptibles de recevoir une charge de

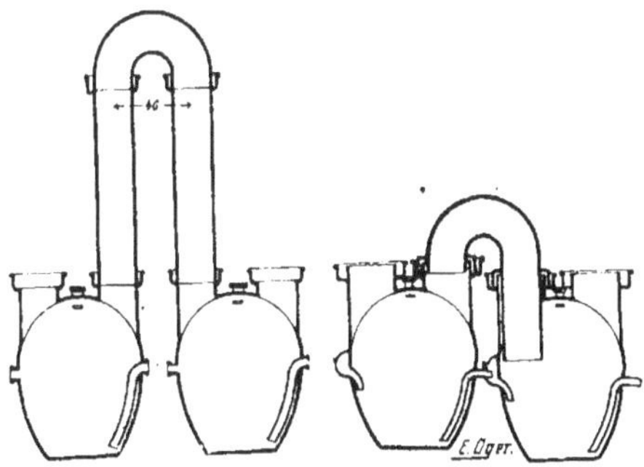

Fig. 146. — Divers types de bonbonnes en grès pour la condensation de l'acide nitrique.

450 kilos de nitrate. Une large ouverture de chargement est ménagée à la partie supérieure, elle sert à l'introduction du nitrate, deux autres ouvertures plus petites servent l'une à l'introduction de l'acide sulfurique, l'autre au dégagement des vapeurs. Un tube latéral de vidange est ménagé au niveau du fond de la cornue. Il est ordinairement bouché par un tampon réfractaire, que l'on enlève au moment de la vidange pour faire couler le bisulfate dans des wagonnets.

Les vapeurs d'acide nitrique n'attaquant pas la fonte à chaud, mais au contraire énergiquement à froid, on cherche à éviter toute condensation possible. Dans ce but la maçonnerie du four est construite de telle manière que toutes les parois de la marmite soient entourées par les gaz du foyer. Il en est de même du tube d'introduc-

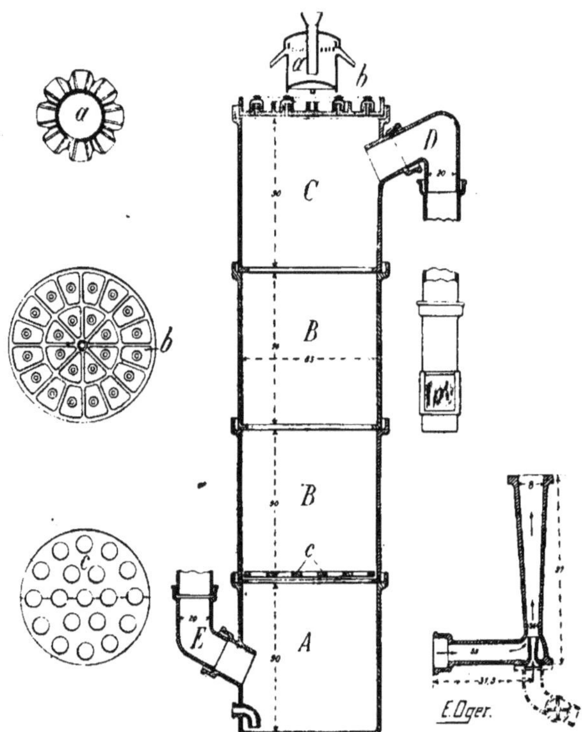

Fig. 147, 148, 149, 150, 151 et 152. — Coupe d'une tour de condensation avec le détail des diverses pièces la constituant.

tion de l'acide et du tube de dégagement des vapeurs nitriques. Pour éviter les condensations contre la plaque de fonte obturant l'ouverture de chargement du nitrate, cette plaque est en contrebas dans un carneau : l'ouverture qui lui donne accès au dehors est masquée par une dalle réfractaire. Quant aux parties extérieures des tubulures, elles sont protégées par une enveloppe en grès ou en tôle remplie de sable. Oskar GUTTMANN (*Z. f. angew. Ch.*, 1891, 238), très partisan de cette sorte de cornue, décrit même des appareils de cette catégorie que l'on charge avec 610 kgs de nitrate et 660 kgs d'acide *66° B* (*96,4 0/0 H²SO⁴*) et qui permettent de terminer une opération en 10 à 11 heures. Les cornues de GUTTMANN traitant en une fois 12 à 14 quintaux de nitrate ne peuvent, à cause de leurs grandes dimensions, être fondues d'une seule pièce. En général, elles sont formées de trois parties comme l'indique la figure 153, s'emboitant les unes dans les autres et lutées au mastic de fer. GUTTMANN installe 4 cornues semblables dans un même massif de maçonnerie et les met en communication avec un condenseur GUTTMANN-ROHRMANN, dont nous parlons plus bas (Oskar GUTTMANN, *J. Soc. Chem. Ind.*, 1893, 203).

153. Condensation de l'acide nitrique. — Jusqu'à ces derniers temps, les appareils de condensation de l'acide nitrique consistaient uniquement en bonbonnes de grès réunies en batteries (fig. 146) ; aujourd'hui on tend à les remplacer par des jeux d'orgue ou des tours en grès. Les bonbonnes sont néanmoins encore fort utilisées, c'est pourquoi nous les décrirons. Elles portent à la partie supérieure deux larges tubulures, où sont masticqués les tubes en grès pour permettre la circulation des gaz, et une tubulure plus étroite munie d'un tube plongeur pour l'introduction de l'eau. A la partie inférieure est une tubulure de vidange, munie d'un robinet de grès. Les 12 bonbonnes de queue, sur une batterie de 18, communiquent de plus entre elles par des tubulures latérales destinées à déterminer la circulation de l'eau (ou de l'acide faible) qui sert à condenser les dernières vapeurs nitreuses. Ce sont naturellement les bonbonnes de cette série (les plus voisines de l'appareil de décomposition) qui sont chargées de l'acide le plus riche. Pour faciliter l'enrichissement, un demi-siphon en grès plonge au fond de chaque bonbonne pour prélever l'acide relativement dense qui en occupe le fond et l'amener à la partie supérieure du liquide contenu dans la bonbonne précédente. Ces tubulures latérales sont reliées par des tubes de caoutchouc. Comme l'acide est assez faible, le caoutchouc dure longtemps ; cependant Sorel, auquel nous avons emprunté les détails qui précèdent, a constaté quelques cas de combustion spontanée.

Ces acides faibles, ainsi que nous l'indiquions plus haut, servent à faciliter la condensation dans les premières bonbonnes, si l'on n'a pas pour but la production d'acide nitrique fort.

Pour éviter les pertes dues aux ruptures de bonbonnes, on dispose généralement celles-ci dans des capsules en grès munies d'un trop-plein. Comme nous l'avons déjà indiqué, on fait suivre la dernière bonbonne d'une tour d'absorption analogue à un Gay-Lussac, avec cette différence qu'il est impossible de la remplir avec du coke, car ce dernier réduit l'acide nitrique en donnant des dérivés oxygénés de l'azote qui seraient perdus irrémédiablement. Lunge et Rohrmann ont proposé des tours à plateaux en grès qui sont très pratiques. Les installations livrées par L. Rohrmann, de Krauschwitz, se composent de deux cornues traitant chacune 300 kgs de nitrate par opération ; une première bonbonne sert de réfrigérant et de récipient pour les premiers acides impurs ; suit un condenseur à réfrigération d'eau et un récipient pour l'acide nitrique pur, enfin une tour à plateaux de grès et enfin un éjecteur qui facilite la circulation des gaz (fig. 147 à 152). L. ROHRMANN construit aussi, suivant les données d'Oskar GUTTMANN (*Z. angew. Ch.*, 1890, 507), un appareil ne comportant que des tubes de grès. L'appareil de GUTTMANN, ne serait d'après SOREL qu'une application heureuse d'un procédé dû à PLISSON et DEVERS, basé sur la rétrogradation des premiers liquides condensés, qui sont les plus riches, vers le courant gazeux sortant de la cornue, de façon à utiliser la chaleur même des vapeurs pour l'élimination des composés nitreux ou chlorés qui ont pu se condenser. Voici la description de cet appareil que nous empruntons à SOREL (p. 410) : un premier ballon de condensation est relié par un tube à la cornue. L'acide qui s'y condense est le plus riche, mais aussi le plus impur. De là les vapeurs non condensées passent dans une seconde bonbonne, munie d'une fermeture hydraulique, d'où s'échappent les produits condensés chauds, tandis que les vapeurs s'élèvent dans une série d'allonges se raccordant l'une à l'autre par des tubulures situées sur l'axe vertical. Là elles rencontrent une grande surface exposée à l'air, et s'y condensent en refluant vers le bas, et, se réchauffant au contact des vapeurs, abandonnent les parties les plus volatiles, qui sont précisément les composés nitreux et chlorés, et se purifient dans la suite des appareils constitués par des ballons disposés de la même façon. Les vapeurs achèvent de se condenser, et, dans une dernière série ascendante en ballons, elles rencontrent de l'eau froide qui régénère une partie de l'acide nitrique, et même la presque totalité si l'on a la précaution de ménager la rentrée d'un peu d'air par un tirage artificiel.

Le procédé PLISSON et DEVERS ne put être appliqué

industriellement, à cause des difficultés que l'on rencontrait à cet époque à trouver un matériel résistant, autre que le verre, pour la construction des allonges. Depuis, les progrès incessants réalisés dans l'industrie du grès permirent à Guttmann et Rohrmann de reprendre l'idée de Plisson et Devers et de la mener à bien.

Description de l'appareil Guttmann et Rohrmann (*Z. f. angew. Ch.*, 1890, 507). — Cet appareil (fig. 153 à 158) est destiné à une épuration et à une concentration méthodiques de l'acide nitrique ; il est basé sur le fait que *tous* les produits condensés retournent se présenter aux gaz chauds. C'est surtout par ce point qu'il se différencie du projet de Plisson et Devers. L'appareil construit par L. Rohrmann se compose d'un jeu d'orgue formé de tubes de grès fixés sur un collecteur. L'extrémité de chaque tube aboutissant au collecteur est faite de telle façon que les gaz, grâce à un joint hydraulique, soient forcés de traverser le jeu d'orgue sans traverser le collecteur. Les tubes du jeu d'orgue sont en grès ; ils ont 2 m. 50 de hauteur et une épaisseur de 8 mm. seulement, ce qui permet un bon refroidissement. On fait suivre ordinairement le jeu d'orgue par une tour à condensation de Lunge-Rohrmann, qui d'une part permet une récupération absolument complète des produits nitreux, et d'autre part, diminuant le tirage dans tout l'appareil, à cause de la résistance qu'elle présente au passage des gaz, permet dans le jeu d'orgue une condensation plus complète.

D'après Guttmann (*Z. angew. Ch.*, 1891, 238), la condensation est si parfaite dans cet appareil qu'en 10 à 11 heures on peut distiller une charge de 610 kgs avec une perte variant de 3 à 7,4 0/0 du rendement théorique, si l'on ne peut utiliser l'acide dilué de la tour à plateaux,

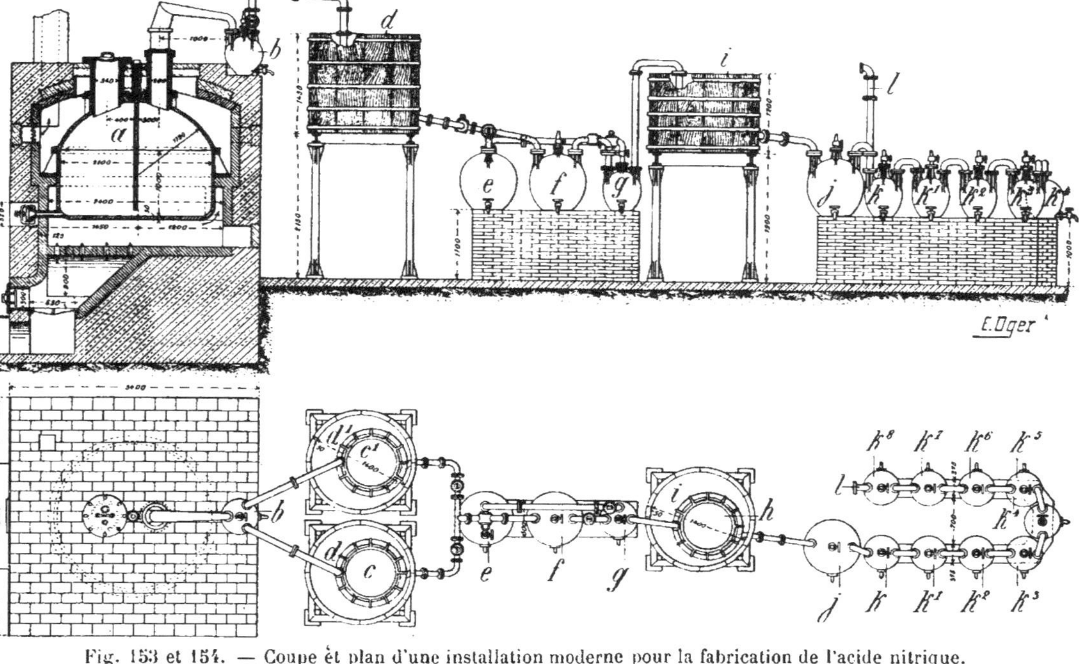

Fig. 153 et 154. — Coupe et plan d'une installation moderne pour la fabrication de l'acide nitrique.

perte tombant à zéro si cet acide peut être utilisé. LUNGE indique qu'en supprimant la tour à plateaux, du fait de la diminution de la contre-pression, les pertes montent à 12 0/0.

L'acide nitrique obtenu par ce procédé est extrêmement concentré (95-96 0/0) et contient peu de produits nitreux, étant automatiquement *blanchi* par le retour de tous les produits condensés vers les gaz très chauds sortant de la cornue.

La CHEMISCHE FABRIK GRIESHEIM (D. R. P. 59.099) obtient un résultat analogue en intercalant entre la condensation et la cornue de distillation un réservoir-cohobateur, toujours maintenu à la température de 80°, réservoir dans lequel coule l'acide nitrique formé. Les dérivés nitreux et les composés chlorés se dégagent, traversent le condenseur sans se liquéfier et sont récupérés par l'emploi d'une tour à plateaux.

On peut abaisser la température du réservoir de condensation au-dessous de 80°, si l'on a soin de faire barboter un courant d'air dans l'acide condensé, ce qui facilite l'entraînement des produits nitreux. On peut même descendre à 60° si l'on ne fait pas de l'acide très concentré, l'acide fortement concentré ayant un pouvoir dissolvant plus grand pour les impuretés.

F. VALENTINER, de Leipzig, a breveté un procédé de fabrication de l'acide nitrique concentré, basé sur la décomposition du nitrate desséché, par l'acide sulfurique *dans le vide*. Ce procédé a été soumis à une étude approfondie par C.-H. VOLNEY (*J. Soc. Ch. Ind.*, 1901, juin et décembre), qui conclut que, dans la distillation dans le vide (300 mm. Hg) du nitrate sec avec de l'acide sulfurique concentré, le monohydrate nitrique distille à une température dans la cornue comprise entre 65 et 100°.

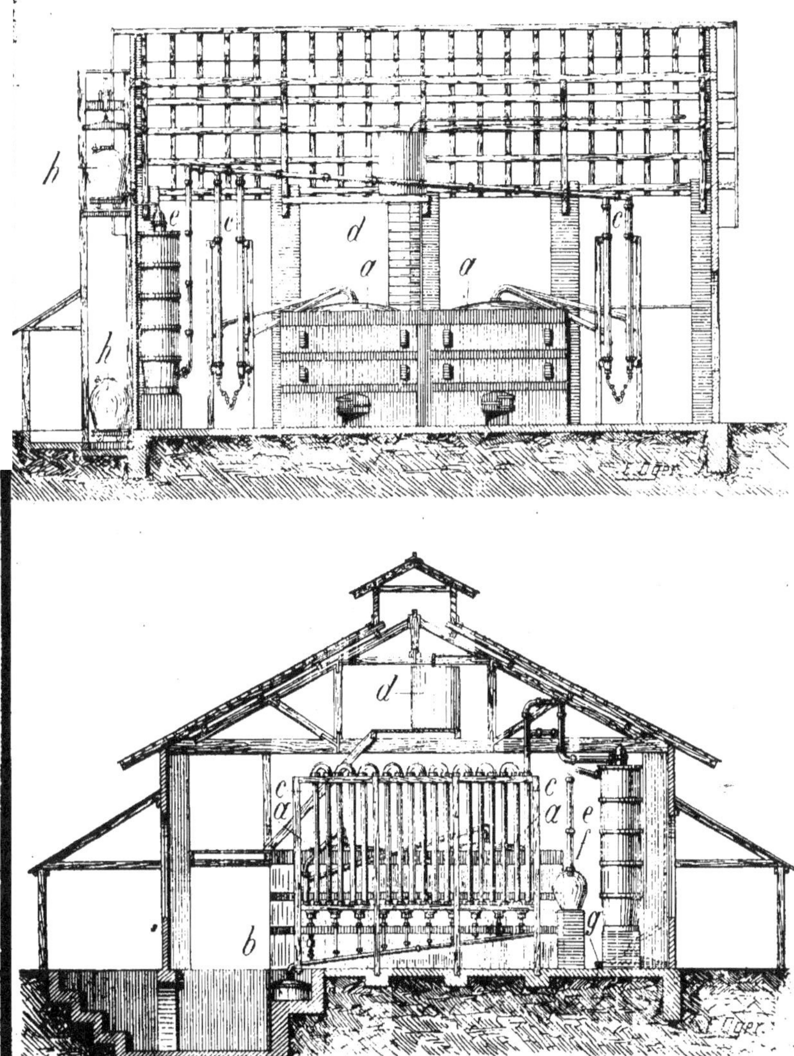

Fig. 155 et 156. — Coupe transversale et longitudinale d'un appareil de condensation,
GUTTMANN-ROHRMANN pour la fabrication de l'acide nitrique.

Il reste dans la cornue une certaine quantité de nitrate, ainsi qu'un polysulfate de sodium. Quand on continue à chauffer et que la température de ce dernier s'est élevée à 100°, il commence à réagir sur le nitrate de sodium pour dégager principalement de l'acide nitrique monohydraté, bouillant en moyenne à 70° sous 360 mm. Hg, tandis qu'à la pression ordinaire l'attaque ne commence qu'à 100° pour être terminée à 165°.

Avec un vide plus énergique (150 à 110 mm. Hg) la réaction présente encore deux phases comme dans l'exemple que nous venons d'examiner, la première à 74°, la seconde à 85°, et les vapeurs d'acide nitrique entrent en ébullition à 30° déjà dans ce vide de 110 mm. Hg.

Dans ces deux essais la masse a bouillonné ; aussi emploie-t-on ordinairement dans le procédé VALENTINER de l'acide sulfurique à 60° B. Mais alors l'acide nitrique obtenu ne marque guère que 40° B, et il faut le redistiller en présence d'acide sulfurique concentré, de façon à obtenir un acide fort.

C.-H. VOLNEY a refait les deux essais sus-mentionnés en employant du nitrate sec et de l'acide sulfurique à 60° B.

Dans le premier essai (360 mm. Hg) la majeure partie de l'acide distille à 118°, dans le second (110 mm. Hg) à 78°. Dans les deux cas, le rendement et la qualité de l'acide sont les mêmes : 39°8 B à 21°, soit D = 1,38.

En somme, le procédé VALENTINER permet, lorsqu'on emploie de l'acide sulfurique à 60° B, une distillation plus rapide, une moindre usure de la fonte et la suppression des fuites de vapeurs nitreuses, si gênantes, mais il faut recourir ensuite à une nouvelle distillation dans le vide, en présence d'acide sulfurique concentré pour obtenir finalement l'acide nitrique monohydraté.

Un point important dans ce procédé, comme on le voit,

est la pompe à vide ; jusqu'à présent le seul métal résistant à l'action des vapeurs nitreuses est le plomb durci (plomb antimonié ou régule) ; aussi est-ce en ce dernier

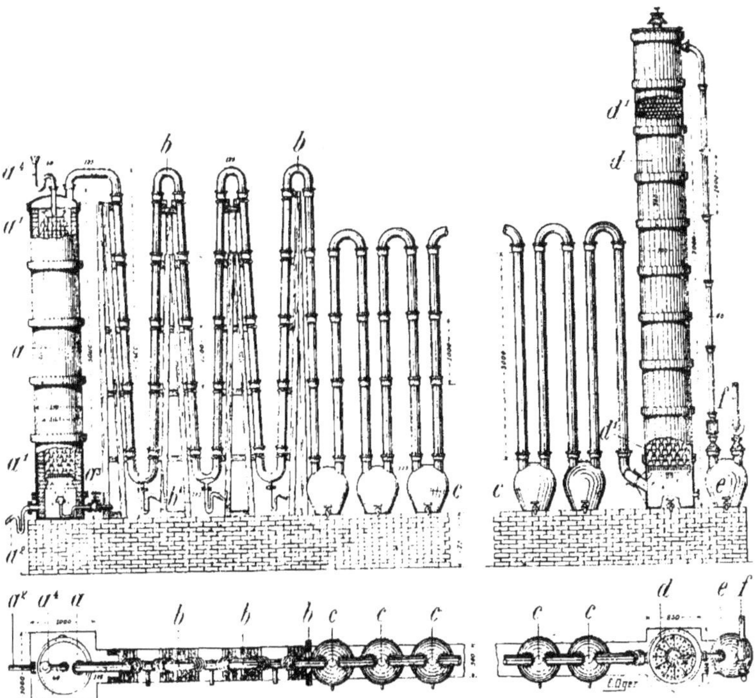

Fig. 157 et 158. — Détail en élévation et plan du jeu d'orgue et de l'appareil de condensation GUTTMANN-ROHRMANN pour la fabrication de l'acide nitrique.

métal que l'on construit les appareils à vide pour le procédé VALENTINER.

D'après FRANKE (1896-1897), cité par WAGNER-GAUTIER, le procédé VALENTINER convient spécialement pour la préparation d'un acide à haut degré, limpide et exempt de produits nitreux, comme celui qu'on exige dans les fabriques d'explosifs.

Avec une charge de 1.000 kgs de salpêtre à 96 0/0 et de 1.000 kgs d'acide sulfurique à 94 0/0 de monohydrate, on obtiendrait théoriquement 796 kgs 5 d'acide nitrique à 47°3 B (89,3 0/0 NO^3H), et une charge de 1.000 kgs de nitrate sec à 90 0/0 donnerait 771 kgs 5 d'acide nitrique à 47°9 B (92,2 0/0 NO^3H). Dans la pratique on se rapprocherait beaucoup de ces chiffres, mais Franke ajoute, ce que nous avons dit plus haut, qu'il se forme pendant l'opération une écume très gênante et qu'il se produit une grande quantité de N^2O^4 provenant de ce que l'acide sulfurique concentré décompose partiellement l'acide nitrique déjà formé.

On pourrait éviter ces deux inconvénients en employant un grand excès d'acide sulfurique (mais alors la teneur en monohydrate de l'acide nitrique est un peu abaissée) et supprimer l'écume en ajoutant dans la cornue une certaine quantité d'acide nitrique.

Dieterle et Rohrmann (1896) ont étudié un procédé basé sur l'entraînement des vapeurs nitreuses par un courant d'air insufflé *dans* la cornue de distillation.

Procédé du Dr Uebel. — Au congrès international de chimie appliquée de 1900, M. R. Hasenclever a fait connaître le procédé Uebel pour la préparation de l'acide nitrique en partant des polysulfates (Comptes rendus du congrès 1902, 1, 312). — Nous dirons d'abord quelques mots des polysulfates dont la préparation est basée sur le fait que, lorsqu'on évapore un mélange de bisulfate et d'acide sulfurique à 60°, il ne s'échappe *que de l'eau*, tandis que, lorsqu'on concentre de l'acide sulfurique seul, il s'évapore, en même temps que l'eau, de grandes quantités d'acide sulfurique.

C'est Schulz qui a obtenu le premier une combinaison de bisulfate avec l'acide sulfurique, répondant à la formule : NaHSO⁴, H²SO⁴, par cristallisation du sulfate de soude dans l'acide sulfurique en excès (Inaugural Dissertat. Berlin 1868). Les chiffres suivants indiquent la teneur, en SO³ *libre*, des différents bisulfates et polysulfates :

Bisulfate NaHSO⁴ = 66,7 0/0 SO³ total, dont 33,3 0/0 SO³ libre.

Polysulfate NaHSO⁴, H²SO⁴ = 79,3 0/0 SO⁴ total, dont 55,05 0/0 SO³ libre.

Polysulfate Na²S²O⁷, 3H²SO⁴ = 77,5 0/0 SO³ total, dont 62,02 0/0 SO³ libre.

Ainsi que l'indique HASENCLEVER dans ce rapport, les polysulfates, obtenus en chauffant un sulfate acide avec de l'acide sulfurique, constituent des corps pouvant être substitués très avantageusement aux acides sulfuriques de haute concentration et fumant, employés jusqu'ici; ainsi, par exemple, en les faisant réagir sur du nitrate de soude, on obtient un acide bien plus concentré et plus pur que dans le cas où l'on opère avec de l'acide sulfurique.

Dans la fabrication de l'acide nitrique à l'aide des polysulfates, il se forme un bisulfate qui, après achèvement de la réaction, est évacué en partie à l'état liquide du vase de décomposition. La partie qui reste dans l'appareil peut être retransformée en polysulfate par une addition d'acide sulfurique et servir à nouveau pour la décomposition du nitrate de soude.

Voici un exemple de fabrication des polysulfates :

Dans une chaudière en fonte, on fait fondre à chaud du bisulfate et on introduit l'acide sulfurique à 60°B. dans le bisulfate fondu. L'eau de l'acide sulfurique est complètement éliminée par évaporation à une température de 260°, avec formation d'un polysulfate ayant une composition répondant à la formule $NaH^2(SO^4)^2$. En laissant refroidir la masse fondue, le composé formé se sépare à l'état de longs prismes brillants et finalement fait prise sous forme d'un gâteau cristallin. Ce polysulfate fond vers 95°.

Voici maintenant la description sommaire du procédé du Dr UEBEL, tel qu'il fonctionne à l'usine de la Rhénania à Rheinau, près de Mannheim.

Si au polysulfate obtenu de la manière décrite ci-dessus on ajoute peu à peu du nitrate en quantité voulue pour tout transformer en bisulfate $NaHSO^4$, et si l'on continue à chauffer, il distille un acide nitrique ayant une teneur moyenne de 95 0/0 NO^3H. Après que l'acide nitrique est complètement dégagé, il reste du bisulfate à l'état de fusion à une température de 250°. On élimine alors environ la moitié de cette masse de la chaudière de décomposition, tandis qu'on retransforme le reste en polysulfate par une nouvelle addition d'acide sulfurique à 60°B. et chauffage ultérieur. C'est ce polysulfate ainsi régénéré qui servira à décomposer une nouvelle quantité de nitrate.

L'appareil de Rheinau est formé de trois cylindres horizontaux, deux supérieurs qui donnent alternativement de l'acide nitrique, et un inférieur où l'on retransforme en polysulfate, destiné à une vente éventuelle, la moitié du bisulfate de l'opération que l'on vient de terminer. On charge alternativement les deux cylindres supérieurs avec 200 kilos de nitrate de soude. De cette manière une opération se fait toutes les 3 heures, et dans chaque opération il se passe 6 heures avant le moment où le bisulfate coule d'une des chaudières supérieures dans le cylindre inférieur où il est retransformé en polysulfate.

Un appareil formé de trois cylindres décompose 1.600

kilos de nitrate de soude par 24 heures. L'appareil du Dr UEBEL fonctionnerait avec de bons résultats, non seulement à Rheinau, mais dans d'autres usines.

§ 6. — PROPRIÉTÉS DE L'ACIDE NITRIQUE

L'anhydride nitrique N^2O^5 donne deux hydrates définis : l'un avec 1 molécule d'eau qui correspond à l'acide nitrique *réel*, distillant à 86° ; D = 50°B. :

$$N^2O^5 + H^2O = 2NO^3H.$$

L'autre avec 4 molécules d'eau :

$$N^2O^5 + 4H^2O = 2NO^3H, 3H^2O$$

qui correspond à un acide distillant à 126° ; D = 42°B.

Le premier des hydrates que nous venons d'envisager correspond à l'acide nitrique pur (poids moléculaire : 63), formé de 85,71 0/0 N^2O^5 et 14,29 0/0 H^2O ; D = 50°B. C'est un liquide incolore, relativement peu stable. fumant à l'air, c'est-à-dire émettant à la température ordinaire des vapeurs qui se combinent à l'humidité atmosphérique en donnant une substance ayant une tension de vapeur plus faible et par conséquent se condensant en un brouillard.

Cet acide nitrique réel est d'une conservation très délicate ; aussi industriellement ne produit-on pas d'acide à 50°B., mais seulement un acide marquant 48°B. et contenant 73,8 0/0 de N^2O^5 au lieu de 85,71 0/0.

L'acide à 48°B. est désigné ordinairement sous le nom d'acide *nitrique fumant*. Il se conserve mieux que l'acide nitrique réel ; néanmoins, sous l'action de l'air et de la lumière surtout, il se colore en brun-rougeâtre et, sous cette forme, n'est plus apte à la préparation des explosifs nitrés.

Le second des hydrates dont nous avons parlé correspond à de l'acide nitrique à 42°B., soit $2NO^3H, 3H^2O$; néanmoins on ne trouve pas cet hydrate dans le commerce, mais un hydrate un peu moins concentré, désigné sous le nom d'*acide à 40°* et qui ne contient que 53 0/0 d'anhydride N^2O^5.

L'acide à 40° est blanc et ne répand plus de vapeurs à l'air ; au contraire c'est un acide qui est susceptible d'être concentré jusqu'au titre de 42°. Il en est de même de tout acide nitrique plus dilué que 42°B. et que l'on tente de distiller : il passe d'abord de l'eau pure et, aussitôt que la composition $2NO^3H, 3H^2O$ est atteinte, il passe alors, à 126°, un liquide homogène répondant à cette formule et pesant 42° ; cet acide contient 60 0/0 d'anhydride ou 70 0/0 d'acide NO^3H.

La plus grande partie de l'acide nitrique consommé par l'industrie sous le nom d'*eau forte* est encore plus diluée et correspond sensiblement à la formule $NO^3H, 3H^2O$: c'est le produit que l'on désigne par le nom d'*acide à 36°* ; il ne contient que 45,25 0/0 d'anhydride N^2O^5.

Cet acide à 36°B. récemment préparé constitue un liquide incolore, ne fumant pas à l'air. Mais, sous l'action de la lumière, de la chaleur et du temps, il prend une couleur rouge orangé plus ou moins foncée.

L'acide nitrique est très corrosif ; il est fort dangereux de rester exposé à ses émanations, et, si un flacon se brise, le mieux est d'absorber le liquide comme on peut en s'efforçant de ne pas en respirer les vapeurs. Plusieurs personnes sont mortes à Paris, en 1900, à la suite de la rupture d'un flacon rempli d'eau forte. GIRARDIN cite le cas suivant qui est typique. En 1863, un professeur d'Edimbourg, M. STEWART, laissa tomber par terre un flacon contenant de l'acide nitrique fumant. En cherchant à recueillir sur le parquet le plus d'acide possible, lui et son aide furent exposés aux vapeurs délétères qui remplissaient le laboratoire, mais ils n'en éprouvèrent sur le moment aucune incommodité sérieuse. M. STEWART alla dîner sans soupçonner l'atteinte mortelle qu'il avait reçue. Au bout d'une heure ou deux, il commença à sentir de la difficulté dans la respiration ; malgré les soins du médecin, son état empira et, 40 heures après l'accident, il était mort. L'aide tomba malade et mourut le jour suivant.

L'acide nitrique très concentré n'attaque pas le fer, et ce dernier après ce traitement perd même la propriété d'être attaqué par l'acide nitrique étendu.

Avant de donner une table des poids spécifiques et degrés Baumé de l'acide nitrique à ses diverses concentrations, nous dirons quelques mots des corrections à apporter à la lecture du degré aréométrique, corrections du fait des variations de la température d'une part, et d'autre part du fait de la présence d'acide nitreux dissous dans l'acide nitrique.

HIRSCH (*Chem. Ztg.*, 1888, 911) et avant lui LORING JACKSON (*Chem. Ztg.*, 1887, 273) ont montré que la présence d'acide nitreux ou hyponitrique, dans l'acide nitrique, fausse totalement les indications de l'aréomètre. Ainsi les produits de tête de la distillation, dans un essai mentionné par ces auteurs, pesaient au densimètre 1,62, mais contenaient 12 0/0 en poids d'acide nitreux. HIRSCH admet, mais sans preuves suffisantes, que chaque centième d'acide nitreux (NO^2H) élève le poids spécifique de

0,01. — Lunge et Marchlewski (*Z. angew. Ch.*, 1892, 10) ont étudié l'influence de l'acide hyponitrique sur un acide nitrique $D^{15°}_{4°} = 1,49$.

Nous empruntons à l'ouvrage de Lunge (*Soda industrie*, 1, 69) la table suivante ; Lunge et Rey (*Z. angew. Chem.*, 1891, 155) ont en effet recalculé la table de Kolb (*Bl. de Mulhouse*, 1866, 412) concernant la densité de l'acide nitrique à ses diverses concentrations.

Nous la reproduisons ci-dessous :

Densité et richesse des solutions d'acide nitrique, d'après Lunge et Rey

Degrés du densimètre	Densités à 15° C. (Eau à 4° C. = 1)	Degrés Baumé	100 p. en poids renferment NO^3H	1 litre contient NO^3H en kil.
1,5	1,015	2,1	2,80	0,028
3	1,030	4,1	5,50	0,057
4,5	1,045	6,0	8,13	0,085
6	1,060	8,0	10,68	0,113
7	1,070	9,4	12,33	0,132
8	1,080	10,6	13,95	0,151
9	1,090	11,9	15,53	0,169
10	1,100	13,0	17,11	0,188
11	1,110	14,2	18,67	0,207
12	1,120	15,4	20,23	0,227
13	1,130	16,5	21,77	0,246
14	1,140	17,7	23,31	0,266
15	1,150	18,8	24,84	0,286
16	1,160	19,8	26,36	0,306
17	1,170	20,9	27,88	0,326
18	1,180	22	29,38	0,347
19	1,190	23	30,88	0,367
20	1,200	24	32,36	0,388
21	1,210	25	33,82	0,409
22	1,220	26	35,28	0,430
23	1,230	26,9	36,78	0,452
24	1,240	27,9	38,29	0,475
25	1,250	28,8	39,82	0,498

Degrés du densimètre	Densités à 15° C. (Eau à 4° C. = 1)	Degrés Baumé	100 p. en poids renferment NO³H	1 litre contient NO³H en kil.
26	1,260	29,7	41,34	0,521
27	1.270	30,6	42,87	0,544
28	1,280	31,5	44,41	0,568
29	1,290	32,4	45,95	0,593
30	1,300	33,3	47,49	0,617
31	1,310	34,2	49,07	0,643
32	1,320	35	50,71	0,669
33	1,330	35,8	52,37	0,697
33,25	1,3325	36	52,80	0,704
34	1,340	36,6	54,07	0,725
35	1,350	37,4	55,79	0,753
36	1,360	38,3	57,57	0,783
37	1,370	39	59,39	0,814
38	1,380	39,8	61,27	0,846
38,5	1,3833	40	61,92	0,857
39	1,390	40,5	62,23	0,879
40	1,400	41,2	65,30	0,914
41	1,410	42	67,50	0,952
42	1,420	42,7	69,80	0,991
43	1,430	43,4	72,17	1,032
44	1,440	44,1	74,68	1,075
45	1,450	44,8	77,28	1,121
46	1,460	45,4	79,98	1,168
47	1,470	46,1	82,90	1,219
48	1,480	46,8	86,05	1,274
49	1,490	47,4	89,60	1,335
50	1,500	48,1	94,09	1,411
50,5	1,505	48,4	96,39	1,451
50,75	1,508	48,5	97,50	1,470
51	1,510	48,7	98,10	1,481
51,5	1,515	49	99,07	1,501
52	1,520	49,4	99,67	1,515

CHAPITRE VIII

ACIDE CHLORHYDRIQUE

SOMMAIRE

CHAPITRE VIII

ACIDE CHLORHYDRIQUE

154. Généralités. — L'acide chlorhydrique et le chlore
sont deux des termes du cycle si parfait qui, pendant
longtemps, a caractérisé la grande industrie chimique.

La pyrite de fer, ou encore la blende, brûlée dans des
fours des types PERRET, MALÉTRA, EICHHORN et LIEBIG, RHÉ-
NANIA, etc., fournissait, d'un côté, de l'acide sulfureux et
de l'autre des oxydes utilisés par la métallurgie.

L'acide sulfureux, résultant de la combustion de ces
sulfures, transformé dans les chambres de plomb, grâce
à la présence de l'acide nitrique, donnait de l'acide sulfurique.

Cet acide sulfurique, agissant sur le nitrate de soude,
dégageait l'acide nitrique nécessaire à l'oxydation de
l'acide sulfureux, en même temps qu'il se formait du
sulfate de soude; agissant sur le chlorure de sodium ou
sel marin, il mettait en liberté l'acide chlorhydrique et il
se formait encore du sulfate de soude.

Ce sulfate de soude, traité à son tour par la craie et le
charbon à haute température, fournissait du carbonate
de soude, produit marchand, et des charrées, riches en
sulfures et en hyposulfites, dont on récupérait le soufre.

Quant à l'acide chlorhydrique, à part les quantités livrées directement à l'industrie, la vieille réaction de SCHULE, rendue économique par WELDON, qui parvint à régénérer le bioxyde de manganèse, ou encore la réaction catalytique de DEACON, permettait d'en retirer le chlore nécessaire à la préparation des chlorures décolorants.

Ce cycle si parfait, cet équilibre merveilleux, dû à la mise en œuvre du procédé LEBLANC et nécessité par lui, permettait de retrouver, intégralement, pertes de fabrication mises à part, sous la forme de produits utilisables par l'industrie, la totalité des matières premières mises en œuvre. Le charbon seul et le carbonate de chaux pouvaient être considérés comme perdus.

Cet état de chose dura longtemps ; l'usine de produits chimiques, autonome, était productrice des divers acides : sulfurique, nitrique, chlorhydrique ; du chlore et des chlorures ; du carbonate et du sulfate de soude ; des divers sous-produits provenant de ces fabrications : sulfates divers, sulfites, hyposulfites, etc. ; c'était un petit monde où toutes choses s'enchaînaient harmonieusement, où toute réaction en entraînait et en réalisait une autre.

Cette belle ordonnance fut subitement troublée ; le cycle si parfait de LEBLANC fut rompu. L'apparition du procédé SOLVAY, permettant l'obtention directe du carbonate de soude à partir du chlorure de sodium supprima l'un des anneaux, le principal même puisqu'il s'agit du carbonate de soude.

La lutte, néanmoins, fut des plus vives. Les énormes capitaux engagés, l'apparition, tardive il est vrai, du procédé HARGREAVES, qui donne le sulfate de soude sans passer par l'intermédiaire des chambres de plomb, la compensation due à la production de l'acide chlorhydrique et à celle du chlore par le WELDON, puis par le DEACON, ont été les principaux facteurs de la survie du procédé LEBLANC, bien amoindri il est vrai, et de l'établissement d'une sorte d'état d'équilibre entre ce procédé et le procédé SOLVAY. C'est que, en effet, ce dernier possède un défaut capital ; malgré toutes les tentatives faites, le procédé SOLVAY laisse perdre le chlore du chlorure de sodium mis en œuvre.

Le nouvel état d'équilibre n'était pas durable ; il faut du chlore à l'industrie ; il lui en faut même de plus en plus, tant sous la forme métalloïde, que sous la forme d'acide chlorhydrique. Or, la production du sulfate de soude nécessaire à la verrerie ou à la teinture, par exemple, ne donne qu'une quantité limitée d'acide chlorhydrique et même cette quantité est à peu près équivalente à la consommation sous cette forme acide. Il ne reste que peu ou pas de chlore disponible pour la fabrication des chlorures décolorants. Ici intervient un nouveau facteur dans l'évolution de la grande industrie chimique : c'est l'apparition des procédés électrolytiques, permettant l'obtention directe, à partir des chlorures, du chlore et des alcalis.

A vrai dire, la lutte ne fait encore que commencer. L'électrolyse occasionne des frais divers qui, en beaucoup de circonstances, sont encore trop élevés pour permettre de concurrencer utilement les vieux procédés. La question de rendement du courant étant mise à part, le succès des procédés électrolytiques dépend, au premier chef, du coût de l'énergie électrique, et celui-ci est lié intimement au coût de la force motrice. Or, si avec HALLER [1] nous comparons entre elles les diverses sources de

1. HALLER, *Industries chimiques et pharmaceutiques*, I, 1903.

force motrice, il ressort que l'avantage appartient nettement à la force hydraulique. Les usines électrolytiques
doivent donc s'installer dans les régions où cette force
hydraulique est abondante et à bon marché, c'est-à-dire
dans les régions montagneuses, peu industrielles. C'est
un désavantage.

En outre, dans le cas de la production du chlore électrolytique, on obtient, comme corps résiduaires, des lessives caustiques qui, pour être mises sous une forme
marchande, exigent jusqu'à cinq fois leur poids de combustible. C'est un nouveau désavantage et non des moindres.

On ne peut évidemment préjuger de l'avenir; mais,
en admettant que ces frais divers, actuellement assez
élevés, soient considérablement diminués, on peut dire
avec HALLER (*loc. cit.*) que les quantités de chlore qu'on
produirait, couvriraient au moins dix fois la consommation actuelle. Cet excédent de chlore serait certainement
plus encombrant que ne l'était jadis l'acide chlorhydrique, à l'époque où le procédé LEBLANC était en pleine
exploitation.

Avant de passer à l'étude de l'industrie du chlore et de
l'acide chlorhydrique, nous donnerons quelques chiffres
statistiques, puisés dans l'excellent ouvrage de HALLER,
déjà cité, et relatifs à la France. Ces chiffres montreront
l'importance considérable de cette industrie et l'extension
qu'elle prend de jour en jour.

ACIDE CHLORHYDRIQUE

Production annuelle française : 53.000 tonnes

Importations et exportations

Moyennes décennales. Commerce spécial.

	Exportations	Importations
	kilogr.	kilogr.
1867 à 1876 . .	868.705	672.251
1877 à 1886 . .	2.865.392	3.310.809
1887 à 1896 . .	1.759.637	3.914.020

Moyennes annuelles depuis 1891. Commerce spécial.

	Exportations	Importations
1891	1.481.856	2.929.674
1892	1.137.946	2.904.467
1893	865.090	2.862.997
1894	795.582	2.291.948
1895	1.134.718	2.083.320
1896	943.664	1.851.297
1897	1.114.050	2.119.000
1898	1.208.449	1.994.243
1899	2.371.440	1.905.168
1900	1.284.800	1.962.500

CHLORURE DE CHAUX

**Production annuelle française : 30.000 tonnes
dont 6.000 tonnes par voie électrolytique**

Importations et exportations

Moyennes décennales. Commerce spécial

	Exportations	Importations
	kilogr.	kilogr.
1867 à 1876 . .	4.299.139	952.997
1877 à 1886 . .	5.881.567	6.653.860
1887 à 1896 . .	6.321.310	1.342.758

Moyennes annuelles depuis 1890. Commerce spécial

1890	3.682.971	2.133.822
1891	4.457.833	634.460
1892	7.579.719	558.240
1893	8.828.862	526.591
1894	8.801.224	525.022
1895	8.970.089	778.117
1896	9.214.745	1.317.610
1897	13.050.420	1.713.464
1898	13.293.340	1.290.118
1899	14.416.324	1.866.536
1900	14.548.000	1.214.600

§ 2. — ACIDE CHLORHYDRIQUE

155. Considérations générales. — Jusqu'à ce jour, la
plus grande partie de l'acide chlorhydrique consommée
— pour ne pas dire la totalité — est encore produite par la décomposition du sel marin, avec production corrélative de sulfate de soude. Pendant bien
longtemps, l'industrie n'avait en vue que la production
de ce sulfate de soude ; l'acide chlorhydrique constituait
un résidu encombrant que l'on écoulait ou rejetait comme
on pouvait. Les temps sont changés. Si la fabrication
du sulfate de soude subsiste encore en tant que fabrication de sulfate, et subsistera probablement encore longtemps afin de pouvoir alimenter la verrerie, la gobeletterie,
la glacerie, la fabrication du sel de GLAUBER et même,
sur une petite échelle, celle de la soude par le procédé
LEBLANC (Compagnie des produits chimiques d'Alais et de
la Camargue, Société des produits chimiques de Marseille-

l'Estaque), la fabrication de l'acide chlorhydrique, produit utilisé dans l'industrie du chlore, des chlorures, de la gélatine, du noir animal, des phosphates précipités, dans la préparation de nombreuses couleurs dérivées de la houille, en blanchisserie, en distillerie, etc., est actuellement devenue très importante et très rémunératrice.

Les deux corps, sulfate de soude et acide chlorhydrique, doivent donc être produits maintenant au même titre de matières possédant un écoulement assuré. Nous étudierons donc tout d'abord la fabrication du sulfate de soude, puis la condensation de l'acide chlorhydrique.

Cette seconde partie de notre sujet possède d'ailleurs une importance considérable, tant au point de vue de l'intérêt que présente une bonne récupération lorsque le produit récupéré est utilisable, qu'au point de vue de la non-viciation de l'atmosphère environnant les usines de produits chimiques.

La fabrication du sulfate de soude par la réaction de l'acide sulfurique sur le chlorure de sodium présente, à un haut degré, cette propriété de vicier l'atmosphère, lorsqu'on ne prend pas les mesures convenables pour retenir la presque totalité de l'acide chlorhydrique dégagé.

Cet acide, en effet, à l'état gazeux, s'hydrate à son arrivée dans l'atmosphère en donnant des fumées blanches, lourdes, qui, jointes à celles de l'acide sulfurique qui se dégage en même temps, forment des nuages retombant sur le sol suivant la direction des vents régnants et venant détruire la végétation des environs.

Leblanc, dès le début, avait compris qu'il était impossible de laisser échapper les vapeurs acides qui se dégagent des fours ; mais il ne parvint pas à une solution pratique du problème de la récupération.

Plus tard, à la suite des dégâts grandissants causés par les soudières, les gouvernements de divers pays s'émurent et prescrivirent une série de mesures capables de s'opposer à ces dégâts.

En Belgique, à la suite de l'enquête de 1855, on décida que les fabricants de sulfate seraient obligés d'employer exclusivement des fours à moufle. Cette obligation, qui reposait en partie sur une erreur, n'en produisit pas moins un excellent effet, puisque, en 1870, le rendement en acide chlorhydrique était supérieur de 70 à 80 0/0 à celui de 1854 [1].

En Angleterre, on prescrivit des mesures plus radicales et qui donnèrent rapidement un résultat effectif. L'ordonnance de 1864, connue sous le nom de *Lord Derby's alkali act*, porte que les fabricants de sulfate de soude devront condenser au moins 95 0/0 de l'acide chlorhydrique dégagé dans leur fabrication, en leur laissant d'ailleurs le choix des moyens.

En 1874, cette ordonnance fut modifiée ; une nouvelle législation prescrivit qu'il ne devrait y avoir que 1/5 de grain d'HCl par pied cube de gaz rejeté, soit 0 gr. 454 par mètre cube. Elle prescrivit également d'employer les moyens les plus parfaits pour retenir toute espèce de gaz nuisible, notamment l'acide sulfureux, l'acide sulfurique, le chlore, les vapeurs nitreuses, etc., exception faite pour l'acide sulfureux provenant de la combustion de la houille ; elle édictait une pénalité de 500 francs par jour en cas d'infraction et de 1.250 fr. par jour en cas de récidive, sans préjudice de l'action civile. Le contrôle était effectué par des inspecteurs

---

[1] Voy. Sorel, *Encyclopédie Frémy*, t. V, 1re section, 1re partie, p. 514.

venant doser, dans les usines, les produits acides des gaz avant et après leur passage dans les appareils de récupération.

Ces mesures draconiennes eurent une effet immédiat : de 16 0/0, le taux de l'acide chlorhydrique des gaz s'abaissait à 1,20 0/0 au 1er janvier 1855 ; à 0,88 0 0 l'année suivante ; à 0,73 0/0 un an plus tard. En 1883, la majeure partie des usines n'émettait plus que 1/25 de grain par pied cube, soit 0 gr. 018 par mètre cube (SOREL, *loc. cit.*).

En France et en Allemagne, il n'existe pas de législation spéciale réglementant la condensation des vapeurs. Les industriels ne sont en butte qu'aux réclamations des voisins et doivent les indemniser pour les dégâts causés. Au reste, la valeur croissante de l'acide chlorhydrique a fait plus que toutes les prescriptions administratives, pour amener les fabricants à condenser les gaz des fours à sulfate.

Cette condensation est délicate ; il faut considérer, en effet qu'il s'agit d'un corps attaquant rapidement la plupart des métaux connus ou utilisables pratiquement ; on ne peut donc faire usage que d'appareils en bois, pierre ou poterie. En outre, il faut tenir compte de ce fait que les gaz qu'il s'agit de condenser ne sont pas purs ; ils sont toujours fortement dilués, ce qui complique considérablement le problème.

Cette question de la condensation de l'acide chlorhydrique doit donc, avant toute étude industrielle de la fabrication, nous amener à connaître les propriétés de ce corps.

156. — **Propriétés de l'acide chlorhydrique.** — Le gaz chlorhydrique est incombustible ; il éteint les corps en ignition.

Il est sans action sur les métalloïdes autres que l'oxygène et le silicium.

L'oxygène et l'acide chlorhydrique, réagissant au rouge vif, donnent de l'eau et du chlore; la réaction est facilitée par la présence des corps poreux; cette réaction est limitée.

L'acide chlorhydrique attaque tous les métaux, sauf l'or, le platine et peut-être le palladium, avec mise en liberté d'hydrogène.

Lorsque le métal forme deux composés avec le chlore, c'est le moins riche en chlore qui prend naissance.

Le plomb se dissout lentement à froid dans la solution concentrée d'acide chlorhydrique. Il en est de même avec le cuivre, mais l'action est plus lente. Il se forme un sous-chlorure. En présence de l'oxygène de l'air, il se produit un oxychlorure qui, réagissant sur l'acide chlorhydrique en excès, donne du chlorure cuivreux et de l'eau. En présence d'un excès de cuivre, il se reforme du sous-chlorure.

L'action de l'acide dissous sur certains métaux est différente suivant qu'il s'agit d'acide concentré ou étendu. BERTHELOT a fait ressortir cette différence en remarquant que l'acide concentré doit intervenir dans les réactions comme l'hydracide anhydre, avec sa chaleur de formation propre ($+ 22$ cal.), tandis que, avec un acide étendu, dans toutes les circonstances ou l'acide chlorydrique est stable, ce dernier intervient avec un dégagement de chaleur supplémentaire de $+ 17$ cal. 4 ; il y a eu perte d'énergie par hydratation.

L'acide chlorhydrique réagit sur un oxyde métallique en donnant, en général, un chlorure correspondant, par sa formule, à l'oxyde réagissant, pourvu que ce chlorure soit stable dans les conditions de l'expérience.

Le bioxyde de manganèse, le bioxyde de plomb, traités par l'acide chlorhydrique, dégagent du chlore.

La décomposition des sulfures par l'acide chlorhydrique, en général, est plus facile à effectuer que celle des oxydes ; cependant, pour les sulfures de certains métaux, la concentration de l'acide joue un rôle considérable. C'est ainsi que, si les sulfures d'antimoine, de cuivre, de mercure, d'argent, de plomb, sont attaqués par l'acide de concentration supérieure à $HCl + 6,5H^2O$, les solutions étendues des chlorures de ces métaux sont précipitables par H^2S.

L'acide chlorhydrique décompose un grand nombre de sels en mettant les acides en liberté ; dans certains cas, il déplace même l'acide sulfurique.

HENSGEN a montré que l'acide chlorhydrique sec et gazeux réagit différemment sur les sulfates à des températures variées ; ainsi, le sulfate de potassium n'est pas décomposé à 360°, mais, au-dessus de cette température, la décomposition est complète. Le sulfate de sodium anhydre n'est attaqué qu'à une température très élevée, tandis que le sel de GLAUBER est transformé en chlorure de sodium à la température ordinaire.

Le sulfate de cuivre forme avec l'acide chlorhydrique sec un produit d'addition $SO^4Cu + 2HCl$.

L'acide chlorhydrique est un gaz incolore, d'une odeur et d'une saveur acide et piquante ; il est irrespirable. Il s'hydrate au contact de l'humidité atmosphérique en donnant d'abondantes fumées blanches. Sa densité à 0° et sous la pression de 760 mm. est de 1,278 (BIOT et GAY-LUSSAC) ; le poids du litre ressort donc à 1 gr. 635.

FARADAY l'a obtenu sous la forme d'un liquide incolore, mobile, dont les tensions sont :

Températures.	Pressions en atmosphères.
— 73°3	1,8
+ 10°	40,0

La chaleur spécifique du gaz chlorhydrique, déterminée par Regnault entre $+ 20°$ et $+ 210°$, est de $0,1852$.

A $0°$, l'eau dissout environ 500 fois son volume de gaz chlorhydrique ; à $— 12°$, elle en dissout une quantité au moins égale à 560 volumes ; la solution saturée, à $— 12°$, contient 48,2 0/0 d'acide ; la solution saturée à $0°$ en contient 44,1 0/0. La dissolution du gaz chlorhydrique dans l'eau est accompagnée d'un dégagement de chaleur. 1 molécule de HCl se dissolvant dans 200 à 800 molécules de H^2O dégage 17 cal. 43 (Berthelot et Louguinine) ; 17 cal. 5 (Favre) ; 17 cal. 31 (Thomsen). La chaleur de dissolution dans des quantités d'eau moindres peut être déduite de la connaissance des chaleurs de dilution. Étant donnée une dissolution $HCl + nH^2O$, si on l'étend à $200\,H^2O$, la chaleur dégagée Q est donnée par la formule :

$$Q = \frac{11,62}{n}.$$

Hurter a établi que la chaleur dégagée par la dissolution de x grammes de HCl dans 1 gr. H^2O peut être représentée par la formule :

$$Q = 477,5\,x — 157x^2.$$

L'élévation de température correspondant à cette dissolution est :

$$\theta = 513\,x — 169\,x^2.$$

Cette formule a permis de calculer la table suivante [1] :

1. Voy. Halphen. *L'Industrie de la soude*, p. 211.

HCl 0/0	Grammes HCl pour 1 gramme H^2O	Unités de chaleur produites par gramme H^2O	Elévation de température
5	0,05	24,83	26°6
6	0,064	29,9	32°1
7	0,075	34,9	37°5
8	0,087	40,4	43°4
9	0,099	45,7	49°1
10	0,111	51	54°8
11	0,124	56,8	61°
12	0,136	62	66°6
13	0,149	67,7	72°8
14	0,163	73,7	79°2
15	0,176	79,2	85°1
16	0,190	85	91°4
17	0,205	91,3	98°1
18	0,219	97	104°3
19	0,234	103,1	110°8
20	0,250	109,6	117°7
21	0,266	115,9	
22	0,282	122,2	
23	0,299	128,7	
24	0,318	136	
25	0,333	141,6	
26	0,351	148,3	
27	0,370	155,4	
28	0,388	161,6	
29	0,408	168,7	
30	0,428	175,6	
31	0,449	182,8	
32	0,470	189,8	
33	0,493	197,2	
34	0,515	204,3	
35	0,538	211,5	
36	0,562	218,8	

A partir d'une concentration égale à 20 0/0 HCl, l'élévation de température ne croît plus ; la chaleur dégagée est uniquement utilisée à déterminer la vaporisation d'une quantité d'eau correspondante.

Cette quantité de chaleur est, à peu de chose près, la seule dont il soit nécessaire de tenir compte en pratique, étant donné que la température du gaz en solution ne correspond qu'à une quantité de chaleur très faible, la chaleur spécifique de ce gaz ne dépassant pas 0,18. Il faut en conclure qu'il est nécessaire de donner une grande surface de refroidissement aux parties de l'appareil où les gaz arrivent au contact de l'eau. Cette conclusion est même rendue plus importante encore par ce fait que la chaleur spécifique des solutions aqueuses d'acide chlor-hydrique est d'environ 0,93, c'est-à-dire inférieure à celle de l'eau.

Cette chaleur spécifique des solutions aqueuses d'acide chlorhydrique a été déterminée par Marignac, pour des dissolutions étendues jusqu'à 200 H²O. Si on appelle chaleur moléculaire d'une dissolution le produit de sa chaleur spécifique par le poids de la dissolution qui renferme 1 molécule d'acide chlorhydrique, on a (36,5 + nH²O) :

$$C = 18n - 28,39 + \frac{140}{n} - \frac{268}{n^2}\ (1).$$

Roscoë et Dittmar ont étudié la solubilité de l'acide chlorhydrique dans l'eau, en faisant varier successivement la pression et la température. Ils ont reconnu qu'il n'y a pas proportionnalité, à une même température, 0° par exemple, entre les poids d'acide chlorhydrique dissous dans un même volume d'eau et la pression sous laquelle s'effectue la dissolution.

Ainsi, P représentant la pression en mètres de mercure, Q le poids d'acide dissous dans 1 gr. d'eau, D la

1. Voy. *Encyclopédie Frémy*, t. II, 1re sect., 1er et 2e fasc., p. 497.

variation de poids du gaz dissous pour deux valeurs consécutives de la pression portées dans la première colonne, et D_1 la différence moyenne pour une variation de pression de 0 m. 01 de mercure, Roscoë et Dittmar ont calculé, au moyen de 10 expériences la table suivante :

P	Q	D	D_1
	Gramme	Mètre	Gramme
0,06	0,613		
0,10	0,657	0,044	0,0110
0,15	0,686	0,029	0,0058
0,20	0,707	0,021	0,0040
0,25	0,724	0,017	0,0034
0,30	0,738	0,014	0,0028
0,40	0,763	0,025	0,0025
0,50	0,782	0,019	0,0019
0,60	0,800	0,018	0,0018
0,70	0,817	0,017	0,0017
0,80	0,831	0,014	0,0014
0,90	0,844	0,013	0,0013
1,00	0,856	0,012	0,0012
1,10	0,869	0,013	0,0013
1,20	0,882	0,013	0,0013
1,30	0,893	0,013	0,0013

Les expériences faites à diverses températures, sous la pression atmosphérique, ont permis à Roscoë et Dittmar de calculer les nombres suivants, donnant la solubilité de l'acide chlorhydrique dans 1 gr. d'eau.

	Gramme		Gramme
0°	0,825	30°	0,673
2°	0,814	32°	0,665
4°	0,804	34°	0,657
6°	0,793	36°	0,649
8°	0,783	38°	0,641
10°	0,772	40°	0,633
12°	0,762	42°	0,626
14°	0,752	44°	0,618
16°	0,742	46°	0,611
18°	0,731	48°	0,603
20°	0,721	50°	0,596
22°	0,710	52°	0,589
24°	0,700	54°	0,582
26°	0,691	56°	0,575
28°	0,682	58°	0,568
		60°	0,561

Enfin Roscoë et Dittmar ont trouvé comme composition de liquides bouillant à température constante sous la pression P :

P	Q
0 m. 05	23,2 0/0
0 m. 10	22,9
0 m. 50	21,1
1 m. 00	19,7
1 m. 50	19,0
2 m. 00	18,5
2 m. 50	18,0

D'après les données de Roscoë et Dittmar, Hurter a dressé le tableau suivant qui montre qu'un gaz saturé de vapeur d'eau et contenant du gaz chlorhydrique, dont la tension partielle est représentée par l'un des nombres ci-dessous, ne peut contenir une quantité de vapeur supé-

rieure à celle qui est représentée par le nombre correspondant dans la colonne *tension maxima de la vapeur
aqueuse*.

Degrés.	Tensions maxima de la vapeur aqueuse.	Tensions minima de HCl.	Degrés.	Tensions maxima de la vapeur aqueuse.	Tensions minima de HCl.
0	3,2	0,52	60	79	11,8
5	5	0,84	65	103	15
10	7,2	1,16	70	130	18,6
15	9,8	1,65	75	164	23
20	12,8	2	80	205	28,4
25	16,7	2,60	85	254	34,6
30	21	· 3,30	90	313	42
35	26,5	4,10	95	386	50,7
40	32,8	5	100	472	60,8
45	40	6	105	574	72,5
50	50	7,50	110	676	84
55	63	9,30			

Ces chiffres expliquent et justifient la formation des
fumées blanches, par condensation de l'humidité ambiante, lorsque le gaz chlorhydrique s'échappe dans de
l'air humide.

Au moyen de ce tableau et des nombres précédemment
donnés, on peut, avec HALPHEN (*loc. cit.*), résoudre divers
problèmes relatifs à la condensation de l'acide chlorhydrique.

On peut, par exemple, calculer les condensations rela-
tives du système de tuyauterie et de l'appareil conden-
sateur proprement dit, lorsqu'on connaît la composition
des gaz.

On sait, en effet, que le refroidissement d'un volume V^o

d'acide chlorhydrique, d'air et de vapeur d'eau, renfermant x_0 volumes de cette dernière, amène une condensation d'eau et d'acide chlorhydrique dans un rapport voisin
de 1 volume d'acide pour 6 volumes d'eau. Le volume
restant V_1 est saturé d'humidité et contient x_1 volumes de
vapeur d'eau ; en représentant par t la tension de
vapeur indiquée dans le tableau précédent, on a :

$$\frac{x_1}{V_1} = \frac{t}{760}.$$

La quantité de vapeur condensée est :

$$V_0 x_0 - V_1 x_1,$$

et l'acide chlorhydrique condensé est :

$$\frac{V_0 x_0 - V_1 x_1}{6}.$$

La diminution totale du volume V_0 est donc :

$$V_0 x_0 - V_1 x_1 + \frac{V_0 x_0 - V_1 x_1}{6},$$

soit :

$$\frac{7}{6}(V_0 x_0 - V_1 x_1) = V_0 - V_1 ;$$

d'où :

$$V_1 = V_0 \frac{6 - 7 x_0}{6 - 7 x_1},$$

ou :

$$\frac{V_1}{V_0} = \frac{6 - 7 x_0}{6 - 7 x_1}.$$

La vapeur non condensée est représentée, par rapport
au volume total, par :

$$\frac{V_1 x_1}{V_0 x_0} \text{ ou par } \frac{x_1}{x_0} \cdot \frac{6 - 7 x_0}{6 - 7 x_1}.$$

La vapeur condensée est :

$$\frac{x_0 - x_1}{(1 - 1,166 x_1) x_0},$$

où x est toujours $\dfrac{t}{760}$.

En appliquant ces formules à des cas différents, on arrive à conclure que, pour un mélange gazeux renfermant beaucoup de vapeur d'eau et peu d'air, le refroidissement préalable procure la meilleure condensation, tandis que, lorsque les gaz à condenser ne contiennent que peu ou pas de vapeur, le refroidissement préalable ne joue plus qu'un rôle secondaire.

Il est aussi possible de calculer la concentration maxima que pourra posséder un acide chlorhydrique préparé avec un gaz de composition donnée. Hurter [1] a montré que les résultats de Roscoë et Dittmar, relatifs à l'absorption de l'acide chlorhydrique par l'eau dans des conditions diverses de température et de pression, peuvent être approximativement représentés par la formule empirique suivante :

$$C = (0,304 - 0,0016\,t)\,P^{0,15},$$

dans laquelle C représente le nombre de grammes d'acide chlorhydrique dissous par 1 gr. d'eau à la température t en présence de gaz chlorhydrique, dont la tension partielle P est exprimée en millimètres de mercure. Deux tables ont été dressées; l'une donne les valeurs de $0,304 - 0,0016\,t$, l'autre celles de $P^{0,15}$ pour une pression de 760 mm. et des teneurs variables en HCl.

1. Hurter, *Moniteur Quesneville*, 1890, p. 49.

$$\text{Valeurs de } (0{,}304 - 0{,}00161) = c$$

t	c	t	c	t	c	t	c
0	0,304	30	0,256	60	0,208	90	0,160
5	0,296	35	0,248	65	0,200	95	0,152
10	0,288	40	0,240	70	0,192	100	0,144
15	0,280	45	0,232	75	0,184	105	0,136
20	0,272	50	0,224	80	0,176	110	0,128
25	0,264	55	0,216	85	0,168		

Valeurs de $P^{0,15}$ pour une pression de 760 mm. et lorsque les gaz contiennent différentes quantités d'HCl

HCl	$P^{0,15}$	HCl	$P^{0,15}$	HCl	$P^{0,15}$	HCl	$P^{0,15}$
0/0		0/0		0/0		0/0	
5	1.726	30	2.257	55	2.473	80	2.605
10	1.915	35	2.311	60	2.505	85	2.639
15	2.035	40	2.357	65	2.535	90	2.662
20	2.124	45	2.400	70	2.564	95	2.684
25	2.197	50	2.438	75	2.590	100	2.705

Avec ces données, nous pouvons, d'après HALPHEN (*loc. cit.*), calculer :

1° L'absorption d'acide chlorhydrique par l'eau, à la température de 0° par exemple et sous la pression de 760 mm., le gaz HCl étant considéré à l'état de pureté.

Dans ce cas on a :

$$(0{,}304 - 0{,}0016\,t) = c = 0{,}304$$
$$P^{0,15} = 2{,}705.$$

La quantité d'acide chlorhydrique absorbée par un litre d'eau sera :

$$C = 0{,}304 \times 2{,}705 = 0{,}822.$$

2° Quelle sera la richesse d'une solution chlorhydrique à température constante, 50° par exemple, maintenue au contact d'un mélange gazeux que nous supposerons renfermer 25 0/0 HCl à la pression ordinaire ?

Nous avons :

$$(0,304 - 0,0016\, t) = c = 0,224$$
$$P^{0,15} = 2,197$$
$$C = 0,224 \times 2,197 = 0,492,$$

ce qui conduit à un acide à 33 0/0 HCl.

3° Quelle sera la richesse d'un acide se déposant d'un gaz de composition connue ?

Prenons l'exemple donné par HALPHEN, soit :

Acide chlorhydrique .	43,3 0/0
Eau	5,0 0/0
Air.	51,7 0/0
Température . . .	43° C.
Pression	735 mm.

Nous avons :

$$P = \frac{735 \times 43,3}{100} = 318,25$$
$$P^{0,15} = 2,373$$
$$(0,304 - 0,0016\, t) = c = 0,2352.$$

La quantité d'acide chlorhydrique qui se condensera par unité pondérale sera :

$$C = 0,2352 \times 2,373 = 0,558.$$

Il ressort des calculs effectués par HURTER que, dans un condenseur dont la température est la même que celle du liquide absorbant, les parois dissipent 3 cal. 8 par degré, par heure et par mètre carré, la température extérieure étant 15°.

Cette nouvelle donnée nous permet de calculer la quantité d'eau à employer pour obtenir dans un condenseur un acide de richesse déterminée par l'emploi de gaz à une température déterminée.

Supposons que l'on veuille produire un acide à 30 0/0 HCl avec des gaz à 20 0/0 HCl.

Pour donner un acide à 30 0/0, 1 gr. d'eau doit absorber 0,428 HCl. D'autre part, $T^{0.15}$ dans un mélange gazeux à 20 0/0 est de 2,124. Le rapport $\dfrac{0,428}{2,124}$ donne le nombre 0,201, correspondant à une température de 65° C.

Si on ne tient pas compte de la faible variation de température du gaz en expérience, on peut dire que la quantité de chaleur dispersée par le condenseur, augmentée de celle emportée par la solution acide, est égale à la chaleur développée par la condensation.

Or, la formation d'un acide à 30 0/0 produit 175 cal. 1. La chaleur spécifique de l'acide aqueux étant 0,93, sa température initiale 15° et sa température finale 65°, ce liquide emporte :

$$(65 - 15)\,0,93 = 46 \text{ cal. } 5.$$

Donc le condenseur a dû dissiper $175,6 - 46,5 = 130$ calories par unité d'eau. La chaleur dissipée étant de 3 cal. 8 par degré, heure et mètre carré, la différence de température étant $65 - 15 = 50$, si l'opération dure deux heures et si le condenseur a une surface de 390 m², on devra utiliser :

$$390 \,\frac{3.8 \times 50 \times 2}{130} = 1.140 \text{ parties d'eau.}$$

Ces 1.140 parties d'eau renfermeraient finalement :

$$1.140 \times 0,428 = 487 \text{ parties d'HCl.}$$

Si on suppose que le débit gazeux affluant apporte par

heure 420 parties d'HCl, il en résulte qu'il restera
$420 \times 2 - 487 = 353$ parties d'acide chlorhydrique à
condenser.

Lorsqu'on fait passer un courant de gaz HCl dans de
l'acide commercial refroidi entre $-25°$ et $-30°$, il se
forme un dépôt de cristaux, et la température se maintient
à $-18°$. Ces cristaux constituent l'hydrate $HCl + 2H^2O$.

La solution chlorhydrique, portée à l'ébullition, finit
par être amenée à une concentration fixe et distille
sans altération. Le point d'ébullition est alors de 110° et
la densité de 1,101 à 15° C. La composition du liquide
répond à la formule $HCl + 8H^2O$.

Cette composition, cependant, n'est pas absolument
fixe ; on a vu, en effet, que, d'après Roscoë et Dittmar, elle
dépend de la pression à laquelle s'effectue l'ébullition.
Pour des variations de pression allant de 0 m. 5 à 2 m. 50
de hauteur d'eau, la composition du liquide est comprise
entre $HCl + 6,7H^2O$ et $HCl + 9,3H^2O$. La quantité pour
100 d'acide que la solution retient à une pression, et
par conséquent aussi à une température donnée, est la
même que celle que laisse un courant d'air sec à la
même température.

Davy et Ure, puis Kolb, ont publié des tables de den-
sités des solutions de concentrations diverses. Les tables
de Kolb ont été revues par Lunge et Marchlewski, qui ont
publié les chiffres suivants [1] :

1. *Zeit. f. angew. Chem.*, 1891, 135.

Poids spécifique à 15°	Degré Baumé	Degré Twaddle	100 parties en poids contiennent				
			HCl à 18 %	HCl à 19 %	HCl à 20 %	HCl à 21 %	HCl
1.000	0,0	0	0,57	0,53	0,49	[illegible]	0,16
1.005	0,7	1	4,08	3,84	3,58	[illegible]	1,15
1.010	1,4	2	7,60	7,14	6,66	[illegible]	2,14
1.015	2,1	3	11,08	10,44	9,74	[illegible]	3,12
1.020	2,7	4	14,67	13,79	12,86	[illegible]	4,13
1.025	3,4	5	18,30	17,19	16,04	[illegible]	5,15
1.030	4,1	6	21,85	20,53	19,16	[illegible]	6,15
1.035	4,7	7	25,40	23,87	22,27	[illegible]	7,15
1.040	5,4	8	28,99	27,24	25,42	[illegible]	8,16
1.045	6,0	9	32,55	30,58	28,33	[illegible]	9,16
1.050	6,7	10	36,14	33,95	31,68	[illegible]	10,17
1.055	7,4	11	39,73	37,33	34,82	[illegible]	11,18
1.060	8,0	12	43,32	40,70	37,97	[illegible]	12,19
1.065	8,7	13	46,87	44,04	41,00	[illegible]	13,19
1.070	9,4	14	50,35	47,71	44,14	[illegible]	14,17
1.075	10,0	15	53,87	50,62	47,22	[illegible]	15,16
1.080	10,6	16	57,39	53,92	50,34	[illegible]	16,15
1.085	11,2	17	60,87	57,19	53,36	[illegible]	17,13
1.090	11,9	18	64,35	60,47	56,41	[illegible]	18,11
1.095	12,4	19	67,73	63,64	59,37	[illegible]	19,06
1.100	13,0	20	71,41	66,81	62,33	[illegible]	20,01
1.105	13,6	21	74,52	70,01	65,32	[illegible]	20,97
1.110	14,2	22	77,84	73,19	68,28	[illegible]	21,92
1.115	14,9	23	81,23	76,32	71,21	[illegible]	22,86
1.120	15,4	24	84,64	76,53	74,20	[illegible]	23,82
1.125	16,0	25	88,06	82,74	77,19	[illegible]	24,78
1.130	16,5	26	91,50	85,97	80,21	[illegible]	25,75
1.135	17,1	27	94,88	89,45	83,18	[illegible]	26,70
1.140	17,7	28	98,29	92,85	86,17	[illegible]	27,66
1.1425	18,0	»	100,00	93,95	87,06	[illegible]	28,14
1.145	18,3	29	101,67	95,52	89,13	[illegible]	28,64
1.150	18,8	30	105,08	98,73	92,14	[illegible]	29,57
1.152	19,0	»	106,43	100,00	93,30	[illegible]	29,95
1.155	19,3	31	108,58	102,00	95,17	[illegible]	30,55
1.160	19,8	32	112,01	105,24	98,19	[illegible]	31,52
1.163	20,0	»	114,07	107,17	100,00	[illegible]	32,10
1.165	20,3	33	115,46	108,48	101,24	[illegible]	32,49
1.170	20,9	34	118,91	111,74	104,22	[illegible]	33,46
1.171	21,0	»	119,68	112,38	104,84	[illegible]	33,65
1.175	21,4	35	122,32	114,92	107,22	[illegible]	34,42
1.180	22,0	36	125,76	118,16	110,24	[illegible]	35,39
1.185	22,5	37	129,03	121,23	113,41	[illegible]	36,37
1.190	23,0	38	132,30	124,30	115,98	[illegible]	37,23
1.195	23,5	39	135,61	127,41	118,87	[illegible]	38,16
1.200	24	40	138,98	130,58	121,84	[illegible]	39,11

Poids spécifique à 15°	1 litre contient en kilogrammes					
	HCl à 18° Bé	HCl à 19° Bé	HCl à 20° Bé	HCl à 21° Bé	HCl à 22° Bé	HCl
1.000	0,0057	0,0053	0,0049	0,0047	0,0045	0,0016
1.005	0,041	0,039	0,036	0,034	0,033	0,012
1.010	0,077	0,072	0,067	0,064	0,064	0,022
1.015	0,113	0,106	0,099	0,094	0,089	0,032
1.020	0,150	0,141	0,131	0,125	0,119	0,042
1.025	0,188	0,176	0,164	0,157	0,149	0,053
1.030	0,225	0,212	0,197	0,188	0,179	0,064
1.035	0,263	0,247	0,231	0,220	0,209	0,074
1.040	0,302	0,283	0,264	0,252	0,240	0,085
1.045	0,340	0,320	0,298	0,284	0,270	0,096
1.050	0,380	0,357	0,333	0,317	0,302	0,107
1.055	0,419	0,394	0,367	0,351	0,333	0,118
1.060	0,459	0,431	0,403	0,384	0,365	0,129
1.065	0,499	0,469	0,438	0,418	0,397	0,141
1.070	0,539	0,506	0,472	0,451	0,428	0,152
1.075	0,579	0,544	0,508	0,484	0,460	0,163
1.080	0,620	0,582	0,543	0,518	0,493	0,174
1.085	0,660	0,621	0,579	0,552	0,523	0,186
1.090	0,701	0,659	0,615	0,587	0,558	0,197
1.095	0,742	0,697	0,650	0,620	0,590	0,209
1.100	0,782	0,735	0,686	0,654	0,622	0,220
1.105	0,823	0,774	0,722	0,689	0,655	0,232
1.110	0,865	0,812	0,758	0,723	0,688	0,243
1.115	0,908	0,854	0,794	0,757	0,719	0,250
1.120	0,948	0,891	0,831	0,793	0,754	0,267
1.125	0,991	0,931	0,868	0,828	0,788	0,278
1.130	1,034	0,952	0,906	0,865	0,822	0,291
1.135	1,077	1,011	0,944	0,901	0,856	0,303
1.140	1,121	1,053	0,982	0,937	0,891	0,315
1.1425	1,143	1,073	1,002	0,955	0,908	0,322
1.145	1,164	1,094	1,021	0,973	0,926	0,328
1.150	1,208	1,135	1,059	1,011	0,961	0,340
1.152	1,226	1,152	1,075	1,015	0,975	0,345
1.155	1,254	1,178	1,099	1,049	0,997	0,353
1.160	1,299	1,221	1,139	1,087	1,033	0,366
1.163	1,326	1,246	1,163	1,100	1,054	0,373
1.165	1,345	1,264	1,179	1,125	1,070	0,379
1.170	1,391	1,307	1,220	1,163	1,106	0,392
1.171	1,400	1,316	1,227	1,171	1,113	0,394
1.175	1,437	1,350	1,260	1,202	1,143	0,404
1.180	1,484	1,394	1,301	1,241	1,180	0,418
1.185	1,529	1,437	1,340	1,279	1,216	0,430
1.190	1,574	1,479	1,380	1,317	1,252	0,443
1.195	1,621	1,523	1,421	1,355	1,289	0,456
1.200	1,667	1,567	1,462	1,395	1,326	0,469

157. Fabrication de l'acide chlorhydrique. — Les procédés qui servent à la production de l'acide chlorhydrique peuvent se classer en quatre groupes.

Dans le premier, on utilise la réaction de l'acide sulfurique en nature sur le sel marin, et l'opération comporte deux phases. Au cours de la première, il se forme du bisulfate de sodium, et la moitié du chlore est mise en liberté, d'après l'équation :

$$2NaCl + SO^4H^2 = SO^4NaH + HCl + NaCl.$$

Dans la seconde phase, qui demande une température plus élevée, le sel marin réagit sur le bisulfate d'après l'équation :

$$SO^4NaH + NaCl = HCl + SO^4Na^2.$$

Dans le second groupe, on se passe de l'intermédiaire de l'acide sulfurique, et on fait réagir sur le chlorure de sodium l'acide sulfureux en présence de l'air et de la vapeur d'eau.

Dans le troisième groupe, on décompose des chlorures divers, tels que le chlorure de calcium ou le chlorure de magnésium, soit en présence d'une matière argileuse, à haute température, soit en utilisant l'action seule de la température.

Dans le dernier groupe enfin, nous classerons les procédés qui servent de complément aux méthodes électrolytiques de production du chlore et des alcalis, et dans lesquels on combine le chlore à l'hydrogène.

158. *Décomposition du sel marin par l'acide*
sulfurique en nature

On peut ici considérer trois genres de procédés :
1° Procédé des fours à réverbère ;

2° Procédé des fours à moufle ;

3° Procédé des fours mécaniques.

Quel que soit le procédé, la question des matières pre-mières présente une certaine importance. La structure physique du sel mis en œuvre, par exemple, influe nota-blement sur la régularité des opérations. En général, on préfère au sel gemme le sel de cristallisation ; ce dernier, en effet, est moins compact, plus léger, et il offre plus de surface à l'acide sulfurique ; la décomposition en est plus régulière et plus complète. Parfois, pourtant, on utilise du sel gemme, ou des mélanges de sel gemme avec du sel plus pur, du sel de varechs par exemple, ou du sel raffiné, ou même ces derniers à l'état pur.

La composition des sels présente aussi de l'importance; s'ils sont par trop impurs, s'ils contiennent trop de chlo-rure de calcium et de magnésium, par exemple, le sul-fate obtenu est souillé de sulfate de chaux et de sulfate de magnésie qui en affaiblissent le titre.

Voici quelques analyses de sels utilisés dans l'industrie de l'acide chlorhydrique ou muriatique, comme on le désigne encore le plus souvent :

		I	II	III	IV [1]
H^2O	0/0	0,95	0,87	»	5,44
Fe^2O^3	»	0,01	0,01	0,11	»
Al^2O^3	»	0,03	0,05	0,19	«
SiO^2	»	2,10	1,92	2,06	»
SO^4Ca	»	2,34	2,70	4,50	1,01
SO^4Mg	»	traces	0,12	0,97	0,13
NaCl	»	94,41	94,15	92,25	93,16
CO^3Ca	»	»	»	»	0,15
KCl	»	»	»	»	traces
MgCl	»	»	»	»	0,11

1. Sel des salines de Cheshire, d'après Knapp, *Traité de chimie technologique*, p. 439.

On peut employer, pour la décomposition, l'acide des chambres, marquant 53° environ. Généralement cependant, on s'adresse à l'acide 60° tel que le produit le Glover ou tel qu'il provient des cascades de concentration.

Les impuretés de l'acide sulfurique sont ou fixes ou volatiles. Les premières, généralement constituées par du fer, du plomb, etc., n'altèrent que la qualité du sulfate; les secondes, telles que l'acide nitrique, l'arsenic, se retrouvent dans le muriatique.

L'emploi de telle ou telle matière première (sel marin ordinaire, ou sel gemme, ou sel de varechs, ou sel raffiné; acide sulfurique 60° quelconque de GLOVER, ou acide sulfurique 60° blanc de cascade; acide non arsénical provenant de certaines pyrites ou arsénical provenant de pyrites moins pures) est régi par l'usage que l'on doit faire soit du sulfate soit du muriatique.

Lorsque le sulfate doit être employé en glacerie ou en gobeletterie, on cherche à l'obtenir exempt de fer et, à cause de cela, on s'attache à partir de matières premières pures. Il en est de même lorsque le muriatique obtenu doit être exempt d'arsenic, ce qui est souvent le cas.

De toute façon, on n'opère plus maintenant comme on le faisait au début, en effectuant la décomposition en une seule phase. On travaille en deux phases, la première caractérisée par la formation du bisulfate, la seconde par la décomposition de ce bisulfate. Comme la première partie de la réaction s'effectue à plus basse température, le gaz chlorhydrique dégagé est beaucoup plus pur que celui donné au cours de la seconde partie. On est donc amené, dans certains cas, celui de la production du chlore par le Deacon, par exemple, à recueillir à part l'acide le plus pur.

Nous allons, dans les pages qui vont suivre, examiner

les divers dispositifs utilisés pour la décomposition du sel marin, nous réservant de traiter plus tard la question de la récupération du muriatique.

1° FOURS A RÉVERBÈRE

Dès le début de la fabrication de l'acide chlorhydrique, ou plutôt du sulfate de soude, on employa des fours à réverbère ordinaires, à une seule sole. Plus tard, on reconnut l'avantage de scinder l'opération en deux, de façon à faire s'accomplir séparément, autant que possible, les deux réactions sur lesquelles reposent la fabrication, c'est-à-dire :

$$(1) \qquad SO^4H^2 + NaCl = SO^4NaH + HCl$$

$$(2) \qquad SO^4NaH + NaCl = SO^4Na^2 + HCl.$$

La première opération s'accomplit à basse température, la seconde à température plus élevée. Les fours doivent donc être construits de façon à permettre ces réactions successives à températures différentes. En thèse générale, un four à réverbère à sulfate se compose d'un foyer, chauffé au coke, dont les flammes se rendent au-dessus d'une sole appelée *calcine*, formée de briques réfractaires ; de là, les gaz chauds, par l'intermédiaire de deux carneaux descendants, se rendent au-dessous d'un second compartiment situé à l'arrière du four, pour, de là, passer à la cheminée ou dans les appareils de condensation. Ce second compartiment, appelé *cuvette*, communique avec la calcine par un ouvreau que l'on peut, à volonté, obturer par un registre.

A l'origine, la cuvette était en plomb ; on la supportait par des dalles en fonte. Dans la suite, on utilisa des

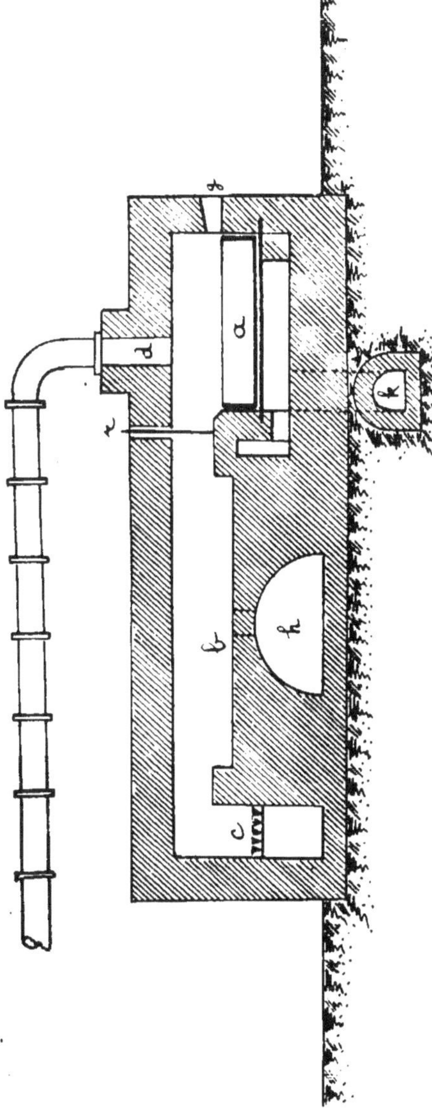

Fig. 159. — Coupe d'un four à sulfate à foyer unique.

cuvettes en fonte, dont nous parlerons plus en détail tout à l'heure, et l'on restreignit l'emploi des cuvettes en plomb à la fabrication des sulfates purs, exempts de fer, tels que les réclament la cristallerie, la glacerie, la gobeletterie.

La voûte qui surmonte la cuvette est perforée pour laisser passage à un conduit se rendant aux appareils de condensation.

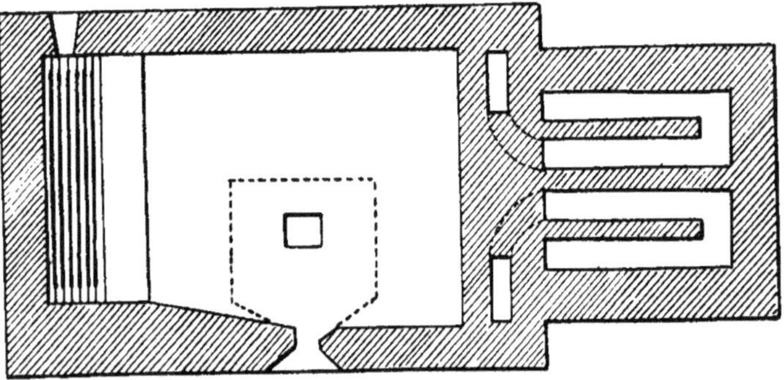

Fig. 160. — Vue en plan d'un four à sulfate à foyer unique.

Les figures ci-dessus montrent les détails d'un four à sulfate à réverbère, avec cuvette en plomb. On charge le mélange d'acide et de chlorure dans la cuvette ; puis, après réaction, on fait passer la masse sur la sole de la calcine, où on maintient la température du rouge ; à la fin de l'opération, on fait tomber le sulfate dans la cave, située soit sous la sole, soit sur le côté.

Les dimensions données aux différentes parties sont variables avec l'usine qui les construit.

Stohmann et Kerl [1] ont donné les dimensions suivan-

1. Stohmann et Kerl, *Encyclopædisches Handbuch der Technischen Chemie.*

tes pour un petit four, traitant chaque jour, en quatre opérations, 1.000 kilos de sel et brûlant 550 kilos de coke :

. *Foyer* :

Nombre de barreaux	6
Longueur	1^m307
Largeur	0^m549

Autel :

Longueur	1^m307
Largeur	0^m209
Hauteur	0^m196

Calcine :

Longueur	2^m50
Largeur maximum	2^m50
Hauteur des piédroits.	0^m32
Flèche de la voûte	0^m23

Cuvette :

Longueur.	2^m00
Largeur	1^m30
Hauteur	0^m32
Epaisseur du plomb	0^m033
Section des carneaux	$0^m932 \times 0^m932$
Epaisseur de la murette entre la cuvette ou la calcine	0^m262
Saillie du mur supportant la dalle de la cuvette	0^m105
Epaisseur des dalles supportant la cuvette	0^m033